Python
数据分析与可视化实践

孙玉林　余本国　著

清華大学出版社
北　京

内容简介

本书基于 Python 语言，结合实际的数据集，介绍如何对数据进行可视化分析。本书主要包含 3 个部分。第一部分为 Python 数据可视化基础篇：主要介绍 Python 基础内容、Numpy 和 Pandas 数据操作，以及 Matplotlib 数据可视化内容；第二部分为 Python 数据可视化提高篇：主要介绍 Python 的 Seaborn、plotnine、Networkx、igraph、plotly、Bokeh、pyecharts 库中的数据可视化功能；第三部分为 Python 数据可视化分析实战篇：通过 4 个完整的数据可视化分析案例，详细地介绍了 Python 中数据分析、机器学习与可视化相结合的应用等内容。

本书为读者提供了 Notebook 形式的源程序和使用的数据集，方便读者对程序的使用和运行。本书适合有一定数据分析或统计分析基础的读者阅读，可作为 Python 数据分析、机器学习、数据可视化的入门及实践教材，也可供数据分析与可视化相关专业的师生，以及对数据分析与可视化感兴趣的 Python 用户参考。

图书在版编目（CIP）数据

Python 数据分析与可视化实践 / 孙玉林，余本国著 .
—北京：清华大学出版社，2024.11. -- ISBN 978-7-302
-67357-6

Ⅰ. TP312.8

中国国家版本馆 CIP 数据核字第 2024UL3328 号

责任编辑： 袁金敏
封面设计： 杨纳纳
责任校对： 胡伟民
责任印制： 沈　露
出版发行： 清华大学出版社
　　网　　址： https://www.tup.com.cn，https://www.wqxuetang.com
　　地　　址： 北京清华大学学研大厦 A 座　**邮　　编：** 100084
　　社 总 机： 010-83470000　**邮　　购：** 010-62786544
　　投稿与读者服务： 010-62776969，c-service@tup.tsinghua.edu.cn
　　质 量 反 馈： 010-62772015，zhiliang@tup.tsinghua.edu.cn
印 装 者： 三河市龙大印装有限公司
经　　销： 全国新华书店
开　　本： 185mm × 260mm　**印　　张：** 21.75　**字　　数：** 590 千字
版　　次： 2024 年 11 月第 1 版　**印　　次：** 2024 年 11 月第 1 次印刷
定　　价： 99.00 元

产品编号：109095-01

前　言

Python 是目前热门的编程语言。它的优点是免费和开源。随着 Python 的不断发展，它已经在数据分析与数据可视化领域受到了众多学者和企业的关注，并且提供了很多丰富的库。本书重点研究如何使用 Python 中的库，与数据分析、数据可视化相结合，以便分析实际场景中的数据，挖掘数据中的信息。

本书分为 3 部分 11 章。其中，第 1 ~ 3 章是 Python 数据可视化基础篇，介绍了 Python 的使用，以及 Numpy、Pandas、Matplotlib 的使用；第 4 ~ 7 章是 Python 数据可视化提高篇，以经典的 Python 可视化库为基础，介绍了 Python 的 Seaborn、plotnine、Networkx、igraph、plotly、Bokeh、pyecharts 库中的数据可视化功能的应用；第 8 ~ 11 章是 Python 数据可视化分析实战篇，介绍了 4 个完整的数据可视化分析案例。

本书尽可能做到内容全面与循序渐进，其中程序代码通过 Jupyter Notebook 展示，并通过经典案例的可视化分析，使没有 Python 基础知识的读者也能看懂本书的内容。

第 1 章为 Python 快速入门。本章从通过 Anaconda 安装 Python 开始，介绍了 Python 的基础内容，以及 Python 中的控制语句与函数等的使用，最后介绍了数据可视化分析的基本流程、图表的类型等。

第 2 章为 Numpy 与 Pandas 的数据操作和可视化。本章介绍了 Numpy 和 Pandas 的使用，包括数据生成、读取、操作、变换等，以及 Pandas 中的数据可视化函数的使用。

第 3 章为 Matplotlib 数据可视化。本章介绍了 Matplotlib 的数据可视化功能，包括 Matplotlib 的数据可视化方式、Matplotlib 的图表组成元素、可视化子图方式、库中常用的数据可视化函数，以及可视化三维图像等。

第 4 章为 Python 经典的静态数据可视化库。本章主要介绍了 Python 中两个经典数据可视化库——Seaborn 与 plotnine，并将这两个库中的函数与实际数据相结合，展示这两个库的数据可视化功能。

第 5 章为网络图可视化。本章主要介绍了 Python 中两个经典网络图可视化库——

Networkx 与 igraph，主要内容包括如何设置网络图中的节点、边，以及网络图的布局等，并针对网络图中信息挖掘，介绍如何计算网络图中的最短路径，以及路径的可视化。

第 6 章为 plotly 交互式数据可视化。本章主要介绍了交互式数据可视化库——plotly，并根据不同类型可视化图像，介绍了 plotly 中的相关函数的使用。

第 7 章为 Python 其他交互式数据可视化库。本章主要介绍了 Python 中两个交互式数据可视化库——Bokeh 和 pyecharts，并介绍了如何使用这两个库中相关函数获得可交互的图表。

第 8 章为足球运动员数据可视化分析。本章使用了一个具体的数据集进行一个完整的数据可视化分析流程，主要内容包括数据获取、数据清洗与预处理、数据探索性可视化分析、数据建模可视化分析等。

第 9 章为抗乳腺癌候选药物可视化分析。本章使用了一个抗乳腺癌候选药物可视化分析案例，主要内容包括特征选择与可视化、回归分析与可视化、二分类模型与可视化。

第 10 章为时序数据的异常值检测和预测。本章主要介绍了一个真实的时序数据应用案例，主要内容包括时序数据的可视化分析、异常值检验与预测等。

第 11 章为中药材鉴别数据可视化分析。本章介绍了一个中药材鉴别数据可视化分析案例，主要内容包括使用聚类算法对数据进行无监督学习，使用分类算法对数据进行有监督学习，将数据主成分降维与标签传播算法相结合对数据进行半监督学习。

由于作者水平有限，编写时间仓促，书中难免存在疏漏和错误，敬请读者不吝赐教。

海南省自然科学基金资助（supported by Hainan Provincial Natural Science Foundation of China）项目批准号：822RC713

扫描以下二维码获取本书视频及附赠资源。

参考文献

程序与数据

配套 PPT

配套视频

作者

2024 年 10 月

目　录

第一部分　Python 数据可视化基础篇

第二部分　Python 数据可视化提高篇

第一部分

Python 数据可视化基础篇

本篇将循序渐进地介绍 Python 语言的基本使用方式，带领读者走进 Python 数据可视化分析的世界。本篇除了介绍 Python 基础语法的使用外，还会介绍 Python 的 3 个基础包（库）Numpy、Pandas 及 Matplotlib 的使用。通过本篇的学习，读者会对 Python 及其数据可视化功能有一定的认识，并可以获得基本的数据可视化分析能力。

第 1 章　Python 快速入门

Python 是一种简单易学且功能强大的编程语言，具有高效的数据结构，能简单而有效地实现面向对象编程。Python 有简洁的语法和对动态输入的支持，再加上具有解释性语言的特点，因而在大多数平台上和许多领域都是一种理想的脚本语言，特别适用于快速的应用程序开发。

本章主要介绍 Python 入门知识和数据可视化分析，此外还会介绍 Python 的安装和基础语法的使用。

1.1 安装 Python

为了更好地使用 Python，不仅需要安装 Python 本身，还需要安装功能丰富的 Python 库。尤其是针对数据可视化分析，通常还会使用到 Numpy、Pandas、Matplotlib 等第三方库。Anaconda 已经为我们准备好了常用库的封装。在数据分析、数据可视化及机器学习时，可以使用 Anaconda 提供的库的封装。Python 对于新手来说，界面更加友好，环境的配置更加方便。

1.1.1 安装 Anaconda

本节会介绍 Python 的安装与使用（本书以 Anaconda 为例），安装 Anaconda 后无须再额外安装 Python。

可从 Anaconda 官方网站选择适合自己计算机设备的 Anaconda 版本进行下载安装。截至本书撰写时，Anaconda 已经更新到 Python3.9 版本。如图 1-1 所示，在 Anaconda 的下载页面中，即可跟随指导安装 Anaconda。Anaconda 安装后的开始界面如图 1-2 所示。该界面的内容会因为计算机所安装 Anconda 应用的版本而有一些小的差异，但主要应用是相同的，其中经常被用来编写 Python 程序的应用有 Spyder、Jupyter Notebook 和 JupyterLab。

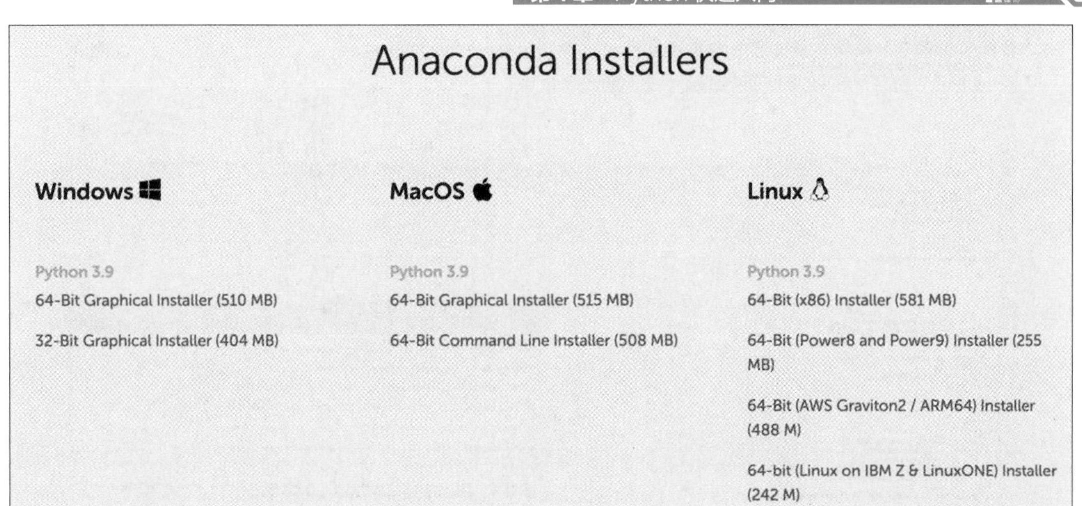

图 1-1　Anaconda 的下载页面

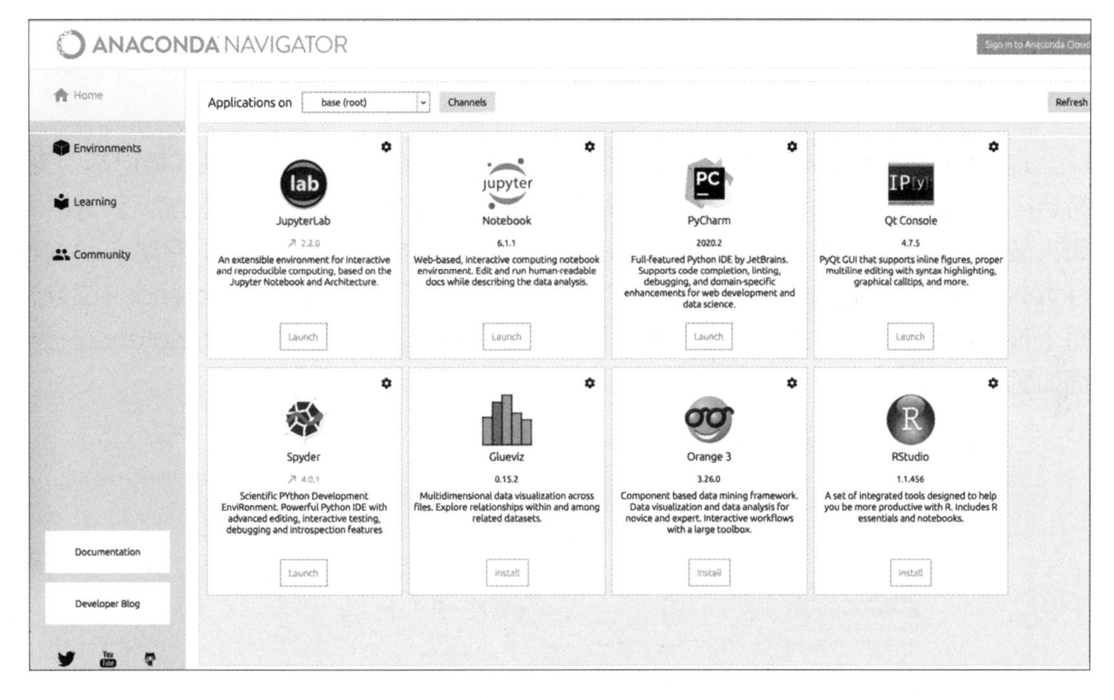

图 1-2　Anaconda 安装后的开始界面

1.Spyder

Spyder 是在 Anaconda 中附带的免费集成开发环境（Integrated Development Environment，IDE）。它包括编辑、交互式测试、调试等功能。Spyder 的操作界面类似于 Matlab。Spyder 的应用界面如图 1-3 所示。

在图 1-3 中，最上方是工具栏区域，左侧是代码编辑区域，可以编辑多个 Python 脚本；右上方是变量显示、图像显示等区域；右下方是程序运行和相关结果显示的区域。在代码编辑区域选中要运行的代码，再在工具栏区域单击 Run 按钮或按 F9 键即可运行代码。不同版本的 Anaconda 的快捷键略有不同。

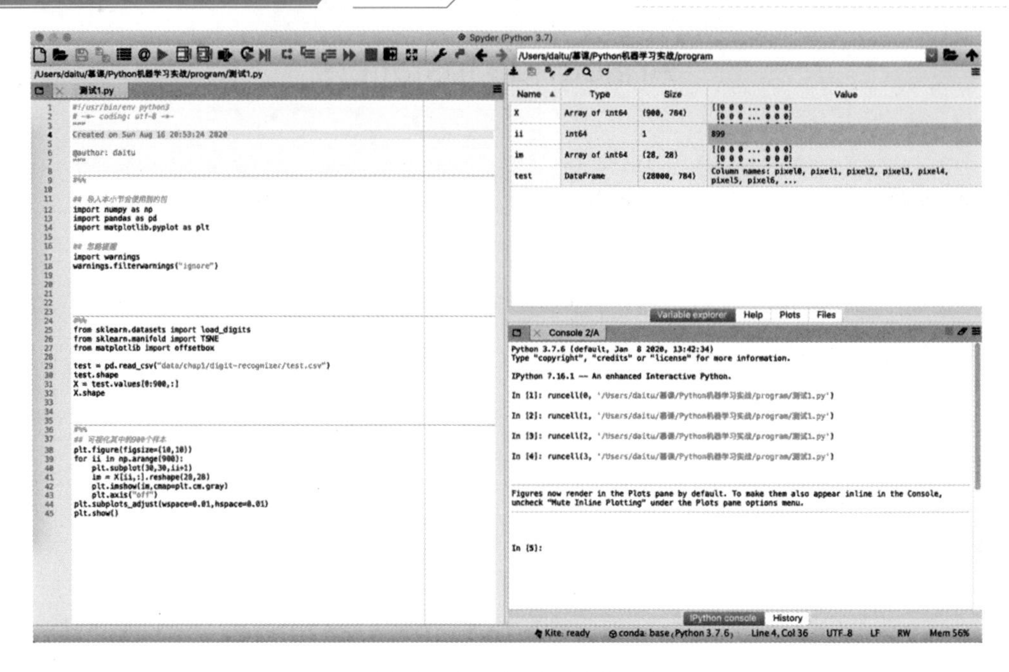

图 1-3　Spyder 的应用界面

2.Jupyter Notebook

Jupyter Notebook 不同于 Spyder。Jupyter Notebook 是一个交互式笔记本，支持运行 40 多种编程语言，并可以使用浏览器打开其中的程序。它的出现是为了方便科研人员随时将把自己的代码和文本生成 pdf 或者网页格式与其他人交流。启动 Jupyter Notebook 后，在合适的位置选择新建 Python3 文件，可获得一个新的 Notebook 文件，每个 Notebook 文件都由许多单元组成，可以在单元中编写程序。Jupyter Notebook 界面如图 1-4 所示。

图 1-4　Jupyter Notebook 界面

3.JupyterLab

JupyterLab 是 Jupyter Notebook 的升级版，在文件管理、程序查看、程序对比等方面，都比 Jupyter Notebook 的功能更加强大。JupyterLab 和 Jupyter Notebook 的程序文件是通用的，可以不进行任何修改就可以运行。打开 JupyterLab 后，JupyterLab 的使用界面如图 1-5 所示。

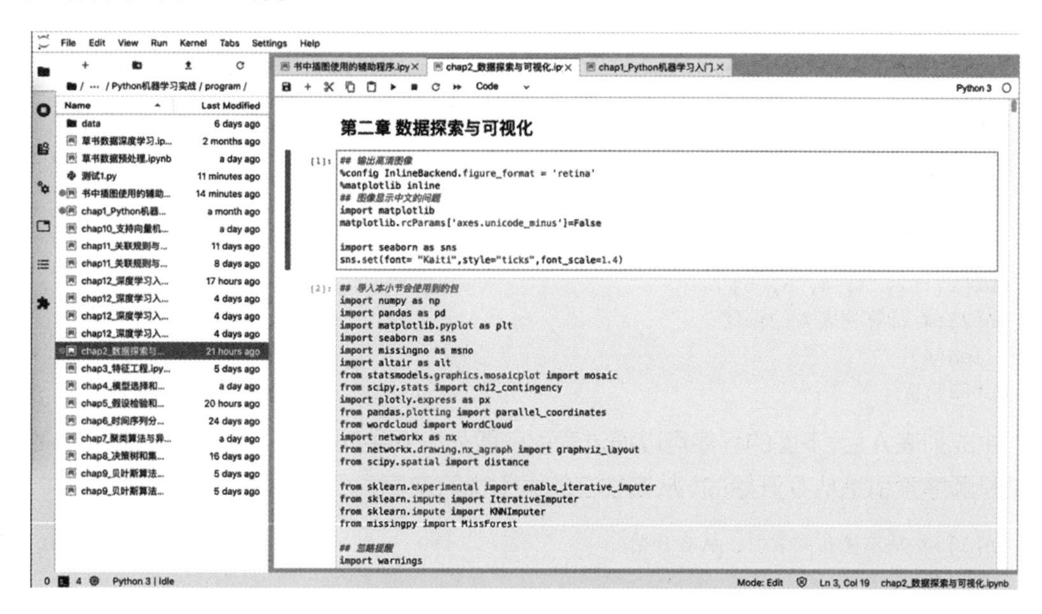

图 1-5　JupyterLab 的使用界面

1.1.2 安装 Python 库

虽然在 Anaconda 中已经提前安装好了常用的 Python 库，但是在使用 Python 进行数据分析与可视化时，会遇到重新安装所需要库的情况。下面介绍一些常用的安装 Python 库的方式。

（1）通过 conda 命令安装，通常使用如下命令。

```
conda install 库的名称
```

（2）通过 pip 命令安装，通常使用如下命令。

```
pip install 库的名称
```

（3）当指定安装库使用的镜像时，可以通过 pip 使用如下命令。

```
pip install -i https://pypi.douban.com/simple 库的名称
```

1.2 Python 的基础知识

本节介绍 Python 的基础知识，包括如何使用 Python 的列表、元组、字典与集合等数据结构，以及 Python 的条件判断语句、循环语句、函数等内容。

1.2.1 列表

列表（list）是 Python 的最基本数据类型之一。列表中的元素按照顺序排列。这个顺序即索引。索引是从 0 开始的。第一个元素索引是 0，第二个元素索引是 1，以此类推。可以通过索引获取列表中的元素。

可以通过 list 函数或者中括号“[ ]”来生成一个列表。例如，下面的程序生成了包含 2~6 这 5 个元素的列表 A，同时使用 len 函数计算列表的长度（列表 A 的长度为 5）。

```
In[1]:# 生成一个列表 A
  A = [2,3,4,5,6]
  A
Out[1]:[2, 3, 4, 5, 6]
In[2]:# 计算列表 A 的长度
  len(A)
Out[2]:5
```

生成列表 A 后，下面的程序可以通过索引获取列表 A 中的元素。其中，从左往右的索引，也就是顺序索引是从 0 开始的；从右往左的索引也叫逆序索引，是从 -1 开始的。

```
In[3]:# 从左往右的索引，从 0 开始
  A[3]
Out[3]:5
In[4]:# 从右往左的索引，从 -1 开始
  A[-2]
Out[4]:5
```

获取列表中一个范围内的元素，可以通过切片索引来完成。例如，使用切片索引“0:3”，获取索引从 0 到 3 的元素，但不包含索引为 3 的元素，即这个范围是一个左闭右开的。下面的程序可以获取列表中多个元素。

```
In[5]:# 获取列表 A 中的一段
  print(A[0:3])            # 输出的结果中不包含索引为 3 的元素
  print(A[1:-1])           # 输出的结果中不包含索引为 -1 的元素
  print(A[-4:])
Out[5]: [2, 3, 4]
        [3, 4, 5]
        [3, 4, 5, 6]
```

针对一个已经生成的列表，可以通过 append 函数在其后面添加一个新元素，并且这个新元素的数据形式可以是多种类型，包括数字、字符串、列表等。例如，下面的程序在列表 A 的末尾添加了新的数字和字符串。

```
In[6]:# 在列表 A 的末尾添加新元素
      A.append(7)                # 添加一个新元素
      A.append("eight")          # 再添加一个新元素
      A
Out[6]: [2, 3, 4, 5, 6, 7, 'eight']
```

在列表的指定位置插入一个新元素可以使用 insert 函数。该函数有两个参数：第一个参数表示插入的位置，第二个参数表示要插入的内容。例如，下面的程序在列表 A 索引为 5 的位置上插入一个字符串 Name。

```
In[7]:# 在列表 A 指定位置添加一个新元素
      A.insert(5,"Name")
      A
Out[7]: [2, 3, 4, 5, 6, 'Name', 7, 'eight']
```

删除列表中的元素可以通过 pop 函数实现。该函数可以删除指定索引号的元素，默认删除列表中的最后一个元素。例如，可以使用下面的程序删除列表 A 中最后一个元素。

```
In[8]:# 删除列表 A 末尾的元素
      A.pop()                           # 删除一个元素
      A.pop(5)                          # 删除索引为 5 的元素
      A
Out[8]: [2, 3, 4, 5, 6, 7]
```

针对列表，还可以通过 del 函数删除列表中指定位置的元素。例如，可以使用下面的程序删除列表 A 中索引为 2 的元素。

```
In[9]:# 通过 del 函数删除指定的元素
      del A[2]
      A
Out[9]: [2, 3, 5, 6, 7]
```

列表中的元素可以使用 Python 中的任何数据类型。例如，下面的程序生成列表 B，其中包含字符串和列表。

```
In[10]:# 列表中的元素还可以是列表
       B = ["A","B",A,[7,8]]
       B
Out[10]: ['A', 'B', [2, 3, 5, 6, 7], [7, 8]]
```

下面的程序可以通过加号“+”将多个列表进行元素合并（列表合并），通过星号“*”将列表的元素进行重复（列表重复），生成新的列表。

```
In[11]:#列表合并
       [1,2,3] + [4,5,6]
Out[11]: [1, 2, 3, 4, 5, 6]
In[12]:# 列表重复
       [1,2,"three"] * 2
Out[12]: [1, 2, 'three', 1, 2, 'three']
```

下面的程序可以通过 reverse 函数获取列表的逆序；可以通过 count 函数统计列表中某元素出现的次数；可以通过 sort 函数对列表中的元素进行排序；还可以通过 min 函数和 max 函数找出列表中的最小值和最大值。

```
In[12]:# 输出列表 A 的内容
       A = [15,2,31,10,12,9,2]
       # 获取列表的逆序
       A.reverse()
```

```
        A
Out[12] [2, 9, 12, 10, 31, 2, 15]
In[13]:# 计算列表 A 中元素出现的次数
        A.count(2)
Out[13]:2
In[14]:# 对列表 A 进行排序
        A.sort()
        A
Out[14]: [2, 2, 9, 10, 12, 15, 31]
In[15]:# 获取列表 A 中的最大值和最小值
        print("A 最小值 :",min(A))
        print("A 最大值 :",max(A))
Out[15]:A 最小值 : 2
         A 最大值 : 31
```

1.2.2 元组

元组（tuple）和列表非常类似，也是 Python 中最常用的一种序列。但是，元组一旦被初始化就不能被修改。可以使用小括号或者 tuple 函数创建元组。在使用小括号创建元组时，只有一个元素的元组在定义时必须在第一个元素后面加一个逗号，例如：

```
In[16]:# 初始化一个元组
        C = (1,2,3,4,5,6)
        C
Out[16]: (1, 2, 3, 4, 5, 6)
In[17]:# 定义只有一个元素的元组
        C1 = (1,)
        C1
Out[17]: (1,)
```

和列表一样，针对元组中的元素，同样可以使用索引获取元素，通过 len 函数计算元组的长度，例如：

```
In[18]:# 通过索引获取元组中的元素
        print(C[1])
        print(C[-1])
        print(C[1:5])
Out[18]:2
         6
         (2, 3, 4, 5)
In[19]:# 计算元组的长度
        len(C)
Out[19]:6
```

可以使用加号“+”将多个元组进行组合。例如，拼接元组 C 和 ("A","B","C")，可获得新元组 D。可以使用乘号“*”获取重复的元组。例如，下面的程序将元组 (1,2,"A","B") 重复两次，可使用 (1,2,"A","B") * 2。

```
In[20]:# 将元组进行组合获得新的元组
       D = C + ("A","B","C")
       D
Out[20]: (1, 2, 3, 4, 5, 6, 'A', 'B', 'C')
In[21]:# 获取重复的元组
       (1,2,"A","B") * 2
Out[21]: (1, 2, 'A', 'B', 1, 2, 'A', 'B')
```

1.2.3 字典

字典是 Python 的最重要数据类型之一。其中，字典的每个元素的键值对（key : value）使用冒号":"分割；键值对之间用逗号","分割；整个字典包括在大括号"{ }"中。计算字典中键值对的数量可以使用 len 函数。例如，可使用下面的程序初始化一个字典 D。

```
In[22]:#  初始化一个字典
       D = {"A":1, "B":2,"C":3,"D":4,"E":5}
       D
Out[22]:{'A': 1, 'B': 2, 'C': 3, 'D': 4, 'E': 5}
In[23]:# 计算字典中元素的数量
       len(D)
Out[23]:5
```

可以通过字典的 keys 函数查看字典的键，通过字典的 values 函数查看字典的值，并且可以通过字典的键获取对应的值。除此之外，还可以使用字典的 get 函数获取字典中的内容，如果没有对应的元素则输出 None。例如：

```
In[24]:# 查看字典中的键
       D.keys()
Out[24]:dict_keys(['A', 'B', 'C', 'D', 'E'])
In[25]:# 查看字典中的值
       D.values()
Out[25]:dict_values([1, 2, 3, 4, 5])
In[26]:# 通过字典中的键获取对应的值
       print('D["B"]:',D["B"])
       print('D["D"]:',D["D"])
Out[26]:D["B"]: 2
        D["D"]: 4
In[27]:# 通过 get 函数获取字典中的内容，如果没有对应元素则输出 None
       print('D.get("C"):',D.get("C"))
       print('D.get("F"):',D.get("F"))
Out[27]:D.get("C"): 3
        D.get("F"): None
```

字典的 pop 函数可以利用键名删除键值对。针对字典中的键值对，也可以将相应键赋予新的值。例如：

```
In[28]:# 删除对应的键值对
       D.pop("A")
Out[28]:D
```

```
          {'B': 2, 'C': 3, 'D': 4, 'E': 5}
In[29]:# 更新字典中的取值
       D["B"] = 10
       D
Out[29]:{'B': 10, 'C': 3, 'D': 4, 'E': 5}
In[30]:# 往字典中添加新的内容
       D["F"] = 11
       D
Out[30]:{'B': 10, 'C': 3, 'D': 4, 'E': 5, 'F': 11}
```

1.2.4 集合

集合（set）是一个无序的无重复元素的序列。可以使用大括号“{ }”或者 set 函数创建集合。需要注意的是，创建一个空集合必须用 set 函数而不是大括号“{ }”，因为大括号“{ }”是用来创建一个空字典的。例如：

```
In[31]:# 创建一个集合
       A = {"A","B","C",4,5,6}
       A
Out[31]:{4, 5, 6, 'A', 'B', 'C'}
In[32]:# 判断元素是否在集合内
       "A" in A
Out[32]:True
In[33]:# 计算集合元素的数量
       len(A)
Out[33]:6
```

集合之间也可以进行相互的运算。例如，集合的差集可以使用减号“-”或者 difference 函数；集合的并集可以使用“｜”或者 union 函数；集合的交集可以使用“&”或者 intersection 函数；集合的并集减去交集可以使用“^”或者 symmetric_difference 函数。例如：

```
In[34]:# 集合之间的运算
       A = {"A","B","C",4,5,6}
       B = {"A","B","D","E",1,2,4,5}
       print("A - B:",A - B)  # 存在集合 A 中但不存在集合 B 中的元素
       print("A - B:",A.difference(B))  # 存在集合 A 中但不存在集合 B 中的元素
       print("A | B:",A | B)  # 集合的并集
       print("A | B:",A.union(B))  # 集合的并集
       print("A & B:",A & B)  # 集合的交集
       print("A & B:",A.intersection(B))  # 集合的交集
       print("A ^ B:",A ^ B)  # AB 集合不同时存在的元素
       print("A ^ B:",A.symmetric_difference(B))  # AB 集合不同时存在的元素
Out[34]:A - B: {6, 'C'}
        A - B: {6, 'C'}
        A | B: {1, 2, 4, 5, 6, 'C', 'B', 'A', 'D', 'E'}
        A | B: {1, 2, 4, 5, 6, 'C', 'B', 'A', 'D', 'E'}
        A & B: {'B', 4, 5, 'A'}
```

```
A & B: {'B', 4, 5, 'A'}
A ^ B: {1, 2, 6, 'C', 'D', 'E'}
A ^ B: {1, 2, 6, 'C', 'D', 'E'}
```

1.2.5 字符串

字符串是 Python 的最常用数据类型。可以使用引号“'”或“"”来创建字符串。字符串的基础使用方式和列表很相似。例如，可以通过索引进行字符串内容的提取，通过 len 函数计算字符串的长度，通过“+”拼接字符串，通过“*”进行字符串的重复输出等。

```
In[35]:# 创建一个字符串 A
       A = "Hello World!"
       print(A)
       print(" 字符串的长度 :",len(A))
Out[35]:Hello World!
        字符串的长度 : 12
In[36]:# 通过索引获取字符串内容
       print("A[2]:",A[2])
       print("A[1:10]",A[1:10])
Out[36]:A[2]: l
        A[1:10] ello Worl
In[37]:# 字符串的拼接
       A + A + "Hello World!"
Out[37]:'Hello World!Hello World!Hello World!'
In[38]:# 字符串的重复输出
       "Hello World!" * 4
Out[38]:'Hello World!Hello World!Hello World!Hello World!'
```

除了可以对字符串进行上述基本操作之外，还可以通过 find 函数查找字符串中的子串，通过 join 函数拼接字符串，通过 split 函数拆分字符串，通过 replace 函数替换字符串中的指定内容，通过 strip 函数删除字符串首尾的空格等。

```
In[39]:# 查找字符串中的子串，找到了就返回第一个字符的索引
       A = "Python 数据分析与可视化实战 "
       print("A.find() : ",A.find(" 分析 "))
Out[39]:A.find() :  8
In[40]:# 拼接字符串
       print("+".join("ABCDE"))
       print("+".join(["A","B","C","D","E"]))
Out[40]:A+B+C+D+E
        A+B+C+D+E
In[41]:# 拆分字符串
       print("Python 数据分析与可视化实战 ".split(" 与 "))
       print("A+B+C+D+E".split("+"))
Out[41]: ['Python 数据分析 ', ' 可视化实战 ']
         ['A', 'B', 'C', 'D', 'E']
In[42]:# 替换字符串中的指定内容
       print("Python 数据分析与可视化实战 ".replace(" 与 ","+"))
       print("A+B+C+D+E".replace("+","-->"))
```

```
Out[42]:Python 数据分析 + 可视化实战
          A-->B-->C-->D-->E
In[43]:# 删除字符串首尾的空格
        print("  Python 数据分析  可视化实战  ".strip())
Out[43]:Python 数据分析  可视化实战
```

1.3 Python 的语法结构

Python 的重要且常用的语法结构，主要有条件判断语句、循环语句等。本节将会对相关的常用内容进行简单介绍，帮助读者快速了解 Python 的语法结构。

1.3.1 条件判断语句

条件判断语句是通过条件语句的执行结果(True 或者 False)来决定是否执行代码块。常用的条件判断语句是 if 语句。例如，判断一个数字 A 是否为偶数，可以使用下面的程序。

```
In[44]:# if 语句
        A = 10
        if A % 2 == 0:                              # 判断是否为偶数
            print("A 是偶数 ")
Out[44]:A 是偶数
```

针对 if / else 语句，其常用的结构如下：

```
if 判断条件:
    执行代码块 1……
else：
    执行代码块 2……
```

如果满足判断条件，则执行代码块 1，否则执行代码块 2。上面的程序判断 A 是偶数，则输出“A 是偶数”。下面的程序判断 A 不是偶数，则输出“A 是奇数”。

```
In[45]:# if  else 语句
        A = 9
        if A % 2 == 0:
            print("A 是偶数 ")
        else:
            print("A 是奇数 ")
Out[45]:A 是奇数
```

In[45] 程序片段的判断结果是二选一的。有时候，判断结果有多种形式。例如，判断学生成绩可以是及格和不及格，也可以是优、良、中。这种多条件判断可以通过增加多个 elif 语句实现。例如，下面的程序判断一个数能否同时被 2 和 3 整除。

```
In[46]:# 多条件判断增加 elif 语句
        A = 1
```

```
        if A % 2 == 0:                        # 能否被 2 整除
            print("A 能被 2 整除 ")
        elif A % 3 == 0 :                     # 能否被 3 整除
            print("A 能被 3 整除 ")
        else:                                 # 其他情况
            print("A 不能被 2、3 整除 ")
Out[46]:A 不能被 2、3 整除
```

多条件判断语句除了使用 if 和 else 外，一般还使用 elif。if 和 elif 语句所列条件之外的情况放到 else 下输出。

1.3.2 循环语句

下面分别介绍利用 for 循环语句和 while 循环语句的示例。for 循环语句主要是遍历一个序列，即将一个序列（如列表、元组等）中的所有元素逐个地取出，每取出一个元素执行一次 for 循环体内的代码块。while 循环语句则是对给定的条件进行判断，当判断结果为真时则执行 while 循环体内的代码块，执行完成后再次对给定的条件进行判断，直到判断结果为假才退出循环。

例如，下面的程序使用 for 循环语句依次从 1 ~ 100 中取出每一个数进行相加，计算 1 ~ 100 的累加和。

```
In[47]:# 通过 for 循环语句计算 1 ~ 100 的累加和
       A = range(1,101)                    # 生成 1 ~ 100 的向量
       Asum = 0
       for i in A:
           Asum += i                       # 等价于“Asum = Asum + i”
       Asum
Out[47]:5050
```

针对计算 1 ~ 100 的累加和，还可以使用 while 循环语句来完成。例如，下面的程序从 100 开始逆向加到 1。

```
In[48]:# 使用 while 循环语句计算 1 ~ 100 的累加和
       A = 100
       Asum = 0
       while A > 0:
           Asum = Asum + A
           A = A - 1
       Asum
Out[48]:5050
```

在循环语句中，还可以通过 break 语句提前跳出循环。例如，下面的程序使用了条件判断语句，如果累加和大于 2000，则通过 break 语句跳出当前的 while 循环语句。

```
In[49]:# 通过 break 语句跳出循环
       A = 100
       Asum = 0
       while A > 0:
           Asum = Asum + A
```

```
            if Asum > 2000:# 如果累加和大于 2000，则执行下面的 break 语句跳出循环
                break
            A = A - 1
        print("Asum:",Asum)
        print("A:",A)
Out[49]:Asum: 2047
         A: 78
```

在 Python 中，还可以在列表中使用循环和判断等语句，这样的列表称为列表表达式。例如，下面的程序生成列表 A 后，通过 for 循环语句将列表 A 中元素使用 int 函数转化为整型，并作为新列表中的元素。

```
In[50]:# 通过列表表达式生成新列表
        A = [15,"2",31,"10",12,"9",2]
        A = [int(i) for i in A]
        A
Out[50]: [15, 2, 31, 10, 12, 9, 2]
```

1.3.3 try/except 语句

“异常”是一个事件，会在程序执行过程中发生，影响了程序的正常执行。一般情况下，Python 在无法正常处理程序时就会发生一个“异常”。捕获“异常”信息可以使用 try/except 语句。try/except 语句用来检测 try 语句中的错误，从而让 except 语句捕获“异常”信息并处理。下面的程序则是通过 for 循环计算一个列表中元素的和，由于列表中有些元素是字符串，无法被直接相加，即直接相加会出错。这里针对这个出错（“异常”）利用 try/except 语句进行捕获并处理。

```
In[51]:# 计算列表 A 中元素的和时，因为数值与字符串不能相加，所以会出错
        A = [0,1,2,3,4,5,6,7,"8","9",10]
        Asum = 0
        for ii in A:
            Asum = Asum + ii
```

执行 In[51] 程序片段会报错，并且会终止程序的执行。

In[52] 程序片段捕获并处理“异常”后继续求和。

```
In[52]:# 计算 A 中数值的和
        A = [0,1,2,3,4,5,6,7,"8","9",10]
        Asum = 0

        for ii in A:
            try:
                Asum = Asum + ii     # 将有可能出现“异常”信息的代码放在 try 下执行
            except:                  # 如果发生“异常”，捕获“异常”信息的代码并执行其下
                                       的代码块
                Asum = Asum + int(ii)      # 将列表 A 中每个元素转化为整型再相加
            else:                    # 如果不发生“异常”，则执行“异常”信息的代码下的代
                                       码块
```

```
            print("没有出错！")
    print(Asum)
    Out[52]:
    没有出错!
    没有出错!
    没有出错!
    没有出错!
    没有出错!
    没有出错!
    没有出错!
    没有出错!
    没有出错!
    55
```

关于 try/except/else 语句说明如下。

（1）try：其下的代码块检验是否有“异常”存在。

（2）except：其下的代码块在出现“异常”时执行。

（3）else：其下的代码块是在不出现“异常”时才执行。

1.4 Python 函数

在编程过程中经常会使用到函数。函数是已经组织好的、可重复使用的、实现单一功能的代码段。函数能提高应用程序的可读性，增强代码的重复利用率。Python 提供了许多内建函数，如 print、len 等函数。本节将简单介绍如何自定义函数以及 lambad 函数的使用。

1.4.1 函数

Python 可以自己定义新的函数。自定义函数的结构如下。

```
def functionname( parameters ):
    """
     函数_文档字符串，对函数进行功能说明
    """
    function_suite                  # 函数体，即函数要实现的功能代码
    return expression               # 函数的输出
```

其中，functionname 表示函数的名称；parameters 指定函数需要传入的参数。自定义一个计算累加和的函数，程序如下。

```
In[52]:# 定义一个计算累加和的函数
       def sumx(x):
           """
            该函数对 1~x 的所有数据求和
            x 表示终止数字，如果 x 为 5，则表示该函数求 1+2+3+4+5 的和
```

```
        """
        x = range(1,x+1)        # 生成 1 ~ x 的向量
        xsum = 0
        for i in x:
            xsum = xsum + i
        return xsum

    # 调用上面的函数
    sumx(200)

Out[52]:20100
```

上面定义的函数中 sumx 是函数名，x 是使用函数时需要输入的参数，调用函数可使用 sumx(x) 来完成。

1.4.2 lambda 函数

lambda 函数也叫匿名函数，即没有具体名称的函数，它可以快速定义单行函数，完成一些简单的计算功能。可以使用下面的程序定义 lambda 函数。

```
In[53]:# 一个参数的 lambda 函数
       f = lambda x: x**2          # 参数为 x，函数的功能为 x**2，即计算 x 的平方
       f(5)
Out[53]:25
In[54]:# 多个参数的 lambda 函数
       f = lambda x,y,z: (x+y)*z # 参数为 x、y、z，函数的功能为 (x+y)*z
       f(5,6,7)
Out[54]:77
```

在 lambda 函数（表达式）中，冒号前面可以有多个参数，参数之间要用逗号分隔；冒号后面是函数的功能以及返回的计算结果。

1.5 数据可视化分析

数据可视化是关于数据视觉表现形式的科学技术研究，它旨在借助图形化手段，清晰有效地传达与沟通信息，是科学可视化与信息可视化的统一。当前，数据可视化在教学、科学研究等方面极为活跃，已成为人工智能和大数据分析的基础内容之一。俗话说“一图胜千言”，相对于复杂难懂且体量庞大的数据，图表所传达的信息量要大得多，并且更有效。

1.5.1 什么是好的数据可视化

数据可视化与信息可视化、科学可视化以及统计图形密切相关。好的数据可视化图像并不是看上去绚丽多彩而极端复杂的，而是能有效地传达数据信息、思想概念的，其美学

形式与功能等需要统筹考虑。

数据可视化的目的是通过对数据进行可视化处理，从而以更简单、精确、有效的方式传递信息。相对于枯燥乏味的数值、复杂的数据结构和类型，人们对图像的形状、位置、大小、色彩等信息能够更好、更快地识别。因此，通过数据可视化得到的图像能够加深对数据的认识、理解与记忆，使信息更容易准确地传播。数据可视化的作用是表达观点，通过设计合适的可视化图像，使得没有背景知识的大众也能读懂图像中隐藏的重要信息。

好的数据可视化案例一般会具有以下特点。

（1）快速传递有用的信息。数据可视化的最主要目的是帮助我们快速从数据中读取想要的信息，因此可视化图像对信息传递的快速、准确非常重要。

（2）充分显示数据的多维性。数据可视化图像应兼顾全局，从多个角度和维度刻画数据，避免陷入数据的局部细节。通过数据对每一维度值的分类、排序、组合等，观察数据的多个属性，从而获取更加全面的信息。

（3）直观地展示信息。我们可以通过好的可视化图像获得复杂的信息，甚至只要简单的图像就能将信息展示，从而使决策者轻松地使用数据。

本书主要讲述的是基于Python的数据可视化分析与实战，并将数据可视化与分析工具相结合，在充分传达有用信息的同时获得较为简单的可视化图像。因此，本书在介绍数据可视化分析和通过Python程序获得可视化图像时，将会尽可能地使用简单的Python程序获取相同的可视化效果。

1.5.2 数据可视化图像的基本类型

数据图像可以分为几大类，如趋势型图像、类别比较型图像、数据关系型图像、数据分布型图像、关联型图像、高维数据型图像、地理空间型图像等。针对这些类型的数据图像，常用的数据可视化图像如图1-6所示。

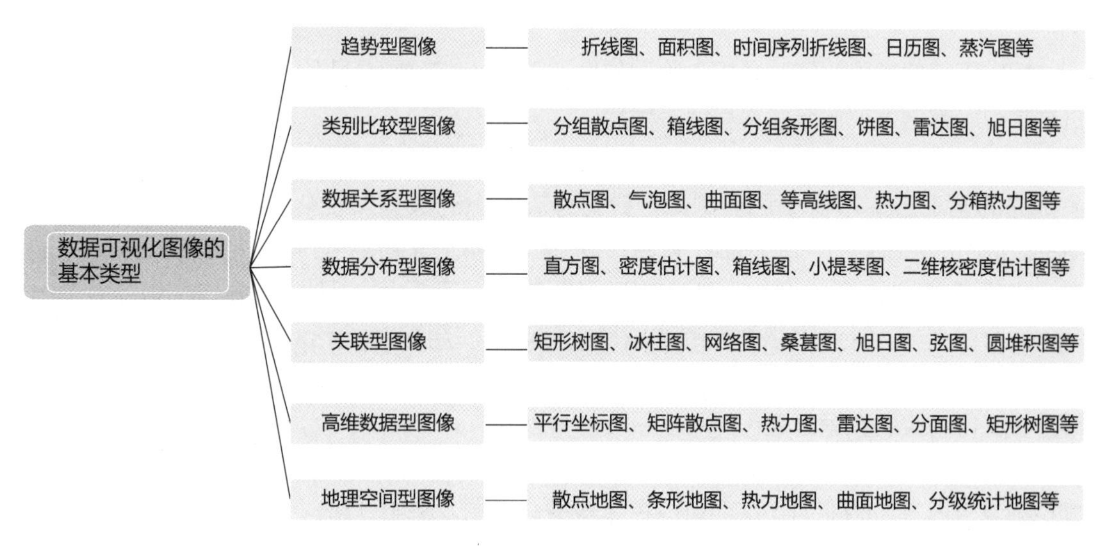

图1-6 常用的数据可视化图像

1.5.3 数据可视化分析基本流程

在利用 Python 进行数据可视化分析时，可以参考图 1-7 所示的数据可视化分析基本流程示意图。在图1-7中，将数据可视化分析分为了5个步骤，分别是确定数据可视化主题、收集数据可视化需要的数据，对数据进行预处理和特征变换，确定展示数据的数据可视化图像及利用 Python 中合适的库进行数据可视化。在实际的数据可视化分析时，可以灵活调整相应的步骤。

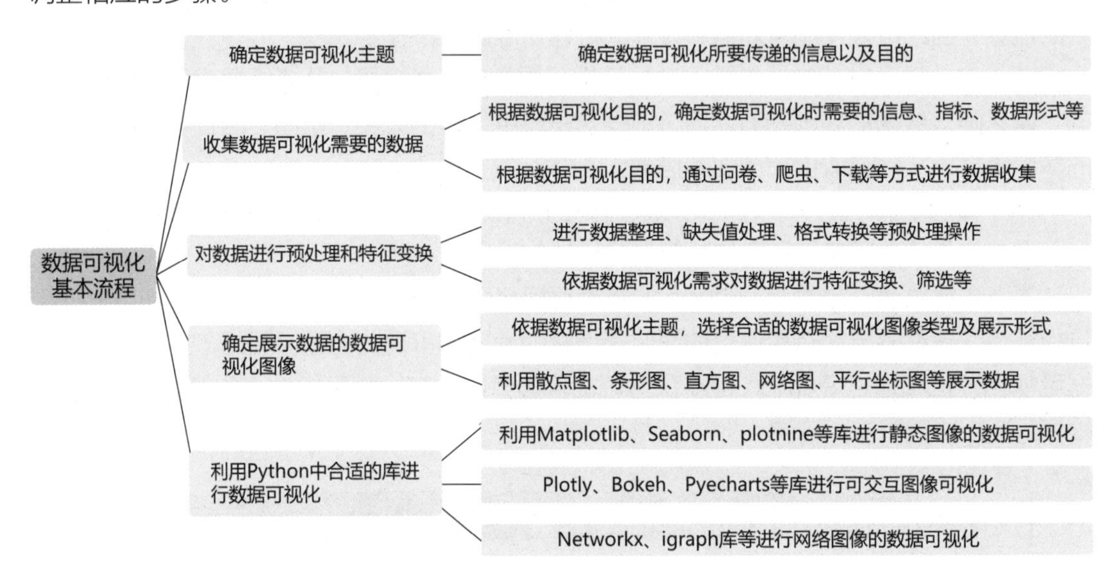

图 1-7　数据可视化分析的基本流程示意图

1.5.4 Python 进行数据可视化分析的优势

相比于其他常见的统计分析与绘图软件，Python 在数据分析、图形绘制、数据挖掘、机器学习等数据可视化方面具有诸多优势。

（1）Python 有大量的数据可视化库。Python 在数据分析与数据可视化领域有很多优秀的第三方库可供使用。例如，针对静态图像的数据可视化，可以使用 Pandas、Matplotlib、Seaborn、plotnine 等库，快速方便地得到自己需要的数据可视化图像，进行信息的快速传递；针对可交互图像的数据可视化，可以使用 Plotly、Bokeh、Pyecharts 等库；针对网络图像的数据可视化可以使用 Networkx、igraph 库等。同时，Python 还拥有针对其他类型图像的数据可视化库，如针对地图的数据可视化库、针对三维图像进行渲染的数据可视化库等。

（2）Python 除了具有强大的数据可视化功能外，还具有数据预处理、数据分析、数据挖掘及机器学习的能力，从而可以在大数据分析的过程中，将这些功能和数据可视化相结合，帮助使用者快速分析数据、解读结果及验证模型效果等，从而提升数据分析和信息获取的效率。

（3）Python 是开源的编程语言，其使用是完全免费的；拥有数量庞大的志愿者，对使用者提出的各种问题进行答疑解惑；具有大量功能丰富的库可以使用；简明易懂，利于初学者学习掌握；可以直接通过 Python 来绘制论文所需要的图像。

1.6 本章小结

本章主要介绍了 Python 的入门内容，并且对数据可视化分析进行了简单的介绍。主要介绍了相关环境的安装和使用，以及 Python 的列表、元组和字典等基础的数据结构，同时还介绍了 Python 中的条件判断、循环与函数等基础的语法结构。针对数据可视化分析，不同类型的可视化图像均有其所使用的数据场景。针对这些图像的数据可视化方式及使用，会在后面更详细的数据可视化实战案例中进行讲解。

第 2 章　Numpy 与 Pandas 的数据操作和可视化

本章主要介绍 Python 最常用的第三方库——Numpy 和 Pandas。如果安装了 Anaconda，这些库也会被自动安装。这些第三方库实现了各种计算功能的开源，极大地丰富了 Python 的应用场景和计算能力。其中，Numpy 是 Python 用来做矩阵运算、高维数组运算的数学计算库；Pandas 是 Python 用来做数据预处理、数据操作、数据分析与数据可视化的库。由于篇幅的限制，无法将这两个库的所有用法全部介绍，读者可以通过官方网址查看更多的应用方式。

在介绍这两个库的应用之前，先在 Jupyter notebook 中输入下面的程序，对整个运行环境进行简单的设置。

```
%config InlineBackend.figure_format = 'retina'
%matplotlib inline
import seaborn as sns
sns.set(font= "Kaiti",style="ticks",font_scale=1.4)
import matplotlib
matplotlib.rcParams['axes.unicode_minus']=False        # 解决坐标轴的负号显示问题
# 导入需要的库
import numpy as np
import pandas as pd
import matplotlib.pyplot as plt
```

在上面的程序中，前两行代码将数据可视化图像输出到程序的下方，并且设置了输出该图像的清晰度（针对 MacOS 系统，可以将数据可视化图像设置为 retina 格式，从而输出清晰度较高的图像；针对 Windows 系统，可以将数据可视化图像设置为 png 等格式）；第 3 至 6 行代码设置了数据可视化图像的中文字体，从而使通过 Matplotlib 与 Pandas 得到的数据可视化图像可以正确地显示中文（针对 Matplotlib 的详细使用及其他的设置方式，将会在第 3 章中介绍）；最后的 3 行代码导入了需要使用的第三方库，其中 Numpy 用 np 代替，Pandas 用 pd 代替，Matplotlib 的 pyplot 模块用 plt 代替。之所以导入 Matplotlib，是因为 Pandas 的数据可视化功能是基于 Matplotlib 的。

进行了上述基本的设置之后，在后面程序中，np 均表示 Numpy，pd 均表示 Pandas。

2.1 Numpy 数据操作

Numpy 最有特点的功能是为 Python 引入了 Numpy 的高维数组（ndarray），从而极大地方便和丰富了 Python 在数值计算方面的能力。Numpy 数组可以是一维的、二维的、三维的甚至更高维度的。其中，每个维度都对应一个轴（axis），以方便对数组的操作。针对数组和轴之间的关系，可以通过图 2-1 展示 Numpy 的高维数组。

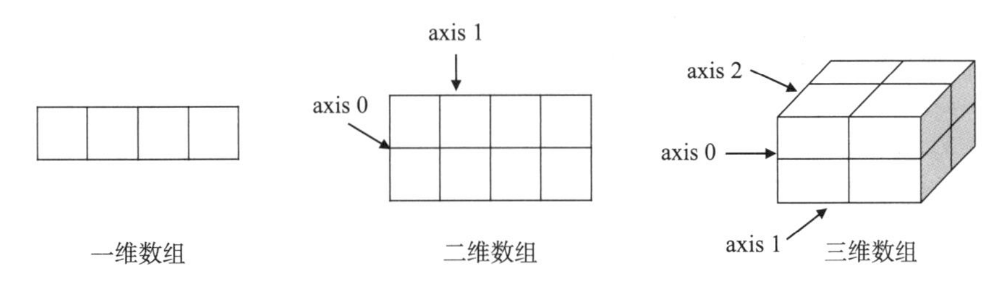

图 2-1　Numpy 的高维数组

下面从如何生成数组开始，介绍 Numpy 的数组和基本操作，以及 Numpy 中与数据分析相关的常用函数等内容。

2.1.1 生成数组的方式

下面介绍多种生成 Numpy 的数组方式。例如，使用 array 函数生成 Numpy 的数组程序如下。

```
In[1]:# 使用 np.array 函数生成 Numpy 的数组
      A = np.array([1,2,3,4,5])                  # 生成一维数组
      A
Out[1]:array([1, 2, 3, 4, 5])
In[2]:# 生成二维数组
      B = np.array([[1,2,3,4,5],[6,7,8,9,10]])
      B
Out[2]:array([[ 1,  2,  3,  4,  5],
              [ 6,  7,  8,  9, 10]])
In[3]:# 生成三维数组
      C = np.array([[[1,2,3,4,5],[6,7,8,9,10]],
                    [[1,2,3,4,5],[6,7,8,9,10]]])
      C
Out[3]:array([[[ 1,  2,  3,  4,  5],
               [ 6,  7,  8,  9, 10]],
              [[ 1,  2,  3,  4,  5],
               [ 6,  7,  8,  9, 10]]])
In[3]:# 查看数组的维度
      print("A.shape:",A.shape)
      print("B.shape:",B.shape)
```

```
      print("C.shape:",C.shape)
Out[3]:A.shape: (5,)
       B.shape: (2, 5)
       C.shape: (2, 2, 5)
In[4]:# 创建数组时指定数据的数据类型
      A = np.array([1,2,3,4,5],dtype = int)
      B = np.array([1,2,3,4,5],dtype = float)
      C = np.array([1,2,3,4,5],dtype = "float32")
      D = np.array([1,2,3,4,5],dtype = np.float16)
      print("A.dtype:",A.dtype)
      print("B.dtype:",B.dtype)
      print("C.dtype:",C.dtype)
      print("D.dtype:",D.dtype)
Out[4]:A.dtype: int64
       B.dtype: float64
       C.dtype: float32
       D.dtype: float16
```

在上面的程序中，使用 np.array 函数将列表生成数组 A、数组 B、数组 C，它们分别是一维数组、二维数组与三维数组，并且可以利用数组的 shape 属性查看其形状。在使用 np.array 函数生成数组时，可以使用 dtype 参数指定数组的数据类型。该参数的取值可以是多种形式的。例如，使用 int 指定数据为整型，使用 float 指定数据为浮点型，使用 float32 指定数据为 32 位浮点型，使用 np.float16 指定数据为 16 位浮点型等。

生成具有特定规律的数组还可以使用 Numpy 中已经定义好的其他函数。例如，下面的程序使用 np.arange 函数可以通过指定起始值、终止值（不包含）和步长等，生成特定的数组；使用 np.linspace 函数可以生成等间距的固定数量的数组。

```
In[5]:# 使用 np.arange 函数生成数组
      D = np.arange(0,10,1,dtype = float)
      D
Out[5]:array([0., 1., 2., 3., 4., 5., 6., 7., 8., 9.])
In[6]:# 使用 np.linspace 函数生成等间距的固定数量的数组
      E = np.linspace(start=0,stop=10,num = 5)
      E
Out[6]:array([0., 2.5, 5., 7.5, 10.])
```

Numpy 可以通过 np.zeros 函数生成指定形状的全 0 数组，通过 np.ones 函数生成指定形状的全 1 数组，通过 np.full 函数使用指定的值生成指定维度的数组，通过 np.eye 函数生成指定形状的单位矩阵（对角线的元素为 1），通过 np.empty 函数生成空数组（数组里面的内容是随机的）。例如：

```
In[7]:# 生成全 0 数组
      np.zeros(shape = (2,5))
Out[7]:array([[0., 0., 0., 0., 0.],
              [0., 0., 0., 0., 0.]])
In[8]:# 生成全 1 数组
      np.ones((2,5))
Out[8]:array([[1., 1., 1., 1., 1.],
```

```
            [1., 1., 1., 1., 1.]])
In[9]:# 生成指定值填充的数组
      np.full((2,5),fill_value = 2.5)
Out[9]:array([[2.5, 2.5, 2.5, 2.5, 2.5],
              [2.5, 2.5, 2.5, 2.5, 2.5]])
In[10]:# 生成对角线为 1 的单位数组
       np.eye(3,5)
Out[10]:array([[1., 0., 0., 0., 0.],
               [0., 1., 0., 0., 0.],
               [0., 0., 1., 0., 0.]])
In[11]:# 生成空数组
       np.empty((2,4))
Out[11]:array([[0.   , 0.03 , 0.215, 0.4  ],
               [0.586, 0.77 , 0.954, 1.   ]])
```

针对生成的数组，可以使用 shape 函数检查其维度，使用 len 函数查看其长度，使用 size 函数查看其元素的个数，使用 ndim 函数查看其轴的数量，使用 dtype 函数查看其数据类型。

```
In[12]:# 检查生成的数组
       A = np.arange(12).reshape(2,6)
       print(" 数组维度 :",A.shape)
       print(" 数组长度 :",len(A))
       print(" 数组元素数量 :",A.size)
       print(" 数组维数 :",A.ndim)
       print(" 数组数据类型 :",A.dtype)
Out[12]: 数组维度 : (2, 6)
         数组长度 : 2
         数组元素数量 : 12
         数组维数 : 2
         数组数据类型 : int64
```

针对数组生成的相关内容就先介绍到这里，下面将会介绍 Numpy 数组的基础操作。

2.1.2 数组的基础操作

Numpy 提供了数组的多种操作，以方便对数组的使用。下面会介绍对数组的索引、切片、变形、拼接和拆分等操作。

针对数组中的元素，可以利用切片索引进行获取，其中索引可以是获取一个元素的基本索引，也可以是获取多个元素的切片索引，以及根据布尔值获取元素的布尔索引。使用切片索引获取数组中元素的相关程序如下。

```
In[13]:# 生成用于演示的数组
       A = np.arange(7)
       B = np.arange(10).reshape(2,5)
       C = np.arange(30).reshape(2,3,5)
       print("A:",A)
       print("B:",B)
```

```
        print("C:",C)
Out[13]:A: [0 1 2 3 4 5 6]
        B: [[0 1 2 3 4]
            [5 6 7 8 9]]
        C: [[[ 0  1  2  3  4]
             [ 5  6  7  8  9]
             [10 11 12 13 14]]
            [[15 16 17 18 19]
             [20 21 22 23 24]
             [25 26 27 28 29]]]
In[14]:# 通过指定对应维度的索引获取单个元素(正序索引从 0 开始)
        print(A[2])                    # 获取指定行的元素
        print(B[1,2])                  # 获取指定行与列的元素
        print(C[1,1,2])                # 获取指定层、行与列的元素
Out[14]:2
        7
        22
In[15]:# 通过倒序索引获取单个元素
        print(A[-2])                   # 获取 A 中倒数第 2 个元素
        print(B[1,-1])                 # 获取 A 第 1 行中倒数第 1 个元素
Out[15]:5
        9
In[16]:# 通过索引可修改对应元素的值
        B[1,1] = 10
        B
Out[16]:array([[ 0,  1,  2,  3,  4],
               [ 5, 10,  7,  8,  9]])
In[17]:# 通过切片索引获取数组中的多个元素(包含起始位置索引，不包含终止位置索引)
        print(" 提取 A[1:5] 包含的元素 :",A[1:5])          # 获取指定位置的多个元素
        print(" 提取 B[:,1:5] 包含的元素 :",B[:,1:5]       # 获取所有行指定列的多个元素
        #获取指定层、指定行所有列的多个元素
        print(" 提取 C[0,0:2,:] 包含的元素 :",C[0,0:2,:])
Out[17]: 提取 A[1:5] 包含的元素 : [1 2 3 4]
        提取 B[:,1:5] 包含的元素 : [[ 1  2  3  4]
                                  [10  7  8  9]]
        提取 C[0,0:2,:] 包含的元素 : [[0 1 2 3 4]
                                     [5 6 7 8 9]]
In[18]:# 通过花式索引获取位置为 (0,0),(1,1),(1,2) 的元素
        B[[0,1,1],[0,1,2]]
Out[18]:array([ 0, 10,  7])
In[19]:# 通过布尔索引获取元素
        B[B > 5]
Out[19]:array([10,  7,  8,  9])
```

Numpy 还可以使用 np.where 函数找到符合条件的值与符合条件值的位置索引。例如，下面的程序可以输出满足条件的行索引和列索引，并且可以指定满足条件时输出的内容与不满足条件时输出的内容。

```
In[20]:# 通过 np.where 函数找到符合条件的值
        a,b = np.where(B % 2 == 1)
```

```
        print(" 行索引 :",a)
        print(" 列索引 :",b)
        print(" 数组中的奇数 :",B[a,b])
Out[20]: 行索引 : [0 0 1 1 1]
         列索引 : [1 3 0 2 4]
         数组中的奇数 : [1 3 5 7 9]
In[21]:# A 中如果是奇数就正常输出，否则就输出对应数值的 10 倍
        np.where(B % 2 == 1, B, 10*B)
Out[21]:array([[  0,   1,  20,   3,  40],
               [  5, 100,   7,  80,   9]])
In[22]:# 使用 reshape 函数改变数组的形状
        A = np.arange(12).reshape(3,4)           # 指定行和列的数量
        B = np.arange(12).reshape(3,-1)          # 只指定行的数量
        C = np.arange(12).reshape(-1,4)          # 只指定列的数量
        print("A.shape:",A.shape)
        print("B.shape:",B.shape)
        print("C.shape:",C.shape)
Out[22]:A.shape: (3, 4)
         B.shape: (3, 4)
         C.shape: (3, 4)
```

针对获得的数组，可以使用 *.T 函数获取其转置；可以使用 *.reval 函数将其展开；也可以使用 *.flatten 函数将其展开；可以使用 *.resize 函数改变其形状；可以使用 transpose 函数对其轴进行变换，如将 3*4*2 的数组转化为 2*4*3 的数组等。相关程序示例如下。

```
In[23]:# 数组的转置
        A.T
Out[23]:array([[ 0,  4,  8],
               [ 1,  5,  9],
               [ 2,  6, 10],
               [ 3,  7, 11]])
In[24]:# 将数组展开
        A.ravel()
Out[24]:array([ 0,  1,  2,  3,  4,  5,  6,  7,  8,  9, 10, 11])
In[25]:# 将数组展开
        A.flatten()
Out[25]:array([ 0,  1,  2,  3,  4,  5,  6,  7,  8,  9, 10, 11])
In[26]:# 使用 resize 函数改变数组的形状
        A.resize((2,6))
        A
Out[26]:array([[ 0,  1,  2,  3,  4,  5],
               [ 6,  7,  8,  9, 10, 11]])
In[27]:# 数组的轴转换
        B = np.arange(24).reshape(3,4,2)
        print("B.shape:",B.shape)
        C = B.transpose((2,1,0))
        print("C.shape",C.shape)
Out[27]:B.shape: (3, 4, 2)
```

```
C.shape (2, 4, 3)
```

Numpy 还提供了针对数组拼接的多种方式。例如，使用 np.concatenate 函数可以按照指定的维度（轴）将数组进行拼接，其中 axis=0 表示在行维度上进行拼接，axis=1 表示在列维度上进行拼接。除此之外，在行维度上进行拼接还可以直接使用 np.vstack 函数，在列维度上进行拼接还可以直接使用 np.hstack 函数或者 np.column_stack 函数。相关程序示例如下。

```
In[28]:# 数组拼接，生成数组 A 和数组 B
       A = np.arange(10).reshape(2,5)
       B = np.arange(0,20,2).reshape(2,5)
       print("A:",A)
       print("B:",B)
Out[28]:A: [[0 1 2 3 4]
            [5 6 7 8 9]]
        B: [[ 0  2  4  6  8]
            [10 12 14 16 18]]
In[29]:# 使用 np.concatenate 函数按照指定的维度进行拼接
       np.concatenate((A,B),axis = 0)           # 在行维度上进行拼接
Out[29]:array([[ 0,  1,  2,  3,  4],
               [ 5,  6,  7,  8,  9],
               [ 0,  2,  4,  6,  8],
               [10, 12, 14, 16, 18]])
In[30]:np.concatenate((A,B),axis = 1)            # 在列维度上进行拼接
Out[30]:array([[ 0,  1,  2,  3,  4,  0,  2,  4,  6,  8],
               [ 5,  6,  7,  8,  9, 10, 12, 14, 16, 18]])
In[31]:np.vstack((A,B))                          # 在行维度上进行拼接
Out[31]:array([[ 0,  1,  2,  3,  4],
               [ 5,  6,  7,  8,  9],
               [ 0,  2,  4,  6,  8],
               [10, 12, 14, 16, 18]])
In[32]:np.hstack((A,B))                          # 在列维度上进行拼接
Out[32]:array([[ 0,  1,  2,  3,  4,  0,  2,  4,  6,  8],
               [ 5,  6,  7,  8,  9, 10, 12, 14, 16, 18]])
In[33]: # 按照列拼接为二维数组
        np.column_stack((np.array([1,1]),A,B))
Out[33]:array([[ 1,  0,  1,  2,  3,  4,  0,  2,  4,  6,  8],
               [ 1,  5,  6,  7,  8,  9, 10, 12, 14, 16, 18]])
```

在 Numpy 中，同样提供了数组拆分的多种方式，使用 np.split 函数可以按照指定的维度（轴）将数组进行拆分，其中 axis=0 表示在行维度上进行拆分，axis=1 表示在列维度上进行拆分。除此之外，还可以使用 np.hsplit 函数在列维度上进行数组的拆分，使用 np.vsplit 函数在行维度上进行数组的拆分。相关程序示例如下。

```
In[34]:# 将数组进行拆分，生成用于演示的数组
       A = np.arange(24).reshape(4,6)
       A
array([[ 0,  1,  2,  3,  4,  5],
       [ 6,  7,  8,  9, 10, 11],
```

```
       [12, 13, 14, 15, 16, 17],
       [18, 19, 20, 21, 22, 23]])
In[35]:C = np.hsplit(A,2)          # 在列维度上将 A 拆分为两个数组
       print("C[0]:",C[0])
       print("C[1]:",C[1])
Out[36]:C[0]: [[ 0  1  2]
               [ 6  7  8]
               [12 13 14]
               [18 19 20]]
    C[1]: [[ 3  4  5]
           [ 9 10 11]
           [15 16 17]
           [21 22 23]]
In[36]:D = np.vsplit(A,2)          # 在行维度上将 A 拆分为两个数组
       print("D[0]:",D[0])
       print("D[1]:",D[1])
Out[36]:D[0]: [[ 0  1  2  3  4  5]
               [ 6  7  8  9 10 11]]
        D[1]: [[12 13 14 15 16 17]
               [18 19 20 21 22 23]]
In[37]:np.split(A,2,axis=0)        # 在行维度上将 A 拆分为两个数组 (np.vsplit)
Out[37]: [array([[ 0,  1,  2,  3,  4,  5],
                 [ 6,  7,  8,  9, 10, 11]]),
          array([[12, 13, 14, 15, 16, 17],
                 [18, 19, 20, 21, 22, 23]])]
In[38]:np.split(A,2,axis=1)        # 在列维度上将 A 拆分为两个数组 (np.hsplit)
Out[38]: [array([[ 0,  1,  2],
                 [ 6,  7,  8],
                 [12, 13, 14],
                 [18, 19, 20]]),
          array([[ 3,  4,  5],
                 [ 9, 10, 11],
                 [15, 16, 17],
                 [21, 22, 23]])]
```

2.1.3 Numpy 的常用函数

Numpy 已经准备了很多进行数组运算的常用函数。下面主要介绍数学函数、统计函数、随机数函数、比较函数、数据保存函数和数据导入函数的使用。

1. 数学函数

数学函数主要进行数学相关的运算，包括加、减、乘、除、平方、指数等运算函数。其中，针对加、减、乘、除运算，不仅可以直接使用“+”“-”“*”“/”等运算符，还可以使用 np.add、np.subtract、np.multiply、np.divide 运算函数。对数组进行基础数学运算的程序示例如下。

```
In[39]:# 数学函数
       A = np.arange(5).reshape(1,-1)
```

```
        B = np.arange(0,10,2).reshape(1,-1)
        print("A:",A)
        print("B:",B)
Out[39]:A: [[0 1 2 3 4]]
         B: [[0 2 4 6 8]]
In[40]:# 加运算
        print("A + B:",A + B)
        print("np.add:",np.add(A,B))
        # 减运算
        print("A - B:",A - B)
        print("np.subtract",np.subtract(A,B))
Out[40]:A + B: [[ 0  3  6  9 12]]
         np.add: [[ 0  3  6  9 12]]
         A - B: [[ 0 -1 -2 -3 -4]]
         np.subtract [[ 0 -1 -2 -3 -4]]
In[41]:# 乘运算
        print("A * B:",A * B)
        print("np.multiply:",np.multiply(A,B))
        # 除运算
        print("A / B:",A / B)              # 由于 0 不能做分母，所以会有 nan 输出
        print("np.divide:",np.divide(A,B))
Out[41]:A * B: [[ 0  2  8 18 32]]
         np.multiply: [[ 0  2  8 18 32]]
         A / B: [[nan 0.5 0.5 0.5 0.5]]
         np.divide: [[nan 0.5 0.5 0.5 0.5]]
```

此外，Numpy 还提供了幂运算函数 np.power、相除取余运算函数 np.mod、相除取整运算函数 np.floor_divide、指数运算函数 np.exp 等。相关程序示例如下。

```
In[42]:# 幂运算
        print("A % B:",A ** B)
        print("np.power:",np.power(A,B))
        # 相除取余运算
        print("A % (B+1):",A % (B+1))
        print("np.mod:",np.mod(A,(B+1)))
        # 相除取整运算
        print("A // (B+1):",A // (B+1))
        print("np.floor_divide:",np.floor_divide(A,(B+1)))
Out[42]:A % B: [[    1     1    16   729 65536]]
         np.power: [[    1     1    16   729 65536]]
         A % (B+1): [[0 1 2 3 4]]
         np.mod: [[0 1 2 3 4]]
         A // (B+1): [[0 0 0 0 0]]
         np.floor_divide: [[0 0 0 0 0]]
In[43]:print(" 指数运算 :",np.exp(A))
        print(" 开方运算 :",np.sqrt(A))
        print(" 平方运算 :",np.square(A))
        print(" 正弦运算 :",np.sin(A))
        print(" 余弦运算 :",np.cos(A))
        print(" 正切运算 :",np.tan(A))
```

```
        print(" 对数运算 :",np.log(A)) # 由于存在 0 所以会有负无穷 "-inf" 输出
Out[43]: 指数运算 : [[ 1.         2.71828183  7.3890561   20.085536 54.59815]]
         开方运算 : [[0.         1.          1.41421356 1.73205081 2.        ]]
         平方运算 : [[ 0  1  4  9 16]]
         正弦运算 : [[ 0.        0.84147098  0.90929743  0.14112001 -0.7568025 ]]
         余弦运算 : [[ 1.       0.54030231 -0.41614684 -0.9899925  -0.65364362]]
         正切运算 : [[ 0.      1.55740772 -2.18503986 -0.14254654  1.15782128]]
         对数运算 : [[       -inf 0.          0.69314718 1.09861229 1.38629436]]
```

2. 统计函数

Numpy已经准备了很多进行数组统计计算的函数。使用这些函数，可以提升工作效率。例如，计算数组的均值可以使用 mean 函数，计算数组的和可以使用 sum 函数，计算数组的累加和可以使用 cumsum 函数。相关程序示例如下。

```
In[44]:# 统计函数
       A = np.arange(12).reshape(3,4)
       A
Out[44]:array([[ 0,  1,  2,  3],
               [ 4,  5,  6,  7],
               [ 8,  9, 10, 11]])
In[45]:# 计算均值
       print(" 数组的均值 :",A.mean())
       print(" 数组每列的均值 :",A.mean(axis = 0))
       print(" 数组每行的均值 :",A.mean(axis = 1))
Out[45]: 数组的均值 : 5.5
         数组每列的均值 : [4. 5. 6. 7.]
         数组每行的均值 : [1.5 5.5 9.5]
In[46]:# 计算和
       print(" 数组的和 :",A.sum())
       print(" 数组每列的和 :",A.sum(axis = 0))
       print(" 数组每行的和 :",A.sum(axis = 1))
Out[46]: 数组的和 : 66
         数组每列的和 : [12 15 18 21]
         数组每行的和 : [ 6 22 38]
In[47]:# 计算累加和
       print(" 数组的累加和 :\n",A.cumsum())
       print(" 数组每列的累加和 :\n",A.cumsum(axis = 0))
       print(" 数组每行的累加和 :\n",A.cumsum(axis = 1))
Out[47]: 数组的累加和 :
         [ 0  1  3  6 10 15 21 28 36 45 55 66]
         数组每列的累加和 :
          [[ 0  1  2  3]
           [ 4  6  8 10]
           [12 15 18 21]]
         数组每行的累加和 :
          [[ 0  1  3  6]
           [ 4  9 15 22]
           [ 8 17 27 38]]
```

数组的标准差和方差在一定程度上反映了数据的离散程度，可以使用 std 函数计算数组的标准差，使用 var 函数计算数组的方差。可以使用 max 函数计算数组的最大值，使用 min 函数计算数组的最小值。可以使用 argmax 函数计算数组的最大值所在的位置，使用 argmin 函数数组的最小值所在的位置。

```
In[48]:# 计算数组的标准差和方差
        print("数组的标准差:",A.std())
        print("数组每列的标准差:",A.std(axis = 0))
        print("数组每行的标准差:",A.std(axis = 1))
        print("数组的方差:",A.var())
        print("数组每列的方差:",A.var(axis = 0))
        print("数组每行的方差:",A.var(axis = 1))
Out[48]:数组的标准差： 3.452052529534663
         数组每列的标准差： [3.26598632 3.26598632 3.26598632 3.26598632]
         数组每行的标准差： [1.11803399 1.11803399 1.11803399]
         数组的方差： 11.916666666666666
         数组每列的方差： [10.66666667 10.66666667 10.66666667 10.66666667]
         数组每行的方差： [1.25 1.25 1.25]
In[49]:# 计算数组的最大值和最小值
        print("数组的最大值:",A.max())
        print("数组每列的最大值:",A.max(axis = 0))
        print("数组每行的最大值:",A.max(axis = 1))
        print("数组的最小值:",A.min())
        print("数组每列的最小值:",A.min(axis = 0))
        print("数组每行的最小值:",A.min(axis = 1))
Out[49]:数组的最大值： 11
         数组每列的最大值： [ 8  9 10 11]
         数组每行的最大值： [ 3  7 11]
         数组的最小值： 0
         数组每列的最小值： [0 1 2 3]
         数组每行的最小值： [0 4 8]
In[50]:# 计算数组的最大值和最小值所在的位置
        print("数组的最大值位置:",A.argmax())
        print("数组每列的最大值位置:",A.argmax(axis = 0))
        print("数组每行的最大值位置:",A.argmax(axis = 1))
        print("数组的最小值位置:",A.argmin())
        print("数组每列的最小值位置:",A.argmin(axis = 0))
        print("数组每行的最小值位置:",A.argmin(axis = 1))
Out[50]:数组的最大值位置： 11
         数组每列的最大值位置： [2 2 2 2]
         数组每行的最大值位置： [3 3 3]
         数组的最小值位置： 0
         数组每列的最小值位置： [0 0 0 0]
         数组每行的最小值位置： [0 0 0]
```

Numpy 可以使用 np.median 函数计算数组的中位数，使用 np.corrcoef 函数计算数组的相关系数，使用 np.unique 函数查看数组的元素，使用 np.sort 函数对数组进行排序等。

```
In[51]:# 计算数组的中位数和相关系数
        print("数组的中位数:",np.median(A))
```

```
        print("数组每列的中位数:",np.median(A,axis = 0))
        print("数组每行的中位数:",np.median(A,axis = 1))
        print("数组行之间的相关系数:",np.corrcoef(A,rowvar=True))
        print("数组列之间的相关系数:",np.corrcoef(A,rowvar=False))
Out[52]:数组的中位数: 5.5
         数组每列的中位数: [4. 5. 6. 7.]
         数组每行的中位数: [1.5 5.5 9.5]
         数组行之间的相关系数: [[1. 1. 1.]
                              [1. 1. 1.]
                              [1. 1. 1.]]
         数组列之间的相关系数: [[1. 1. 1. 1.]
                              [1. 1. 1. 1.]
                              [1. 1. 1. 1.]
                              [1. 1. 1. 1.]]
In[52]:# 查看数组的元素
        print("数组的元素:",np.unique([0,1,2,3,2,3,1,0,2]))
        print("数组的元素及出现次数:", np.unique([0, 1, 2, 3, 2, 3, 1, 0, 2],
              return_counts = True))
Out[52]:数组的元素: [0 1 2 3]
         数组的元素及出现次数: (array([0, 1, 2, 3]), array([2, 2, 3, 2]))
In[53]:# 对数据进行排序
        A = np.array([10,3,56,27,18])
        print("排序",np.sort(A))
        print("排序的索引",np.argsort(A))
        print("通过排序索引排序",A[np.argsort(A)])
Out[53]:排序 [ 3 10 18 27 56]
         排序的索引 [1 0 4 3 2]
         通过排序索引排序 [ 3 10 18 27 56]
```

3. 随机数函数

在机器学习中，经常会使用到随机数，所以 Numpy 提供了很多生成各类随机数的方法。其中，可以使用 np.random.seed 函数设置随机数种子，以保证在使用随机数函数生成随机数时，随机数是可重复出现的。

可以使用 np.random.randn 函数生成服从正态分布的随机数，使用 np.random.permutation 函数对指定范围的整数随机排序，使用 np.random.rand 函数生成服从均匀分布的随机数，使用 np.random.randint 函数在指定范围生成随机整数。使用这些函数的相关程序示例如下。

```
In[54]:# 设置随机数种子
        np.random.seed(11)
        # 生成正态分布的随机数矩阵
        np.random.randn(3,3)
Out[54]:array([[ 1.74945474, -0.286073  , -0.48456513],
               [-2.65331856, -0.00828463, -0.31963136],
               [-0.53662936,  0.31540267,  0.42105072]])
In[55]:# 将0 ~ 10(不包括10)的整数进行随机排序
        np.random.seed(11)
        np.random.permutation(10)
```

```
Out[55]:array([7, 8, 2, 6, 4, 5, 1, 3, 0, 9])
In[56]:# 生成均匀分布的随机数矩阵
       np.random.seed(11)
       np.random.rand(2,3)
Out[56]:array([[0.18026969, 0.01947524, 0.46321853],
               [0.72493393, 0.4202036 , 0.4854271 ]])
In[57]:# 在指定范围内生成随机整数
       np.random.seed(12)
       np.random.randint(low = 2, high=10, size=15)
Out[57]:array([5, 5, 8, 7, 3, 4, 5, 5, 6, 2, 8, 3, 6, 7, 7])
In[58]:# 对一个序列进行随机抽样
       np.random.seed(12)
       print(np.random.choice([0,1,2,3,4,5],size = 10,replace = True))
       print(np.random.choice([0,1,2,3,4,5],size = 5,replace = False))
Out[58]: [3 3 5 1 2 3 3 4 0 1]
         [5 0 3 2 1]
In[59]:# 对一个序列进行随机排序
       np.random.seed(12)
       A = np.array([0,1,2,3,4,5,6,7])
       np.random.shuffle(A)
       A
Out[59]:array([4, 6, 0, 2, 1, 5, 7, 3])
In[60]:# 生成高斯分布的随机数
       np.random.seed(12)
       np.random.normal(loc=0.0, scale=1.0, size=10)
Out[60]:array([ 0.47298583, -0.68142588,  0.2424395 , -1.70073563,  0.75314283,
              -1.53472134,  0.00512708, -0.12022767, -0.80698188,  2.87181939])
```

4. 比较函数

在 Numpy 中，针对比较，不仅可以使用“>”“<”等符号，还可以使用相应的函数，如 np.equal 函数可以进行数据是否相等的比较。使用比较函数的相关程序示例如下。

```
In[61]:A = np.array([2,3,4,5,6])
       # 等于
       print("A == 4:",A == 4)
       print("np.equal:",np.equal(A,4))
       # 不等于
       print("A != 4:",A != 4)
       print("np.not_equal:",np.not_equal(A,4))
       # 小于
       print("A < 4:",A < 4)
       print("np.less:",np.less(A,4))
       # 小于或等于
       print("A <= 4:",A <= 4)
       print("np.less_equal:",np.less_equal(A,4))
       # 大于
       print("A > 4:",A > 4)
       print("np.greater:",np.greater(A,4))
```

```
        # 大于或等于
        print("A >= 4:",A >= 4)
        print("np.greater_equal:",np.greater_equal(A,4))
Out[61]:A == 4: [False False  True False False]
         np.equal: [False False  True False False]
         A != 4: [ True  True False  True  True]
         np.not_equal: [ True  True False  True  True]
         A < 4: [ True  True False False False]
         np.less: [ True  True False False False]
         A <= 4: [ True  True  True False False]
         np.less_equal: [ True  True  True False False]
         A > 4: [False False False  True  True]
         np.greater: [False False False  True  True]
         A >= 4: [False False  True  True  True]
         np.greater_equal: [False False  True  True  True]
```

5. 数据保存函数和数据导入函数

Numpy 提供了数据保存函数 np.save 和数据导入函数 np.load。其中，np.save 函数通常将一个数组保存为 .npy 文件。若要保存多个数组，可以使用 np.savez 函数，并且可以为每个数组指定名称，方便导入数组后获取数据。相关程序示例如下。

```
In[62]:# 数据的存储和导入
        A = np.arange(2,30,2).reshape(2,-1)
        # 将数组保存为 .npy 文件
        np.save("data/chap2/Aarray.npy",A)
        # 导入已经保存的数据文件 A
        B = np.load("data/chap2/Aarray.npy")
        B
Out[62]:array([[ 2,  4,  6,  8, 10, 12, 14],
               [16, 18, 20, 22, 24, 26, 28]])
In[63]:# 将多个数组保存为一个压缩文件
        np.savez("data/chap2/ABarray.npz",x = A, y = B)
        # 导入保存的数据
        data = np.load("data/chap2/ABarray.npz")
        print('data["y"]:\n',data["y"])
Out[63]:data["y"]:
          [[ 2  4  6  8 10 12 14]
           [16 18 20 22 24 26 28]]
```

在 Numpy 中，还可以使用 np.savetxt 函数和 np.loadtxt 函数将数据保存为 txt 文件以及导入 txt 文件。相关程序示例如下。

```
In[64]:# 保存 txt 文件
        np.savetxt("data/chap2/Adata.txt",X=A)
        # 导入 txt
        Atxt = np.loadtxt("data/chap2/Adata.txt")
        Atxt
Out[64]:array([[ 2.,  4.,  6.,  8., 10., 12., 14.],
               [16., 18., 20., 22., 24., 26., 28.]])
```

2.2 Pandas 数据的生成和读取

Pandas 在数据分析中是非常重要的库。它利用数据框（数据表）使数据的处理和操作变得简单、快捷，并在数据预处理、缺失值填补、时间序列处理、数据可视化等方面都有广泛应用。

2.2.1 序列和数据表的生成

Pandas 的序列（Series）可以被看作一维数组，能够容纳任何类型的数据。可以使用 pd.Series(data, index,…) 生成序列。其中，data 参数指定序列中的数据，通常使用数组或者列表; index 参数通常指定序列中的索引。例如，使用下面的程序可以生成序列 s1，并且可以通过 s1.values 和 s1.index 获取序列的数值和索引。通过字典也可以生成序列。其中，字典的键会作为序列的索引; 字典的值会作为序列的值。在下面的程序中，s2 就是利用字典生成的序列。针对序列，可以使用 value_counts 函数计算序列中每个取值出现的次数。

```
In[1]:# 生成一个序列
      s1 = pd.Series(data = [1,2,3,4,5],index = ["a","b","c","d","e"],
                     name = "var1")
       s1
Out[1]:a    1
       b    2
       c    3
       d    4
       e    5
       Name: var1, dtype: int64
In[2]:# 获取序列的数值和索引
      print(" 数值 :",s1.values)
      print(" 索引 :",s1.index)
Out[2]: 数值 : [1 2 3 4 5]
        索引 : Index(['a', 'b', 'c', 'd', 'e'], dtype='object')
In[3]:# 通过字典生成序列
      s2 = pd.Series({"A":100,"B":200,"C":300,"D":200,"E":100})
      s2
Out[3]:A    100
       B    200
       C    300
       D    200
       E    100
       dtype: int64
In[4]:# 计算序列中每个取值出现的次数
      s2.value_counts()
Out[4]:200    2
```

```
    100    2
    300    1
    dtype: int64
```

数据表（Data Frame）是 Pandas 提供的一种二维数据结构，是数据分析经常使用的数据展示方式，其中数据是按行和列的表格方式排列的。通常使用 pd.DataFrame (data, index, columns,…) 生成数据表。其中，data 参数可以使用字典、数组等内容；index 参数用于指定数据表的索引；columns 参数用于指定数据表的列名。

在使用字典生成数据表时，字典的键会作为数据表格的列名，字典的值会作为对应列的内容。可以使用 df1[" 列名 "] 为数据表 df1 添加新的列，或者获取对应列的内容。df1.columns 函数则可以输出数据表的列名。下面的程序分别通过字典和数值生成对应的数据表。

```
In[5]:# 将字典生成数据表
      data = {"name":["Anan","Adam","Tom","Jara","AqL"],
              "age":[20,15,10,18,25],
              "sex":["F","M","F","F","M"]}
      df1 = pd.DataFrame(data = data)
      print(df1)
Out[5]:   name  age sex
       0  Anan   20   F
       1  Adam   15   M
       2   Tom   10   F
       3  Jara   18   F
       4   AqL   25   M
In[6]:# 为数据表添加新的变量
      df1["high"] = [175,170,165,180,178]
      print(df1)
Out[6]:   name  age sex  high
      0  Anan   20   F   175
      1  Adam   15   M   170
      2   Tom   10   F   165
      3  Jara   18   F   180
      4   AqL   25   M   178
In[7]:# 获取数据表的列名
      df1.columns
Out[7]:Index(['name', 'age', 'sex', 'high'], dtype='object')
In[8]:# 通过数组生成数据表
      data = np.arange(24).reshape(4,6)
      df2 = pd.DataFrame(data=data,columns=["A","B","C","D","E","F"],
                         index = ["a","b","c","d"])
      print(df2)
Out[8]:    A   B   C   D   E   F
       a   0   1   2   3   4   5
       b   6   7   8   9  10  11
       c  12  13  14  15  16  17
       d  18  19  20  21  22  23
```

2.2.2 数据索引

针对生成的序列，可以通过索引获取序列中的对应数值，也可以对获得的数值重新进行赋值操作，还可以通过列名获取数据表中对应的列。相关程序示例如下。

```
In[9]:# 通过索引获取序列中的内容
      print(s1[["a","c"]])
      print(s1[[0,2]])
Out[9]:a    1
       c    3
       Name: var1, dtype: int64
       a    1
       c    3
       Name: var1, dtype: int64
In[10]:# 通过索引改变数据的取值
       s1[["a","c"]] = [10,12]
       s1
Out[10]:a    10
        b     2
        c    12
        d     4
        e     5
        Name: var1, dtype: int64
In[11]:# 通过列名获取数据表中的数据
       print(df1[["age","high"]])
Out[11]:   age  high
        0   20   175
        1   15   170
        2   10   165
        3   18   180
        4   25   178
```

针对数据表，还可以使用 *.loc 或者 *.iloc 获取指定的数据。其中，*.loc 是基于位置的索引获取对应内容的，并通过 *.loc[index_name，col_name] 选择指定位置的数据。*.iloc 的使用方式和 *.loc 相似，不同的是 *.iloc 必须同时指定行或列的数值索引，并且索引也必须为列表或数组的形式。相关程序示例如下。

```
In[12]:# 输出某一行
       print(df1.loc[2])
       # 输出多行
       print(df1.loc[1:3])                       # 会包括第一行和第三行
       # 输出指定的行和列
       print(df1.loc[1:3,["name","sex"]])        # 会包括第一行和第三行
       # 输出性别为 F 的行和列
       print(df1.loc[df1.sex == "F",["name","sex"]])
Out[12]:    name    Tom
            age      10
            sex       F
```

```
        high    165
        Name: 2, dtype: object
          name  age  sex  high
       1  Adam   15   M   170
       2   Tom   10   F   165
       3  Jara   18   F   180
          name sex
       1  Adam   M
       2   Tom   F
       3  Jara   F
          name sex
       0  Anan   F
       2   Tom   F
       3  Jara   F
In[13]:# df.iloc 是基于位置的索引
       # 获取指定的行
       print(" 指定的行 :\n",df1.iloc[0:2])
       # 获取指定的列
       print(" 指定的列 :\n",df1.iloc[:,0:2])
       #  获取指定位置的数据
       print(" 指定位置的数据 :\n",df1.iloc[0:2,1:4])
       # 在根据条件索引获取数据时，要将索引转化为列表或数组
       print(df1.iloc[list(df1.sex == "F"),0:3])
       print(df1.iloc[np.array(df1.sex == "F"),0:3])
Out[13]:  指定的行：
          name  age sex  high
       0  Anan   20   F   175
       1  Adam   15   M   170
       指定的列：
          name  age
       0  Anan   20
       1  Adam   15
       2   Tom   10
       3  Jara   18
       4   AqL   25
       指定位置的数据：
           age sex  high
       0   20   F   175
       1   15   M   170
          name  age sex
       0  Anan   20   F
       2   Tom   10   F
       3  Jara   18   F
          name  age sex
       0  Anan   20   F
       2   Tom   10   F
       3  Jara   18   F
In[14]:# 通过列名获取数据并为其重新赋值
       df1.high = [170,175,177,178,180]
```

```
        print(df1)
Out[14]:    name  age sex  high
         0  Anan   20   F   170
         1  Adam   15   M   175
         2   Tom   10   F   177
         3  Jara   18   F   178
         4   AqL   25   M   180
In[15]:# 选择指定的区域并重新赋值
        df1.iloc[0:1,0:2] = ["Apple",25]
        print(df1)
Out[15]:     name  age sex  high
         0  Apple   25   F   170
         1   Adam   15   M   175
         2    Tom   10   F   177
         3   Jara   18   F   178
         4    AqL   25   M   180
```

2.2.3 数据读取

Pandas 提供了读取外部数据的多种方式。例如，可以使用 pd.read_csv 函数、pd.read_table 函数读取 CSV 文件，使用 pd.read_excel 函数读取 Excel 文件，使用 pd.read_json 函数读取 Json 文件，使用 pd.read_spss 函数读取 SPSS 格式的数据文件等。除此之外，还可以使用 *.to_xx 函数将 Pandas 数据 * 保存为 xx 格式的数据文件。例如，使用 df1.to_csv 函数表示将数据 df1 保存为 CSV 格式的文件。使用 Pandas 读取各类数据的程序示例如下。

```
In[16]:# 使用 pd.read_csv 函数读取 CSV 文件
        iris = pd.read_csv("data/chap2/Iris.csv")
        print(iris.head(2))
Out[16]:Id SepalLengthCm SepalWidthCm  PetalLengthCm  PetalWidthCm    Species
        0   1          5.1         3.5            1.4           0.2  Iris-setosa
        1   2          4.9         3.0            1.4           0.2  Iris-setosa
In[17]:# 使用 pd.read_table 函数读取 CSV 文件
        iris = pd.read_table("data/chap2/Iris.csv",delimiter = ",")
        print(iris.head(2))
Out[17]: Id  SepalLengthCm  SepalWidthCm  PetalLengthCm  PetalWidthCm  Species
        0   1          5.1         3.5            1.4           0.2     Iris-setosa
        1   2          4.9         3.0            1.4           0.2     Iris-setosa
In[18]:# 读取 Excel 文件
        iris = pd.read_excel("data/chap2/Iris.xlsx")
        print(iris.head(2))
Out[18]: Id  SepalLengthCm  SepalWidthCm  PetalLengthCm  PetalWidthCm  Species
         0   1          5.1         3.5            1.4             0.2  Iris-setosa
         1   2          4.9         3.0            1.4             0.2  Iris-setosa
In[19]:iris = pd.read_json("data/chap2/Iris.json")
        print(iris.head(2))
Out[19]: Id  SepalLengthCm  SepalWidthCm  PetalLengthCm  PetalWidthCm  Species
```

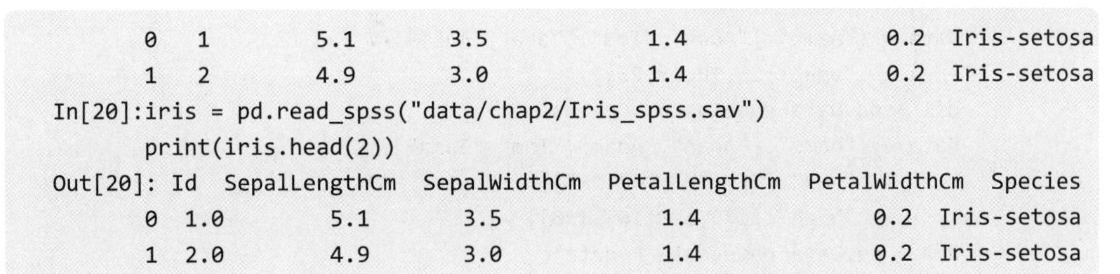

```
     0   1        5.1       3.5           1.4                 0.2  Iris-setosa
     1   2        4.9       3.0           1.4                 0.2  Iris-setosa
In[20]:iris = pd.read_spss("data/chap2/Iris_spss.sav")
     print(iris.head(2))
Out[20]: Id  SepalLengthCm  SepalWidthCm  PetalLengthCm  PetalWidthCm  Species
     0  1.0          5.1          3.5           1.4          0.2  Iris-setosa
     1  2.0          4.9          3.0           1.4          0.2  Iris-setosa
```

2.3 Pandas 数据操作

针对生成或读取的数据表，通常还要对数据进行各种各样的操作，如数据表之间的合并、数据表的转换、数据表的聚合和分组计算等。下面详细介绍如何使用 Pandas 对数据表完成上述操作。

2.3.1 数据表的合并

Pandas 提供了多种对数据表进行合并的操作，如 pd.concat 函数、pd.merge 函数等。其中，pd.concat 函数可以快速简便地完成数据表的合并，且其使用方式和前面介绍的 np.concatenate 函数相似。相关程序示例如下。

```
In[21]:# 根据行拼接两个数据表
       df1 = iris.iloc[0:2,0:4]
       df2 = iris.iloc[20:22,0:4]
       print(pd.concat([df1,df2],axis=0,ignore_index=True))
Out[21]:      Id  SepalLengthCm  SepalWidthCm  PetalLengthCm
       0   1.0            5.1           3.5            1.4
       1   2.0            4.9           3.0            1.4
       2  21.0            5.4           3.4            1.7
       3  22.0            5.1           3.7            1.5
In[21]:# 根据列拼接两个数据表
       df1 = iris.iloc[0:2,0:2]
       df2 = iris.iloc[20:22,3:5]
       print(pd.concat([df1,df2],axis=1))
Out[21]:      Id  SepalLengthCm  PetalLengthCm  PetalWidthCm
       0   1.0            5.1            NaN           NaN
       1   2.0            4.9            NaN           NaN
       20  NaN            NaN            1.7           0.2
       21  NaN            NaN            1.5           0.4
```

如果想要实现类似于数据库关系代数的数据连接方式，可以使用 pd.merge 函数。pd.merge 函数通过指定的关键列对数据表进行内连接、外连接、左连接和右连接等。相关程序示例如下。

```
In[22]:# pd.merge 函数通过关键列合并数据表
```

```
        data = {"name":["Adam","Tom","Jara","AqL"],
                "age":[15,10,18,25]}
        df1 = pd.DataFrame(data = data)
        data = {"name":["Anan","Adam","Tom","Jara"],
                "sex":["F","M","F","F"],
                "high":[175,170,165,180]}
        df2 = pd.DataFrame(data = data)
        # 自动通过相同的列名进行数据拼接，默认只保留共有的元素（内连接）
        print(pd.merge(df1,df2))
Out[22]:   name  age sex  high
        0  Adam   15   M   170
        1   Tom   10   F   165
        2  Jara   18   F   180
In[23]:# 指定数据拼接的方式为 outer（外连接）
        print(pd.merge(df1,df2,how = "outer"))
Out[23]:   name   age  sex   high
        0  Adam  15.0    M  170.0
        1   Tom  10.0    F  165.0
        2  Jara  18.0    F  180.0
        3   AqL  25.0  NaN    NaN
        4  Anan   NaN    F  175.0
In[24]:# 指定数据拼接的方式为 left（左连接）
        print(pd.merge(df1,df2,how = "left"))
Out[24]:   name  age  sex   high
        0  Adam   15    M  170.0
        1   Tom   10    F  165.0
        2  Jara   18    F  180.0
        3   AqL   25  NaN    NaN
In[25]:# 指定数据拼接的方式为 right（右连接）
        print(pd.merge(df1,df2,how = "right"))
Out[25]:  name   age sex  high
        0  Anan   NaN   F   175
        1  Adam  15.0   M   170
        2   Tom  10.0   F   165
        3  Jara  18.0   F   180
```

使用 Pandas 进行数据连接还有更多灵活的使用方式，由于篇幅的限制这里就不再一一介绍了。

2.3.2 数据表的转换

当对数据集中所有的变量数据进行了明确细分时，取值不存在重复循环也无法归类的数据通常称为宽型数据（非堆叠数据），而分类变量的数据通常称为长型数据（堆叠数据）。很多时候根据使用的方式和目的不同，并不能完全区分宽型数据和长型数据，因此数据的转换应该以实际的应用需求为主。

下面利用鸢尾花数据集，介绍如何使用 Pandas 的相关函数进行数据集的长型数据与宽型数据转换。其中宽型数据转化为长型数据使用 pd.melt 函数完成，长型数据转化为

宽型数据使用 pd.pivot 函数完成。相关程序示例如下。

```
In[26]:# 读取用于演示的数据
       Iris = pd.read_csv("data/chap2/Iris.csv")
       print(Iris.head())
Out[26]:Id  SepalLengthCm   SepalWidthCm  PetalLengthCm  PetalWidthCm   Species
        0   1     5.1             3.5       1.4            0.2          Iris-setosa
        1   2     4.9             3.0       1.4            0.2          Iris-setosa
        …
        4   5     5.0             3.6       1.4            0.2          Iris-setosa
In[27]:# 宽型数据转换为长型数据
       Irislong = pd.melt(Iris,id_vars=["Id","Species"],var_name = "Feature",
                          value_name = "size")
       print(Irislong.head())
Out[27]:    Id      Species          Feature  size
        0   1  Iris-setosa  SepalLengthCm   5.1
        1   2  Iris-setosa  SepalLengthCm   4.9
        …
        4   5  Iris-setosa  SepalLengthCm   5.0
In[28]:# 长型数据转换为宽型数据
       Iriswidth = pd.pivot(Irislong,index=["Id","Species"],columns = "Feature",
                            values = "size")
       print(Iriswidth.head())
Out[29]:Feature      PetalLengthCm  PetalWidthCm  SepalLengthCm  SepalWidthCm
        Id Species
        1  Iris-setosa          1.4           0.2            5.1          3.5
        2  Iris-setosa          1.4           0.2            4.9          3.0
        …
        5  Iris-setosa          1.4           0.2            5.0          3.6
In[29]:# 使用 Iriswidth.reset_index 函数将数据转换为数据表形式
       Iriswidth.reset_index()
Out[29]:
```

Feature	Id	Species	PetalLengthCm	PetalWidthCm	SepalLengthCm	SepalWidthCm
0	1	Iris-setosa	1.4	0.2	5.1	3.5
1	2	Iris-setosa	1.4	0.2	4.9	3.0
2	3	Iris-setosa	1.3	0.2	4.7	3.2
3	4	Iris-setosa	1.5	0.2	4.6	3.1
4	5	Iris-setosa	1.4	0.2	5.0	3.6
...	...	...	...	...	...	...
145	146	Iris-virginica	5.2	2.3	6.7	3.0
146	147	Iris-virginica	5.0	1.9	6.3	2.5
147	148	Iris-virginica	5.2	2.0	6.5	3.0
148	149	Iris-virginica	5.4	2.3	6.2	3.4
149	150	Iris-virginica	5.1	1.8	5.9	3.0

150 rows × 6 columns

数据集的长型数据与宽型数据转换在数据可视化时经常会使用到，后面的章节中也会出现相关的应用示例。

2.3.3 数据表的聚合和分组计算

Pandas 提供了数据表的聚合和分组计算功能。例如，可以通过 apply 函数将指定函数作用于数据行或者列，而 groupby 函数可以对数据进行分组统计。这些功能在数据表的转换、分析和计算方面都非常有用。

下面继续使用前面导入的鸢尾花数据集，介绍如何使用 apply 函数将指定函数应用于数据，进行并行计算。相关程序示例如下。

```
In[30]:# 计算每列的均值
       Iris.iloc[:,1:5].apply(func = np.mean,axis = 0)
Out[30]:SepalLengthCm    5.843333
        SepalWidthCm     3.054000
        PetalLengthCm    3.758667
        PetalWidthCm     1.198667
        dtype: float64
In[31]:# 计算每列的最小值和最大值
       min_max = Iris.iloc[:,1:5].apply(func = (np.min,np.max),axis = 0)
       print(min_max)
Out[31]:      SepalLengthCm  SepalWidthCm  PetalLengthCm  PetalWidthCm
        amin            4.3           2.0            1.0           0.1
        amax            7.9           4.4            6.9           2.5
In[32]:# 计算每列的样本量
       Iris.iloc[:,1:5].apply(func = np.size,axis = 0)
Out[32]:SepalLengthCm    150
        SepalWidthCm     150
        PetalLengthCm    150
        PetalWidthCm     150
        dtype: int64
In[33]:# 按行进行计算，只演示前 5 个样本
       des = Iris.iloc[0:5,1:5].apply(func = (np.min, np.max, np.mean, np.std,
                                              np.var),axis = 1)
       print(des)
Out[33]:   amin  amax   mean       std       var
        0   0.2   5.1  2.550  2.179449  4.750000
        1   0.2   4.9  2.375  2.036950  4.149167
        2   0.2   4.7  2.350  1.997498  3.990000
        3   0.2   4.6  2.350  1.912241  3.656667
        4   0.2   5.0  2.550  2.156386  4.650000
```

通过上面的程序可以发现利用 apply 函数可以使指定函数的应用变得简单，从而方便对数据进行快捷的计算和分析。

groupby 函数的应用比 apply 函数更加广泛。例如，下面的程序根据数据的不同类型，计算数据的均值、偏度等统计特征，获得数据透视表。

```
In[34]:# 利用 groupby 函数进行分组统计，分组计算均值
       res = Iris.drop("Id",axis=1).groupby(by = "Species").mean()
       print(res)
```

```
        # 分组计算偏度
        res = Iris.drop("Id",axis=1).groupby(by = "Species").skew()
        print(res)
Out[34]:              SepalLengthCm  SepalWidthCm  PetalLengthCm  PetalWidthCm
         Species
         Iris-setosa          5.006         3.418          1.464         0.244
         Iris-versicolor      5.936         2.770          4.260         1.326
         Iris-virginica       6.588         2.974          5.552         2.026
                      SepalLengthCm  SepalWidthCm  PetalLengthCm  PetalWidthCm
         Species
         Iris-setosa       0.120087      0.107053       0.071846      1.197243
         Iris-versicolor   0.105378     -0.362845      -0.606508     -0.031180
         Iris-virginica    0.118015      0.365949       0.549445     -0.129477
```

可以通过 agg 函数完成数据表的聚合计算，agg 函数可以和 groupby 函数相结合进行使用，从而完成更复杂的数据描述和分析工作。例如，下面的程序可以计算不同类型数据的统计特征等。

```
In[35]:# 进行聚合计算
        res = Iris.drop("Id",axis=1).agg({"SepalLengthCm":["min","max","median"],
                                         "SepalWidthCm":["min","std","mean",],
                                         "Species":["count"]})
        print(res)
Out[35]:          SepalLengthCm  SepalWidthCm  Species
         min               4.3      2.000000      NaN
         max               7.9           NaN      NaN
         median            5.8           NaN      NaN
         std               NaN      0.433594      NaN
         mean              NaN      3.054000      NaN
         count             NaN           NaN    150.0
In[36]:# 分组后对数据的相关列进行聚合计算
        res = Iris.drop("Id",axis=1).groupby(
            by = "Species").agg({"SepalLengthCm":["min","max"],
                                 "SepalWidthCm":["std"],
                                 "PetalLengthCm":["skew"],
                                 "PetalWidthCm":[np.size]})
        print(res)
Out[36]:          SepalLengthCm      SepalWidthCm PetalLengthCm PetalWidthCm
                           min  max           std          skew         size
        Species
        Iris-setosa        4.3  5.8      0.381024      0.071846         50.0
        Iris-versicolor    4.9  7.0      0.313798     -0.606508         50.0
        Iris-virginica     4.9  7.9      0.322497      0.549445         50.0
```

2.3.4 处理时间数据

对于时间数据，Pandas 具有很强的处理能力。Pandas 最初就是为了处理金融模型而创建的，所以对日期、时间以及带时间索引的序列处理能力较强。时间相关的处理方式多种多样，但是篇幅有限，所以本书只能简单地介绍如何使用 pd.DatetimeIndex 函数生成时间序列的索引，以及使用 pd.date_range 函数生成有规律的时间序列等内容。相关程序示例如下。

```
In[37]:# 使用时间索引
       S1 = pd.Series([5,10,15],index=pd.DatetimeIndex(["2021-10-1", "2021-10-
           2","2021-10-2"]))
       print(S1)
       # 通过时间切片获取数据
       print(S1["2021-10-2":])
Out[37]:2021-10-01     5
        2021-10-02    10
        2021-10-02    15
         dtype: int64
        2021-10-02    10
        2021-10-02    15
        dtype: int64
In[38]:# 频率为年的索引
       print(pd.date_range(start="1998",periods=10,freq = "Y"))
       # 频率为月的索引
       print(pd.date_range(start="1998",periods=10,freq = "M"))
       # 频率为天的索引（默认）
       print(pd.date_range(start="1998",periods=10))
Out[38]:DatetimeIndex(['1998-12-31', '1999-12-31', '2000-12-31', '2001-12-31',
                       '2002-12-31', '2003-12-31', '2004-12-31', '2005-12-31',
                       '2006-12-31', '2007-12-31'],
                      dtype='datetime64[ns]', freq='A-DEC')
        DatetimeIndex(['1998-01-31', '1998-02-28', '1998-03-31', '1998-04-30',
                       '1998-05-31', '1998-06-30', '1998-07-31', '1998-08-31',
                       '1998-09-30', '1998-10-31'],
                      dtype='datetime64[ns]', freq='M')
        DatetimeIndex(['1998-01-01', '1998-01-02', '1998-01-03', '1998-01-04',
                       '1998-01-05', '1998-01-06', '1998-01-07', '1998-01-08',
                       '1998-01-09', '1998-01-10'],
                      dtype='datetime64[ns]', freq='D')
```

2.4 Pandas 数据可视化

数据可视化技术是数据探索的重要利器。在观察数据时，有效利用数据可视化技术往往能够取得事半功倍的效果，尤其是在面对海量数据时，通过观察数据可视化图像通常能够得到更多的有用信息，而且能够更加直观全面地把握数据。俗话说：“一图胜千言”，相对于文本、数字等内容，人类非常善于从图像中获取信息。本节将主要介绍 Pandas 的数据可视化功能。

2.4.1 Pandas 的数据可视化函数

Pandas 提供了针对数据表和序列的简单可视化方式。Pandas 数据可视化是基于 Matplotlib 进行的。在对 Pandas 的数据表进行数据可视化时，只要使用数据表的 plot 函数就可以得到散点图、折线图、箱线图、条形图等数据可视化图像。Pandas 库的可视化方法如表 2-1 所示。

表 2-1 Pandas 的数据可视化函数

函 数	方 式	功 能
plot	kind = "scatter"	可视化出散点图
	kind = "bar"	可视化出条形图
	kind = "barh"	可视化出水平条形图
	kind = "hist"	可视化出直方图
	kind = "kde", kind = "density"	可视化出密度曲线图
	kind = "area"	可视化出面积图
	kind = "hexbin"	可视化出六边形热力图
	kind = "pie"	可视化出饼图
	kind = "box"	可视化出箱线图
scatter_matrix	pandas.plotting 模块	可视化出矩阵散点图
andrews_curves		可视化出安德鲁曲线
parallel_coordinates		可视化出平行坐标图

下面以具体的数据集可视化为例，介绍如何使用 Pandas 的数据可视化函数对数据进行可视化分析。

2.4.2 Pandas 数据可视化实战

在使用 Pandas 的 plot 函数对数据进行可视化时，通常会使用参数 kind 指定数据可视化图像的类型，使用参数 x 指定横坐标轴使用的变量，使用参数 y 指定纵坐标轴使用的变量，还会使用其他的参数来调整数据可视化结果。例如，针对散点图，可以使用参数 s 指定点的大小，使用参数 c 指定点的颜色等。每个点被指定了不同大小的散点图也被称为气泡散点图。运行下面的程序后可获得如图 2-2 所示的图像。

```
In[39]:# 设置颜色映射
       col = Iris.Species.map({"Iris-setosa":"blue", "Iris-versicolor":"red",
                               "Iris-virginica":"green"})
       Iris.plot(kind = "scatter",figsize = (10,6),    # 数据可视化图像的类型与大小
                 x = "SepalLengthCm", y = "SepalWidthCm",    设置坐标轴
                 s = Iris.PetalLengthCm*20,c = col,     # 设置点的颜色和大小
                 title = " 气泡散点图 ")
```

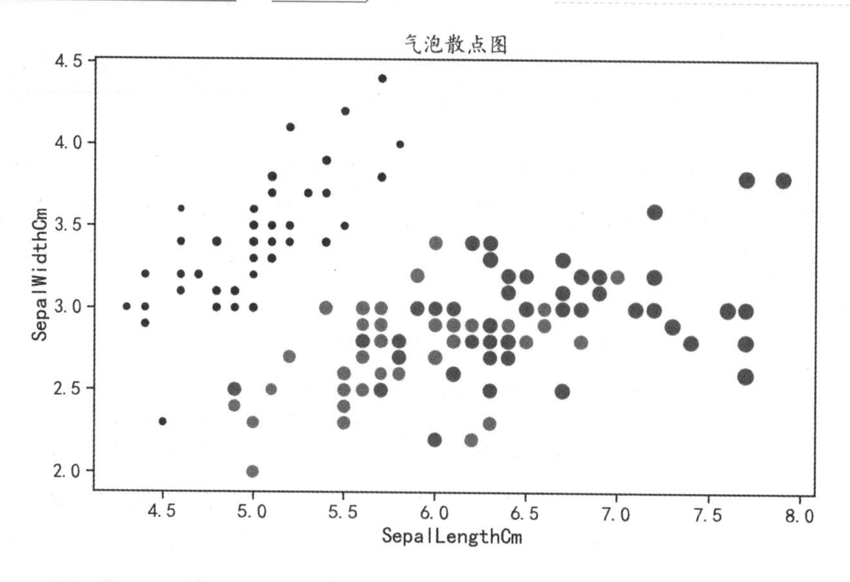

图 2-2　气泡散点图

通过 kind = "bar" 和 kind = "barh" 的设置，可以分别可视化出垂直条形图和水平条形图。运行下面的程序后可获得如图 2-3 所示的图像。

```
In[40]:# 数据准备
       plotdata = Iris.drop("Id",axis=1).groupby(by = "Species").mean()
       # 可视化出水平和垂直条形图
       plotdata.plot(kind = "bar",figsize = (8,6),rot = 0,title =" 垂直条形图 ")
       plotdata.plot(kind = "barh",figsize = (8,6),rot = 90,
            title =" 水平条形图 ")
       plt.yticks([0,1,2],plotdata.index,rotation=90,va = "center")
```

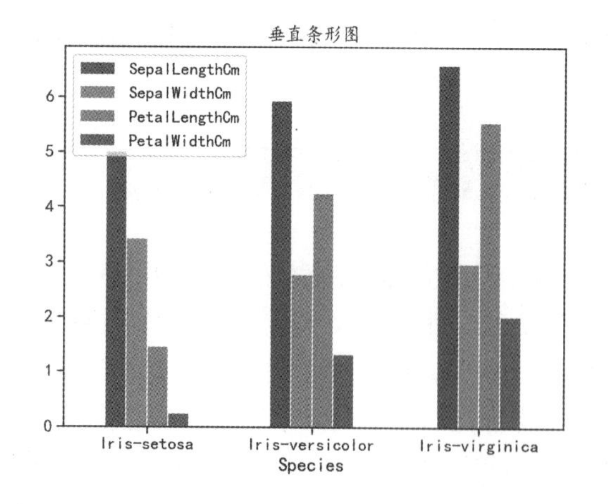

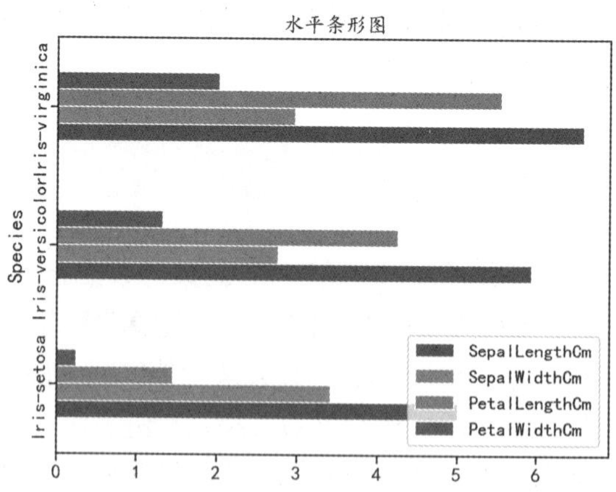

图 2-3　垂直条形图和水平条形图

通过 kind = "hist" 的设置，可以可视化出直方图。也可以使用 plot 的 hist 函数可视化出直方图。运行下面的程序后可获得如图 2-4 所示的图像。

```
In[41]:# 直方图
       Iris.drop("Id",axis=1).plot.hist(bins=30,alpha = 0.5,
            figsize = (10,6),title = " 直方图 ")
```

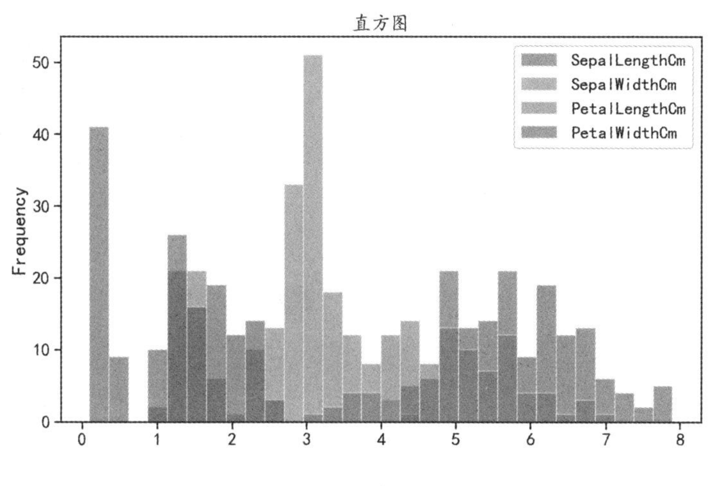

图 2-4　直方图

可以使用 boxplot 函数可视化出箱线图，也可以使用 plot 函数指定参数 kind = "box" 可视化出箱线图。下面的程序通过参数 by 指定了每个箱线图所使用的数据类别，并且为数据中的每个变量可视化出一个子图，最终可获得如图 2-5 所示的图像。

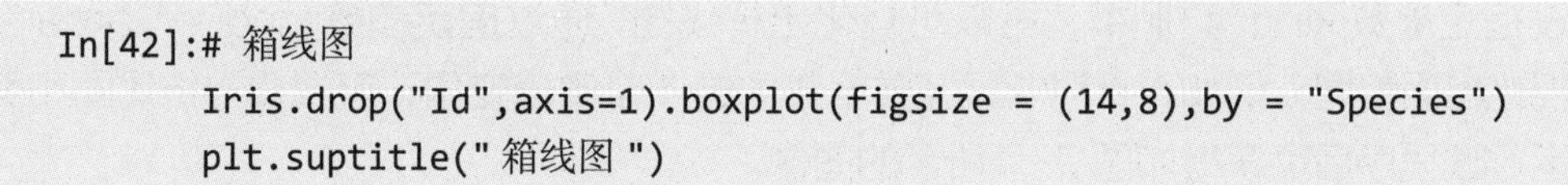

```
In[42]:# 箱线图
       Iris.drop("Id",axis=1).boxplot(figsize = (14,8),by = "Species")
       plt.suptitle(" 箱线图 ")
```

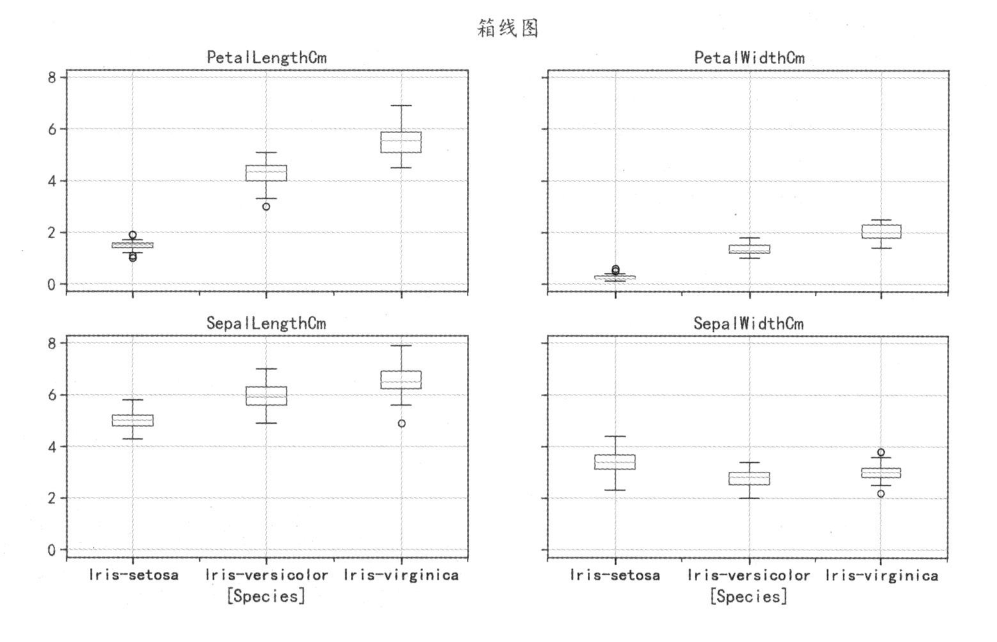

图 2-5　箱线图

可以使用 df.plot 函数指定参数 kind = "hexbin" 可视化出六边形热力图。下面的程序针对鸢尾花数据集中的 "SepalLengthCm" 变量和 "SepalWidthCm" 变量可视化出六边形热力图。运行该程序后可获得如图 2-6 所示的图像。

```
In[43]:# 可视化出六边形热力图
       Iris.plot(kind = "hexbin",x = "SepalLengthCm",y = "SepalWidthCm",
                 gridsize = 15,figsize = (10,7),sharex = False)
```

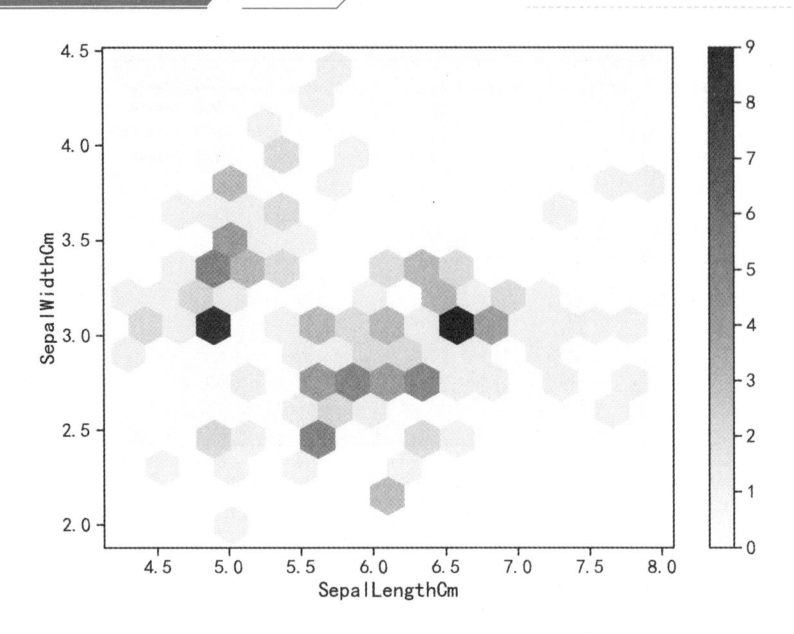

图 2-6　六边形热力图

通过指定参数 kind = "line"，可以可视化出折线图；通过指定参数 kind = " area "，可以可视化出面积图。例如，针对鸢尾花数据集中的 4 个数值变量，可视化出折线图和面积图。运行该程序后可获得如图 2-7 所示的图像。

```
In[43]:# 可视化出折线图与面积图
       Iris.iloc[:,0:5].plot(kind = "line",x = "Id",figsize = (8,6),
              title = " 折线图 ")
       Iris.iloc[:,0:5].plot(kind = "area",x = "Id",figsize = (8,6),
              title = " 面积图 ")
       plt.legend(loc = "upper left")
```

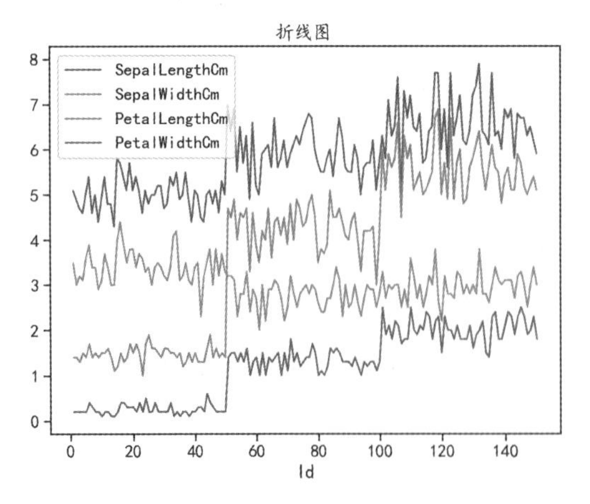

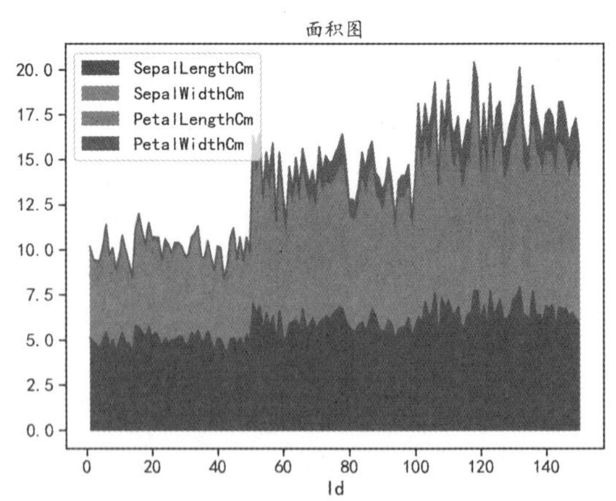

图 2-7　折线图与面积图

Pandas 提供了 pandas.plotting 模块。该模块提供了可以可视化出矩阵散点图与平行坐标图的函数。这些函数使高维数据可视化更为方便了。下面的程序使用 scatter_matrix 函数得到了如图 2-8 所示的矩阵散点图。

```
In[44]:from pandas.plotting import scatter_matrix, andrews_curves,
```

```
parallel_coordinates
# 可视化出矩阵散点图
scatter_matrix(Iris.iloc[:,1:5],diagonal="kde",figsize=(14,10),
               marker = "o")
```

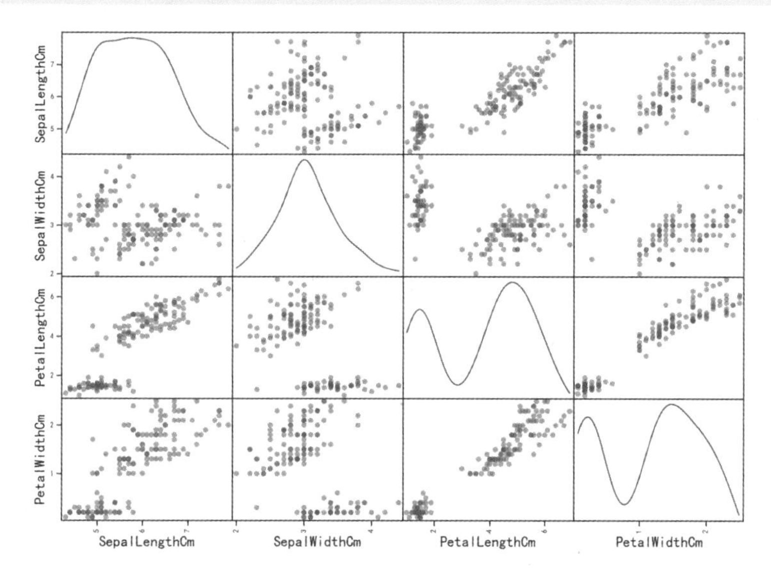

图 2-8 矩阵散点图

在 pandas.plotting 模块中，使用 parallel_coordinates 函数可以可视化出平行坐标图，andrews_curves 函数可以可视化出安德鲁曲线。其中，安德鲁曲线可以看作平行坐标图的平滑版本。在使用这两个函数可视化高维数据时，可以获得更容易观察每个样本在每个变量上的数据取值变化情况的图像。运行下面的程序可获得如图 2-9 所示的平行坐标图和安德鲁曲线。

```
In[45]:# 可视化出平行坐标图和安德鲁曲线
       plt.figure(figsize=(12,8))
       andrews_curves(Iris.iloc[:,1:6],class_column = "Species")
       plt.title(" 安德鲁曲线 ")
       plt.figure(figsize=(12,8))
       parallel_coordinates(Iris.iloc[:,1:6],class_column = "Species",
                            colormap="winter")          # 设置颜色映射
       plt.title(" 平行坐标图 ")
```

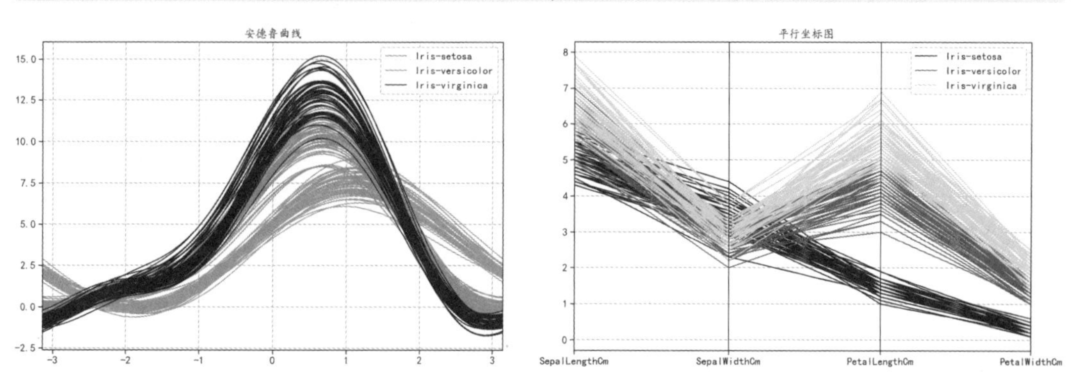

图 2-9 平行坐标图和安德鲁曲线

2.5 本章小结

本章主要介绍了使用 Python 数据分析与可视化实战的两个基础第三方库——Numpy 和 Pandas 的使用。这两个库在后面的数据可视化分析实战中会经常用到，因此本章的内容更偏向于这两个库的基础知识。其中，针对 Numpy，主要介绍了高维数组的生成、数组的基本操作以及 Numpy 常用函数的使用方式；针对 Pandas，主要介绍了序列和数据表的生成，数据表的合并、转换、聚合等计算方式，还介绍了 Pandas 提供的数据可视化功能。

第 3 章 Matplotlib 数据可视化

Matplotlib 是 Python 最基础的数据可视化库，具有丰富的数据可视化功能。因此，本章将详细介绍如何使用 Matplotlib 对数据进行可视化。

Matplotlib 在数据可视化时，通过逐步在最底层画布（Figure）上添加想要的内容，然后获得想要的可视化结果。Matplotlib 数据可视化的图像如图 3-1 所示。其中，坐标系（Axes）包含坐标轴标签、坐标轴刻度以及刻度标签等；图像包括可视化时使用的点、线、网格线、图例等，通常还包含标题。通过 Matplotlib 提供的众多函数，可以共同完成数据可视化的图像。后面的小节将会以具体的数据可视化案例为基础，介绍 Matplotlib 中的数据可视化函数的使用。

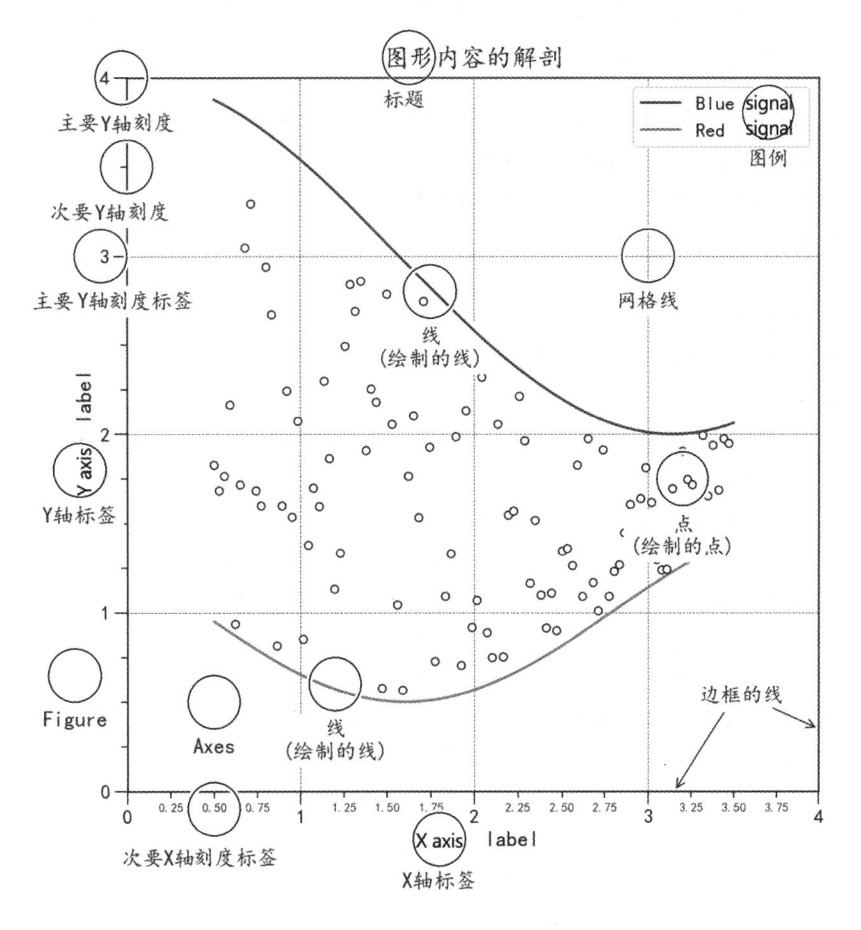

图 3-1 Matplotlib 数据可视化的图像

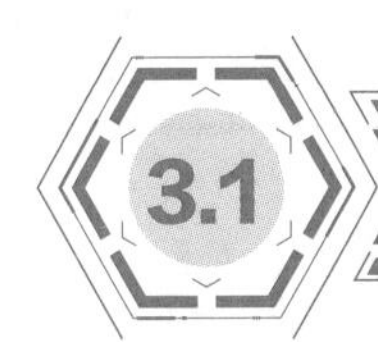

3.1 Matplotlib 的两种数据可视化方式

Matplotlib 有两种数据可视化方式，一种是便捷的类似 Matlab 风格数据可视化方式，这对 Matlab 用户非常友好，另一种是面向对象风格数据可视化方式，其功能更加强大。本节将简单介绍这两种数据可视化方式，然后推荐使用更加方便的数据可视化方式。

3.1.1 类似 Matlab 风格的数据可视化方式

由于 Matplotlib 最初是作为 Matlab 数据可视化的替代品，因此 Matplotlib 许多数据可视化语法和 Matlab 很相似。类似 Matlab 风格数据可视化方式主要依靠 Matplotlib 中的 pyplot 模块。该模块通常使用 plt 表示。该模块可以自动创建和管理图形和轴。通过该模块中的函数可以进行数据可视化。这种方式在绘图时方便简单，但不适合在较大型的应用程序中使用。下面是使用 pyplot 模块中的函数生成数据可视化图像的程序示例。在该程序中，先设置了在 Jupyter Notebook 中图像的形式，然后利用了 pyplot 模块中的函数生成图像。运行该程序后可获得如图 3-2 所示的图像。

```
In[1]:# 设置输出图像的形式，在 Mac 系统中 retina 格式的图像清晰度较高
      %config InlineBackend.figure_format = 'retina'
      # 在 Jupyter Lab 中，可以在程序单元的下方显示图像
      %matplotlib inline
      # 导入需要使用的库
      import numpy as np
      import matplotlib.pyplot as plt
      # 生成数据
      x = np.linspace(start = -5,stop = 5,num=100)
      y = np.sin(x)
      # 通过类似 Matlab 风格数据可视化方式获得图像
      plt.figure(figsize=(10,6))  # 初始化图像窗口并设置大小
      plt.plot(x,y,"r-")          # 使用红色实线绘制图像
      plt.xlabel("X")             # 设置 X 轴标签
      plt.ylabel("Y")             # 设置 Y 轴标签
      plt.title("y=sin(x)")       # 设置图像的名称
      plt.grid()                  # 为图像添加网格线
      plt.show()                  # 在下方输出图像
```

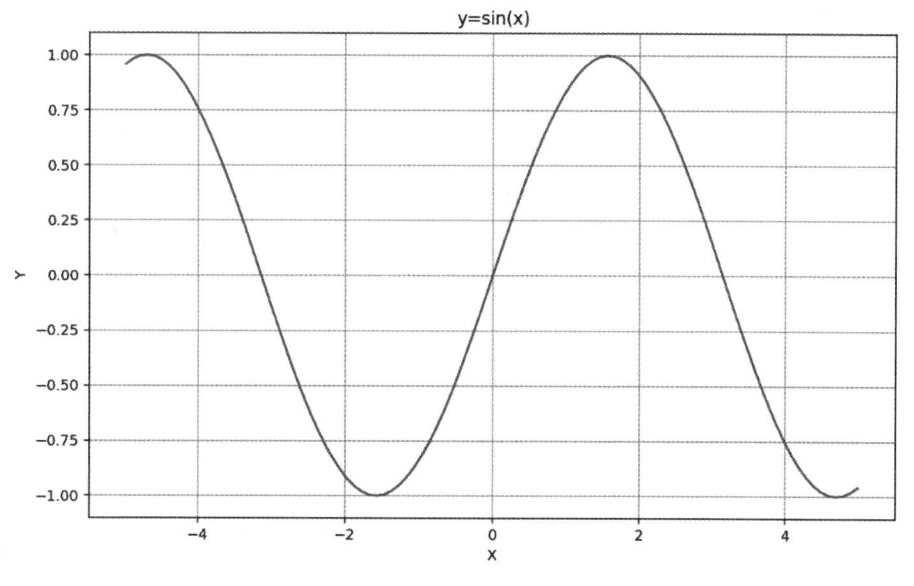

图 3-2 通过类似 Matlab 风格数据可视化方式获得的图像

3.1.2 面向对象风格的数据可视化方式

简单地说，面向对象绘图就是将图形的元素看作一个对象，而众多对象具有隶属关系，再将不同对象拼凑成一个完整的图形。在使用面向对象风格数据可视化方式时，主要使用 Figure 对象和 Axes 对象，并可以通过 pyplot 模块中的 figure 函数创建一个 Figure 对象。每个 Figure 对象是一个空白区域，可以包含一个或者多个 Axes 对象。每个 Axes 对象即一个绘图区域，拥有自己独立的坐标系统。该方式更适合用于较大项目中的重复使用的函数和脚本。

下面的程序示例使用了面向对象风格数据可视化方式，同时在初始化 Figure 对象时，设置了其背景颜色为灰色，通过 plt.axes 函数为 Figure 对象添加 Axes 对象，然后在 Axes 对象中逐步添加想要的可视化内容。运行该程序后可获得如图 3-3 所示的图像。

```
In[2]:# 导入需要使用的库
      import numpy as np
      import matplotlib.pyplot as plt
      # 初始化图像窗口并设置颜色
      fig = plt.figure(figsize=(10,6),facecolor="lightgrey")
      # 在 Figure 对象中添加 Axes 对象
      ax1 = plt.axes()
      ax1.plot(x,y,"r-")                # 使用红色实线绘制图像
      ax1.set_xlabel("X")               # 设置 X 轴标签
      ax1.set_ylabel("Y")               # 设置 Y 轴标签
      ax1.set_title("y=sin(x)")         # 设置图像的名称
      ax1.grid()                        # 为图像添加网格线
      plt.show()
```

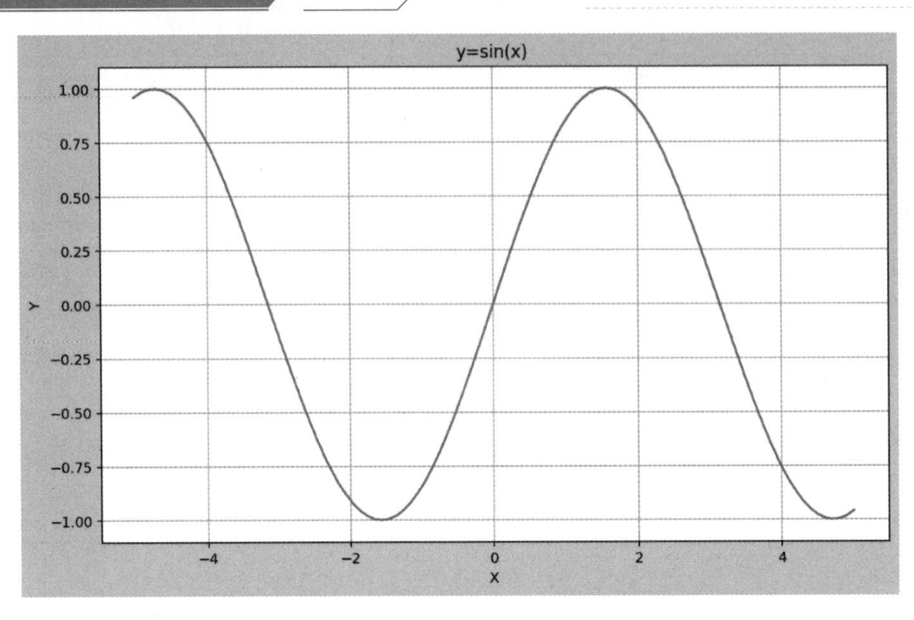

图 3-3　通过面向对象风格数据可视化方式获得的图像

在生成图 3-3 所示图像的程序中，在对坐标系 ax1 进行设置时，分别使用了 ax1.set_xlabel、ax1.set_ylabel、ax1.set_title 函数设置 X 轴、Y 轴标签以及图像的标题。针对这些设置，还可以直接使用 ax1.set 函数进行一次性的相同设置，对应的程序如下所示。运行该程序后可获得如图 3-4 所示的图像。

```
In[3]:# ax1.set 一次性设置所有的属性
      fig = plt.figure(figsize=(10,6))
      ax1 = plt.axes()
      ax1.plot(x,y,"r-")
      ax1.set(xlabel = "X", ylabel = "Y",title = "y=sin(x)")
      ax1.grid()                        # 为图像添加网格线
      plt.show()
```

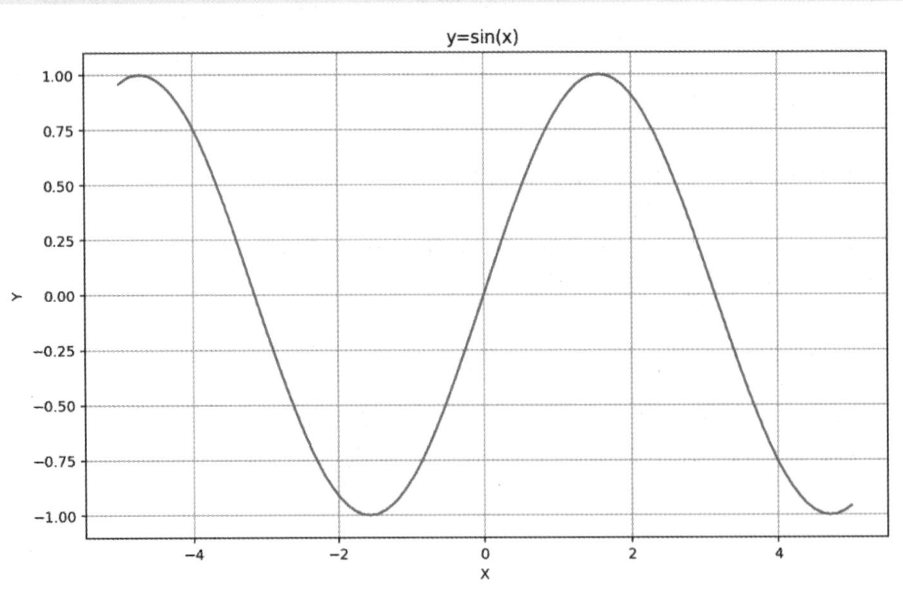

图 3-4　ax1.set 一次性设置所有属性获得的图像

3.1.3 设置正确显示中文的方法

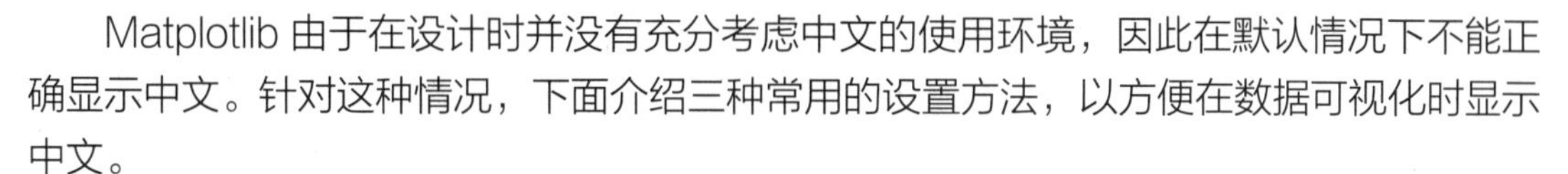

Matplotlib 由于在设计时并没有充分考虑中文的使用环境，因此在默认情况下不能正确显示中文。针对这种情况，下面介绍三种常用的设置方法，以方便在数据可视化时显示中文。

1. 方法 1：单独设置中文字体

该方法可以在数据可视化时，如果遇到需要设置中文的地方，进行单独的使用字体声明。由于经常出现中文的地方有坐标系标签、标题等，针对这些位置，可以使用 fontproperties 参数单独设置中文字体，如设置为 SimSun（宋体）、SimHei（黑体）、Kaiti（楷体）等。该方法的缺点是，每次都要单独设置中文字体，比较烦琐。以下是该方法的示例程序。运行该程序后可获得如图 3-5 所示的图像，且图像中的中文均得到了正确的显示。

```
In[4]:# 生成数据可视化的图像
      import numpy as np
      import matplotlib.pyplot as plt
      x = np.linspace(start = -5,stop = 5,num=100)
      y = np.sin(x)
      plt.figure(figsize=(10,6))          # 初始化图像窗口并设置大小
      plt.plot(x,y, "r-")                 # 使用红色实线绘制图像
      plt.xlabel("X 轴 ",fontproperties="SimSun",size = 16)    # 宋体
      plt.ylabel("Y 轴 ",fontproperties="SimHei",size = 16)    # 黑体
      plt.title(" 正弦曲线 ",fontproperties="Kaiti",size = 20) # 楷体
      plt.grid()                          # 为图像添加网格线
      plt.show()                          # 在下方输出图像
```

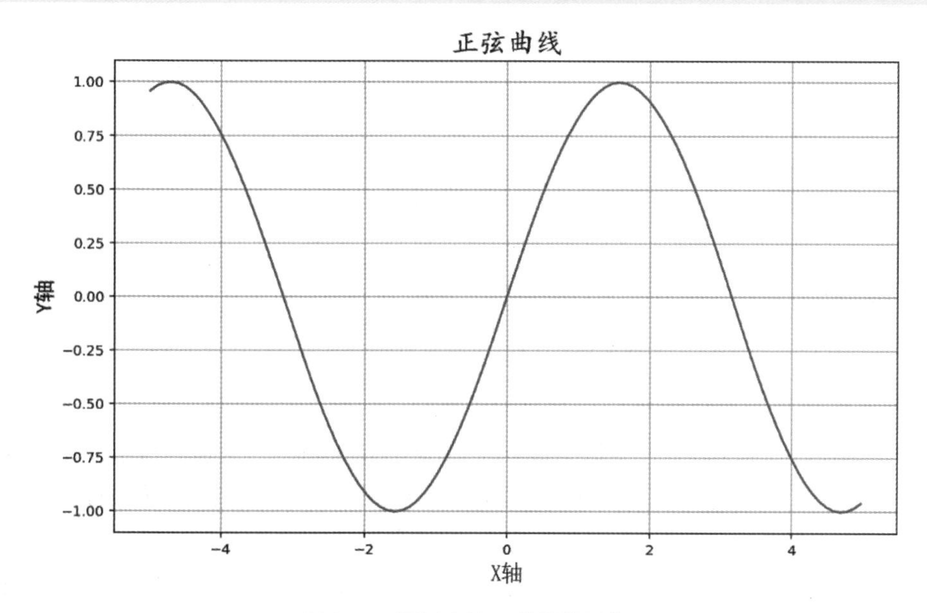

图 3-5　通过方法 1 获得的图像

2. 方法 2: 通过设置参数统一设置中文字体

该方法是通过设置 rcParams 参数，单独设置使用的中文字体（包含图像中所有可

显示的文本内容）。需要注意的是，设置了 rcParams 参数后，还要再次设置 axes.unicode_minus 属性等于 False，这样才能正确地显示坐标系中的负号。此外，可以通过设置 font.sans-serif 属性来指定使用的中文字体，同样可以设置为 SimSun（宋体）、SimHei（黑体）、Kaiti（楷体）等。该方法在使用时非常方便，只要设置一次即可对整个程序文件生效。以下是该方法的示例程序。运行该程序可获得如图 3-6 所示的图像。

```
In[5]:import matplotlib
      matplotlib.rcParams['font.sans-serif'] = ['SimHei']      # 设置使用的字体
      matplotlib.rcParams['axes.unicode_minus']=False  #解决坐标轴负号显示问题
      # 生成数据可视化的图像
      import numpy as np
      import matplotlib.pyplot as plt
      x = np.linspace(start = -5,stop = 5,num=100)
      y = np.sin(x)
      plt.figure(figsize=(10,6))          # 初始化图像窗口并设置大小
      plt.plot(x,y,"r-")                  # 使用红色实线绘制图像
      plt.xlabel("X 轴 ",size = 16)        # 设置 X 轴标签
      plt.ylabel("Y 轴 ",size = 16)        # 设置 Y 轴标签
      plt.title(" 正弦曲线 ",size = 20)    # 设置图像的名称
      plt.grid()                          # 为图像添加网格线
      plt.show()                          # 在下方输出图像
```

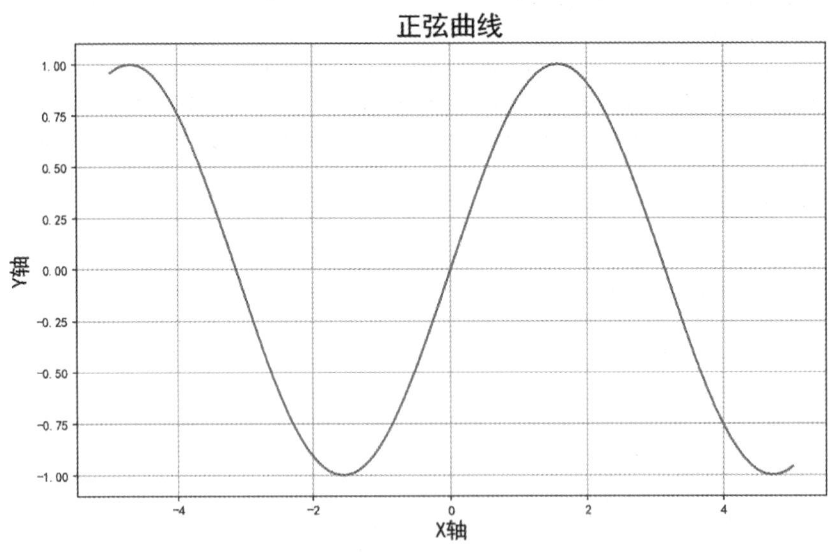

图 3-6　通过方法 2 获得的图像

3. 方法 3: 通过 Seaborn 统一设置可视化主题、字体及其大小

由于 Seaborn 是基于 Matplotlib 的进一步封装，因此可以通过 Seaborn 提供的方式设置图像中的中文显示。该方法可以使用 Seaborn 的 set 函数，也可以使用 font 参数指定数据可视化使用的中文字体。例如，使用 style 参数设置数据可视化时使用的图像主题，使用 font_scale 参数设置文本的大小（该参数很好用，可以更加方便地设置图像的文本大小，使图像的文本大小更协调）。以下是该方法的示例程序。运行该程序可获得如图 3-7 所示的图像。

```
In[6]:import seaborn as sns
      sns.set(font= "Kaiti",style="ticks",font_scale=1.4)
      import matplotlib
      matplotlib.rcParams['axes.unicode_minus']=False  #解决坐标轴负号显示问题
      # 生成数据可视化的图像
      import numpy as np
      import matplotlib.pyplot as plt
      x = np.linspace(start = -5,stop = 5,num=100)
      y = np.sin(x)
      plt.figure(figsize=(10,6))                  # 初始化图像窗口并设置大小
      plt.plot(x,y,"r-")                          # 使用红色实线绘制图像
      plt.xlabel("X 轴 ")                          # 设置 X 轴标签
      plt.ylabel("Y 轴 ")                          # 设置 Y 轴标签
      plt.title(" 正弦曲线 ")                       # 设置图像的名称
      plt.grid()                                  # 为图像添加网格线
      plt.show()                                  # 在下方输出图像
```

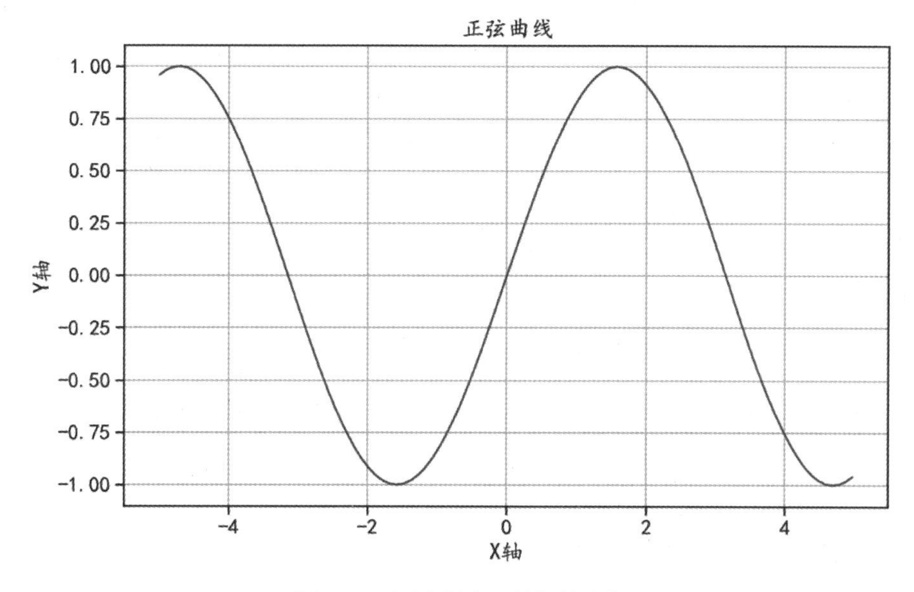

图 3-7　通过方法 3 获得的图像

前面介绍了三种使用 Matplotlib 时正确显示中文的方法，当然还有其他设置中文显示的方法，这里就不再一一介绍了。

3.2 Matplotlib 的图表组成元素

在进行数据可视化时，为了使图表更加美观，所表示的信息更加完整，需要将图像的基本内容都设置好，如设置合适的图像中点线的颜色、形状，图像的坐标系，坐标系标签，参考线，网格线，文本注释，图例等内容。本节主要以 plot 函数的使用为例，介绍如何为图表进行合理设置，从而表示更多的信息。

3.2.1 plot 函数的使用

plot 函数是 Matplotlib 中最常用的可视化函数之一，而且支持两种参数的传入方式。该函数的使用和 Matlab 软件中 plot 函数的使用很像，因此对 Matlab 用户非常友好。在使用该函数进行数据可视化之前，先使用下面的程序导入需要的库，并设置数据可视化时使用的字体。

```
In[7]:# 方法 3: 通过 seaborn 库为图像统一设置可视化主题、字体及其大小
      import seaborn as sns
      sns.set(font= "Kaiti",style="ticks",font_scale=1.4)
      import matplotlib
      matplotlib.rcParams['axes.unicode_minus']=False  # 解决坐标轴负号显示问题
      # 导入需要的库
      import numpy as np
      import matplotlib.pyplot as plt
```

在下面的程序中，使用 plt.plot 函数将数据可视化为不同的曲线，并且为曲线设置线的形状（参数 linestyle）、线的颜色（参数 color）以及点的类型（参数 marker）。这里的设置均使用指定参数和对应取值的方式。运行该程序后可获得如图 3-8 所示的图像。

```
In[8]:# 生成数据
      x = np.linspace(start = -5,stop = 5,num=50)
      y1 = np.sin(x)
      y2 = np.cos(x)
      y3 = np.sin(x)+np.cos(x)
      y4 = np.sin(x)*np.cos(x)
      # 将数据可视化为线和点并设置不同的颜色、点的形状和线的类型
      plt.figure(figsize=(10,6))          # 初始化图像窗口并设置大小
      # 使用蓝色、实线、圆形
      plt.plot(x,y1,linestyle = "-",color = "b",marker = "o")
      # 使用绿色、虚线、朝下三角
      plt.plot(x,y2,linestyle = "--",color = "g",marker = "v")
      # 使用红色、点画线、正方形
      plt.plot(x,y3,linestyle = "-.",color = "r",marker = "s")
      # 使用黑色、点线、星形
      plt.plot(x,y4,linestyle = ":",color = "k",marker = "*")
      plt.xlabel("X 轴 ")                  # 设置 X 轴标签
      plt.ylabel("Y 轴 ")                  # 设置 Y 轴标签
      plt.title(" 设置不同的参数控制显示效果 ")
      plt.grid()                          # 为图像添加网格线
      plt.show()                          # 在下方输出图像
```

在下面的程序中，使用 plt.plot 函数将数据可视化为不同的曲线时，使用了和 In[8] 程序片段不同的参数设置方式——字符串的方式，一次性设置了线的形状、线的颜色以及点的类型，例如，字符串 "b-o" 表示线的形状实线（-），线的颜色是蓝色（b），以及点的类型是圆形（o）。运行该程序后可获得如图 3-8 所示的图像。

```
In[9]:# 方式 2: 将数据可视化为线和点并设置不同的颜色、点的形状和线的类型
      plt.figure(figsize=(10,6))          # 初始化图像窗口并设置大小
      plt.plot(x,y1,"b-o")                # 使用蓝色、实线、圆形
```

```
plt.plot(x,y2,"g--v")                  # 使用绿色、虚线、朝下三角
plt.plot(x,y3,"r-.s")                  # 使用红色、点画线、正方形
plt.plot(x,y4,"k:*")                   # 使用黑色、点线、星形
plt.xlabel("X 轴 ")                    # 设置 X 轴标签
plt.ylabel("Y 轴 ")                    # 设置 Y 轴标签
plt.title(" 设置不同的参数控制显示效果 ")
plt.grid()                             # 为图像添加网格线
plt.show()                             # 在下方输出图像
```

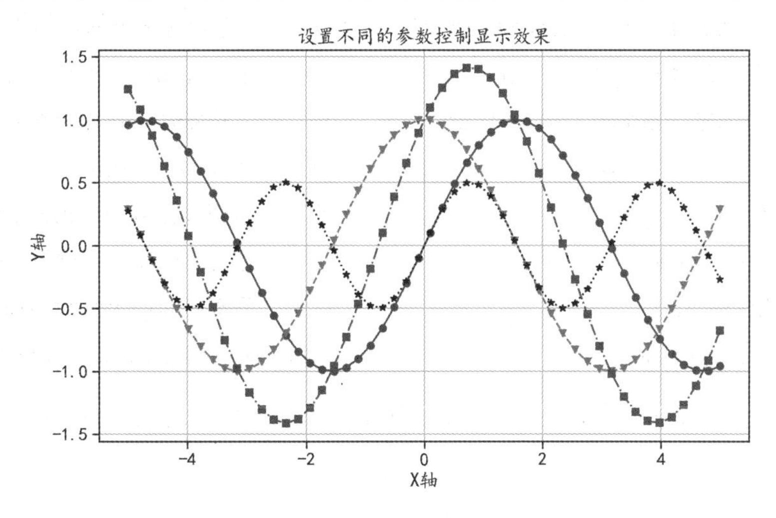

图 3-8　plot 函数生成数据可视化的曲线

前面介绍了使用不同的参数设置（两种方式）得到相同的数据可视化的图像。这两种方式各有优劣，在实际使用时可以自行选择。Matplotlib 在数据可视化时可以使用不同的参数对颜色进行设置。常用颜色设置参数如表 3-1 所示。

表 3-1　常用颜色设置参数

参　数	表示颜色	参　数	表示颜色
b 或 blue	蓝色	m 或 magenta	品红
g 或 green	绿色	y 或 yellow	黄色
r 或 red	红色	k 或 black	黑色
c 或 cyan	青色	w 或 white	白色

Matplotlib 在可视化时可以使用不同的参数对线的类型进行设置。常用线的类型设置参数如表 3-2 所示。

表 3-2　常用线的类型设置参数

参　数	线的类型
solid(-)	实线样式
dashed(--)	虚线样式
dashdot(-.)	点画线样式
dottrd(:)	点样式

针对在数据可视化时对点类型（形状）的设置，常用点的类型设置参数如表 3-3 所示。

表 3-3　常用点的类型设置参数

参　数	点的类型	参　数	点的类型
.	点 (point marker)	s	正方形 (square marker)
,	像素点 (pixel marker)	p	五边星 (pentagon marker
o	圆形 (circle marker)	*	星形 (star marker)
v	朝下三角形 (triangle_down marker)	h	1 号六角形 (hexagon1 marker)
^	朝上三角形 (triangle_up marker)	H	2 号六角形 (hexagon2 marker)
<	朝左三角形 (triangle_left marker)	+	+ 号标记 (plus marker)
>	朝右三角形 (triangle_right marker)	x	x 号标记 (x marker)
1	tri_down marker	D	菱形 (diamond marker)
2	tri_up marker	d	小型菱形 (thin_diamond marker)
3	tri_left marker	|	垂直线形 (vline marker)
4	tri_right marker	_	水平线形 (hline marker)

针对表 3-3 展示的部分点形状参数取值和对应的形状，如图 3-9 所示。

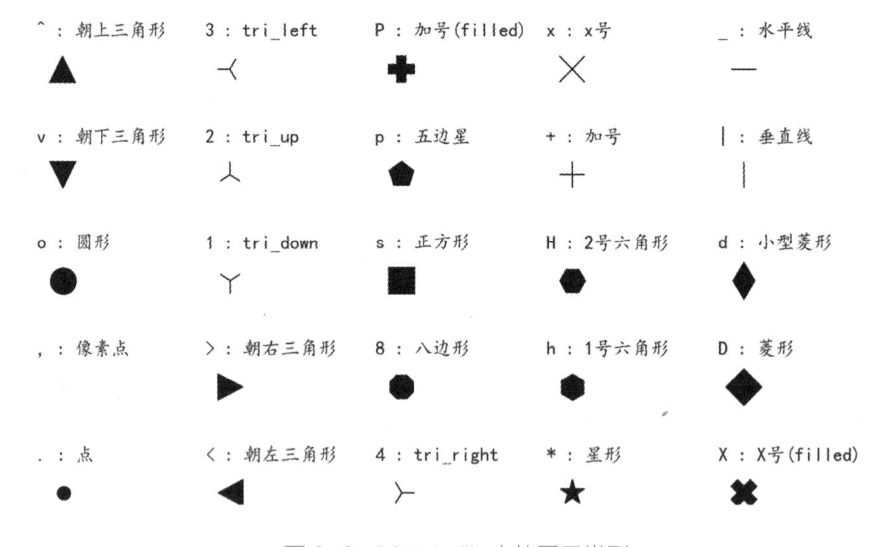

图 3-9　Matplotlib 中的图元类型

3.2.2 设置坐标系取值范围和类型

设置坐标系取值范围可以通过多种方法，下面介绍一些简单的方法。

设置坐标系取值范围一种方法是使用 plt.xlim 函数设置 X 轴取值范围，使用 plt.ylim 函数设置 Y 轴取值范围，另一种方法是使用 plt.axis 函数同时设置 X 轴和 Y 轴取值范围。下面的 In[10] 程序片段就通过这两种方法设置了坐标系取值范围。运行 In[10] 程序片段后可获得如图 3-10 所示的图像。

```
In[10]:# 生成数据可视化的图像
       x = np.linspace(start = -5,stop = 5,num=100)
       y = np.sin(x)
       plt.figure(figsize=(10,6))          # 初始化图像窗口并设置大小
       plt.plot(x,y,"r-o")                 # 红色实线点图
       plt.xlim((0,4))                     # 设置 X 轴取值范围
       plt.ylim((-0.5,1))                  # 设置 Y 轴取值范围
       plt.show()
       # 通过 plt.axis 设置坐标系取值范围
       plt.figure(figsize=(10,6))          # 初始化图像窗口并设置大小
       plt.plot(x,y,"r-o")                 # 红色实线点图
       plt.axis([-3,3,-1.5,1.5])
       plt.show()
```

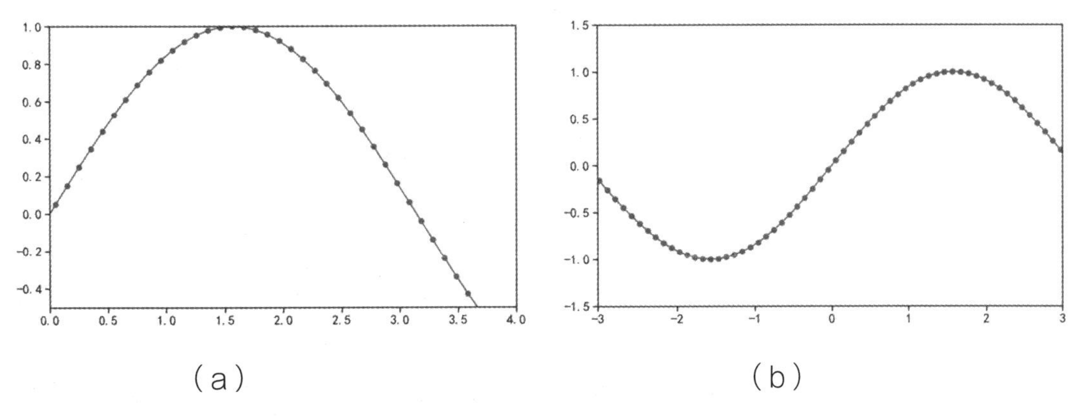

（a）　　　　　　　　（b）

图 3-10　通过两种方法设置坐标系取值范围后的图像

图 3-10（a）所示为使用 plt.xlim 函数和 plt.ylim 函数设置坐标系取值范围得到的结果，图 3-10（b）所示为使用 plt.axis 函数设置坐标系取值范围得到的结果。

plt.axis 函数不仅可以设置坐标系取值范围，还可以通过相关的关键字设置坐标系类型。例如，plt.axis("equal") 表示设置 X 轴和 Y 轴取值范围相等的坐标系；plt.axis("off") 表示不显示坐标系；plt.axis("tight") 表示设置收紧的坐标系。In[11] 程序片段就是相关的使用程序示例。运行该程序后可获得如图 3-11 所示的结果。

```
In[11]:# 通过 plt.axis 函数设置坐标系显示方式
       plt.figure(figsize=(10,6))          # 初始化图像窗口并设置大小
       plt.plot(x,y,"r-o")                 # 红色实线点图
       plt.axis("equal")                   # X 轴和 Y 轴取值范围相等的坐标系
       plt.show()
       # 通过 plt.axis 设置坐标系的显示方式
       plt.figure(figsize=(10,6))          # 初始化图像窗口并设置大小
       plt.plot(x,y,"r-o")                 # 红色实线点图
       plt.axis("off")                     # 不显示坐标系
       plt.show()
       # 通过 plt.axis 设置坐标系的显示方式
       plt.figure(figsize=(10,6))          # 初始化图像窗口并设置大小
       plt.plot(x,y,"r-o")                 # 红色实线点图
       plt.axis("tight")                   # 收紧的坐标系
       plt.show()
```

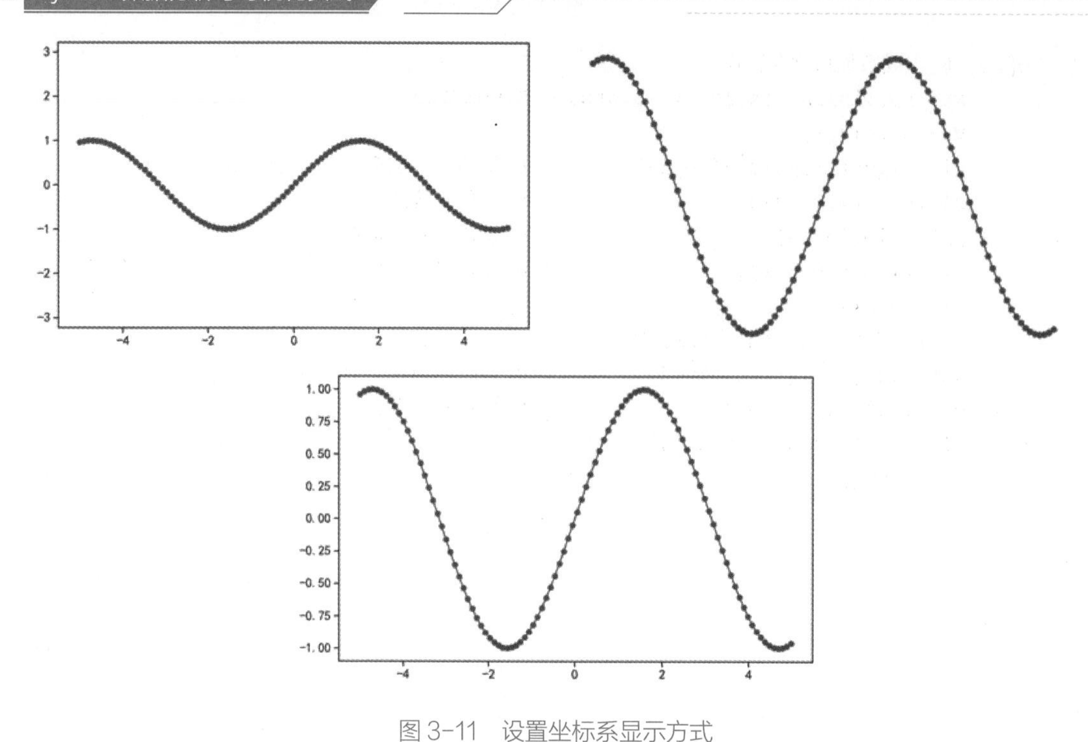

图 3-11　设置坐标系显示方式

3.2.3 设置坐标轴刻度标签

为了传达更多的信息，Matplotlib 数据可视化功能会对坐标轴刻度标签进行设置，可以使用 plt.xticks 函数和 plt.yticks 函数分别对 X 轴和 Y 轴刻度标签进行设置。下面的 In[12] 程序片段分别使用参数 labels 为 X 轴和 Y 轴刻度指定了对应的标签。运行该程序后可获得如图 3-12 所示的图像。

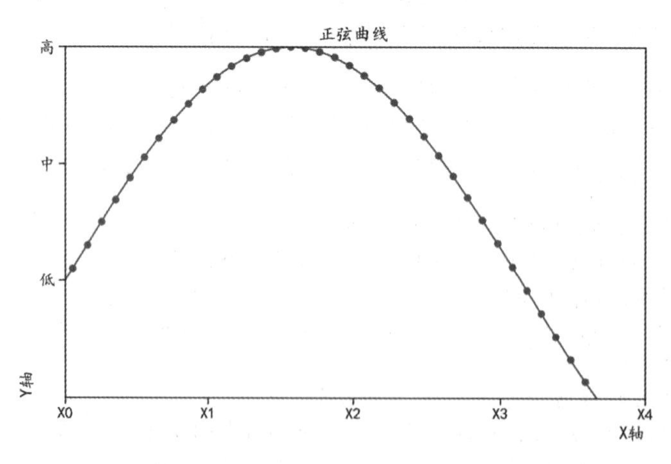

图 3-12　设置坐标系标签后的图像

```
In[12]:plt.figure(figsize=(10,6))          # 初始化图像窗口并设置大小
       plt.plot(x,y,"r-o")                 # 红色实线点图
       plt.xlim((0,4))                     # 设置 X 轴取值范围
       plt.ylim((-0.5,1))                  # 设置 Y 轴取值范围
       # 设置 X 轴标签及位置 {'left', 'center', 'right'}
       plt.xlabel("X 轴 ",loc = "right")
```

```
# 设置 Y 轴标签及位置 {'bottom', 'center', 'top'}
plt.ylabel("Y 轴 ",loc = "bottom")
# 设置图像标题及位置 {'left','center', 'right'}
plt.title(" 正弦曲线 ",loc = "center")
# 设置 X 轴刻度及所对应的标签
plt.xticks(ticks=[0,1,2,3,4], labels=["X0","X1","X2","X3","X4"])
# 设置 Y 轴刻度及所对应的标签
plt.yticks(ticks=[0,0.5,1], labels=[" 低 "," 中 "," 高 "])
plt.show()
```

3.2.4 设置网格线和参考线

在 Matplotlib 中，plt.grid 函数可以为图像添加网格线，并可以通过参数 linestyle 设置网格线的线型，通过参数 color 设置颜色；plt.vlines 函数和 plt.hlines 函数可以分别添加垂直参考线和水平参考线。这些函数的使用程序示例如下。运行该程序后可获得如图 3-13 所示的图像。

```
In[13]:plt.figure(figsize=(10,6))          # 初始化图像窗口并设置大小
       plt.plot(x,y,"r-o")                 # 红色实线点图
       plt.xlim((0,4))                     # 设置 X 轴取值范围
       plt.ylim((-0.5,1))                  # 设置 Y 轴取值范围
       plt.xlabel("X 轴 ",loc = "right")
       plt.ylabel("Y 轴 ",loc = "bottom")
       plt.title(" 正弦曲线 ",loc = "center")
       plt.xticks(ticks=[0,1,2,3,4], labels=["X0","X1","X2","X3","X4"])
       plt.yticks(ticks=[0,0.5,1], labels=[" 低 "," 中 "," 高 "])
       plt.grid(linestyle="-.", color="lightblue")      # 添加供参考的网格线
       # 添加垂直参考线和水平参考线
       plt.vlines(x = 0.8,ymin = -1, ymax = 1,colors="green",linestyles="-")
       plt.hlines(y = 0.35,xmin = 0, xmax = 4,colors="black",linestyles="-")
       plt.show()
```

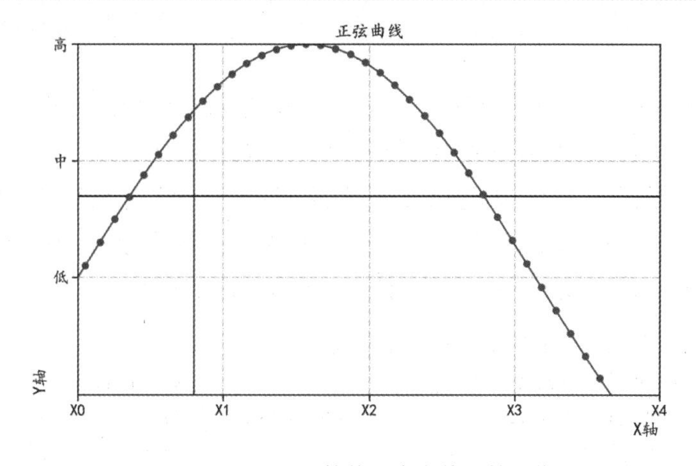

图 3-13　设置网格线和参考线后的图像

另外，在 Matplotlib 中，plt.axvspan 函数和 plt.axhspan 函数可以为图像添加垂直参考区域和水平参考区域，而且可以为指定的范围单独设置颜色并突出显示。为图像添加水

平参考区域和垂直参考区域的程序示例如下。运行该程序后可获得如图 3-14 所示的图像。

```
In[14]:plt.figure(figsize=(10,6))          # 初始化图像窗口并设置大小
       plt.plot(x,y,"r-o")                 # 红色实线点图
       plt.xlim((0,4))                     # 设置 X 轴取值范围
       plt.ylim((-0.5,1))                  # 设置 Y 轴取值范围
       plt.xlabel("X 轴 ",loc = "right")
       plt.ylabel("Y 轴 ",loc = "bottom")
       plt.title(" 正弦曲线 ",loc = "center")
       plt.xticks(ticks=[0,1,2,3,4], labels=["X0","X1","X2","X3","X4"])
       plt.yticks(ticks=[0,0.5,1], labels=[" 低 "," 中 "," 高 "])
       plt.grid(linestyle="-.", color="lightblue") # 添加供参考的网格线
       # 添加垂直参考区域和水平参考区域
       plt.axvspan(xmin = 2.8, xmax = 3.5, facecolor="tomato", alpha=0.3)
       plt.axhspan(ymin=-0.2, ymax=0.25, facecolor="yellow", alpha=0.3)
       plt.show()
```

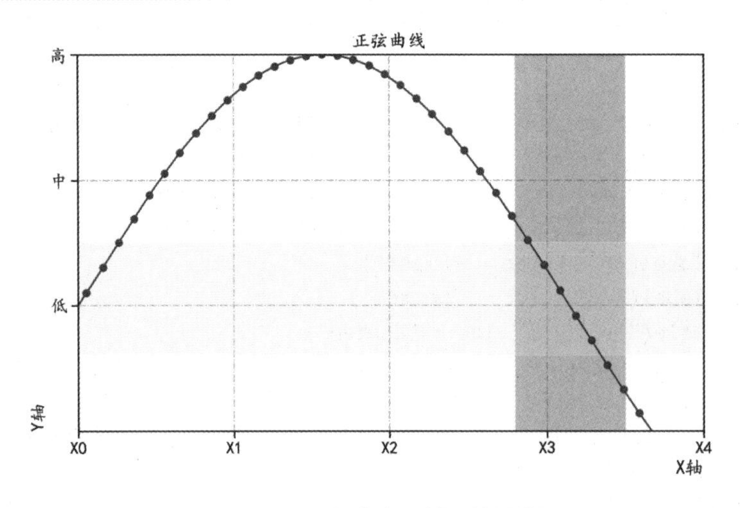

图 3-14 设置参考区域后的图像

3.2.5 添加注释和文本、使用公式、设置图例

下面的程序示例是在前面的基础上，添加了更多的数据可视化内容，以丰富图像所能传达的信息。其中，使用 plt.annotate 函数为图像添加带箭头注释，并设置了对应的文本和箭头的类型；使用 plt.text 函数在指定的位置添加文本，并对相应的内容进行说明；使用 plt.legend 函数为图像在指定的位置添加图例；在设置图像标题时，使用了 LaTeX 在图像中输出数学公式。运行该程序后可获得如图 3-15 所示的图像。

```
In[15]:# 为图像添加注释和文本、使用公式、设置图例
       plt.figure(figsize=(10,6))                 # 初始化图像窗口并设置大小
       plt.plot(x,y,"r-o",linewidth = 3,markersize=8,label = " 正弦曲线 $\sin(x)$")
       plt.xlim((0,4))                            # 设置 X 轴取值范围
       plt.ylim((-0.5,1.1))                       # 设置 Y 轴取值范围
       plt.xlabel("X 轴 ",loc = "center")
       plt.ylabel("Y 轴 ",loc = "center")
```

```
plt.title(r"$ \sin x = x-\frac{x^{3}}{3!} +\frac{x^{5}}{5!}-\dots $" )
plt.xticks(ticks=[0,1,2,3,4], labels=["X0","X1","X2","X3","X4"])
plt.yticks(ticks=[0,0.5,1], labels=["低","中","高"])
plt.grid(linestyle="-.", color="lightblue")     # 添加供参考的网格线
# 添加垂直参考线和水平参考线
plt.vlines(x = 0.8,ymin = -1, ymax = 1.2,colors="green",
           linestyles="--",linewidth = 2,label = "垂直参考线")
plt.hlines(y = 0,xmin = 0, xmax = 4,colors="black",
          linestyles="-",linewidth = 2,label = "水平参考线")
# 添加垂直参考区域和水平参考区域，并设置 hatch 填充方式
plt.axvspan(xmin = 2.8, xmax = 3.5, facecolor="tomato", alpha=0.5,
            hatch = "/+", label = "垂直参考区域")
plt.axhspan(ymin=-0.2, ymax=0.25, facecolor="grey", alpha=0.5,
            hatch = "\.", label = "水平参考区域")
# 添加带箭头注释，并设置对应的文本和箭头
plt.annotate("最大值", xy=(1.57, 1), xytext=(1.57, 0.7),fontsize=16,
             # 设置文本与箭头的水平对齐和垂直对齐
             horizontalalignment="center", verticalalignment="top",
             arrowprops=dict(arrowstyle="<->",edgecolor="black"))
plt.annotate("重点观察区域", xy=(3.1, -0.05),
              xytext=(2.2, -0.35),fontsize=16,
             # 文本与箭头的水平对齐和垂直对齐
             horizontalalignment="center", verticalalignment="top",
             arrowprops=dict(facecolor="blue", shrink=0.1))
# 添加文本
plt.text(x = 0.05,y = 0.7, s = "y = sin(x)",fontsize = 20,color = "r")
plt.text(x = 0.82,y = 0.4, s = "垂直的\n参考线",
         fontsize = 16,color = "green")
# 添加图例，自动寻找最佳位置
plt.legend(loc = "best",edgecolor="black",title="这里展示图例")
plt.show()
```

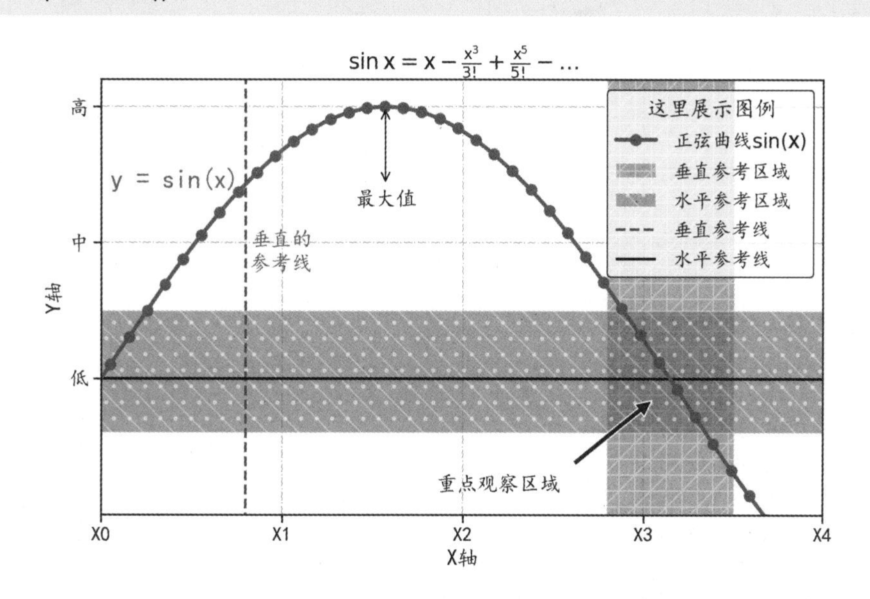

图 3-15　添加注释和文本、使用公式、设置图例后的图像

3.3 Matplotlib 可视化子图

从多个角度对数据进行可视化，需要在一幅图像中使用多个小的子窗口进行数据可视化。Matplotlib 提供了可视化子图的功能，而且提供了多种可视化子图方式。下面将介绍 4 种常用的可视化子图。

3.3.1 plt.axes 函数设置子图位置

在可视化子图时，可以使用 plt.axes 函数设置子图位置，通过在图像上添加新的坐标系，完成子图的可视化。使用该函数时可以通过输入包含 4 个元素的列表 [底坐标 , 左坐标 , 宽度 , 高度]，指定坐标系的位置。下面的程序示例是在可视化两条曲线之后，在图像的右下角位置，可视化出两条曲线相交位置的局部放大图，并使用坐标系的 set 函数设置坐标系取值范围。运行该程序后最终可获得如图 3-16 所示的图像。

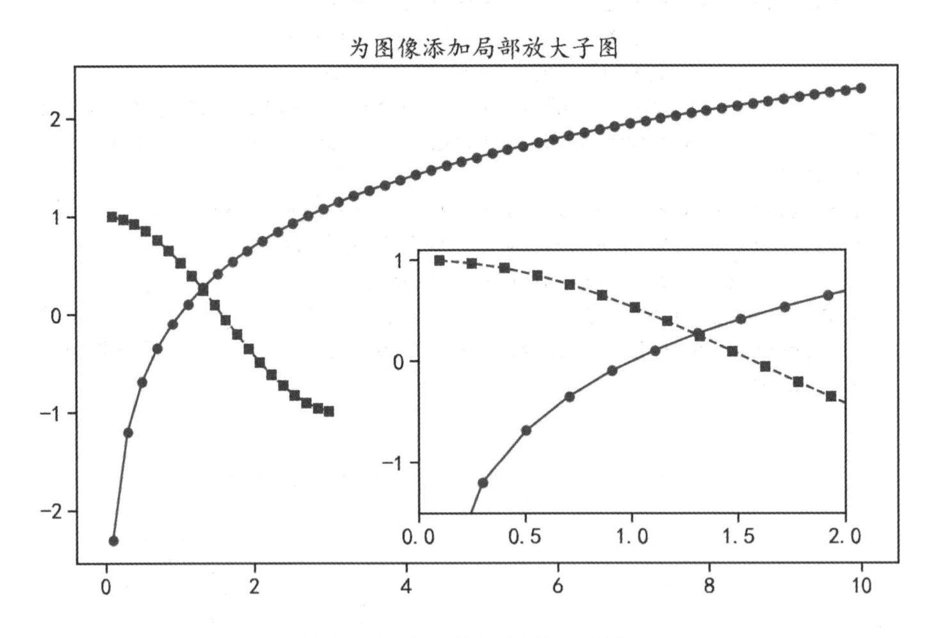

图 3-16　添加局部放大子图后的图像

```
In[16]:# 生成数据
       x1 = np.linspace(start = 0.1,stop = 10,num=50)
       x2 = np.linspace(start = 0.1,stop = 3,num=20)
       y1 = np.log(x1)
       y2 = np.cos(x2)
       # 在坐标系内部设置一个子坐标系可视化局部放大图
       plt.figure(figsize=(10,6))                # 初始化图像窗口并设置大小
       ax1 = plt.axes()    # 在图像窗口上添加一个默认的坐标系
       ax2 = plt.axes([0.45,0.2,0.4,0.4])        # 在图像窗口上添加一个新的坐标系
       # 在坐标系 ax1 上绘制图像
```

```
        ax1.set_title(" 为图像添加局部放大子图 ")
        ax1.plot(x1,y1,"r-o")
        ax1.plot(x2,y2,"b--s")
        # 在坐标系 ax2 上绘制局部放大图像
        ax2.plot(x1,y1,"r-o")
        ax2.plot(x2,y2,"b--s")
        # 设置坐标系 ax2 取值范围
        ax2.set(xlim = (0,2),ylim = (-1.5,1.1))
        plt.show()
```

在图 3-16 中，一幅图像叠加在另一幅图像上。plt.axes 函数可以对坐标系的位置进行设置，将图像并排。下面的程序示例将两个坐标系进行横向并排，然后进行数据可视化。运行该程序后可获得如图 3-17 所示的图像。

```
In[17]:# 将坐标系进行网格化排列（横向排列的两幅图）
       plt.figure(figsize=(10,5))              # 初始化图像窗口并设置大小
       ax1 = plt.axes([0,0,0.4,0.9])           # 在图像窗口上添加一个坐标系
       ax2 = plt.axes([0.5,0,0.4,0.9])         # 在图像窗口上添加一个坐标系
       # 在坐标系 ax1 内可视化图像
       ax1.plot(x1,y1,"r-o")
       ax1.set_title("y = log(x)")
       # 在坐标系 ax2 内可视化图像
       ax2.plot(x2,y2,"b--s")
       ax2.set_title("y = sin(x)")
       plt.show()
```

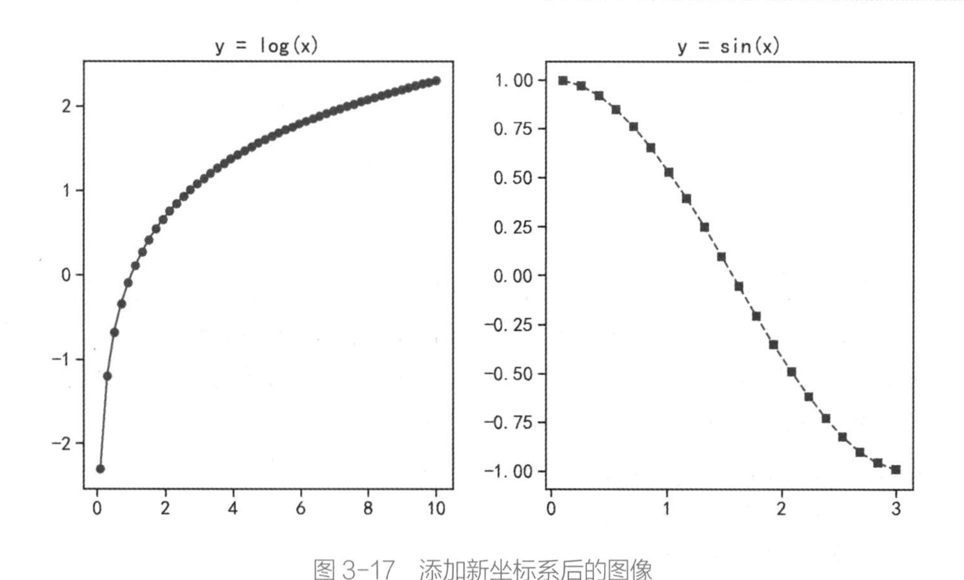

图 3-17 添加新坐标系后的图像

3.3.2 plt.subplot 函数创建网格子图

通过设置坐标系的位置创建并排的子图并不是很方便，因而还可以使用 plt.subplot 函数更方便地创建行列对齐的网格子图。该函数可以通过前两个数值指定所创建子图的行数与列数，通过第三个数值指定当前的可视化子图窗口。下面的程序示例使用 for 循环可

视化多个子图。其中，plt.subplot(3,3,ii) 表示可视化 3 行 3 列子图中第 ii 个子图；在 for 循环之外则是使用 plt.subplots_adjust 函数调整子图之间的距离。运行该程序后可获得如图 3-18 所示的图像。

```
In[18]:# 创建一个指定大小的画布
       plt.figure(figsize=(10,6))
       # 创建网格子图
       for ii in range(1,10):
           # 创建 3 行 3 列子图中第 ii 个子图
           plt.subplot(3,3,ii)
           plt.text(0.5,0.5,s = str((3,3,ii)),fontsize = 20,ha = "center")
       # 调整子图之间的水平高度间隔和宽度间隔
       plt.subplots_adjust(hspace=0.35,wspace = 0.35)
       plt.show()
```

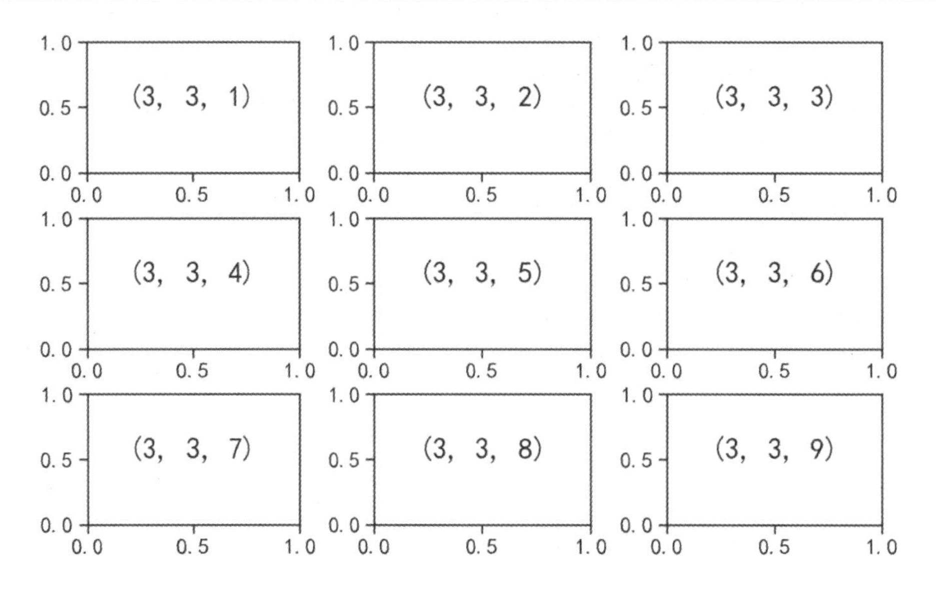

图 3-18　plt.subplot 函数创建网格子图后的图像

除可以使用 plt.subplots_adjust 函数调整子图之间的距离外，还可以使用 plt.tight_layout 函数自动地调整子图之间的距离，而且该函数无须额外设置参数，即可自动获得较合适的子图间隔。下面的程序则是使用 plt.tight_layout 函数调整 3 行 3 列子图的可视化结果。运行该程序后可获得如图 3-19 所示的图像。

```
In[19]:# 创建一个指定大小的画布
       plt.figure(figsize=(10,6))
       # 创建网格子图
       for ii in range(1,10):
           # 创建 3 行 3 列中第 i 个子图
           plt.subplot(3,3,ii)
           plt.text(0.5,0.5,s = str((3,3,ii)),fontsize = 20,ha = "center")
       # 调整子图之间填充
       plt.tight_layout()
       plt.show()
```

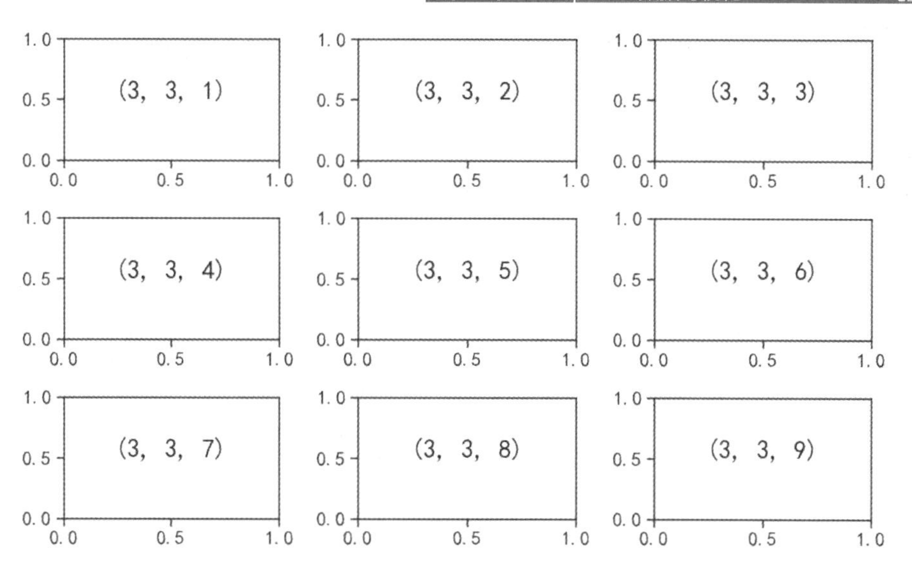

图 3-19　通过 plt.tight_layout 函数调整网格子图间距后的图像

前面介绍的是将行与列的子图都均匀分布的情况，下面介绍利用 plt.subplot 函数可视化不规则分布子图的图像。下面的程序示例可视化了包含 3 个子图的图像。在该程序中，先使用 plt.subplot(1,2,1) 将可视化窗口切分为 1 行 2 列，并指定可视化第 1 幅子图；接着使用 plt.subplot(2,2,2) 将可视化窗口切分为 2 行 2 列，并指定可视化第 2 幅子图；最后则是使用 plt.subplot(2,2,4) 将可视化窗口切分为 2 行 2 列，并指定可视化第 4 幅子图。运行该程序后最终获得如图 3-20 所示的图像。

```
In[20]:# 生成数据
       x = np.linspace(start = -5,stop = 5,num=50)
       y1 = np.sin(x)
       y2 = np.cos(x)
       y3 = np.sin(x)+np.cos(x)
       # 创建一个指定大小的画布
       plt.figure(figsize=(10,5))
       # 创建不规则的网格子图
       plt.subplot(1,2,1)         # 1 行 2 列第 1 幅子图（左侧的子图）
       plt.plot(x,y1,linestyle = "-",color = "b",marker = "o")
       plt.title("y = sin(x)")
       plt.subplot(2,2,2)         # 2 行 2 列第 2 幅子图（右上角的子图）
       plt.plot(x,y2,linestyle = "--",color = "g",marker = "v")
       plt.title("y = cos(x)")
       plt.subplot(2,2,4)         # 2 行 2 列第 4 幅子图（右下角的子图）
       plt.plot(x,y3,linestyle = "-.",color = "r",marker = "s")
       plt.title("y = sin(x)+cos(x)")
       plt.tight_layout()
       plt.show()
```

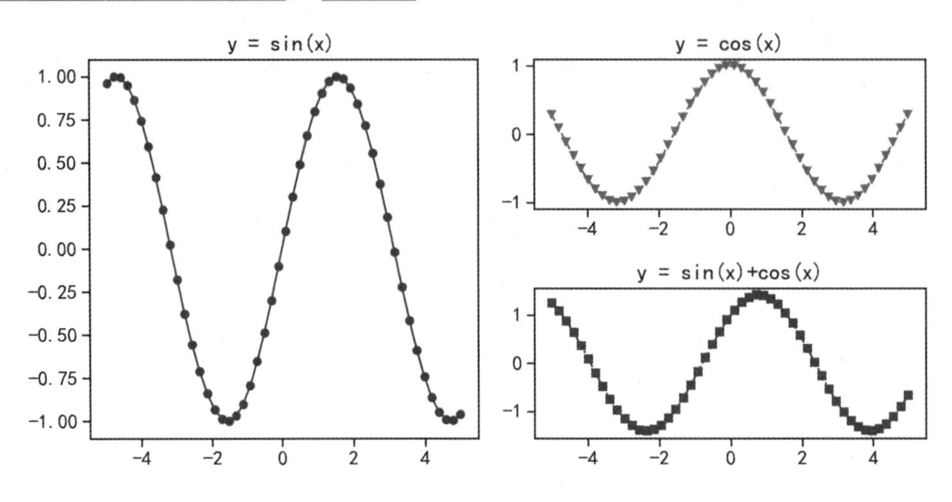

图 3-20　通过 plt.subplot 函数创建不规则网格子图后的图像

3.3.3 plt.subplots 函数创建网格子图

与 plt.subplot 函数功能类似的还有 plt.subplots 函数。plt.subplots 函数在创建多个子图的同时，会返回包含子图的 Numpy 数组。在下面使用 plt.subplots 函数的程序示例中，创建了 3 行 3 列 9 个子图的图像。例如，ax[ii,jj] 表示图像中的第 ii 行第 jj 列的子图，同时参数 sharex = True 与 sharey = True 表示每个子图都使用共享的 X 轴与 Y 轴的坐标系。运行该程序后可获得如图 3-21 所示的图像。

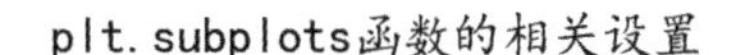

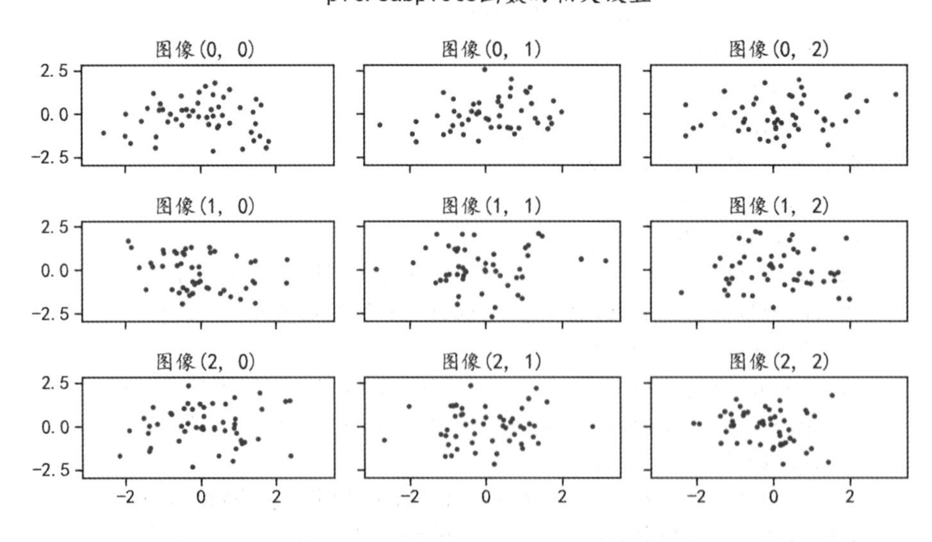

图 3-21　通过 plt.subplots 函数创建网格子图后的图像

```
In[21]:# 创建共享 X 轴和 Y 轴的 3 行 3 列 9 个子图，并设置窗口的大小
       fig,ax = plt.subplots(nrows=3,ncols=3,sharex = True,
                             sharey = True,figsize=(10,6))
       for ii in range(3):                                  # 子图的行索引
           for jj in range(3):                              # 子图的列索引
```

```
        ax[ii,jj].plot(np.random.randn(50),np.random.randn(50),".")
        ax[ii,jj].set_title(" 图像 "+str((ii,jj)))        # 为每个子图设置名称
    # 为整个图像设置总的名称
    plt.suptitle("plt.subplots 函数的相关设置 ",fontsize = 20)
    plt.tight_layout()                                    # 调整子图之间的距离
```

3.3.4 plt.GridSpec 函数对网格进行更复杂排列

使用 plt.GridSpec 函数可以很方便地生成不规则排列的网格子图。下面的程序示例使用 plt.GridSpec 函数将可视化窗口切分为 3 行 3 列 9 个子图，在可视化时通过 plt.subplot(gs[0:2,0:2]) 指定可视化使用的网格子图的位置，这里表示同时可视化前两行前两列的 4 个子图，即将这 4 个子图组合为一幅图像。运行该程序后可获得如图 3-22 所示的图像。

```
In[22]:fig = plt.figure(figsize=(10,6))
    # 创建共享 X 轴和 Y 轴的 3 行 3 列 9 个子图，并设置窗口的大小
    gs = plt.GridSpec(nrows=3,ncols=3,figure = fig,wspace=0.3,hspace = 0.3)
    plt.subplot(gs[0:2,0:2])          # 前 2 行 2 列的 4 个子窗口合并为 1 个大的窗口
    plt.plot(np.random.randn(50),np.random.randn(50),".")
    plt.subplot(gs[0:2,2])            # 前 2 行第 3 列的 2 个子窗口合并为 1 个大的窗口
    plt.plot(np.random.randn(50),np.random.randn(50),".")
    plt.subplot(gs[2,0:2])            # 第 3 行前 2 列的 2 个子窗口合并为 1 个大的窗口
    plt.plot(np.random.randn(50),np.random.randn(50),".")
    plt.subplot(gs[2,2])              # 第 3 行第 3 列的 1 个子窗口
    plt.plot(np.random.randn(50),np.random.randn(50),".")
    plt.show()
```

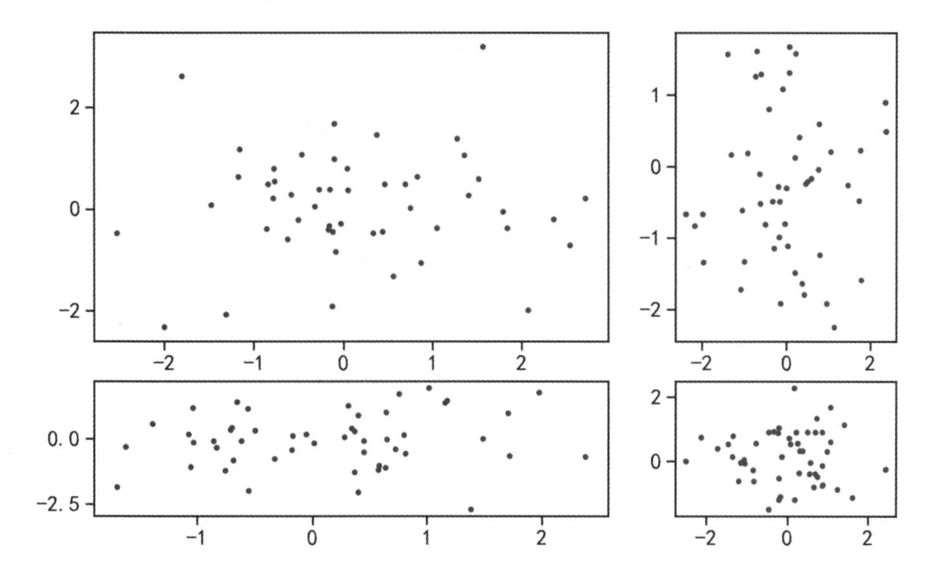

图 3-22 通过 plt.GridSpec 函数创建网格子图后的图像

前面介绍了 4 种 Matplotlib 可视化子图方式，读者可以自由选择应用这些方式。

3.4 Matplotlib 可视化函数

本节将介绍常用的 Matplotlib 可视化函数的使用，并对其进行分类，如类别比较图形可视化函数、数据关系图形可视化函数、数据分布图形可视化函数及其他图形可视化函数。首先导入相关的库，并进行一些简单的设置，程序如下。

```
In[1]:%config InlineBackend.figure_format = 'retina'
      %matplotlib inline
      import seaborn as sns
      sns.set(font= "Kaiti",style="ticks",font_scale=1.4)
      import matplotlib
      matplotlib.rcParams['axes.unicode_minus']=False
      # 导入需要的库
      import numpy as np
      import pandas as pd
      import matplotlib.pyplot as plt
```

3.4.1 类别比较图形可视化函数

类别比较图形通常包括条形图（柱形图）、饼图等。按表示变量的多少，条形图还可细分为单列数据条形图、多列数据条形图、堆积条形图、百分比堆积条形图、垂直条形图和水平条形图等形式。在 Matplotlib 中，垂直条形图可视化函数为 plt.bar 函数，水平条形图可视化函数为 plt.barh 函数，饼图可视化函数为 plt.pie 函数。下面介绍如何使用实际的数据集获取条形图与饼图。

首先从文件夹中导入使用的数据集，程序如下。该数据集包含了一些调查问卷生成的数据。将数据导入后，会使用该数据集中的相关变量进行数据可视化。

```
In[2]:# 数据准备，读取数据
      surveydf = pd.read_csv("data/chap3/ 关于外卖的市场调查数据 .csv")
      surveydf.head()
Out[2]:
```

	q1	q2	q4	q5	q6	q8	q9zhiliang	q9anquan	q9stime	q9jiage	q9baozhuang	q9kouwei	q9xiaoliang	q9kefu
0	男	大三	900—1300元	一般	0—5次	6—10元	8	7	8	7	7	6	7	6
1	男	大三	500—900	满意	0—5次	6—10元	8	8	8	7	6	7	7	5
2	女	大三	900—1300元	一般	0—5次	6—10元	6	6	6	6	6	7	7	7
3	女	大三	900—1300元	一般	0—5次	6—10元	7	7	7	5	5	6	4	6
4	男	大二	900—1300元	差	10—15次	6—10元	8	8	8	5	1	8	4	8

1. 单列数据的垂直条形图与水平条形图

条形图有别于直方图，条形图无法显示数据在一个区间内的连续变化趋势。其描述的是分类数据，回答的是每类数据中“有多少？”这个问题。

下面的程序示例可视化了两个子图，分别是单列数据的垂直条形图与单列数据的水平条形图。在该程序中，使用 np.unique 函数计算出可视化需要的数据；在第一个子图中，使用 plt.bar 函数将数据可视化为垂直条形图；使用 plt.bar_label 函数为每个柱子添加文本，且文本位置在柱子的边缘；使用 plt.barh 函数将数据可视化为水平条形图；同样使用 plt.bar_label 函数为每个柱子添加文本，且文本位置在柱子的中间位置。运行该程序后最终可获得如图 3-23 所示的可视化结果。

```
In[2]:# 单列数据条形图数据准备
      group, counts = np.unique(surveydf.q2,return_counts = True)
      # 将数据可视化为垂直条形图
      plt.figure(figsize=(12,6))
      plt.subplot(1,2,1)
      p1 = plt.bar(x = group,height = counts,width= 0.7)
      plt.bar_label(p1,label_type="edge")       # 在柱子边缘位置添加文本
      plt.xlabel(" 年级 ")
      plt.ylabel(" 数量 ")
      plt.title(" 各年级的样本量 ")
      # 将数据可视化为水平条形图
      plt.subplot(1,2,2)
      p2 = plt.barh(y = group,width = counts, height=0.7,color = "lightblue")
      plt.bar_label(p2,label_type="center")     # 在柱子中间位置添加文本
      plt.xlabel(" 数量 ")
      plt.ylabel(" 年级 ")
      plt.title(" 各年级的样本量 ")
      plt.suptitle(" 单列数据的垂直条形图和水平条形图 ")
      plt.tight_layout()
      plt.show()
```

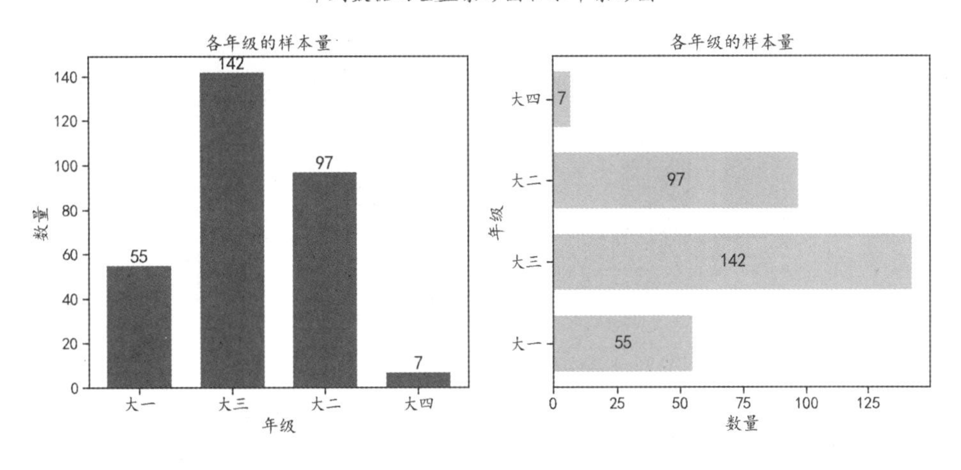

图 3-23　可视化的条形图

2. 多列数据的垂直与水平堆积条形图

可以使用堆积条形图对多列数据进行可视化。例如，对于数据中的 q1 和 q2 两个变量，使用 plt.bar 函数中的 bottom 参数获得垂直的堆积条形图，使用 plt.barh 函数中的 left 参数获得水平的堆积条形图。运行下面的程序后则可获得如图 3-24 所示

的可视化结果。

```
In[3]:# 数据准备，计算数据中不同性别的数量
      q12df = pd.crosstab(surveydf.q1,surveydf.q2)
      group = q12df.columns.values
      women = q12df.values[0,:]
      men = q12df.values[1,:]
      # 将多列数据可视化为堆积条形图
      plt.figure(figsize=(12,6))
      plt.subplot(1,2,1)                                    # 垂直的堆积条形图
      p1 = plt.bar(group, women, 0.7, label=" 女生 ")       # 女生数据
      p2 = plt.bar(group, men, 0.7, bottom=women,label=" 男生 ")  # 底部为女生数据
      plt.legend([p1,p2],[" 女生 "," 男生 "])                # 为图像添加图例
      plt.subplot(1,2,2)                                    # 水平的堆积条形图
      p1 = plt.barh(group, women, 0.7, label=" 女生 ")      # 女生数据
      p2 = plt.barh(group, men, 0.7, left=women,label=" 男生 ")  # 左侧为女生数据
      plt.legend([p1,p2],[" 女生 "," 男生 "])                # 为图像添加图例
      plt.bar_label(p1,label_type="center")
      plt.bar_label(p2,label_type="center")
      plt.bar_label(p2,label_type="edge")                   # 添加一个总的数量标签
      plt.xlim([0,160])
      plt.tight_layout()
      plt.show()
```

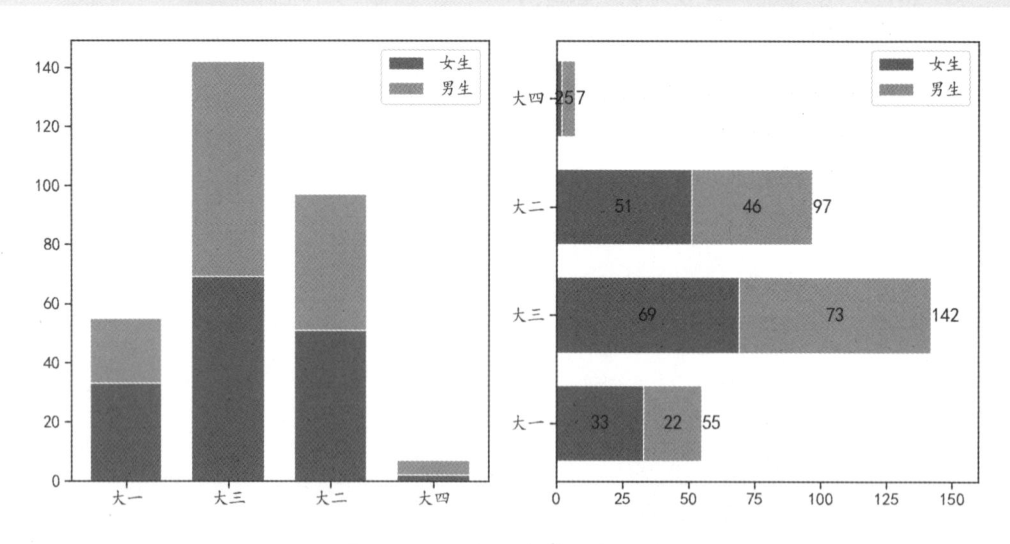

图 3-24　可视化的堆积条形图

3. 多列数据的垂直与水平并排条形图

可以将多列数据可视化为并排条形图。下面的程序示例将数据中的 q1 和 q2 两个变量可视化为并排条形图，并根据使用柱子的宽度，对相应的坐标位置进行了偏移。运行该程序后可获得如图 3-25 所示的可视化结果。

```
In[4]:# 数据准备，计算数据中不同性别的数量
      q12df = pd.crosstab(surveydf.q1,surveydf.q2)
      group = q12df.columns.values
      women = q12df.values[0,:]
```

```
men = q12df.values[1,:]
barwidth = 0.4
x = np.arange(len(group))
# 将多列数据可视化为并排条形图
plt.figure(figsize=(12,6))
plt.subplot(1,2,1)                                          # 垂直的并排条形图
p1 = plt.bar(x - barwidth/2, women, barwidth, label=" 女生 ")   # 女生数据
p2 = plt.bar(x + barwidth/2, men, barwidth, label=" 男生 ")     # 男生数据
plt.legend([p1,p2],[" 女生 "," 男生 "])                      # 为图像添加图例
plt.xticks(x,group)                                         # 设置分组标签
plt.bar_label(p1)
plt.bar_label(p2)
plt.subplot(1,2,2)                                          # 水平的并排条形图
p1 = plt.barh(x + barwidth/2, women, barwidth, label=" 女生 ")  # 女生数据
p2 = plt.barh(x - barwidth/2, men, barwidth,label=" 男生 ")     # 男生数据
plt.legend([p1,p2],[" 女生 "," 男生 "])                      # 为图像添加图例
plt.yticks(x,group)                                         # 设置分组标签
plt.bar_label(p1)
plt.bar_label(p2)
plt.tight_layout()
plt.show()
```

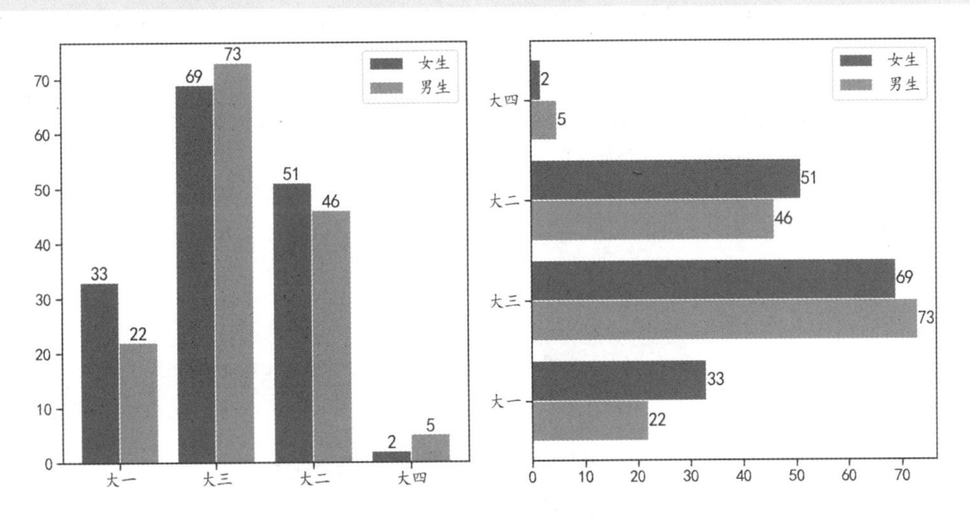

图 3-25　可视化的并排条形图

4. 多列数据的垂直与水平填充条形图

填充条形图可以更好地对比每个柱子中每个分组数据的百分比情况，因此每个柱子的高度总长度为 1。下面的程序示例将数据中的 q2 和 q5 两个变量可视化为填充条形图，其中变量 q5 表示满意程度分组，可以度量不同年级下满意程度情况的分布。在可视化时，通过 for 循环来完成 q5 变量中每种情况所占的百分比，同时使用 plt.legend 函数调整图像的显示情况。运行该程序后可获得如图 3-26 所示的可视化结果，两幅子图中分别是垂直填充条形图和水平填充条形图。

```
In[5]:# 数据准备，计算各年级中不同满意程度的数量
      q25df = pd.crosstab(surveydf.q2,surveydf.q5)
      group = q25df.columns.values
```

```
nianji = q25df.index.values
rowsum =  np.sum(q25df.values,axis = 1).reshape(-1,1)       # 行和
valdata = q25df.values /rowsum              # 每个元素所占的百分比
valdata_cum = np.cumsum(valdata,axis=1)  # 每个元素所占的累计百分比
# 颜色准备
group_colors = plt.get_cmap("RdYlGn")(np.linspace(0.15, 0.85, len(group)))
# 将多列数据可视化为填充条形图
plt.figure(figsize=(12,6))
plt.subplot(1,2,1)                          # 垂直填充条形图
for i, (colname, color) in enumerate(zip(group, group_colors)):
    widths = valdata[:, i]
    starts = valdata_cum[:, i] - widths
    pi = plt.bar(nianji, widths, bottom=starts, width=0.6,
                 label=colname, color=color)
plt.ylim([0,1])
plt.legend(ncol=3, bbox_to_anchor=(0, 1),loc="lower left",
            fontsize="small")
plt.subplot(1,2,2)                          # 水平填充条形图
for i, (colname, color) in enumerate(zip(group, group_colors)):
    widths = valdata[:, i]
    starts = valdata_cum[:, i] - widths
    pi = plt.barh(nianji, widths, left=starts, height=0.6,label=colname,
                  color=color)
plt.xlim([0,1])
plt.legend(ncol=3, bbox_to_anchor=(0, 1),loc="lower left",
           fontsize="small")
plt.tight_layout()
plt.show()
```

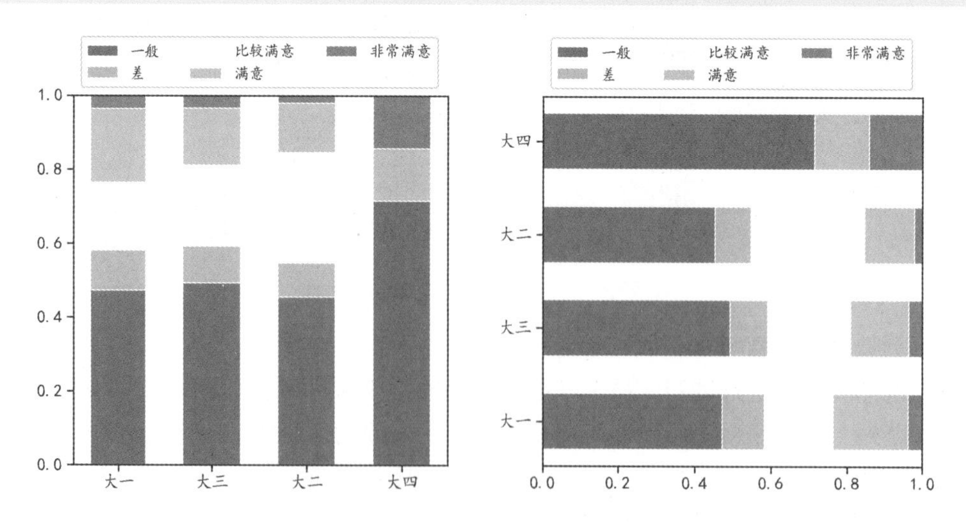

图 3-26　可视化的填充条形图

5. 饼图

饼图广泛应用在各个领域，通过将一个圆饼按照分类的占比划分成多个扇形块，整个圆饼代表数据的总量，每个扇形块（圆弧）表示该分类占总量的百分比大小。饼图可以很好地帮助用户快速了解数据的占比情况。

可以使用 Matplotlib 中的 plt.pie 函数可视化饼图。下面的程序示例可视化了 4 种不同形式的饼图。其中第一幅子图指定了每个分组表示的数量；第二幅子图使用 explode 参数将其中的一个扇形块突出显示，并且使用 autopct 参数为每个扇形块添加了所占百分比标签；第三幅子图为饼图添加了图例；第四幅子图使用 wedgeprops 参数将饼图的中心位置设置为空白，此种饼图也常被称为甜甜圈图。运行该程序后最终可获得如图 3-27 所示的可视化结果。

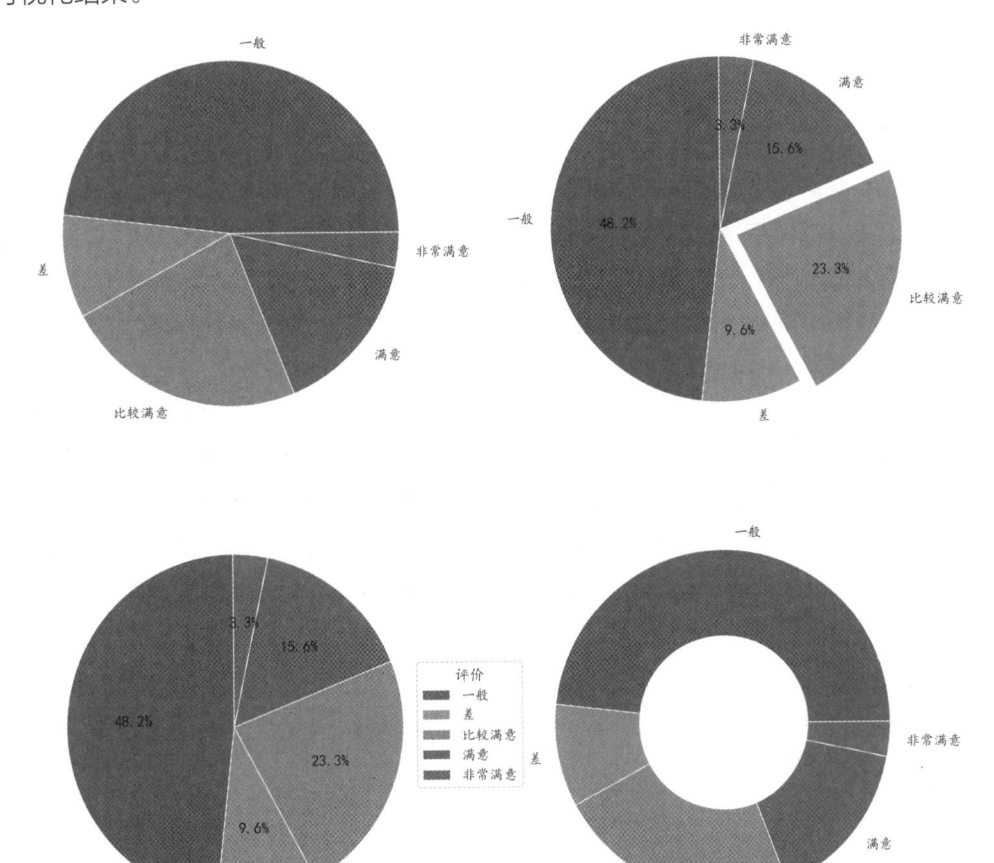

图 3-27 可视化的饼图和甜甜圈图

```
In[6]:# 数据准备
      group, counts = np.unique(surveydf.q5,return_counts = True)
      explode = [0,0,0.1,0,0]    # 突出显示一个数据
      plt.figure(figsize=(15,15))
      plt.subplot(2,2,1)         # 普通的饼图
      plt.pie(counts,labels=group)
      plt.subplot(2,2,2)         # 设置饼图的突出部分和百分比标签
      plt.pie(counts, explode=explode, labels=group, autopct='%1.1f%%',
              startangle=90)
      plt.subplot(2,2,3)         # 设置饼图的图例
      p1,_,_ = plt.pie(counts, autopct='%1.1f%%',startangle=90)
      plt.legend(p1, group,title=" 评价 ",loc="center right",
                 bbox_to_anchor=(0.7, 0, 0.5, 1))
```

```
plt.subplot(2,2,4)          # 设置为甜甜圈图
plt.pie(counts,labels=group,wedgeprops=dict(width=0.5))
plt.tight_layout()
plt.show()
```

用于可视化类别比较的图形还有其他方式，在本书后面的章节中，将会进行更多相关的介绍。

3.4.2 数据关系图形可视化函数

最常用的数据关系图形是散点图，它将所有的数据以点的形式展现在笛卡儿坐标系上，以显示变量之间的相互影响程度，其中点的位置由变量的数值决定。在散点图中，如果使用不同的颜色来表示不同分组的数据，就可以获得分组散点图；如果单独为每个散点指定不同的大小，就可以获得气泡图。因此，散点图虽然简单，但是应用方式多种多样。下面将介绍如何使用真实的数据集可视化不同形式的散点图，以帮助我们观察数据所传达的信息。可视化散点图可以使用 plt.scatter 函数。

在下面的程序中，先从文件夹中导入要使用的数据 moonsdf，从输出结果中可以看出数据有 3 个变量，分别是 X1、X2 和 Y，其中 Y 是取值为 0 与 1 的分组变量；In[8] 程序片段将数据可视化成了两幅子图，分别是普通的散点图和分组散点图。在可视化第一幅子图时，设置了每个点的颜色、形状及透明度；在可视化第二幅子图时，使用两次 plt.scatter 函数分别可视化不同分组的数据，并设置为不同的形状和颜色。运行该程序后最终可获得如图 3-28 所示的可视化结果。

```
In[7]:# 准备数据
      moonsdf = pd.read_csv("data/chap3/moonsdatas.csv")
      print(moonsdf.head())
Out[7]:         X1        X2  Y
       0  0.742420  0.585567  0
       1  1.744439  0.039096  1
       2  1.693479 -0.190619  1
       3  0.739570  0.639275  0
       4 -0.378025  0.974814  0
In[8]:# 将数据可视化为散点图
      plt.figure(figsize=(12,6))
      plt.subplot(1,2,1)     # 简单的散点图
      plt.scatter(x = moonsdf.X1,y = moonsdf.X2,c = "red",marker = "o",
                  alpha = 0.6)
      plt.axis("equal")      # 横、纵坐标轴设置为相等范围
      plt.grid()
      plt.title(" 可视化的散点图 ")
      plt.subplot(1,2,2)     # 根据类别标签分别设置点的颜色和形状
      index = moonsdf.Y == 1
      plt.scatter(x = moonsdf.X1[index],y = moonsdf.X2[index],c = "red",
                  marker = "d", alpha = 0.6,label = "class 1")
      plt.scatter(x = moonsdf.X1[~index],y = moonsdf.X2[~index],c = "blue",
                  marker = "o", alpha = 0.6,label = "class 0")
```

```
    plt.axis("equal")
    plt.legend()
    plt.grid()
    plt.title(" 可视化的分组散点图 ")
    plt.tight_layout()
    plt.show()
```

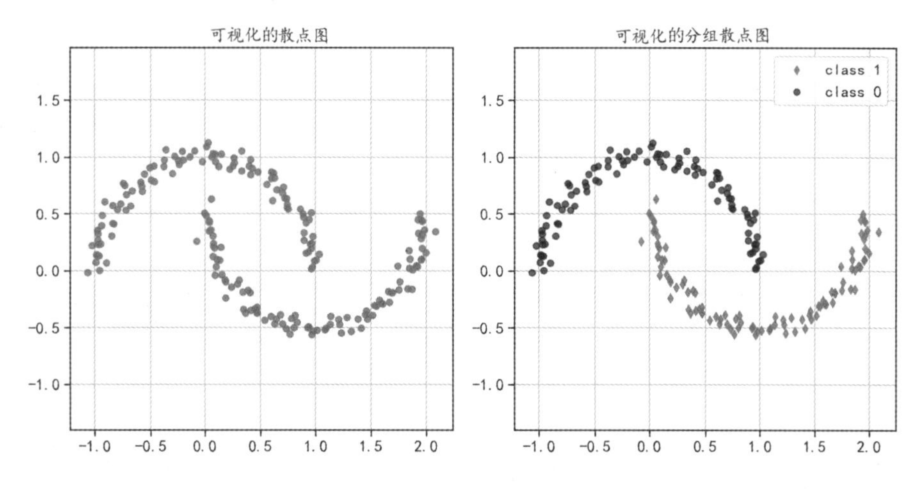

图 3-28 可视化的散点图

气泡图仍然是散点图的一种，只是分别设置了每个点的大小。下面的程序示例可视化了气泡图的两个子图。其中，在可视化第一幅子图时，使用生成的 scatsize 随机数指定每个点大小，同时使用该随机数设置了点的颜色，并指定颜色的映射种类为 RdBu_r；在可视化第二幅子图时，使用数据的分组变量 Y 设置点的颜色，同时为图像添加了两种图例，分别为颜色分组图例和点的大小分组图例。运行该程序后可获得如图 3-29 所示的可视化结果。

```
In[9]:# 生成一组随机数，用于设置点的大小
    np.random.seed(123)
    scatsize = np.random.randint(low = 5, high=150, size=len(moonsdf))
    plt.figure(figsize=(14,6))
    plt.subplot(1,2,1)                # 设置点的大小和颜色的映射种类
    p1 = plt.scatter(x = moonsdf.X1,y = moonsdf.X2,s=scatsize,c = scatsize,
                     cmap=plt.cm.RdBu_r,marker = "o",alpha = 0.8)
    plt.grid()
    plt.title(" 可视化的气泡图 ")
    ax2 = plt.subplot(1,2,2)          # 为气泡图添加图例
    p2 = plt.scatter(x = moonsdf.X1,y = moonsdf.X2,s=scatsize,c = moonsdf.Y,
                     cmap=plt.cm.Set3,marker = "o",alpha = 1)
    # 添加颜色分组图例
    legend1 = plt.legend(*p2.legend_elements(),loc = "best",title="Group")
    ax2.add_artist(legend1)
    # 添加点的大小分组图例
    handles, labels = p2.legend_elements(prop="sizes", alpha=0.6)
    legend2 = plt.legend(handles, labels, loc = [1,0.07], title="Sizes")
    plt.grid()
```

```
plt.title(" 可视化的气泡图 ")
plt.tight_layout()
plt.show()
```

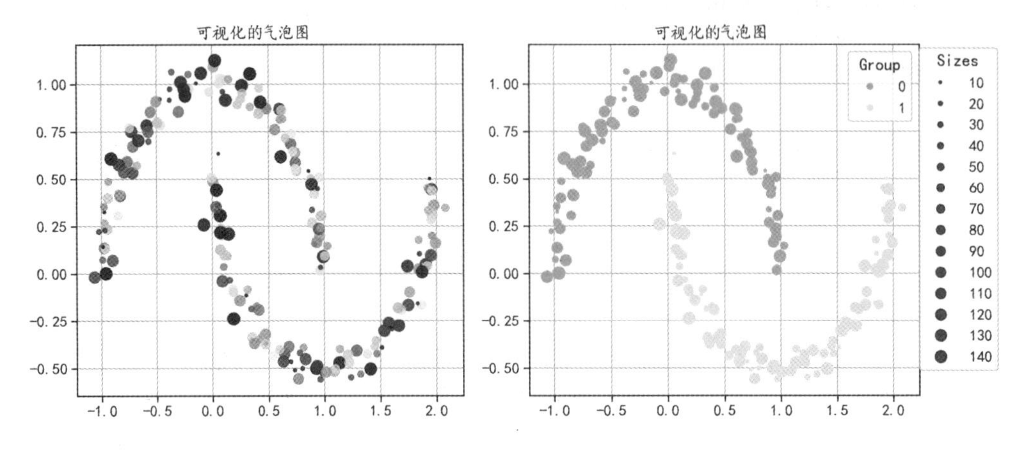

图 3-29　可视化的气泡图

3.4.3 数据分布图形可视化函数

可以将数据的分布情况可视化为多种形式的数据分布图形，如直方图、核密度估计图、箱线图与小提琴图等。可视化一维直方图可以使用 plt.hist 函数；可视化二维直方图可以使用 plt.hist2d 函数；可视化核密度估计图通常使用 gaussian_kde 函数；可视化箱线图可以使用 plt.boxplot 函数；可视化小提琴图可以使用 plt.violinplot 函数。下面将使用具体的数据集，介绍上述可视化函数的使用。

直方图主要用于显示各组频数或数量分布的情况，以及各组之间频数或数量的差别。通过直方图，还可以观察和估计哪些数据比较集中，异常或者孤立的数据分布在何处。

一维直方图可以分析数据的分布趋势；二维直方图可以表示两个变量数据分布情况，并可以使用不同的颜色表示数据的聚集情况。在下面的程序中，先从文件中读取使用的数据，该数据包含 10 类手写字体在三维空间中的特征分布情况；然后分别使用 plt.hist 函数将数据第二个特征 V2 分布情况可视化为一维直方图，将数据第一个特征 V1 与第二个特征 V2 分布情况可视化为二维直方图。运行该程序可获得如图 3-30 所示的可视化结果，其中两幅子图均是从不同的角度反映了数据的分布情况。

```
In[10]:# 数据准备，数据读取
       digit3D = pd.read_csv("data/chap3/digit3D.csv")
       print(digit3D.head())
Out[10]:          V1         V2         V3  label
       0 -48.090091  17.541763   6.549488      0
       1  15.622530   4.635292 -18.603039      1
       2  16.652662  11.502251   0.939470      2
       3   8.549375 -13.352267  28.409507      3
       4 -13.054036  10.309095 -40.025571      4
In[11]:# 可视化直方图
```

```
plt.figure(figsize=(12,6))
plt.subplot(1,2,1)
p1 = plt.hist(x = digit3D.V2,bins = 50)
plt.grid()
plt.title(" 频数直方图 ")
plt.subplot(1,2,2)
p2 = plt.hist2d(x = digit3D.V1,y= digit3D.V2,bins = 40,
                cmap = plt.cm.rainbow)
plt.grid()
plt.title(" 二维频数直方图 ")
plt.tight_layout()
plt.show()
```

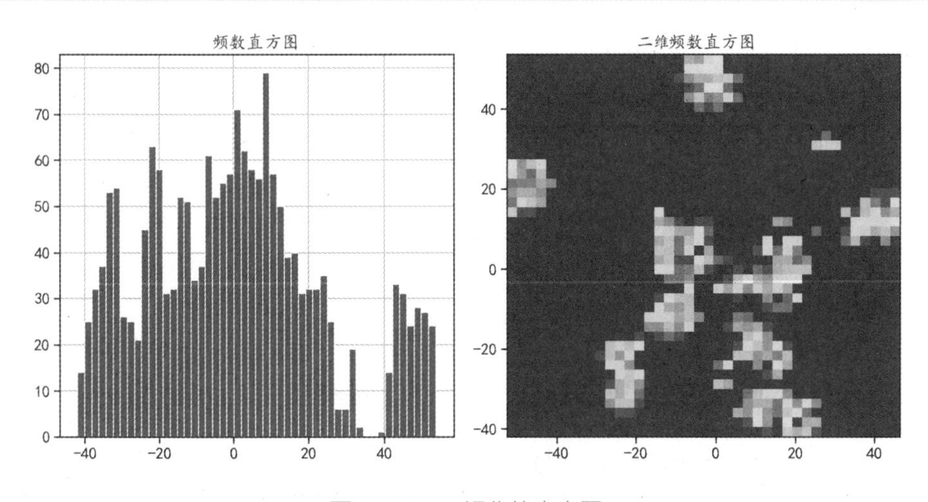

图 3-30 可视化的直方图

可视化核密度估计图首先要进行数据的核密度估计，然后使用 plt.plot 函数对计算的结果直接进行可视化。在下面的程序中，使用了 gaussian_kde 函数进行数据的核密度估计，再使用 plt.plot 函数可视化核密度估计图，然后使用 plt.fill_between 函数填充核密度估计图。运行该程序后可获得如图 3-31 所示的可视化结果。

```
In[12]:# 可视化核密度估计图
       from scipy.stats import gaussian_kde
       density = gaussian_kde(digit3D.V2)                # 数据的核密度估计
       X2 = np.linspace(min(digit3D.V2), max(digit3D.V2), 1000)
       plt.figure(figsize=(14,6))
       plt.subplot(1,2,1)
       p1 = plt.plot(X2,density(X2),color = "red",lw = 2)
       plt.grid()
       plt.title(" 数据分布密度曲线 ")
       plt.subplot(1,2,2)
       p1 = plt.fill_between(X2,density(X2),color = "red",lw = 2,alpha = 0.5)
       plt.grid()
       plt.title(" 数据分布填充密度曲线 ")
       plt.tight_layout()
       plt.show()
```

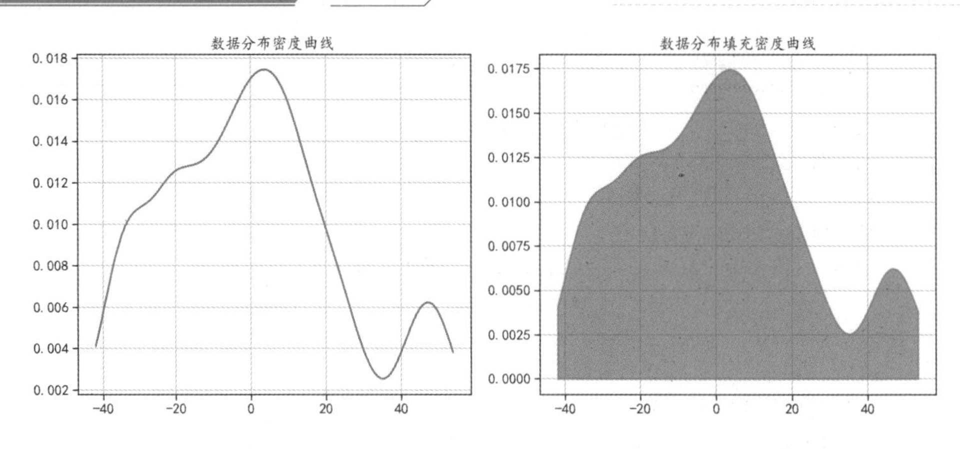

图 3-31　可视化的核密度估计图

前面介绍的是对一维数据进行核密度估计后的可视化，如果针对两个特征变量可以进行二维数据核密度估计，然后进行结果的可视化，而数据的核密度估计仍然可以使用 gaussian_kde 函数。下面的程序示例在计算了相关数据的核密度之后，通过 plt.pcolormesh 函数进行结果的可视化。运行该程序后可获得如图 3-32 所示的二维核密度估计图，在该图中亮度越高的位置数据分布越聚集。

```
In[13]:# 可视化二维核密度估计图
       from scipy.stats import gaussian_kde
       density = gaussian_kde(digit3D.iloc[:,0:2].values.T)   # 核密度估计
       X1 = np.linspace(min(digit3D.V1), max(digit3D.V1), 80)
       X2  = np.linspace(min(digit3D.V2), max(digit3D.V2), 80)
       xx,yy = np.meshgrid(X1,X2)
       zz = density(np.vstack([xx.flatten(), yy.flatten()])) # 计算估计值
       plt.figure(figsize=(10,6))
       plt.pcolormesh(xx,yy,zz.reshape(xx.shape),shading="auto")
       plt.colorbar()                                          # 添加一个颜色条
       plt.grid()
       plt.title(" 二维核密度估计图 ")
       plt.show()
```

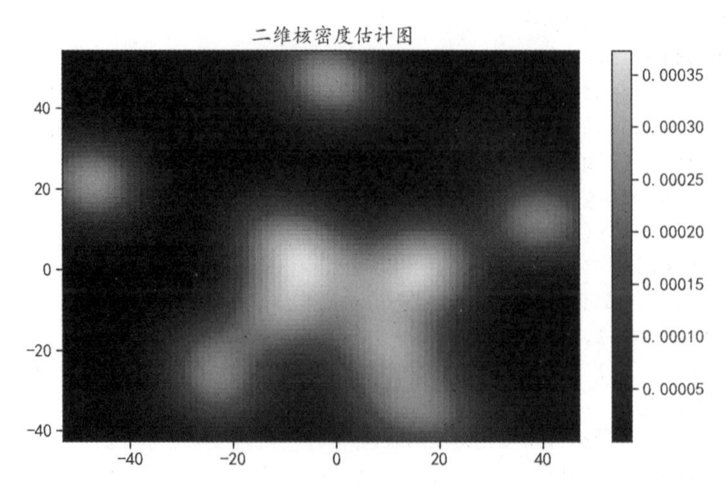

图 3-32　可视化的二维核密度估计图

箱线图主要使用 5 个数值对数据分布进行概括，即一组数据的最大值、最小值、中位数、下四分位数及上四分位数，而对于数据的异常值，通常会以单独点的形式绘制。小提琴图和箱线图的可视化效果几乎是一样的，它们均通过可视化分析数据的分位数以展示其分布情况。

可视化箱线图可以使用 plt.boxplot 函数，可视化小提琴图可以使用 plt.violinplot 函数。下面的程序示例将鸢尾花数据中的 4 个数值可视化为箱线图和小提琴图。运行该程序后可获得如图 3-33 所示的可视化结果。

```
In[14]:# 数据准备，数据读取
       iris = pd.read_csv("data/chap3/Iris.csv")
       print(iris.head())
Out[14]:   Id SepalLengthCm  SepalWidthCm  PetalLengthCm  PetalWidthCm  Species
       0   1       5.1           3.5             1.4          0.2       Iris-setosa
       1   2       4.9           3.0             1.4          0.2       Iris-setosa
       …
       4   5       5.0           3.6             1.4          0.2       Iris-setosa
In[15]:# 可视化箱线图
       plt.figure(figsize=(14,6))
       plt.subplot(1,2,1)                                    # 箱线图
       plt.boxplot(iris.iloc[:,1:5],notch = True,            # 可视化凹槽
                   patch_artist=True,                        # 填充颜色
                   labels = iris.iloc[:,1:5].columns)  # 对应的标签
       plt.xticks(rotation = 30)
       plt.grid()
       plt.subplot(1,2,2)                                    # 小提琴图
       plt.violinplot(iris.iloc[:,1:5],showmedians = True) # 显示中位数
       plt.xticks(ticks=[1,2,3,4],labels=iris.iloc[:,1:5].columns,rotation=30)
       plt.grid()
       plt.show()
```

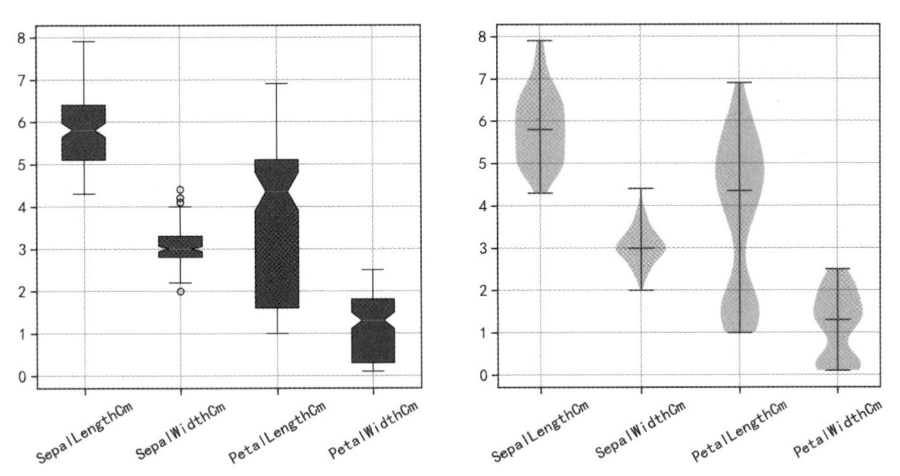

图 3-33　可视化的箱线图和小提琴图

3.4.4 其他图形可视化函数

Matplotlib 还提供了其他图形可视化函数，如使用 plt.errorbar 函数可视化误差棒图，

使用 plt.stackplot 函数可视化堆积折线面积图，使用 plt.step 函数可视化阶梯图，使用 plt.stem 函数可视化火柴棒图等。

下面的程序示例使用 plt.errorbar 函数可视化了两幅子图（误差棒图），在可视化第一幅子图时，使用参数 fmt = "bo" 设置误差棒使用的形式，表示误差棒之间没有线的连接；在可视化第二幅子图时，分别使用实线和虚线将误差棒之间进行连接。运行该程序后可获得如图 3-34 所示的可视化结果。

```
In[16]:# 数据准备
       N = 8
       menMeans = [20, 35, 30, 35, 27, 40, 45, 60]
       womenMeans = [25, 32, 34, 20, 25, 15, 30, 20]
       group = ["G"+str(ii) for ii in range(1,9)]
       menStd = [2, 3, 4, 6, 2, 5, 7, 10]                          # 指定误差棒的上下界
       womenStd = [3, 5, 2, 3, 3, 3, 2, 2]
       plt.figure(figsize=(14,6))
       plt.subplot(1,2,1)                                          # 一组数据误差棒图
       plt.errorbar(range(N),menMeans,yerr=menStd,fmt = "bo", # 误差棒的形状
                    ecolor = "red",elinewidth = 2)                 # 误差棒颜色和线宽度
       plt.xticks(range(N),group)
       plt.grid()
       plt.title(" 一组数据误差棒图 ")
       plt.subplot(1,2,2)                                          # 两组数据误差棒图
       plt.errorbar(range(N),menMeans,yerr=menStd,fmt = "bo-", # 误差棒的形状
                    ecolor = "b",elinewidth = 2,label = " 男生 ")
       plt.errorbar(range(N),womenMeans,yerr=womenStd,fmt = "rs--",
                    ecolor = "r",elinewidth = 2,label = " 女生 ")
       plt.xticks(range(N),group)
       plt.legend(loc = "upper left")
       plt.grid()
       plt.title(" 两组数据误差棒图 ")
       plt.tight_layout()
       plt.show()
```

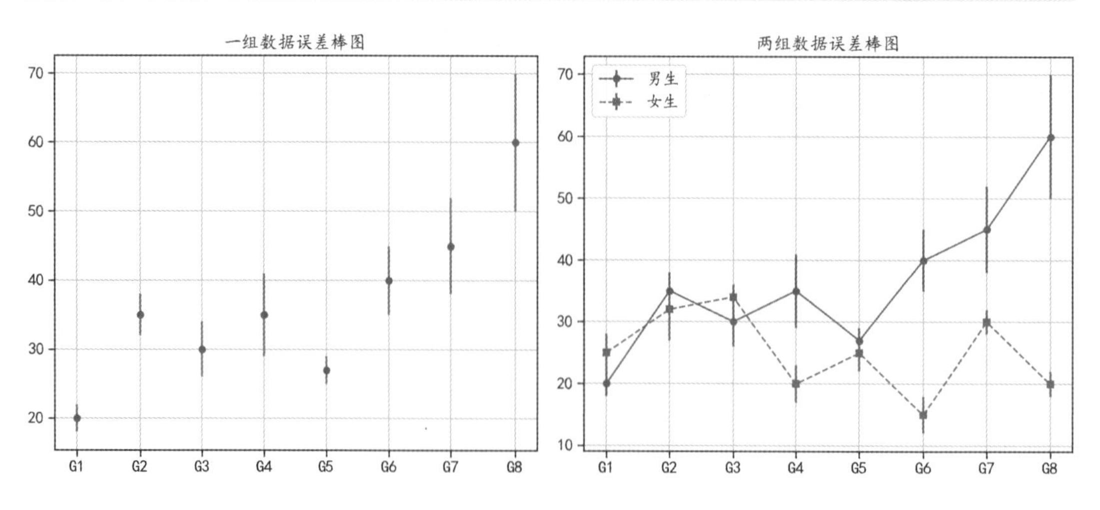

图 3-34　可视化的误差棒图

堆积折线面积图可以被看作一种扩展的折线图，其中各个叠加起来的面积表示各个数据量的大小。这种堆叠起来的面积图（堆积折线图）在表现大数据总量分量的变化情况时格外有用，非常适用于对比多变量随时间变化的情况，但不适用于表示带有负值的数据集。下面的程序示例可视化了两组数据的堆积折线图，分别表示男生和女生的数据取值。运行该程序后可获得如图 3-35 所示的可视化结果。

```
In[17]:# 数据准备
       menMeans = [20, 35, 30, 35, 27, 40, 45, 60]
       womenMeans = [25, 32, 34, 20, 25, 15, 30, 20]
       group = ["G"+str(ii) for ii in range(1,9)]
       x = np.arange(len(menMeans))
       y = np.vstack(((menMeans,womenMeans)))
       plt.figure(figsize=(10,6))
       plt.stackplot(x,y,labels = [" 男生 "," 女生 "])
       plt.xticks(x,group)
       plt.legend(loc = "upper left")
       plt.show()
```

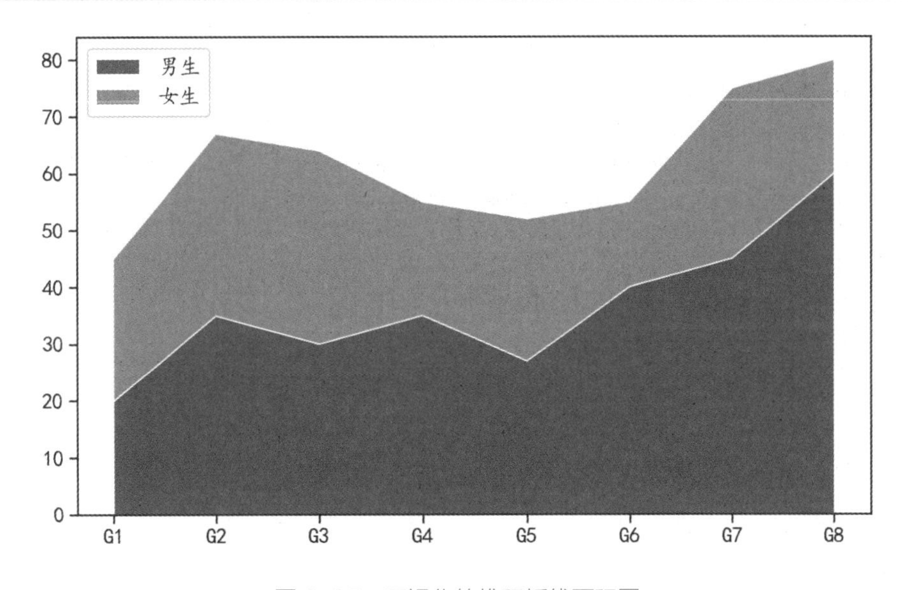

图 3-35　可视化的堆积折线面积图

阶梯图适用于波动数据的可视化，也适用于显示以不规则间隔发生的数据变化。下面的程序示例使用阶梯图可视化了两组数据，并且使用 where 参数指定点对应的中心位置。运行该程序后可获得如图 3-36 所示的可视化结果。

```
In[18]:# 可视化阶梯图
       plt.figure(figsize=(10,6))
       plt.step(x,menMeans,"ro-",label = " 男生 ",where = "mid",lw = 2)
       plt.step(x,womenMeans,"bs--",label = " 女生 ",where = "mid",lw = 2)
       plt.xticks(x,group)
       plt.legend(loc = "upper left")
       plt.show()
```

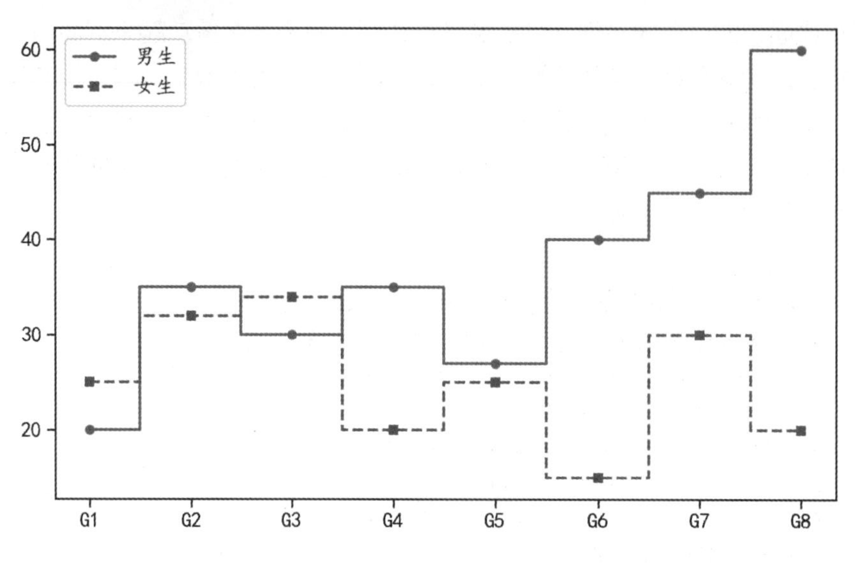

图 3-36　可视化的阶梯图

下面的程序示例使用 plt.stem 函数可视化火柴棒图，并且将女生的数据转化为负数后进行可视化。运行该程序后可获得如图 3-37 所示的可视化结果。

```
In[19]:# 可视化火柴棒图
       plt.figure(figsize=(10,6))
       plt.stem(x,menMeans,linefmt = "r-",markerfmt = "ro",label = " 男生 ")
       plt.stem(x,(-1)*np.array(womenMeans),linefmt = "b--",
                markerfmt = "bD",label = " 女生 ")
       plt.xticks(x,group)
       plt.legend(loc = "upper left")
       plt.ylim([-65,65])
       plt.show()
```

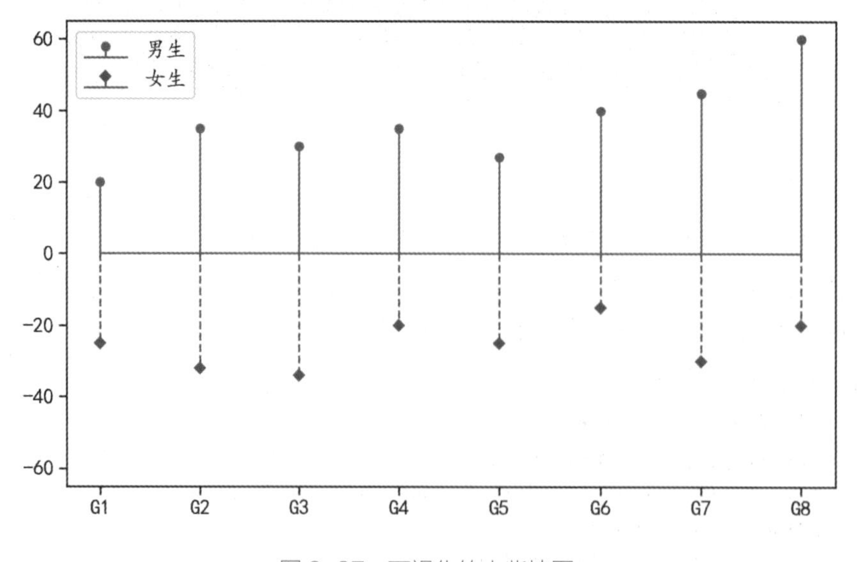

图 3-37　可视化的火柴棒图

可以使用 plt.imshow 函数对图像数据进行可视化，还可以使用 plt.matshow 函数对二维矩阵格式的数据进行可视化。在下面的程序中，使用 plt.matshow 函数将核密度估计值可视化为第一幅子图，使用 plt.imshow 函数将从文件中读取的图像数据显示第二幅子图，运行程序后可获得如图 3-38 所示的可视化结果，可以发现，在两种函数可视化时，原点 (0,0) 的位置是一样的，但是坐标轴的标签位置不一样。

```
In[20]:# matshow 数据准备
       digit3D = pd.read_csv("data/chap3/digit3D.csv")
       from scipy.stats import gaussian_kde
       density = gaussian_kde(digit3D.iloc[:,1:3].values.T)   # 核密度估计
       X1 = np.linspace(min(digit3D.V2), max(digit3D.V2), 200)
       X2  = np.linspace(min(digit3D.V3), max(digit3D.V3), 200)
       xx,yy = np.meshgrid(X1,X2)
       zz = density(np.vstack([xx.flatten(), yy.flatten()]))  # 计算估计值
       # imshow 数据准备
       import matplotlib.image as mpimg
       im = mpimg.imread("data/chap3/Lenna.png")
       # 可视化
       plt.figure(figsize=(14,7))
       plt.subplot(1,2,1)                                     # 矩阵数据可视化
       plt.matshow(zz.reshape(xx.shape),fignum = 0)
       plt.axis("equal")
       plt.title(" 矩阵数据可视化 ")
       plt.subplot(1,2,2)                                     # 图片数据可视化
       plt.imshow(im)
       plt.axis("equal")
       plt.title(" 图片数据可视化 ")
       plt.tight_layout()
       plt.show()
```

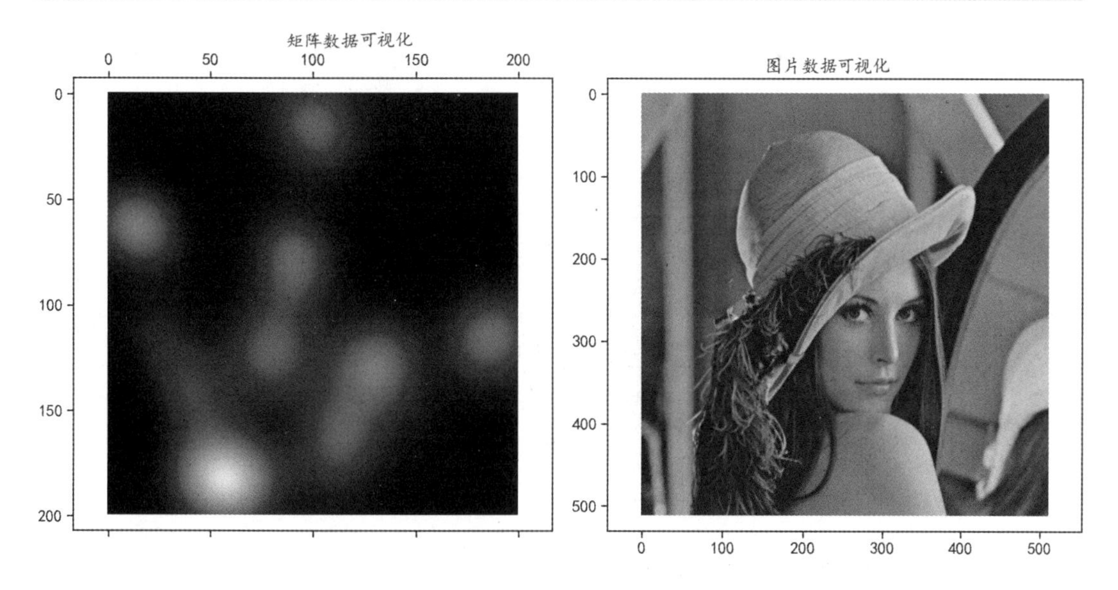

图 3-38　图像数据可视化

使用 Matplotlib 在二维空间中进行数据可视化就先介绍到这里，下面将介绍如何使用 Matplotlib 在三维空间中进行数据可视化。

3.5 Matplotlib 可视化三维图像

Matplotlib 提供了丰富的可视化三维图像功能。下面将使用具体的可视化案例，介绍如何使用 Matplotlib 可视化三维点图、三维线图、三维等高线图、三维曲面图等。

3.5.1 三维点图和三维线图

可以分别使用 scatter3D 函数和 plt.plot 函数可视化三维点图和三维线图。需要注意的是，在进行三维图像可视化前，需要先将可视化使用的坐标系设置为三维直角坐标系。在下面的程序中，在初始化子图坐标系时，首先使用 projection="3d" 参数将对应的坐标系设置为三维，然后再进行可视化。针对第一幅子图的可视化，只需为 plt.plot 函数指定对应的 X 轴、Y 轴与 Z 轴的坐标点，即可得到三维线图，并可设置点的颜色、形状和大小。运行该程序最终可获得如图 3-39 所示的可视化结果。

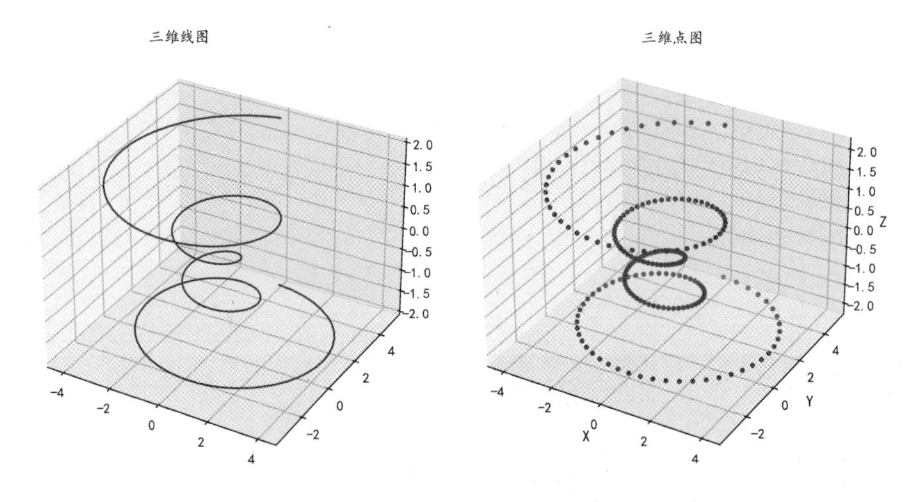

图 3-39　可视化的三维线图和三维点图

```
In[21]:# 数据准备
       theta = np.linspace(-4 * np.pi, 4 * np.pi, 200)
       z = np.linspace(-2, 2, 200)
       r = z**2 + 1
       x = r * np.sin(theta)
       y = r * np.cos(theta)
       # 可视化
       fig = plt.figure(figsize=(14,7))
       plt.subplot(1,2,1,projection="3d")                 # 三维线图
       plt.plot(x,y,z,"r-",lw = 2)
       plt.title(" 三维线图 ")
       ax2 = fig.add_subplot(1,2,2,projection="3d")    # 三维点图
       ax2.scatter3D(x,y,z,c = "red",marker = "o",s = 20)
       ax2.set(xlabel="X",ylabel = "Y",zlabel="Z",title = " 三维点图 ")
```

```
        plt.tight_layout()
        plt.show()
```

针对多种类别数据的三维散点图，可以通过 for 循环为每种数据设置形状与颜色，下面的程序示例先导入手写数据，然后在三维空间中进行数据可视化，并且分别设置每种数据的颜色和点的形状。运行该程序后可获得如图 3-40 所示的可视化结果。

```
In[22]:# 数据准备，数据读取
        digit3D = pd.read_csv("data/chap3/digit3D.csv")
        shapes = ["o", "v","1", "s", "p",  "*", "h", "+", "x","d"]
        colors = ["r","b","g","yellow","k","lightblue","y","cyan","m","orange"]
        X = digit3D.V1.values
        Y = digit3D.V2.values
        Z = digit3D.V3.values
        label = digit3D.label.values
        labelall = np.unique(label)
        # 可视化
        fig = plt.figure(figsize=(15,10))
        ax = fig.add_subplot(1,1,1,projection="3d")
        for ii in labelall:
            index = label == ii
            ax.scatter3D(X[index],Y[index],Z[index],c = colors[ii],
                    marker = shapes[ii],s = 40,label = str(ii))
        plt.legend(loc = [0.1,0.3],title = "Class")
        plt.title(" 三维散点图 ")
        plt.show()
```

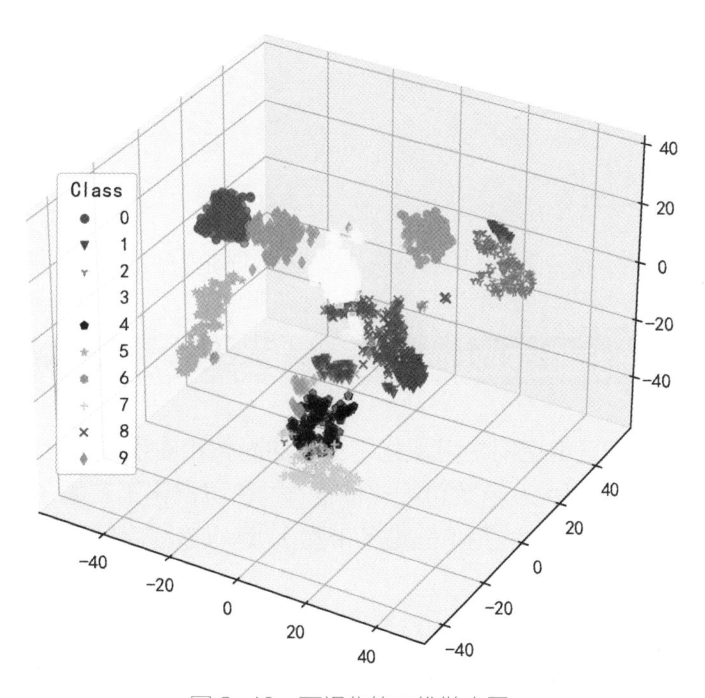

图 3-40　可视化的三维散点图

3.5.2 三维等高线图

下面的程序示例在三维空间中可视化了等高线图。其中，在可视化第一幅子图时，使用参数 zdir="z" 指定等高线的投影方向；在可视化第二幅子图时，通过指定参数 offset = 0，将等高线投影到 XY 轴水平面上显示。运行该程序后可获得如图 3-41 所示的可视化结果。

```
In[23]:# 数据准备
       from mpl_toolkits.mplot3d import axes3d
       # 生成可视化三维图像的网格数据
       X, Y, Z = axes3d.get_test_data(0.025)
       fig = plt.figure(figsize=(14,7))
       ax1 = plt.subplot(1,2,1,projection="3d")          # 三维等高线图
       ax1.contour(X,Y,Z,zdir="z",levels = 20,cmap=plt.cm.RdYlBu)
       ax1.set_title(" 三维等高线图 ")
       ax2 = plt.subplot(1,2,2,projection="3d")          # 三维线图
       ax2.contour(X,Y,Z,zdir="z",offset = 0,levels = 20,cmap=plt.cm.RdYlBu)
       ax2.view_init(elev=10,azim=-30)              # z 平面的仰角，和 XY 轴水平面的方位角
       ax2.set_title(" 等高线图投影到一个水平面上 ")
       plt.show()
```

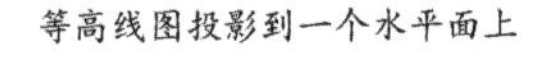

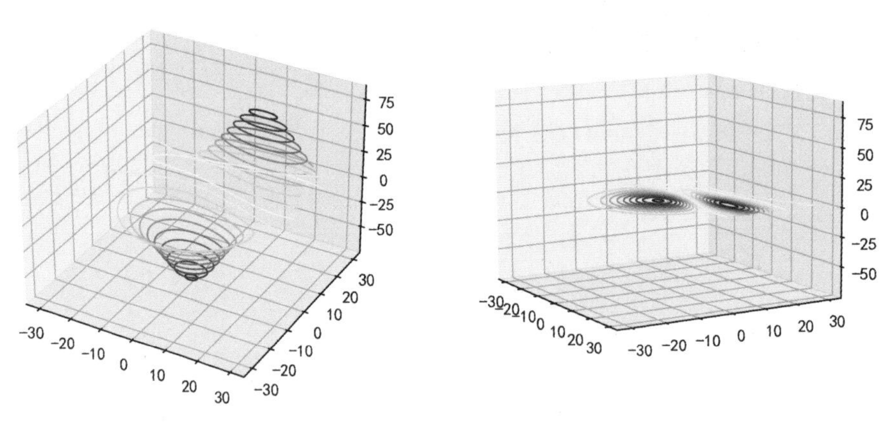

图 3-41　三维等高线图和数据可视化

3.5.3 三维曲面图和曲线图

下面的程序示例在三维空间中可视化了三维曲面图和曲线图。其中，在可视化第一幅子图时，使用 plot_surface 函数可视化曲面图；在可视化第二幅子图时，使用 plot_wireframe 函数可视化三维曲线图（三维条带图）。运行该程序后可获得如图 3-42 所示的可视化结果。

```
In[24]:# 生成用于可视化三维图像的网格数据
       X, Y, Z = axes3d.get_test_data(0.025)
       fig = plt.figure(figsize=(14,7))
       ax1 = plt.subplot(1,2,1,projection="3d")          # 三维曲面图
```

```
# rstride: 行的跨度 , cstride: 列的跨度 , cmap: 颜色
ax1.plot_surface(X,Y,Z,rstride = 10,cstride = 5,linewidth=0,
                 cmap = plt.cm.RdYlBu)
ax1.set_title(" 三维曲面图 ")
ax2 = plt.subplot(1,2,2,projection="3d")        # 三维曲线图
ax2.plot_wireframe(X,Y,Z,rstride = 10,cstride = 10)
ax2.set_title(" 三维曲线图 ")
plt.show()
```

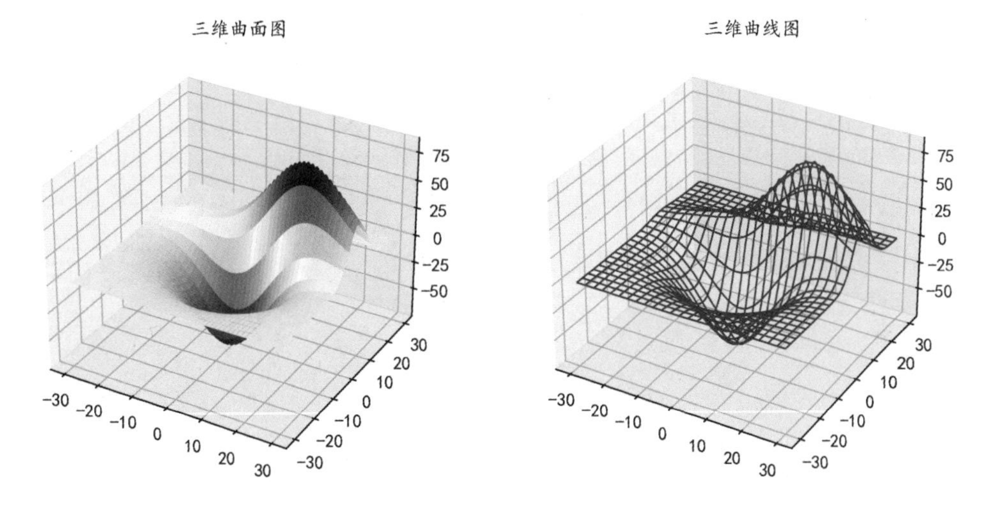

图 3-42　可视化的三维曲面图和三维曲线图

Matplotlib 还提供了其他三维可视化三维图像的方法，由于篇幅的限制这里就不再一一介绍了，更多的内容可以参看官方的帮助文档。

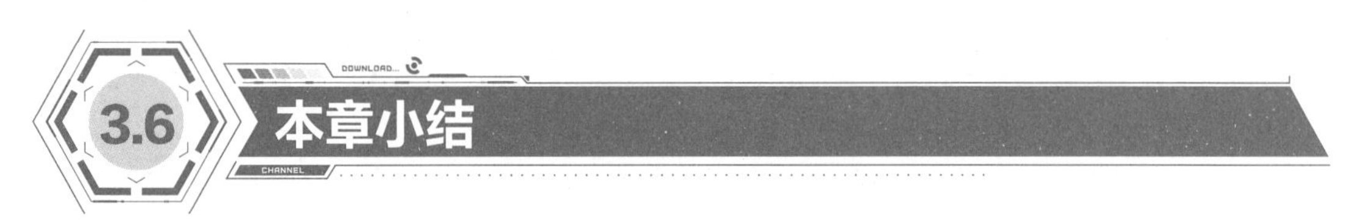

3.6 本章小结

本章主要介绍了 Python 中的重要数据可视化库——Matplotlib。Matplotlib 功能丰富，使用简单方便，是数据可视化分析中最重要的静态数据可视化库之一。针对 Matplotlib 的使用，介绍了其数据可视化方法、如何设置中文的显示以及如何可视化子图等。针对 Matplotlib 中常用的可视化函数，介绍了用于二维图像与三维图像的相关可视化函数。

第二部分 Python 数据可视化提高篇

Python 具有强大的数据可视化分析功能，这些都来源于其众多功能强大的第三方数据可视化库。因此，本篇将从静态数据可视化、动态数据可视化两个方面入手，介绍一些经典的数据可视化库的使用方法，主要包含基于 Matplotlib 的统计数据可视化库 Seaborn，号称 Python 中 ggplot2 的 plotnine，网络数据可视化的 Networkx 和 igraph 等静态数据可视化库；plotly、Bokeh、pyrcharts 等动态数据可视化库。在学习完本篇后，读者将会对 Python 的数据可视化功能的使用能力有进一步的提升。

第 4 章　Python 经典的静态数据可视化库

第 3 章介绍了 Matplotlib 的使用，本章将继续介绍两个 Python 数据可视化库——Seaborn 和 plotnine，它们是 Python 中经典的统计分析静态图像可视化库。其中，Seaborn 是对 Matplotlib 进行更高层的封装，从而使数据可视化更加方便；plotnine 则使用类似 R 语言中的 ggplot2 图层堆叠语法，数据可视化功能接近 ggplot2。本章将使用实际的数据集分别介绍 Seaborn 和 plotnine 的数据可视化功能。

4.1 Seaborn 数据可视化

Seaborn 是一个基于 Matplotlib 的 Python 数据可视化库。它提供了用于绘制有吸引力且信息丰富的统计图形的高级交互方式。

在第 3 章介绍如何在可视化图像中显示中文时，就已经提到过 Seaborn，例如，使用 sns.set 函数中的 style="ticks" 参数设置可视化图像使用的主题。Seaborn 中提供了多种可供选择的图像主题。下面将通过具体的数据可视化示例，介绍这些图像主题的使用及它们之间的差异。首先，通过下面的程序导入可视化使用的相关库和函数，并读取可视化时使用的数据。该数据是一个长型数据，包含两个数值变量 x 和 y 以及一个分组变量 group。

```
In[1]:%config InlineBackend.figure_format = 'retina'
      %matplotlib inline
      import seaborn as sns
      import matplotlib
      matplotlib.rcParams['axes.unicode_minus']=False
      # 导入需要的库
      import numpy as np
      import pandas as pd
      import matplotlib.pyplot as plt
      # 忽略提醒
      import warnings
      warnings.filterwarnings("ignore")
In[2]:# 数据准备，读取要使用的数据
      datadf = pd.read_excel("data/chap4/ 安斯库姆四重奏 .xlsx")
      print(datadf.head())
```

```
   group   x     y
0      I  10  8.04
1      I   8  6.95
…
4      I  11  8.33
```

然后，通过 sns.set_theme 函数完成图像的风格设置。该函数可以使用 style 指定图像使用的主题，使用 palette 参数设置可视化时使用的颜色映射等。在 In[3] 程序片段中，使用了 whitegrid 形式的可视化主题；在 In[4] 程序片段中，使用了 white 形式的可视化主题，运行该程序后可以得到如图 4-1 所示的可视化结果。

```
In[3]:# 设置主题
      sns.set_theme(style="whitegrid",                          # 坐标系类型
                    palette="Set2")                             # 颜色盘类型
      p1 = sns.relplot(data=datadf,x="x", y="y", s = 100,          # 设置点的大小
                       hue="group",style= "group",        # 设置点的颜色和形状分组变量
                       height=5, aspect=8/5,legend=True)        # 设置可视化窗口大小
      sns.move_legend(p1,loc = (0.1,0.7),title="group")         # 调整图例位置
In[4]:sns.set_theme(style="white")                              # 设置主题
      p2 = sns.relplot(data=datadf,x="x", y="y", s = 100,hue="group",
                       style= "group", height=5, aspect=8/5,legend=True)
      sns.move_legend(p2,loc = (0.1,0.7),title="group")         # 调整图例位置
```

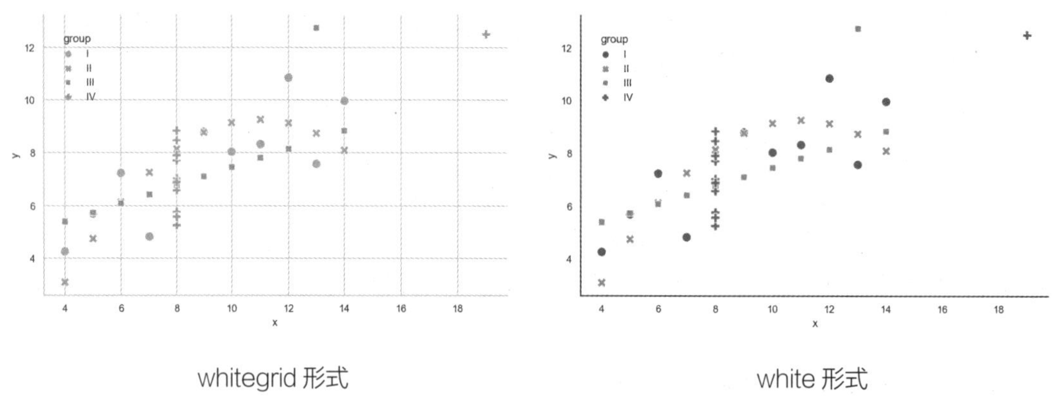

whitegrid 形式　　　　white 形式

图 4-1　可视化主题（一）

在 In[5] 程序片段中，使用了 ticks 形式的可视化主题；在 In[6] 程序片段中，使用了 darkgrid 形式的可视化主题。运行该程序后可以得到如图 4-2 所示的可视化结果。

```
In[5]:sns.set_theme(style="ticks")                              # 设置主题
      p3 = sns.relplot(data=datadf,x="x", y="y", s = 100,hue="group",
                       style= "group", height=5, aspect=8/5,legend=True)
      sns.move_legend(p3,loc = (0.1,0.7),title="group")         # 调整图例位置
In[6]:sns.set_theme(style="darkgrid")                           # 设置主题
      p4 = sns.relplot(data=datadf,x="x", y="y", s = 100,hue="group",
                       style= "group", height=5, aspect=8/5,legend=True)
      sns.move_legend(p4,loc = (0.1,0.7),title="group")         # 调整图例位置
```

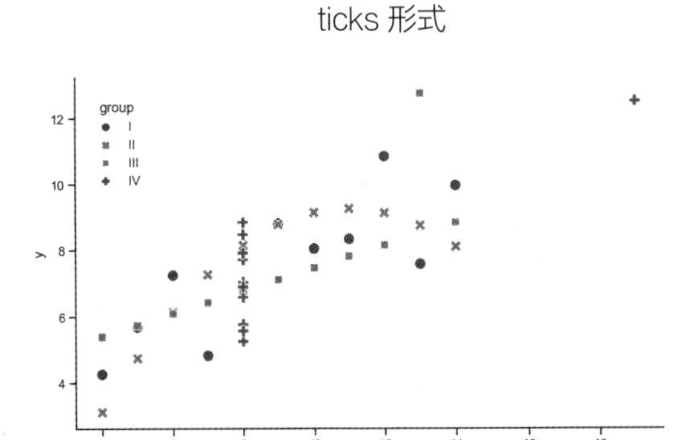

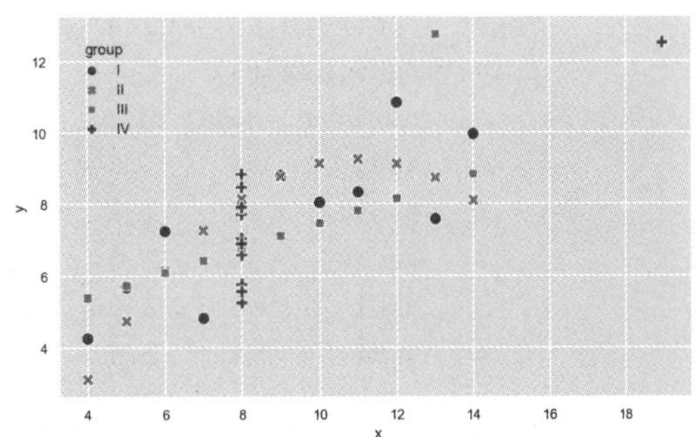

图 4-2　可视化主题（二）

在数据可视化时，可以根据需要选择自己喜欢的可视化主题进行数据可视化。

Seaborn 的数据可视化功能可以简单划分为 3 种类型，分别是关系型数据可视化函数、分布型数据可视化函数和分类型数据可视化函数，如图 4-3 所示。

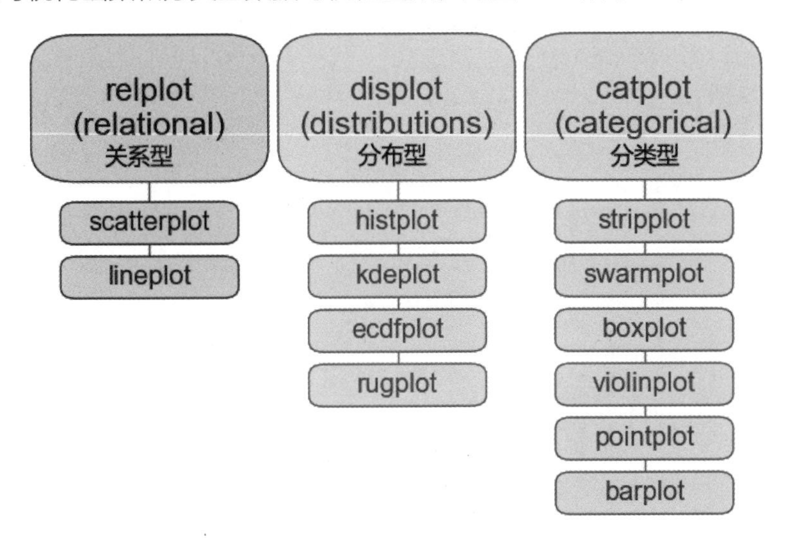

图 4-3　Seaborn 的可视化函数

下面将分别使用这些可视化函数对数据进行可视化分析。首先介绍关系型可视化函数的使用。

4.1.1　关系型数据可视化函数

关系型数据可视化函数主要包含散点图可视化函数（scatterplot 函数）和折线图可视化函数（lineplot 函数）。在可视化之前，In[7] 程序片段先设置了可视化图像使用的主题等，然后从文件夹中导入 mpgdata 数据集。该数据集是一些汽车的相关参数，下面将主要使用该数据集进行关系型数据的可视化。

```
In[7]:# 设置可视化图像的默认主题和图像大小
      sns.set(font= "Kaiti", style="darkgrid", font_scale=1.4,
              rc={'figure.figsize':(10,6)})
```

```
      # 数据准备，导入数据
      mpgdf = pd.read_csv("data/chap4/mpgdata.csv")
      print(mpgdf.head())
Out[7]:  manufacturer model displ  year  cyl       trans  drv  cty  hwy fl   class
         0    audi     a4    1.8   1999    4    auto(l5)    f   18   29  p compact
         1    audi     a4    1.8   1999    4  manual(m5)    f   21   29  p compact
         2    audi     a4    2.0   2008    4  manual(m6)    f   20   31  p compact
         3    audi     a4    2.0   2008    4    auto(av)    f   21   30  p compact
         4    audi     a4    2.8   1999    6    auto(l5)    f   16   26  p compact
```

针对导入的数据，首先使用 sns.scatterplot 函数可视化散点图。在该函数中，data 参数指定可视化使用的数据，x 与 y 参数分别指定 X 轴与 Y 轴可视化时使用的特征变量，color 参数指定点的颜色，s 参数指定点的大小，marker 参数指定点的形状。运行下面的程序后可获得如图 4-4 所示的散点图。

```
In[8]:# 可视化散点图
      p = sns.scatterplot(data = mpgdf,x = "cty",y = "displ",color = "r",
                          s = 70,marker = "o")
      plt.title(" 散点图 ")
      plt.show()
```

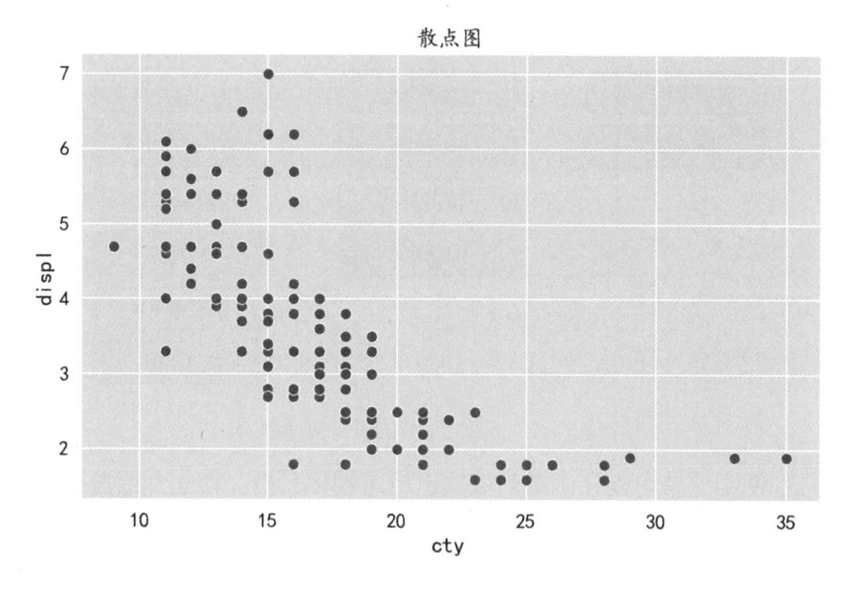

图 4-4　散点图

在使用 sns.scatterplot 函数时，如果指定了 hue 或者 style 参数，并且该参数使用了数据中的离散分组变量，则可获得分组散点图。其中，hue 参数可以控制不同分组下点的颜色；style 参数可以控制不同分组下点的形状。运行下面的程序则可获得如图 4-5 所示的分组散点图。

```
In[9]:# 可视化分组散点图
      p = sns.scatterplot(data = mpgdf,x = "cty",y = "displ",
                          hue = "drv",style="drv",s = 70)
      plt.title(" 分组散点图 ")
      plt.show()
```

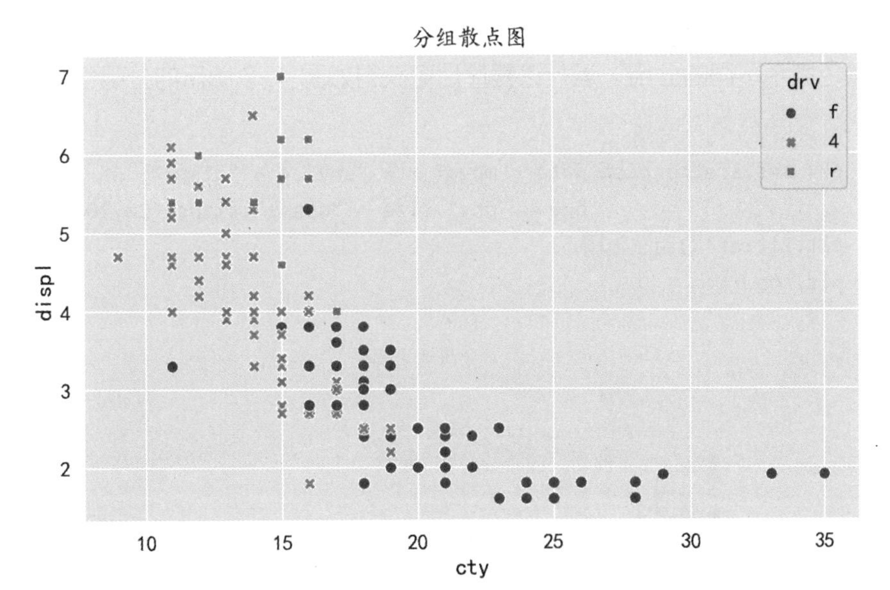

图 4-5　分组散点图

在使用 sns.scatterplot 函数时，如果指定了 size 参数，并且 size 参数是数据中的数值型变量，则可获得气泡图。下面的程序通过 size 参数设置每个点的大小（根据 displ 的取值来确定），并且通过 sizes 参数指定点的大小取值范围是 (20,200)。运行该程序后可获得如图 4-6 所示的气泡图。

```
In[10]:# 气泡图
       p = sns.scatterplot(data = mpgdf,x = "cty",y = "displ",
                           hue = "displ",palette = "viridis", # 设置点颜色
                           size = "displ",sizes=(20,200))     # 设置点大小
       plt.title(" 气泡图 ")
       plt.show()
```

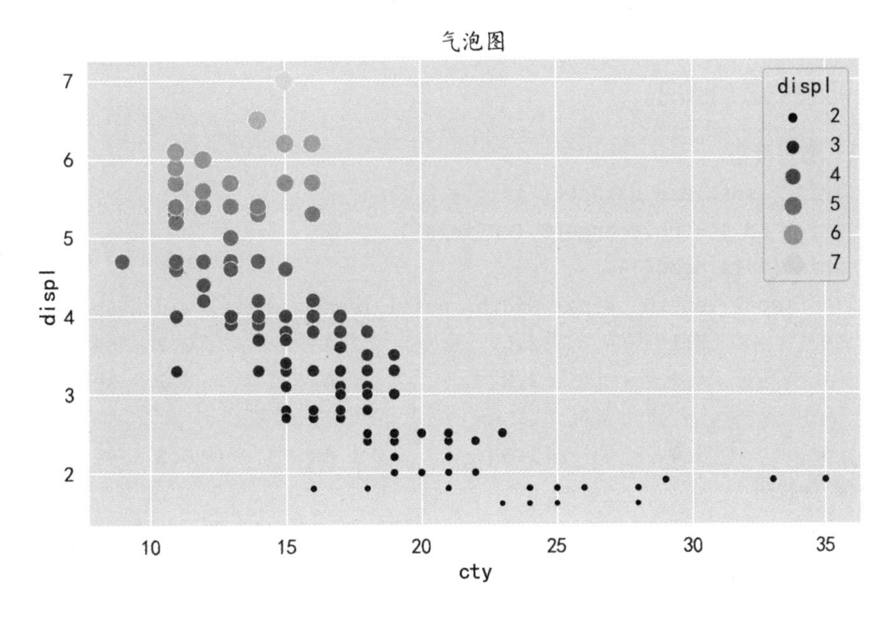

图 4-6　气泡图

针对气泡图，还可以为每个点指定不同的分组，得到分组气泡图。下面的程序就使用了不同的颜色表示不同的分组。运行该程序后可获得如图 4-7 所示的分组气泡图。

```
In[11]:# 可视化分组气泡图
       p = sns.scatterplot(data = mpgdf,x = "cty",y = "displ",
                           hue = "drv",size = "displ",sizes=(20,200))
       plt.title(" 分组气泡图 ")
       plt.show()
```

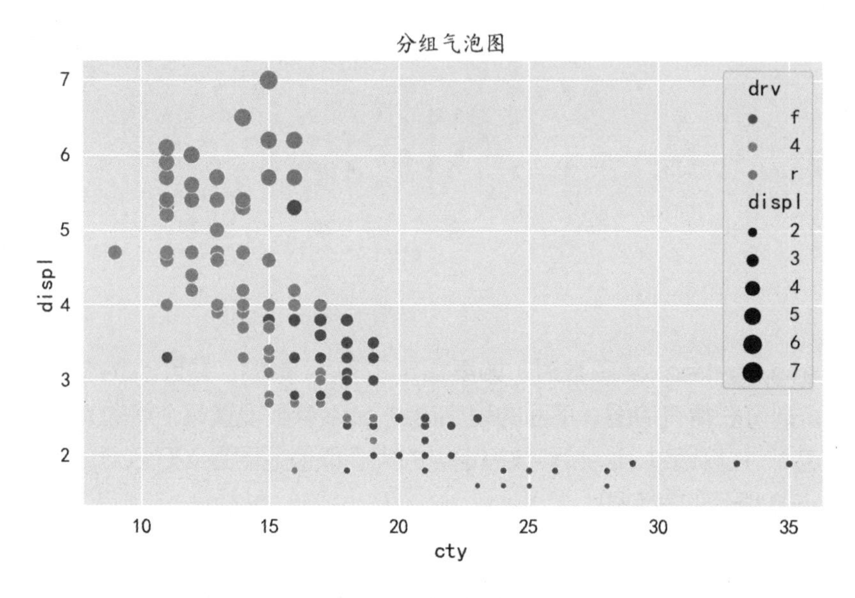

图 4-7　分组气泡图

sns.lineplot 函数的使用与 sns.scatterplot 函数相似，如使用 data 参数指定可视化使用的数据，x 与 y 参数分别指定 X 轴与 Y 轴可视化时使用的特征变量，color 参数指定线的颜色等。下面的程序先导入使用的数据，然后使用 sns.lineplot 函数可视化折线图。运行该程序后可获得如图 4-8 所示的折线图。该折线图表示了特征 sepal_length 在不同特征样本下取值的波动情况。

```
In[12]:# 数据准备
       iris = sns.load_dataset("iris")
       iris["id"] = np.arange(0,len(iris))
       print(iris.head())
Out[12]:   sepal_length  sepal_width  petal_length  petal_width species  id
        0          5.1          3.5           1.4          0.2  setosa   0
        1          4.9          3.0           1.4          0.2  setosa   1
        …
        4          5.0          3.6           1.4          0.2  setosa   4
In[13]:# 折线图
       p = sns.lineplot(data = iris,x = "id",y = "sepal_length",color = "r")
       plt.title(" 折线图 ")
       plt.show()
```

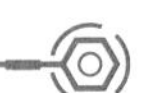

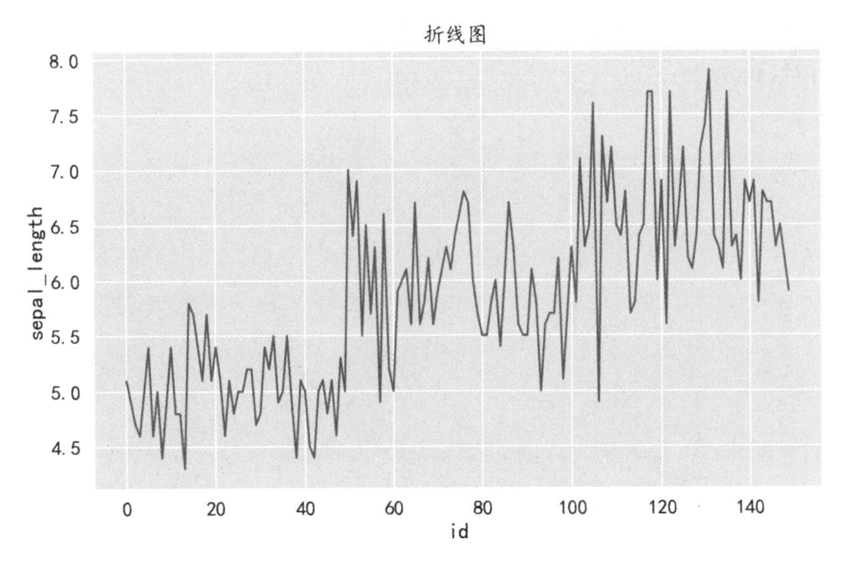

图 4-8　折线图

下面继续导入数据，介绍更多形式折线图的可视化。导入的数据来自某年数学建模题目。该数据包含多组相关实验条件下的输出量。

```
In[14]:# 数据准备
       C4df = pd.read_csv("data/chap4/ 制备 C4 烯烃数据 .csv")
       C4df.head()
Out[14]:
```

	StyleAB	zuhe	wendu	yicun	yixi	C4	yiquan	tanshu	jiaji	other	style	Cofuzai	CoSiO2	HAP	yicunsp
0	A1	200mg 1wt%Co/SiO2-200mg HAP-乙醇浓度1.68ml/min	250	2.067169	1.17	34.05	2.41	52.59	0.00	9.78	A	1.0	200	200	1.68
1	A1	200mg 1wt%Co/SiO2-200mg HAP-乙醇浓度1.68ml/min	275	5.851721	1.63	37.43	1.42	53.21	0.00	6.31	A	1.0	200	200	1.68
2	A1	200mg 1wt%Co/SiO2-200mg HAP-乙醇浓度1.68ml/min	300	14.968891	3.02	46.94	4.71	35.16	1.00	9.17	A	1.0	200	200	1.68
3	A1	200mg 1wt%Co/SiO2-200mg HAP-乙醇浓度1.68ml/min	325	19.681359	7.97	49.70	14.69	15.16	2.13	10.35	A	1.0	200	200	1.68
4	A1	200mg 1wt%Co/SiO2-200mg HAP-乙醇浓度1.68ml/min	350	36.801017	12.46	47.21	18.66	9.22	1.69	10.76	A	1.0	200	200	1.68

针对导入的数据，我们首先关心的是在不同的催化剂组合下，乙醇转化率 (数据中 yicun 变量) 和温度 (数据中 wendu 变量) 之间的关系。可以通过分组折线图可视化随温度变化的乙醇转化率的输出结果。因此，可以使用 sns.lineplot 函数，并通过 style 参数和 hue 参数设置不同分组下数据的线型和颜色。运行下面的程序后可获得如图 4-9 所示的分组折线图。该折线图展示了不同催化剂分组下的输出结果，即随着温度的升高，乙醇转化率也提高了。

```
In[15]:# 通过分组折线图可视化乙醇转化率 (yicun) 和温度 (wendu) 之间的关系
       p = sns.lineplot(data = C4df,x = "wendu",y = "yicun",
                        style="StyleAB",hue = "StyleAB",       # 设置线的类型和颜色
                        size = "StyleAB",sizes = (2,2))        # 设置线的粗细
       plt.legend(loc= (0.75,0.1),ncol=2,title=" 催化剂组合 ")
       plt.xlabel(" 温度 ")
       plt.ylabel(" 乙醇转化率 (%)")
```

```
    plt.title(" 乙醇转化率和温度的关系 ")
    plt.show()
```

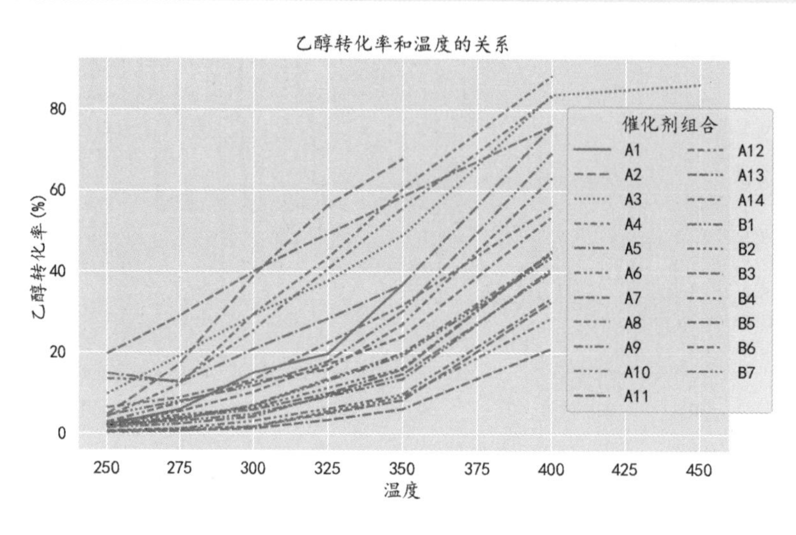

图 4-9　分组折线图

下面的程序对图 4-9 进行了进一步调整，其中“markers=True”表示在可视化折线图时，在线上可视化出点。运行该程序后可获得如图 4-10 所示带点的分组折线图。

```
In[16]:# 分组折线图可视化乙醇转化率 (yicun) 和温度 (wendu) 之间的关系
    p = sns.lineplot(data = C4df,x = "wendu",y = "yicun",
                     style="StyleAB",hue = "StyleAB",        # 设置线的类型和颜色
                     size = "StyleAB",sizes = (2,2),         # 设置线的粗细
                     markers=True,dashes=False)              # 显示点，线不分类型
    plt.legend(loc= (0.75,0.1),ncol=2,title=" 催化剂组合 ")
    plt.xlabel(" 温度 ")
    plt.ylabel(" 乙醇转化率 (%)")
    plt.title(" 乙醇转化率和温度的关系 ")
    plt.show()
```

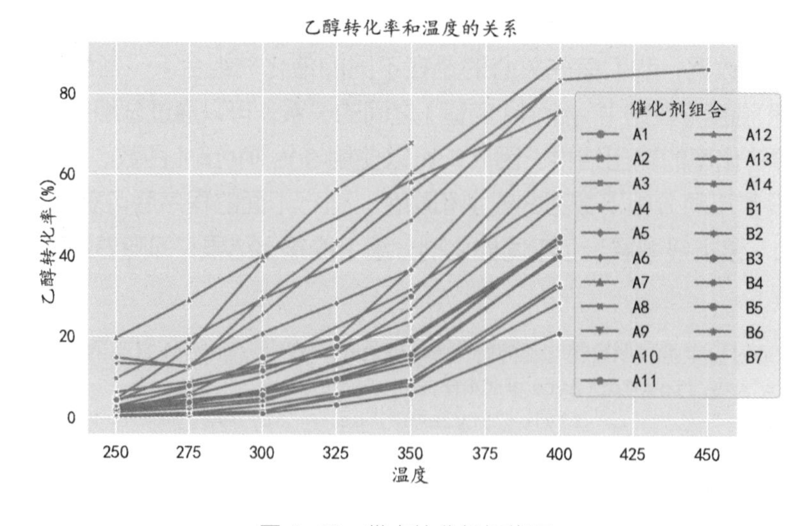

图 4-10　带点的分组折线图

4.1.2 分布型数据可视化函数

分布型数据可视化函数主要包含直方图可视化函数（histplot 函数）、密度图可视化函数（kdeplot 函数）、累积分布图可视化函数（ecdfplot 函数）等。这些函数的使用方式也都相似。下面继续使用前面导入的数据，介绍这些可视化函数的使用及所获得的可视化图像。

下面的程序使用 histplot 函数可视化了 4 种不同形式的直方图。其中，第一幅子图是将数据中 C4 变量的数据分布情况可视化为垂直直方图；第二幅子图是将数据中 C4 变量的数据分布情况可视化为水平直方图；第三幅子图是在可视化直方图的同时指定数据的分组变量为温度（wendu）的分组垂直直方图；第四幅子图是利用 multiple 参数，获得的堆积分组直方图。运行该程序后最终可获得如图 4-11 所示的可视化结果。

```
In[17]:# 通过直方图可视化数据的分布
       plt.figure(figsize=(14,10))
       plt.subplot(2,2,1)                                   # 垂直直方图
       # 分成 20 个组，添加密度估计曲线
       sns.histplot(data=C4df, x="C4",bins = 20,kde = True)
       plt.subplot(2,2,2)                                   # 水平直方图
       sns.histplot(data=C4df, y="C4",bins = 20,kde = True,)
       plt.subplot(2,2,3)                                   # 垂直分组直方图
       sns.histplot(data=C4df, x="C4",bins = 20,kde = True,
                    hue="wendu",palette = "Set1")           # 分组并设置颜色
       plt.subplot(2,2,4)                                   # 垂直分组堆积直方图
       sns.histplot(data=C4df, x="C4",bins = 20,kde = True,
                    hue="wendu",palette = "Set1",multiple="stack")
       plt.tight_layout()
       plt.show()
```

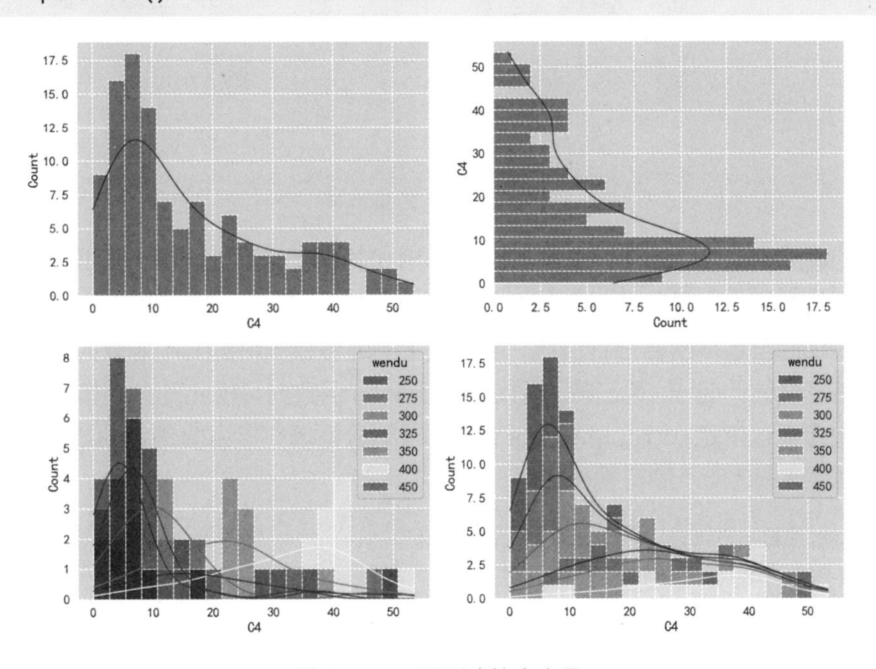

图 4-11 不同形式的直方图

前面使用了 histplot 函数对一个数值变量可视化为不同形式的直方图。如果将 histplot 函数的 x 和 y 参数均指定为数值变量，则可以获得可视化的二维直方图。下面的程序在导入数据后，使用 V1 和 V2 两个数值变量获得可视化的二维直方图。其中，第一幅子图没有指定数据的分组；第二幅子图使用 hue 参数指定数据的分组变量，从而可获得分组二维直方图。运行该程序后可获得如图 4-12 所示的可视化结果。

```
In[18]:# 数据导入
       digit3D = pd.read_csv("data/chap3/digit3D.csv")
       # 两个变量的直方图
       plt.figure(figsize=(14,7))
       plt.subplot(1,2,1)                                # 二维直方图
       p = sns.histplot(data=digit3D, x="V1", y="V3",bins=40,cbar=True)
       plt.title(" 两个变量的频次直方图 ")
       plt.subplot(1,2,2)                                # 分组二维直方图
       p = sns.histplot(data=digit3D, x="V1", y="V3",hue="label",
                        palette = "Set1",bins=50)
       sns.move_legend(p,loc = (0.85,0))
       plt.title(" 两个变量的分组直方图 ")
       plt.tight_layout()
       plt.show()
```

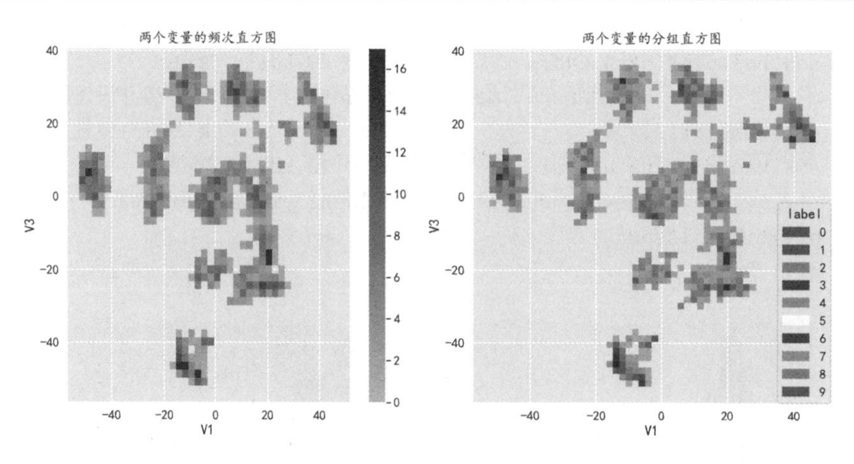

图 4-12　二维直方图

下面的程序使用 kdeplot 函数可视化不同形式的核密度估计曲线，一共可视化 4 幅子图，而使用的数据仍然是前面导入的数据。其中，第一幅子图是将数据中的 C4 变量为 X 轴数据可视化的垂直核密度估计曲线；第二幅子图是将数据中的 C4 变量为 Y 轴数据可视化的水平核密度估计曲线；第三幅子图是将指定的分组数据可视化的分组核密度估计曲线；第四幅子图是通过指定 multiple 参数 ="fill" 获得的分组填充核密度估计曲线。运行该程序后可获得如图 4-13 所示的可视化结果。

```
In[19]:# 通过核密度估计曲线可视化数据的分布
       plt.figure(figsize=(14,10))
       plt.subplot(2,2,1)                                # 垂直核密度估计曲线
       sns.kdeplot(data=C4df, x="C4",bw_adjust=.2,lw = 3)
       plt.subplot(2,2,2)                                # 水平核密度估计曲线
       sns.kdeplot(data=C4df, y="C4",bw_adjust=.5,lw = 3)
```

```
plt.subplot(2,2,3)                        # 分组核密度估计曲线
sns.kdeplot(data=C4df, x="C4",bw_adjust=.5,lw = 3,
            hue="style",palette = "Set1") # 分组并设置颜色
plt.subplot(2,2,4)                        # 分组填充核密度估计曲线
sns.kdeplot(data=C4df, x="C4",bw_adjust=.3,lw = 3,
             hue="style",palette = "Set1",multiple="fill")
plt.tight_layout()
plt.show()
```

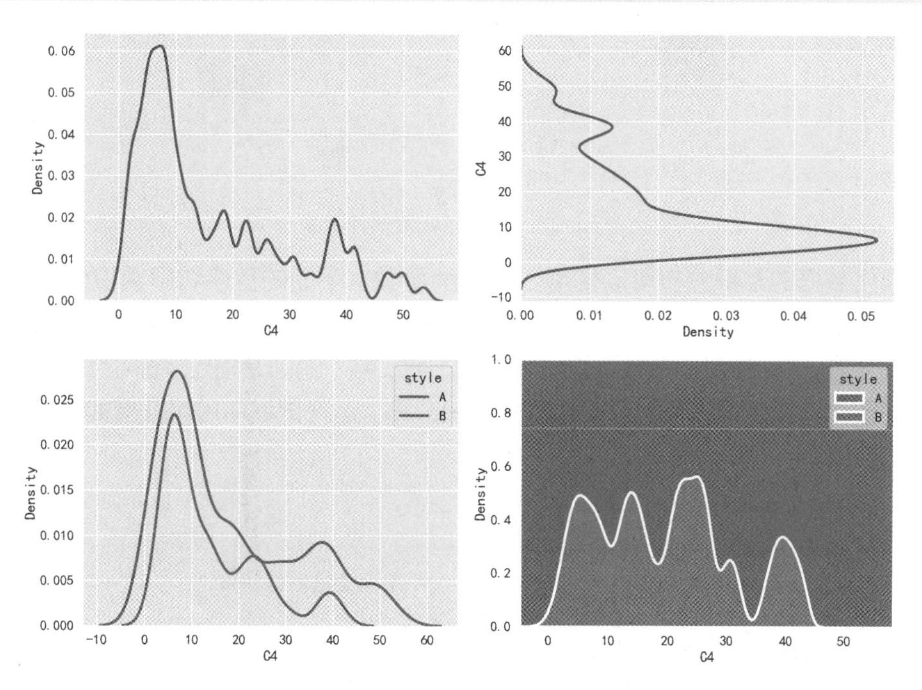

图 4-13　不同形式的核密度估计曲线

kdeplot 函数同样可以分别指定 X 轴与 Y 轴为数值变量，可视化二维空间上的两个变量的核密度估计曲线。下面的程序将两个数值变量 V1 和 V3 分别作为 X 轴与 Y 轴，并可视化为核密度估计曲线。其中，第一幅子图是可视化所有数据的核密度估计曲线；第二幅子图则是可视化分组数据的分组核密度估计曲线。运行该程序后可获得如图 4-14 所示的可视化结果。

```
In[20]:# 两个变量的核密度估计曲线
       plt.figure(figsize=(14,7))
       plt.subplot(1,2,1)                          # 核密度估计曲线
       p = sns.kdeplot(data=digit3D, x="V1", y="V3",
                       gridsize = 100,fill = True)
       plt.title(" 两个变量的核密度估计曲线 ")
       plt.subplot(1,2,2)                          # 分组核密度估计曲线
       p = sns.kdeplot(data=digit3D, x="V1", y="V3",hue="label",
                       palette = "Set1",fill = True)
       sns.move_legend(p,loc = (0.85,0))
       plt.title(" 两个变量的分组核密度估计曲线 ")
       plt.tight_layout()
       plt.show()
```

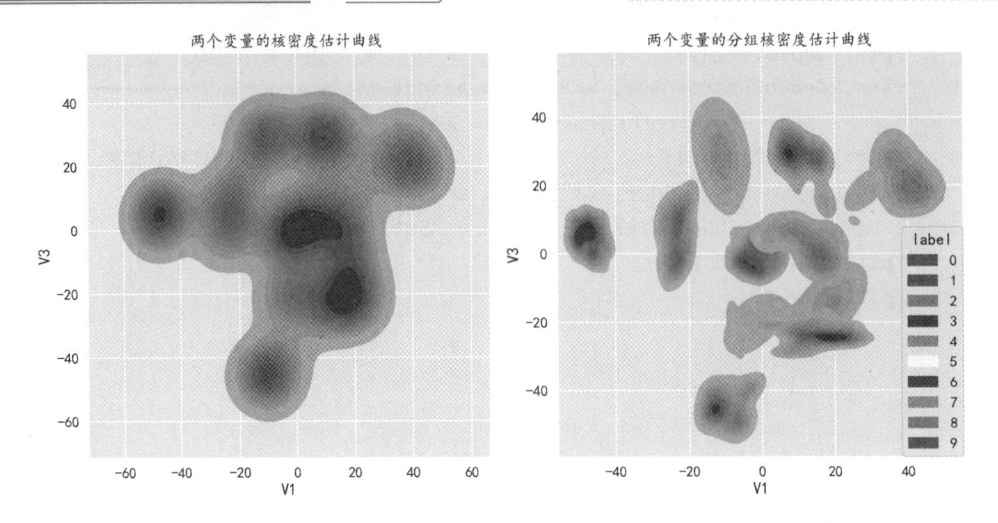

图 4-14　二维核密度估计曲线

可视化数据的累积分布可以使用 ecdfplot 函数。下面的程序利用累积分布函数——ecdfplot 函数可视化数据中的 C4 变量数据的累积分布。第一幅子图是可视化 C4 变量数据的累积分布，并使用 lw 参数设置线的粗细；第二幅子图则是指定了分组变量 style，可视化不同催化剂作用下的实验结果数据的累积分布。运行该程序后可获得如图 4-15 所示的可视化结果。

```
In[21]:# 可视化数据的累积分布
       plt.figure(figsize=(14,7))
       plt.subplot(1,2,1)                    # 单个变量累积分布
       sns.ecdfplot(data=C4df, x="C4",lw = 3)
       plt.title(" 单个变量累积分布 ")
       plt.subplot(1,2,2)                    # 分组数据的累积分布
       sns.ecdfplot(data=C4df, x="C4",lw = 3,hue="style",palette = "Set1")
       plt.title(" 分组数据的累积分布 ")
       plt.tight_layout()
       plt.show()
```

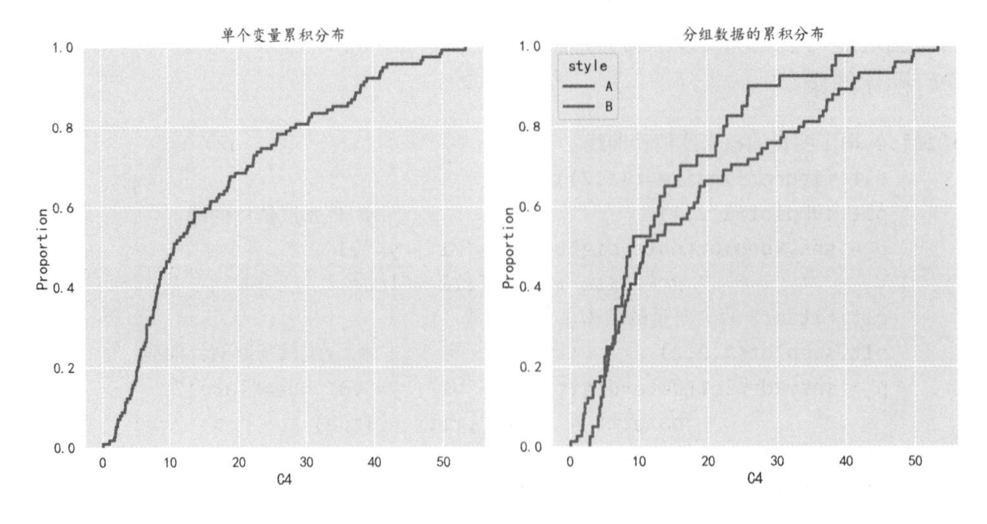

图 4-15　数据的累积分布

4.1.3 分类型数据可视化函数

分类型数据可视化函数主要包含分簇散点图可视化函数（swarmplot 函数）、箱线图可视化函数（boxplot 函数）、小提琴图可视化函数（violinplot 函数）等。这些函数的使用方式都很相似。下面继续使用前面导入的数据，介绍这些可视化函数的使用及所获得的可视化图像。

针对分组散点图的可视化，Seaborn 中的 stripplot 函数可以可视化单个数值变量在分类变量下的分布散点图，而 swarmplot 函数可以可视化分簇散点图（可以理解为数据点不重叠的分类散点图）。下面的程序运行结果如图 4-16 所示，展示了这两个函数在可视化分组散点图效果上的差异。其中，第一幅子图是可视化数据在不同温度分组下的分布散点图；第二幅子图则是在第一幅子图的基础上，添加一个新的分组变量，可视化数据在不同 style 变量下的分布散点图，并且使用 dodge 参数将相同温度下的数据并排；第三幅和第四幅子图的可视化方式和第一幅和第二幅子图相似，不同的是使用 swarmplot 函数将数据可视化为分簇散点图。

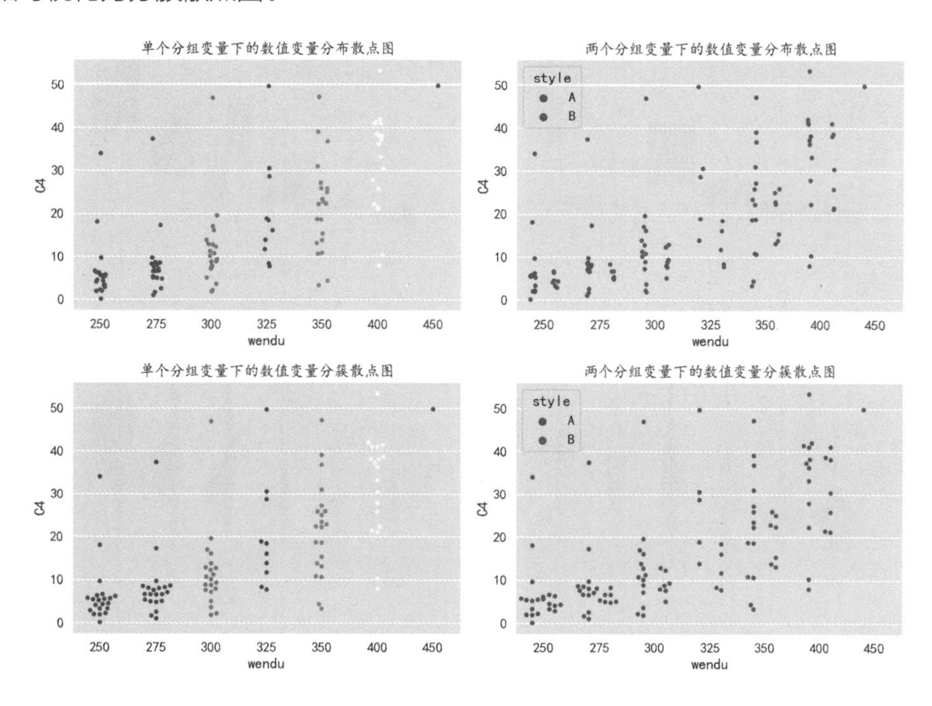

图 4-16　分组散点图

```
In[22]:# 可视化数据的分布散点图
       plt.figure(figsize=(14,10))
       plt.subplot(2,2,1)          # 单个变量下的数值变量分布散点图
       sns.stripplot(data=C4df,x="wendu", y="C4",palette = "Set1")
       plt.title(" 单个分组变量下的数值变量分布散点图 ")
       plt.subplot(2,2,2)          # 两个分组变量下的数值变量分布散点图
       sns.stripplot(data=C4df,x="wendu", y="C4",hue="style",
                     palette = "Set1",dodge=True)
       plt.title(" 两个分组变量下的数值变量分布散点图 ")
```

```
# 可视化数据的分簇散点图
plt.subplot(2,2,3)          # 单个变量下的数值变量分簇散点图
sns.swarmplot(data=C4df,x="wendu", y="C4",palette = "Set1")
plt.title(" 单个分组变量下的数值变量分簇散点图 ")
plt.subplot(2,2,4)          # 两个分组变量下的数值变量分簇散点图
sns.swarmplot(data=C4df,x="wendu", y="C4",hue="style",
              palette = "Set1",dodge=True)
plt.title(" 两个分组变量下的数值变量分簇散点图 ")
plt.tight_layout()
plt.show()
```

下面的程序使用箱线图与小提琴图可视化了分组数据的分布情况。其中，第一幅子图是可视化数据在不同温度分组下的箱线图；第二幅子图则是在第一幅子图的基础上，添加一个新的分组变量，可视化数据在不同 style 变量下并排的分组箱线图；第三幅和第四幅子图的可视化方式与第一幅和第二幅子图相似，不同的是使用 violinplot 函数将数据可视化为小提琴图。运行该程序后可获得如图 4-17 所示的可视化结果。

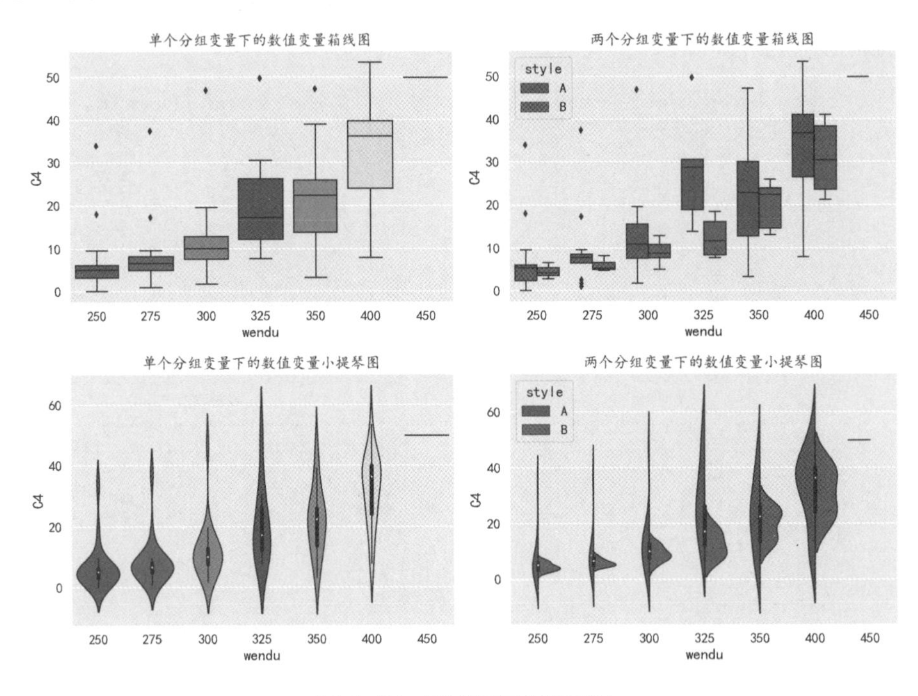

图 4-17　箱线图与小提琴图

```
In[23]:# 可视化数据的箱线图
       plt.figure(figsize=(14,10))
       plt.subplot(2,2,1)          # 单个变量下的数值变量箱线图
       sns.boxplot(data=C4df,x="wendu", y="C4",palette = "Set1")
       plt.title(" 单个分组变量下的数值变量箱线图 ")
       plt.subplot(2,2,2)          # 两个分组变量下的数值变量箱线图
       sns.boxplot(data=C4df,x="wendu", y="C4",hue="style",
                   palette = "Set1",dodge=True)
       plt.title(" 两个分组变量下的数值变量箱线图 ")
       # 可视化数据的小提琴图
       plt.subplot(2,2,3)          # 单个变量下的数值变量小提琴图
```

```
sns.violinplot(data=C4df,x="wendu", y="C4",palette = "Set1")
plt.title(" 单个分组变量下的数值变量小提琴图 ")
plt.subplot(2,2,4)          # 两个分组变量下的数值变量小提琴图
sns.violinplot(data=C4df,x="wendu", y="C4",hue="style",
               palette = "Set1",split=True)
plt.title(" 两个分组变量下的数值变量小提琴图 ")
plt.tight_layout()
plt.show()
```

条形图（barplot）、频数条形图（countplot）也是分类型数据常用的可视化方式。条形图的柱子高度表示数据的大小，频数条形图的柱子高度表示对应数据出现的次数。

下面的程序将数据可视化为条形图与频数条形图。其中，前两幅子图是可视化了不同温度下 C4 变量数据的条形图，且柱子高度为数据的点估计值，竖线表示点估计值的置信区间；后两幅子图则是展示了数据的频数条形图，即不同的温度在数据中出现的次数。运行该程序后可获得如图 4-18 所示的可视化结果。

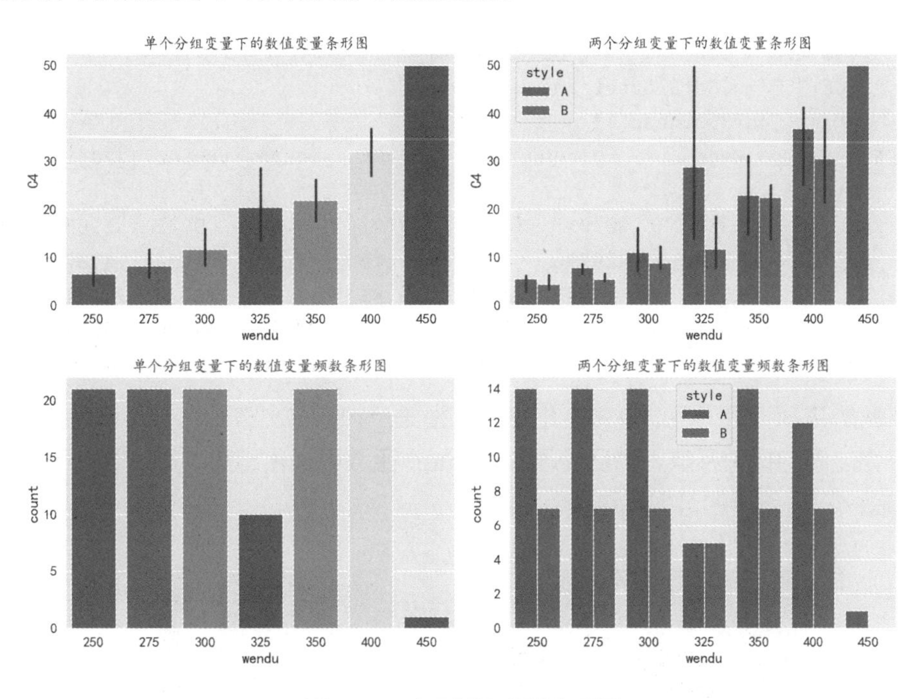

图 4-18　条形图和频数条形图

```
In[24]:# 可视化数据的条形图
       plt.figure(figsize=(14,10))
       plt.subplot(2,2,1)          # 单个变量下的数值变量条形图
       sns.barplot(data=C4df,x="wendu", y="C4",palette = "Set1",
                   estimator = np.mean)
       plt.title(" 单个分组变量下的数值变量条形图 ")
       plt.subplot(2,2,2)          # 两个分组变量下的数值变量条形图
       sns.barplot(data=C4df,x="wendu", y="C4",hue="style",
                   estimator = np.median,palette = "Set1",dodge=True)
       plt.title(" 两个分组变量下的数值变量条形图 ")
       # 可视化数据的频数条形图
```

```
plt.subplot(2,2,3)          # 单个变量下的数值变量频数条形图
sns.countplot(data=C4df,x="wendu",palette = "Set1")
plt.title(" 单个分组变量下的数值变量频数条形图 ")
plt.subplot(2,2,4)          # 两个分组变量下的数值变量频数条形图
sns.countplot(data=C4df,x="wendu",hue="style",palette = "Set1")
plt.title(" 两个分组变量下的数值变量频数条形图 ")
plt.tight_layout()
plt.show()
```

4.1.4 热力图数据可视化函数

除了前面介绍的数据可视化方法，Seaborn 还提供了其他类型的数据可视化方法，如热力图、聚类热力图等。下面将会使用前面导入的数据，利用热力图等形式，分析数据之间的关系。首先读取要使用的数据，程序如下。

```
In[25]:# 数据准备，读取数据
       C4df350 = pd.read_csv("data/chap4/ 制备 C4 烯烃数据 350 度 .csv")
       C4df350 = C4df350.set_index("StyleAB")
       print(C4df350.head())
Out[25]:        wendu      yicun   yixi     C4  yiquan  tanshu  jiaji  other
      StyleAB
      A1          350  36.801017  12.46  47.21   18.66    9.22   1.69  10.76
      A2          350  67.879296   2.76  39.10    4.20   36.92   1.87  15.15
      A3          350  48.937045   2.85  36.85    7.23   38.29   3.51  11.27
      A4          350  60.468428   2.23  27.25    6.80   45.00   8.73   9.99
      A5          350  36.811579   3.11  18.75   16.16   48.00   4.36   9.62
```

该数据是在 350℃下不同催化剂组合线的相关产物的输出数据。针对该数据，可以分析各个产物之间的相关系数，然后使用 heatmap 函数可视化出热力图。运行下面的程序可获得如图 4-19 所示的可视化结果。

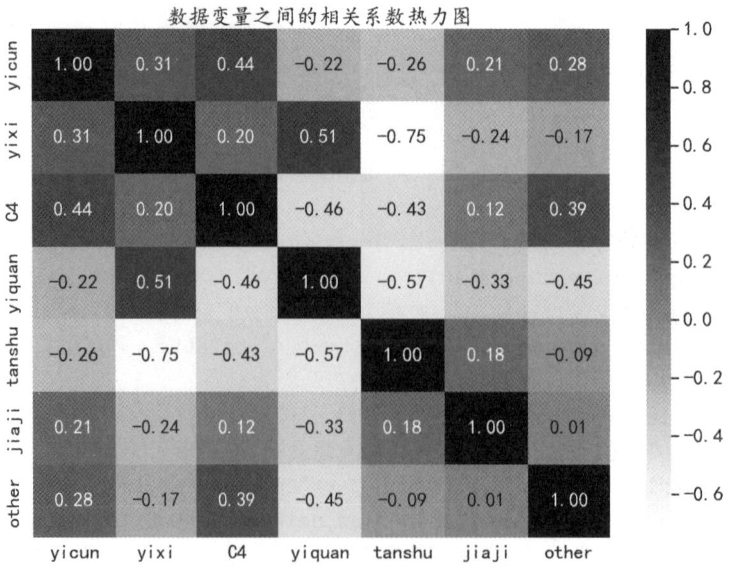

图 4-19　相关系数热力图

```
In[26]:# 计算多个变量的相关系数
       cor = C4df350.iloc[:,1:8].corr()
       plt.figure(figsize=(10,7))
       sns.heatmap(cor, cmap="YlGnBu",annot=True, fmt=".2f",
                   annot_kws={"fontsize":15})
       plt.title(" 数据变量之间的相关系数热力图 ")
       plt.show()
```

图 4-19 展示的是数据之间的相关系数热力图。Seaborn 还提供了数据聚类热力图可视化函数——clustermap 函数。该函数可以直接作用于数据的原始数据集，对数据的行或者列变量进行数据聚类，同时以热力图的形式将数据的取值情况可视化出来。下面的程序将数据表中的几种产物的产出数据可视化为聚类热力图，并且在可视化时对数据的行与列都进行系统聚类分析，并指定聚类使用的方式。运行该程序后可获得如图 4-20 所示的可视化结果。

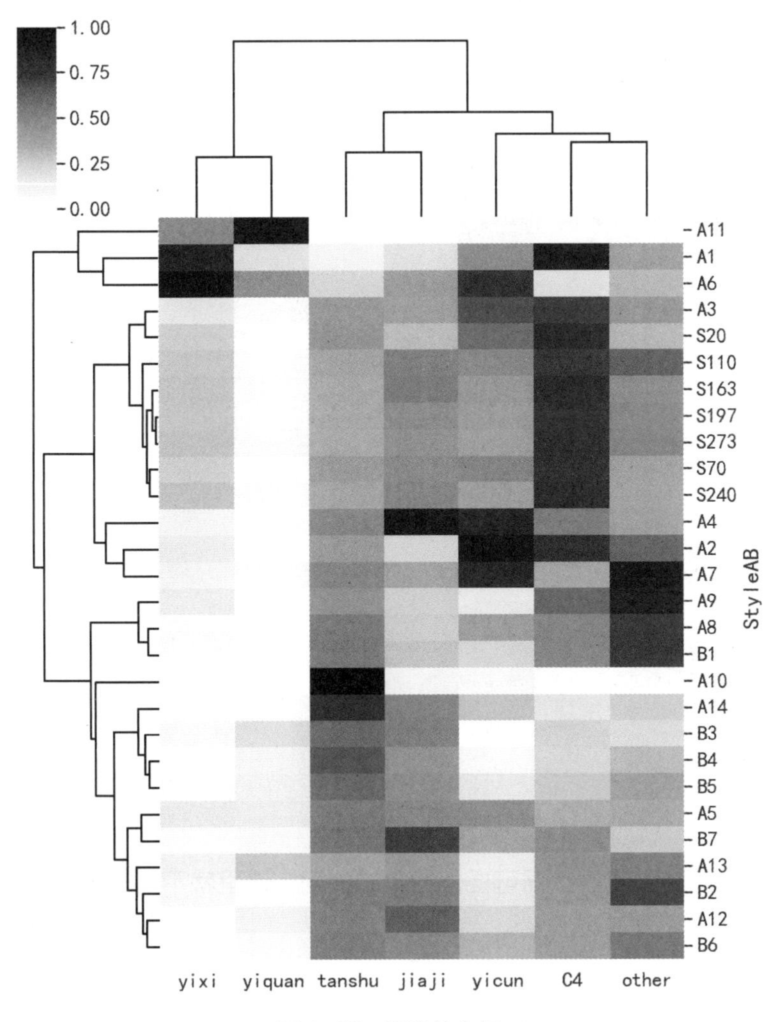

图 4-20　聚类热力图

```
In[27]:# 将标准化后的数据可视化为聚类热力图
       p = sns.clustermap(data=C4df350.iloc[:,1:8],
                          standard_scale = 1,          # 对列数据进行标准化
```

```
                method = "ward",metric = "euclidean", # 指定聚类算法
                row_cluster = True,col_cluster=True,  # 对行和列都聚类
                # 设置聚类树的线
                tree_kws=dict(linewidths=1.5,colors="black"),
                cmap="YlGnBu",yticklabels=True,figsize = (8,10))
```

4.1.5 网格数据可视化

Seaborn 还提供了将网格数据可视化为图像的方式，用于高维数据的可视化分析，如使用 pairplot 函数绘制成对数据的关系图。下面的程序将数据可视化为一个综合的矩阵散点图。在该程序中，先使用 sns.pairplot 函数将数据可视化为矩阵散点图，并指定数据的分组以及点的类型，然后使用 map_lower 函数将数据可视化为图像的下三角区域，并添加密度曲线。运行该程序后可获得如图 4-21 所示的可视化结果。

```
In[28]:# 数据准备
       iris = sns.load_dataset("iris")
       # 指定分组和点的形状
       p = sns.pairplot(iris, hue="species",markers=["o", "s", "D"],
                        height=2,aspect=3/2)
       p.map_lower(sns.kdeplot, levels=10)      # 为下三角区域添加密度曲线
```

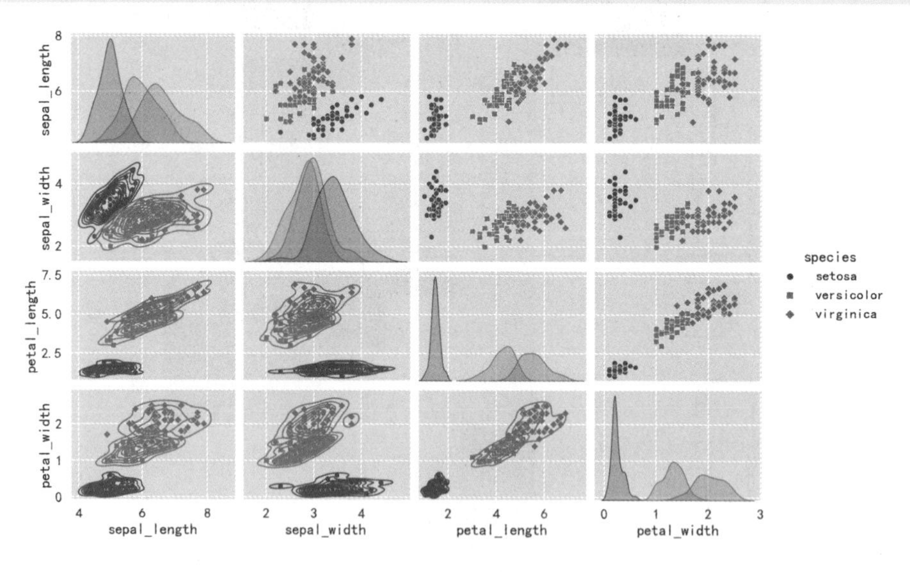

图 4-21 矩阵散点图

对于 Seaborn 中更多的数据可视化函数的使用，这里就不再一一介绍了，更多的数据可视化案例可以参考官方的文档。

4.2 plotnine 数据可视化

R 语言中有一个可视化功能非常强大的库——ggplot2。ggplot2 采用图层叠加的绘

图方式，可以首先绘制原始数据，然后不断地添加图形的注释和统计的汇总结果，且绘制的图形简洁易懂。Python 中的 plotnine 则几乎完美地复刻了 ggplot2 的数据可视化功能，使用起来非常地方便。本节将会详细介绍如何使用 plotnine 的数据可视化功能，对数据进行可视化分析。

首先导入会使用到的相关库和函数，程序如下。

```
In[1]:%config InlineBackend.figure_format = 'retina'
      %matplotlib inline
      import seaborn as sns
      sns.set(font= "Kaiti",style="ticks",font_scale=1.4)
      import matplotlib
      matplotlib.rcParams['axes.unicode_minus']=False
      # 导入需要的库
      import numpy as np
      import pandas as pd
      import matplotlib.pyplot as plt
      from plotnine import *
      from plotnine.data import *
```

在介绍 plotnine 的数据可视化功能时，将会从几何图层、图表美化、位置调整、图像分面与子图这几个方面进行介绍。

4.2.1 几何图层

plotnine 提供了多种可视化的几何图层对象，所有的图形元素均可通过 geom_** 系列函数进行绘制。常用的几何图层函数如表 4-1 所示。

表 4-1　常用的几何图层函数

函数名	得到的图像
geom_abline	线图（由斜率和截距指定）
geom_area	面积图
geom_bar	条形图
geom_bar2	二维条形图
geom_bin2d	二维封箱的热力图
geom_boxplot	箱线图
geom_contour	等高线图
geom_density	一维的平滑密度曲线估计
geom_density2d	二维的平滑密度曲线估计
geom_errorbar	误差线（通常添加到其他图形上，如柱状图）
geom_errorbarh	水平误差线
geom_histogram	直方图
geom_jitter	添加了扰动的点图

续表

函数名	得到的图像
geom_map	地图多边形
geom_polygon	多边形
geom_point	散点图
geom_qq	Q-Q 图
geom_rect	矩形
geom_step	阶梯图
geom_text	添加文本
geom_tile	瓦片图（通常可用于绘制热力图）
geom_violin	小提琴图
geom_vline	添加参考线

下面使用实际的数据集，从表 4-1 中挑出一些几何图层函数对数据进行可视化，并展示可视化结果。下面的程序使用 plotnine 自带的 mpg 数据集，通过 geom_qq 函数和 geom_qq_line 函数对数据进行可视化，所得到的单个变量的 Q-Q 图可用于分析数据是否为正态分布。运行该程序后可获得如图 4-22 所示的可视化结果。

```
In[2]:# 通过 geom_qq 函数和 geom_qq_line 函数可视化得到单个变量的 Q-Q 图
      (ggplot(aes(sample = "displ"),data = mpg)+
       geom_qq(color = "red",size = 2)+          # Q-Q 图
       geom_qq_line(color = "blue",size = 1)+   # 为 Q-Q 图添加参考线
       # 设置图像主题
       theme_bw(base_family = "Kaiti")+theme(figure_size=(7,4.5))+
       labs(title = " 单个变量的 Q-Q 图 ")
      )
```

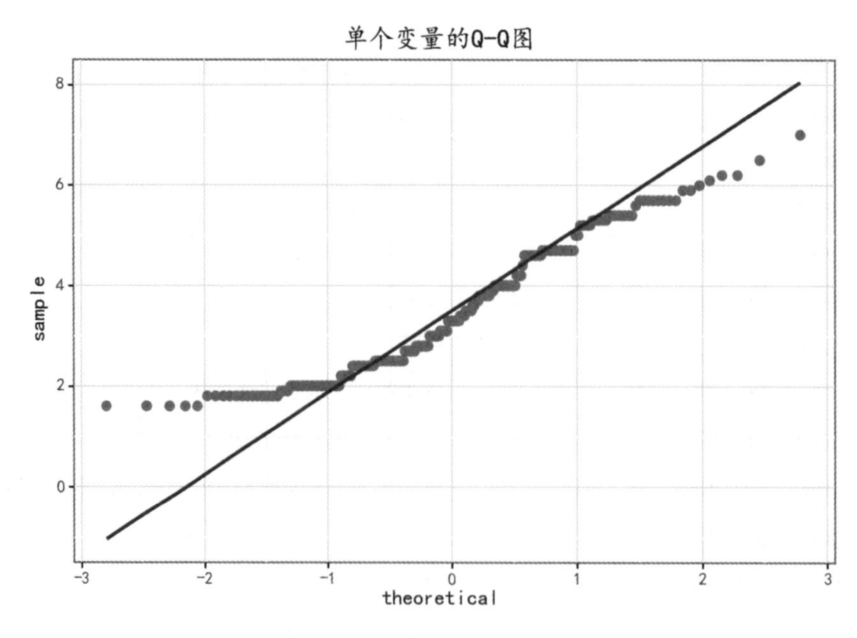

图 4-22　geom_qq 函数和 geom_qq_line 函数的可视化结果

注意： 在可视化时为了更好地使用加号“+”来添加图层，所有的可视化程序均通过小括号“( )”包裹。

下面的程序通过 geom_bar 函数和 geom_errorbar 函数对数据进行可视化并得到带误差线的条形图。在可视化之前，先准备需要可视化的数据，并将数据排好顺序。为了得到水平条形图，使用 coord_flip 函数将坐标系进行反转。运行该程序后可获得如图 4-23 所示的可视化结果。

```
In[3]:# 数据准备，计算出现频次并转化为数据表格
      mfdf=mpg["manufacturer"].value_counts().rename_axis("mf").reset_
index(name='counts')
      # 将数据排好顺序
      mf_list = mpg['manufacturer'].value_counts().index.tolist()[::-1]
      mf_cat = pd.Categorical(mfdf["mf"], categories= mf_list)
      mfdf = mfdf.assign(mf_cat = mf_cat)       # 添加一列有序的类别变量
      mfdf["ymax"] = mfdf.counts + 3
      mfdf["ymin"] = mfdf.counts - 2
      (ggplot(aes(x = "mf_cat",y = "counts"),data = mfdf)+
       theme_538(base_family = "Kaiti")+theme(figure_size=(7,4.5))+
       geom_bar(stat = "identity",fill = "red",alpha = 0.5)+         # 条形图
       geom_errorbar(aes(ymin = "ymin",ymax="ymax"),color = "blue",size = 1)+
       coord_flip()+                           # 坐标系翻转，得到水平条形图
       labs(x = " 种类 " ,y = " 数量 ",title = " 带误差线的条形图 ")
      )
```

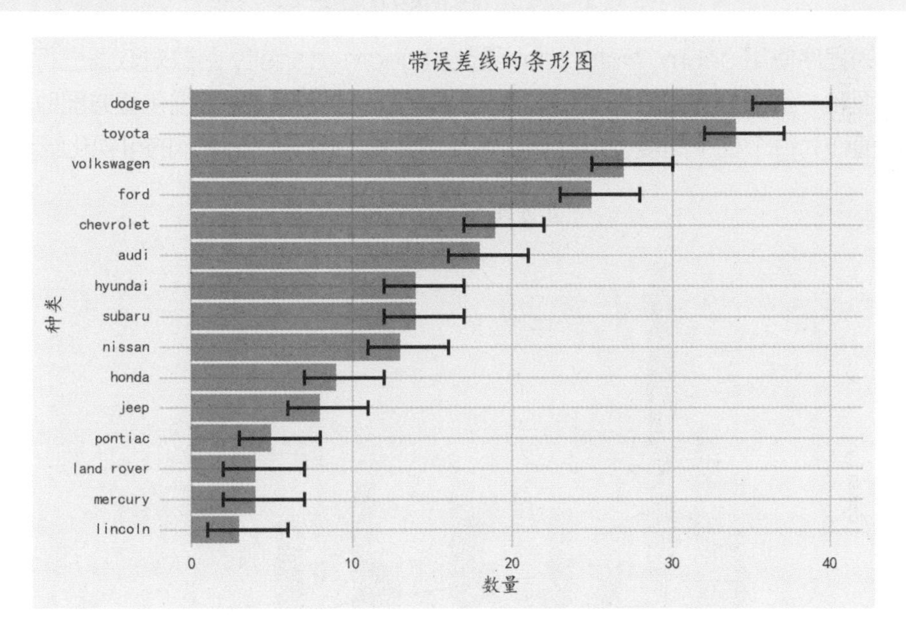

图 4-23　带误差线的条形图

下面的程序使用 geom_violin 函数和 geom_jitter 函数对数据进行可视化并得到小提琴图和抖动散点图。运行该程序后可获得如图 4-24 所示的可视化结果。

```
In[4]:# 通过 geom_violin 函数和 geom_jitter 函数可视化得到小提琴图和抖动散点图
      (ggplot(aes(x = "drv",y = "displ",group = "drv",fill = "drv"),data = mpg)+
```

```
    theme_classic(base_family = "Kaiti")+theme(figure_size=(7,4.5))+
    geom_violin(weight = 0.5,alpha = 0.5)+geom_jitter(width = 0.2)+
    labs(x = " 驱动方式 ",title = " 小提琴图和抖动散点图 ")+
    theme(legend_position="none")
)
```

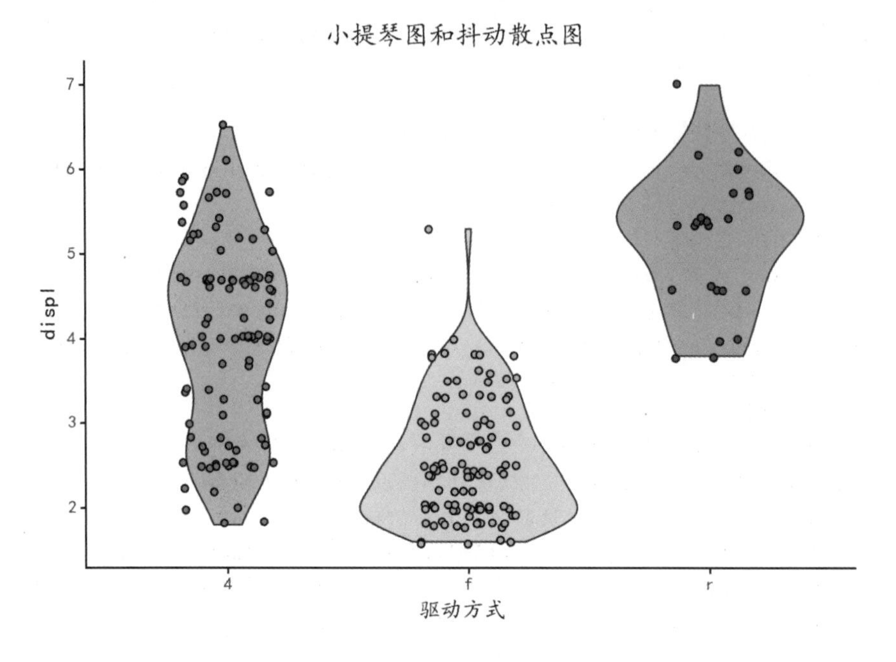

图 4-24　小提琴图和抖动散点图

下面的程序使用 geom_histogram 函数和 geom_density 函数对数据进行可视化并得到直方图和一维密度曲线。为了将这两幅图像整合在一起，在可视化直方图时，使用对应的密度值作为每个柱子高度。运行该程序后可获得如图 4-25 所示的可视化结果。

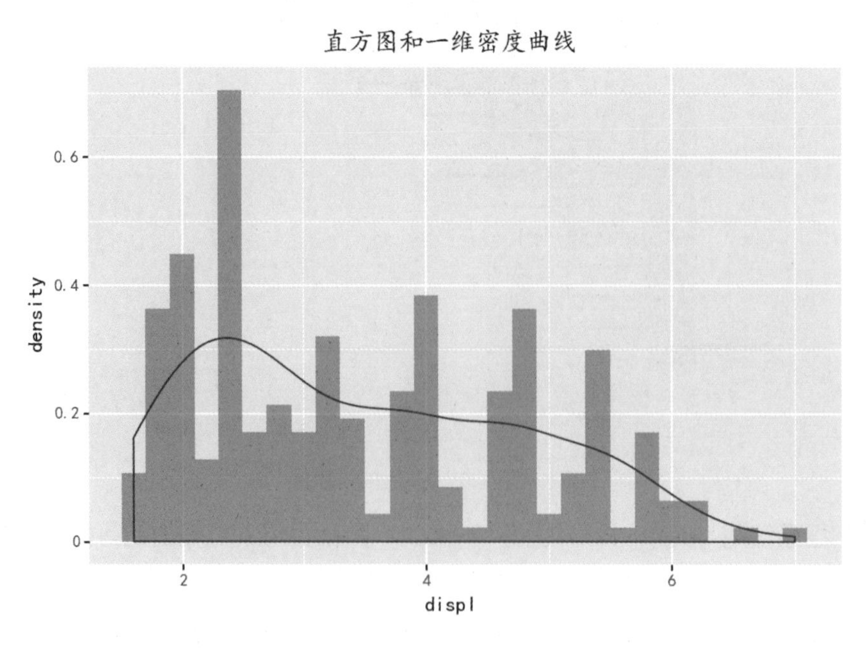

图 4-25　直方图和一维密度曲线

```
In[5]:# 通过 geom_histogram 函数和 geom_density 函数可视化得到直方图和一维密度曲线
      (ggplot(aes(x = "displ"),data = mpg)+
       theme_gray(base_family = "Kaiti")+theme(figure_size=(7,4.5))+
       geom_histogram(aes(y=after_stat("density")),binwidth = 0.2,
                      fill = "red",alpha = 0.5)+
       geom_density(alpha = 0.2,colour = "blue")+
       ggtitle(" 直方图和一维密度曲线 ")
      )
```

下面的程序通过 geom_tile 函数和 geom_text 函数对数据进行可视化并得到热力图。其中，使用的数据为随时间变化的飞机乘客数量；在图像中，X 轴表示年份，Y 轴表示对应的月份，颜色的深浅表示对应时间飞机乘客数量。运行该程序后可获得如图 4-26 所示的可视化结果。

```
In[6]:# 数据准备，读取数据
      APdf= pd.read_csv("data/chap4/MyAirPassengers.csv")
      # 定义一个有序的类别变量
      mymonth = [" 一月 "," 二月 "," 三月 "," 四月 "," 五月 ", " 六月 "," 七月 "," 八月 ",
                 " 九月 "," 十月 "," 十一月 "," 十二月 "][::-1]
      APdf["month"] = pd.Categorical(APdf["month"], categories= mymonth)
      # 通过 geom_tile 函数和 geom_text 函数可视化得到热力图
      (ggplot(aes(x = "factor(year)",y = "month"),data = APdf)+
       theme_light(base_family = "Kaiti")+theme(figure_size=(7,4.5))+
       geom_tile(aes(fill = "x"))+geom_text(aes(label="x"),size=10)+
       ggtitle(" 添加文本的热力图 ")+labs(x = "",y = "")
      )
```

图 4-26　热力图

通过前面的数据可视化示例可以发现，在使用 plotnine 进行数据可视化时，通常具有如下可视化流程。

（1）使用 ggplot 函数初始化一个可绘制的图像图层，并指定绘图时使用的数据集（data 参数指定数据）、坐标系使用的变量（使用 aes 函数设置坐标系，x 与 y 参数分别指定对应轴使用的特征变量）。

（2）可以使用 theme_** 系列函数设置绘图使用主题和该主题下的相关基本设置，其中 base_family 参数可以设置使用的字体。

（3）使用 geom_** 系列函数为图像添加想要绘制的图像内容，如散点图、线图、直方图等，并且为图像的显示情况进行相关的基本设置。

（4）可以使用 them、labs 等系列函数详细地调整图像的显示情况，如：图像的标题、坐标轴、图例、图像颜色和形状的映射方式等。

（5）最终输出自己满意的可视化图像。

在使用 geom_** 等系列函数时，为了图像的美观使用了很多参数，虽然不同的几何对象的参数使用情况不完全相同，但它们的使用还是具有很多共性的。下面将这些通用参数的使用方式进行总结，如表 4-2 所示。

表 4-2　通用参数的设置

参　数	使用方式
x	设置坐标系“X 轴”使用的变量
y	设置坐标系“Y 轴”使用的变量
alpha	设置颜色特征的透明情况
color	设置图像的颜色使用情况
fill	设置图像的颜色填充使用情况
group	设置图像中的分组变量
shape	设置图像中的线的类型或者点的形状
size	设置图像中所使用的元素的显示大小情况

表 4-2 中 alpha、color、fill、shape、size 等参数可以在 aes 函数内通过数据表中的变量进行设置，这时会根据变量中不同的取值进行映射，也可以在 aes 函数外使用相应的取值指定几何对象的显示情况。

4.2.2 图表美化

在前面的例子中，经常出现 theme 函数的使用。该函数主要用于统一调整图像的最终显示效果，例如，图表主题、图例、标签和注释、坐标轴刻度和注释等内容的显示效果都可以通过该函数进行细微的调整。该函数有几十个参数可以进行设置。下面将会介绍通过该函数一些参数的使用和设置，调整可视化图像的显示效果。

下面的程序使用 mpg 数据可视化了一个分组的小提琴图，可视化结果如图 4-27 所示。

```
In[7]:# 使用 mpg 数据可视化一幅简单设置的图像
      (ggplot(aes(x = "factor(cyl)",y = "displ"),data = mpg)+
       theme_light(base_family = "Kaiti")+
       geom_violin(aes(fill = "factor(year)"))+
       labs(x = " 气缸数量 ",y = " 发动机排量 ",title = "mpg 数据小提琴图 ",
            fill=" 时间 ")+
       scale_x_discrete(labels = [str(x)+" 个 " for x in [4,5,6,8]])
      )
```

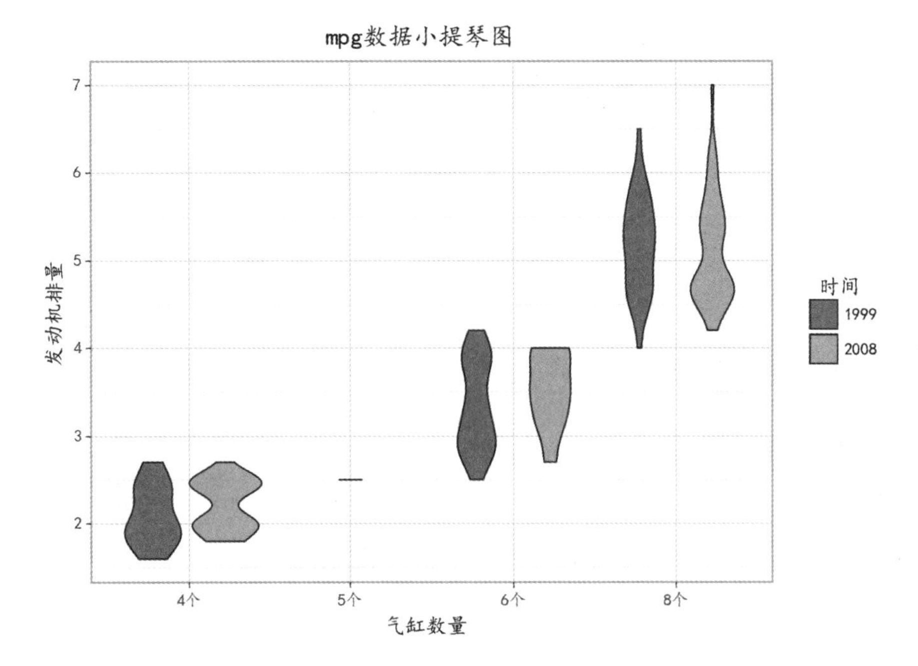

图 4-27　mpg 数据小提琴图

接下来，使用 theme 函数的相关参数对图 4-27 所示的图像进行调整。运行下面的程序后可得到使用 theme 函数调整后的图像，如图 4-28 所示。

```
In[8]:# 使用 theme 函数调整后的图像
      (ggplot(aes(x = "factor(cyl)",y = "displ"),data = mpg)+
       theme_light(base_family = "Kaiti")+
       geom_violin(aes(fill = "factor(year)"))+
       labs(x = " 气缸数量 ",y = " 发动机排量 ",title = "mpg 数据小提琴图 ",
            fill = " 时间 ")+
        scale_x_discrete(labels = [str(x)+" 个 " for x in [4,5,6,8]])+
        scale_fill_brewer(type="qual",palette = 6)+    # 调整填充颜色
        # 对图像的显示情况做进一步的调整
        theme(figure_size = (7,4.5),                   # 图像的大小
              # 标题的位置居中
              plot_title = element_text(ha = "center",size = 16),
              # 使用 lightblue 作为背景色
              plot_background = element_rect(fill = "lightblue"),
              # 将绘图区的颜色设置为灰色
              panel_background = element_rect(fill = "white"),
              # 绘图区的边框使用颜色为红色，粗细为 2 的线
              panel_border = element_rect(colour ="red",size = 2),
              # 设置图像的网格线颜色为 lightgreen，线形为虚线
              panel_grid = element_line(linetype = "--",colour = "lightgreen"),
              # 坐标轴标签和刻度的设置
              axis_title_x = element_text(colour = "blue"),    # X 轴标签为蓝色
              axis_title_y = element_text(size = 13),          # Y 轴标签字体大小
              axis_text_x = element_text(rotation = 45),       # X 轴刻度值倾斜 45°
              # 图例的相关设置
              axis_ticks_major_y=element_line(size=2),         #Y 轴主要刻度线粗细为 2
```

```
            legend_position = (0.25,0.7), # 图例位置坐标为 (0.2,0.8)
            legend_background=element_rect(fill="greenyellow"),    #填充背景色
            legend_title = element_text(colour = "red"))    # 图例的标题颜色
  )
```

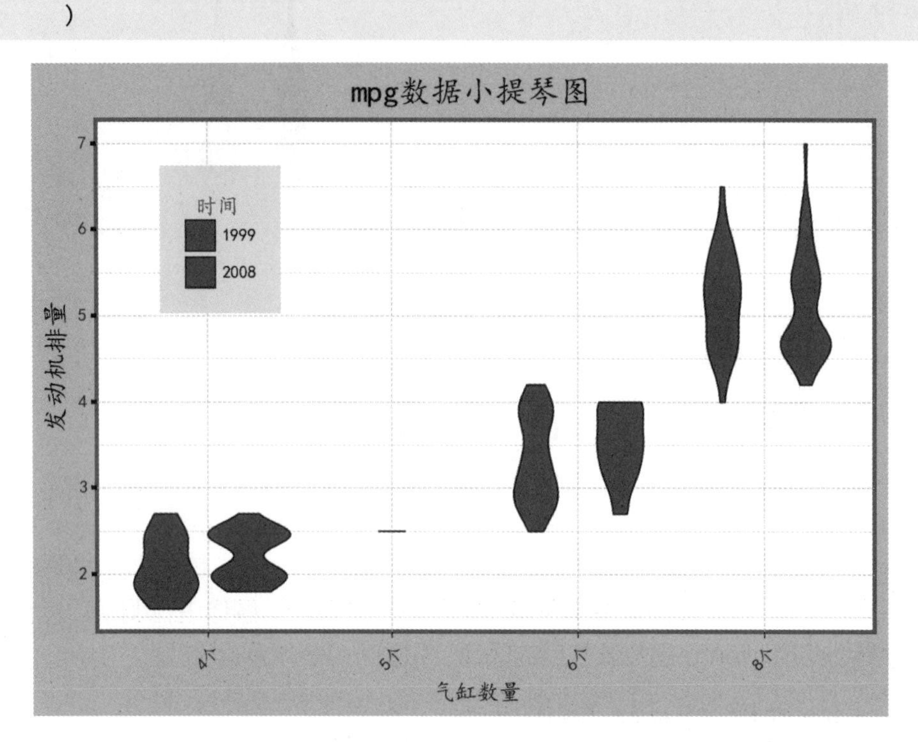

图 4-28 使用 theme 函数调整后的图像

对比图 4-27 和图 4-28 可以发现，通过调整 theme 函数中参数的取值，可以对图像的显示效果进一步调整，从而在数据可视化时更准确地传递有效信息。

4.2.3 位置调整

针对 geom_bar 等几何图像函数，可以通过使用位置调整参数 position 对可视化时元素的位置分布情况进行调整。例如，在使用 geom_bar 函数可视化条形图时，可以通过控制参数 position，获得分组条形图、堆积条形图等。常用的位置调整参数 position 设置如表 4-3 所示。

表 4-3 常用的位置调整参数 position 设置

设 置	相关描述
doge	避免重叠的并排方式
doge2	doge 的一种特殊情况
fill	堆叠图形元素并将高标准化为 1
identity	不作任何调整
jitter	给点添加扰动避免重合
stack	将图形元素堆叠起来

下面针对 mpg 数据，使用条形图说明在不同的位置调整参数下得到的可视化图像的

显示效果。In[9] 程序片段通过 position = "stack" 的设置，可获得如图 4-29 所示的堆积条形图。

```
In[9]:# 堆积条形图
      (ggplot(aes(x = "class",fill = "factor(year)"),data = mpg)+
       theme_light(base_family = "Kaiti")+theme(figure_size=(7,4.5))+
       geom_bar(position = "stack")+labs(title = " 堆积条形图 ",fill = " 时间 ")
      )
```

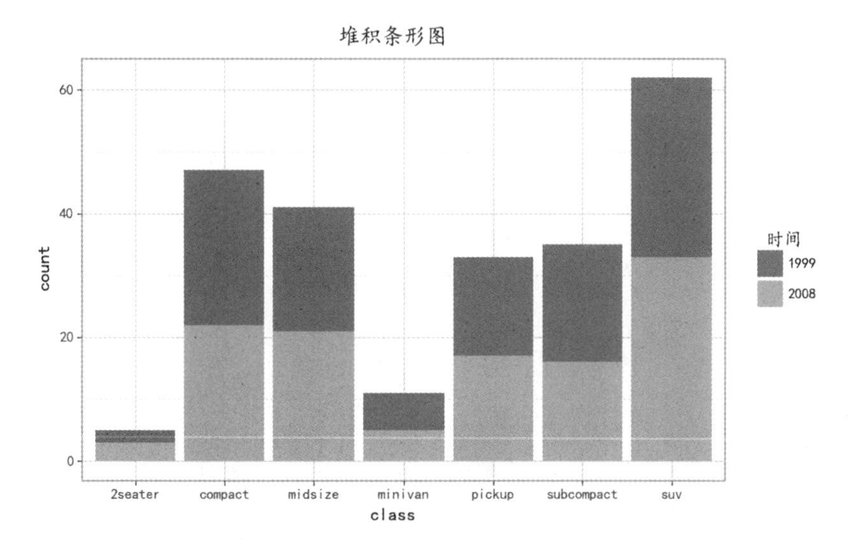

图 4-29　堆积条形图

In[10] 程序片段通过 position = "fill" 的设置，可获得如图 4-30 所示的填充条形图。

```
In[10]:# 填充条形图
      (ggplot(aes(x = "class",fill = "factor(year)"),data = mpg)+
       theme_light(base_family = "Kaiti")+theme(figure_size=(7,4.5))+
       geom_bar(position = "fill")+labs(title = " 填充条形图 ",fill = " 时间 ")
      )
```

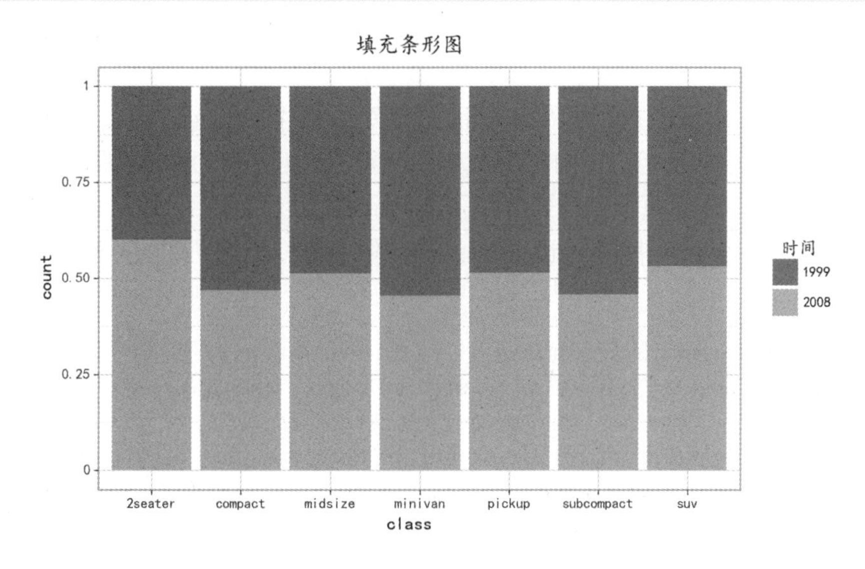

图 4-30　填充条形图

In[11] 程序片段通过 position = "dodge2" 的设置，可获得如图 4-31 所示的并排分组条形图。

```
In[11]:# 并排分组条形图
       (ggplot(aes(x = "class",fill = "factor(year)"),data = mpg)+
        theme_light(base_family = "Kaiti")+theme(figure_size=(7,4.5))+
        geom_bar(position = "dodge2")+labs(title = " 分组条形图 ",fill = " 时间 ")
       )
```

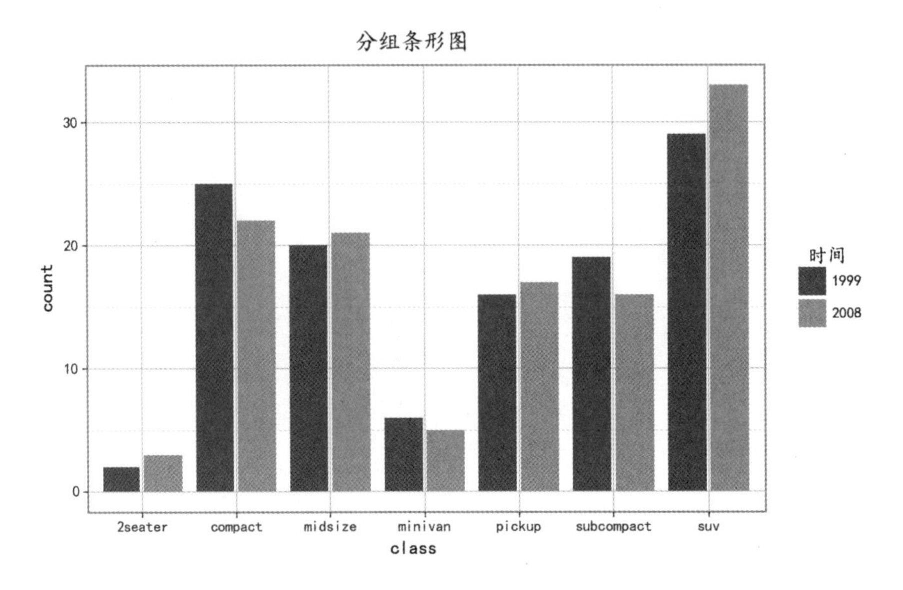

图 4-31　并排分组条形图

4.2.4 图像分面与子图

plotnine 可以通过分面和子图排列，获得包含多个子图的图像。其中，常用的分面方式有两种：一种是通过封装型分面（facet_wrap）函数，根据单个变量的取值进行分面；另一种是通过网格分面（facet_grid）函数，将 1 ~ 2 个变量作为行变量或列变量进行分面。

下面的程序对 mpg 数据可视化出分面散点图。其中，facet_wrap("drv") 表示根据变量 drv 对数据进行分组，针对每组数据单独可视化出一个添加平滑曲线的散点图；ncol = 3 表示得到的图像每行要排列 3 幅子图；scales = " fixed " 表示每个子图中根据全部的数据固定 X 轴与 Y 轴的取值范围。运行该程序最终可得到如图 4-32 所示的可视化结果。

```
In[12]:# 根据单个分组变量进行分面
       (ggplot(aes(x = "displ",y = "cty",colour = "factor(drv)",
                   shape = "factor(drv)"),data = mpg)+
        theme_light(base_family = "Kaiti")+theme(figure_size=(7,4.5))+
        geom_point()+geom_smooth(method="loess")+      # 添加点和平滑拟合曲线
        # 分为 3 列，并固定坐标系
        facet_wrap("drv",ncol = 3,scales = "fixed")+
```

```
    labs(x = "发动机排量",y = "油耗",title = "mpg 数据",
         shape = "drv",colour = "drv")
)
```

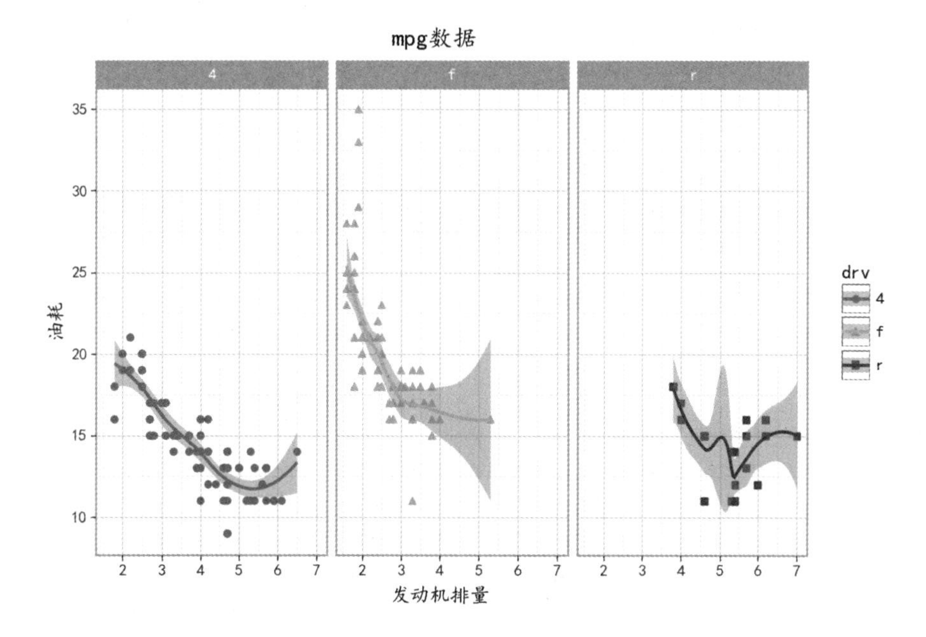

图 4-32　facet_wrap 函数的可视化结果

在下面的程序中，facet_wrap("~drv ") 表示根据变量 drv 对数据进行分组，针对每组数据单独可视化出一个添加平滑曲线的散点图；scales = "free" 表示根据分组数据确定每个子图 X 轴与 Y 轴的取值范围，且 scales 参数还可以选择 free_x（只固定 Y 轴）、free_y（只固定 X 轴）等取值。运行该程序最终可得到如图 4-33 所示的可视化结果。

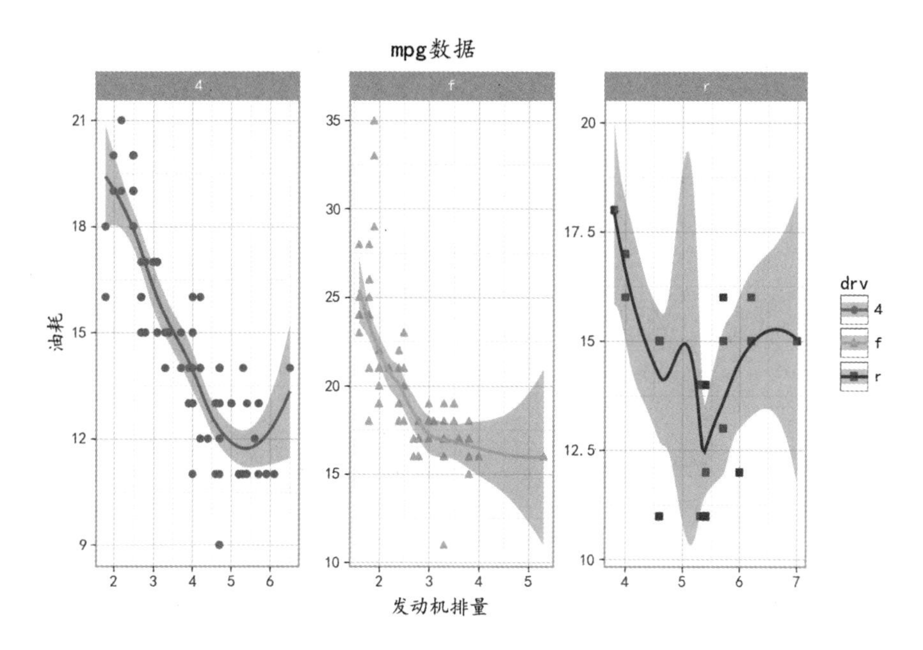

图 4-33　facet_wrap 函数的可视化结果

```
In[13]:# 根据单个分组变量进行分面
      (ggplot(aes(x = "displ",y = "cty",colour = "factor(drv)",
                  shape = "factor(drv)"),data = mpg)+
       theme_light(base_family = "Kaiti")+theme(figure_size=(7,4.5))+
       geom_point()+geom_smooth(method="loess")+       # 添加点和平滑拟合曲线
       # 分为 3 列，自由坐标系的
       facet_wrap("~drv",ncol = 3,scales = "free")+
       labs(x = " 发动机排量 ",y = " 油耗 ",title = "mpg 数据 ",
            shape = "drv",colour = "drv")+
       theme(subplots_adjust={'wspace': 0.25})         # 调整图像之间的距离
      )
```

plotnine 可通过 facet_grid 函数，利用两个变量获得网格分面图，下面的程序根据 drv 和 year 两个变量进行分面，可视化出添加了回归拟合线的散点图。运行该程序后最终可获得如图 4-34 所示的可视化结果。

```
In[14]:# 根据两个变量进行分面
      (ggplot(aes(x = "displ",y = "cty",colour = "factor(drv)",
                  shape = "factor(drv)"),data = mpg)+
       theme_light(base_family = "Kaiti")+theme(figure_size=(7,4.5))+
       geom_point()+geom_smooth(method = "lm")+
       facet_grid("drv ~ year")+                        # 网格类型的分面
       labs(x = " 发动机排量 ",y = " 油耗 ",shape = "drv",colour = "drv")+
       # 调整分面的背景颜色、文本大小及颜色
       theme(strip_text_x=element_text(color = "black",size = 10),
             strip_text_y=element_text(color = "red",size = 12),
             strip_background_y=element_rect(fill="lightblue"),
             strip_background_x=element_rect(fill="tomato"))
      )
```

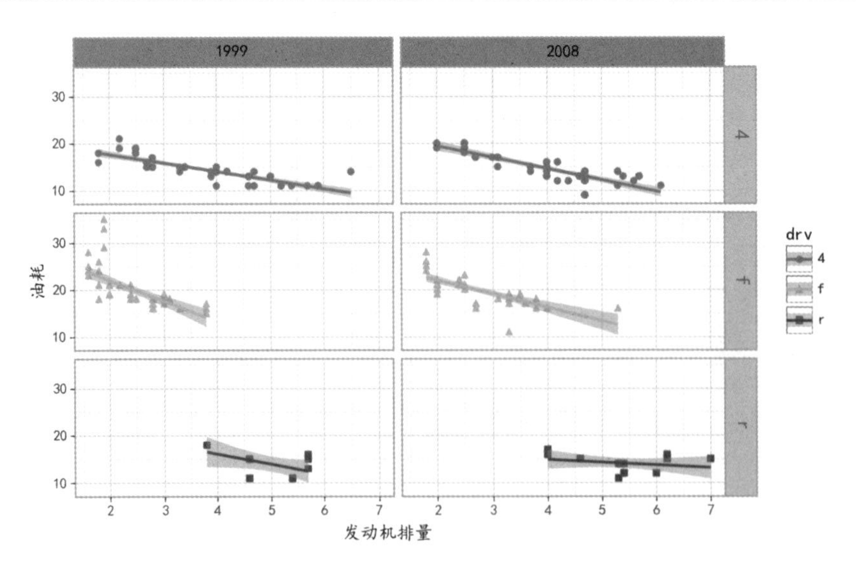

图 4-34　facet_grid 函数的可视化结果

除了使用分面可视化出包含多个子图的图像，plotnine 还可以通过将多个子图排列的方式可视化出多个子图，这需要和 plt.GridSpec 函数相结合使用。下面的程序使用一个经济的时序变化数据集，可视化两幅随时间变化的趋势图 p1 和 p2，然后将这两幅图通过子图排列的方式拼接在一起。运行该程序后可获得如图 4-35 所示的可视化结果。

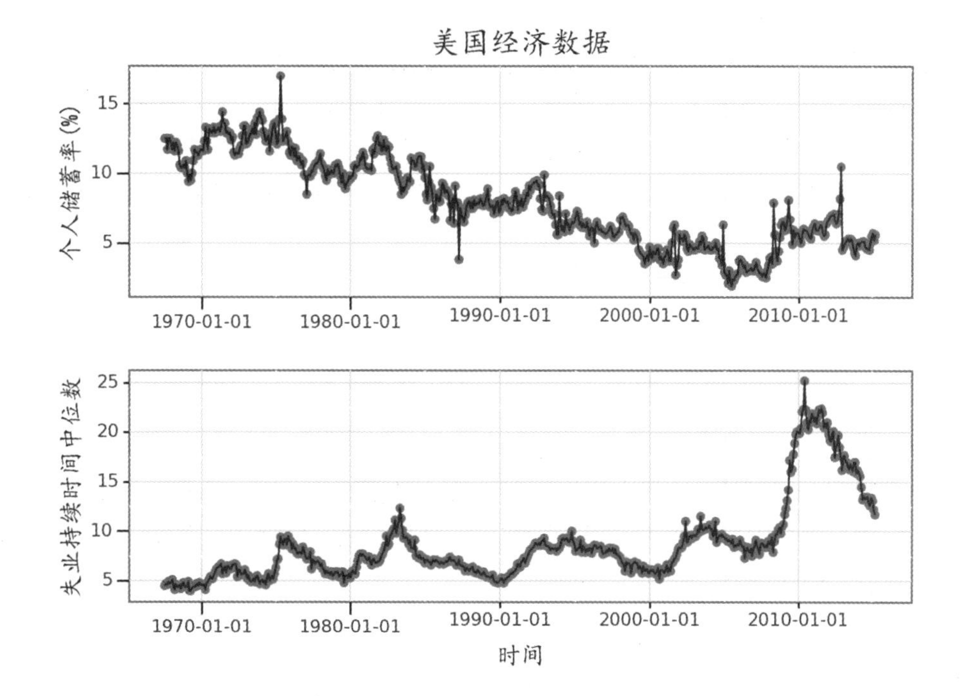

图 4-35　子图数据可视化

```
In[15]:print(economics.head())
Out[15]:         date    pce     pop  psavert  uempmed  unemploy
       0 1967-07-01   507.4  198712     12.5      4.5      2944
       1 1967-08-01   510.5  198911     12.5      4.7      2945
       2 1967-09-01   516.3  199113     11.7      4.6      2958
       3 1967-10-01   512.9  199311     12.5      4.9      3143
       4 1967-11-01   518.1  199498     12.5      4.7      3066
In[16]:# 在同一窗口中排列多个子图，使用一个经济变化数据，可视化图像 p1 和 p2
       p1 = (ggplot(economics,aes("date", "psavert"))+theme_bw()+
             geom_point(color = "red")+geom_line(color = "blue")
       )
       p2 = (ggplot(economics,aes("date", "uempmed"))+theme_bw()+
             geom_point(color = "red")+geom_line(color = "blue")
       )
       # 初始化多个窗口
       fig = (ggplot()+geom_blank(data=economics)+theme_void()).draw()
       gs = plt.GridSpec(2,1)
       ax1 = fig.add_subplot(gs[0,0])
       ax2 = fig.add_subplot(gs[1,0])
       # 为多个窗口绘图
       _ = p1._draw_using_figure(fig,[ax1])
       _ = p2._draw_using_figure(fig,[ax2])
       ax1.set_ylabel(" 个人储蓄率 (%)",size = 12)
       ax1.set_title(" 美国经济数据 ",size = 15)
       ax2.set_ylabel(" 失业持续时间中位数 ",size = 12)
```

```
ax2.set_xlabel(" 时间 ",size = 12)
plt.tight_layout()
plt.show()
```

关于静态数据的可视化，除了前面介绍的 Seaborn 与 plotnine 两个较经典的库之外，Python 中还有很多具有较丰富可视化功能的第三方库，如 Altair 等常见的可视化库，由于篇幅的限制这里就不再对其使用方式进行详细的介绍了，因为在 Python 中，通过 Matplotlib、Seaborn 与 plotnine 几乎就可以覆盖数据分析时所遇到的所有数据可视化场景。

4.3 本章小结

本章详细地介绍了 Python 中两个常用的静态数据可视化库（Seaborn 与 plotnine）的使用。针对这两个库中常用的可视化函数与可视化方法，均使用了真实的数据，展示了可视化函数的可视化结果。

第 5 章　网络图可视化

图是一个具有广泛含义的对象。在数学领域，图是图论的主要研究对象；在计算机工程领域，图是一种常见的数据结构；在数据科学领域，图被用来广泛描述各类关系型数据。本章使用的图以数据科学领域的图为主，主要用于对关系的描述（因此本章出现的网络图和图均指同一事物）。网络图（图）在应用时可看作一种非结构化数据。常见的网络图有人与人之间的社交网络图、事物之间的各种联系图等。这些网络图规模庞大，关系复杂，不易观察。因此，网络图可视化成为数据挖掘的重要研究内容之一。本章从网络图的结构和生成方法入手，主要介绍 Networkx 与 igraph 两个库在网络图可视化方面的应用。

5.1 网络图的形式

网络图可以表示为顶点和边的集合，记为 $G=(V,E)$。其中，V 是顶点集合；E 是边集合。网络图就是使用节点（顶点）和边（节点之间的连接线）来显示事物之间的连接关系，并帮助阐明一组实体之间的关系。网络图主要有两种类型：一种是节点之间的连接没有方向的无向图，另一种是节点之间的连接有方向的有向图，通常会使用箭头表示节点之间的连接方向。无向图与有向图如图 5-1 所示。

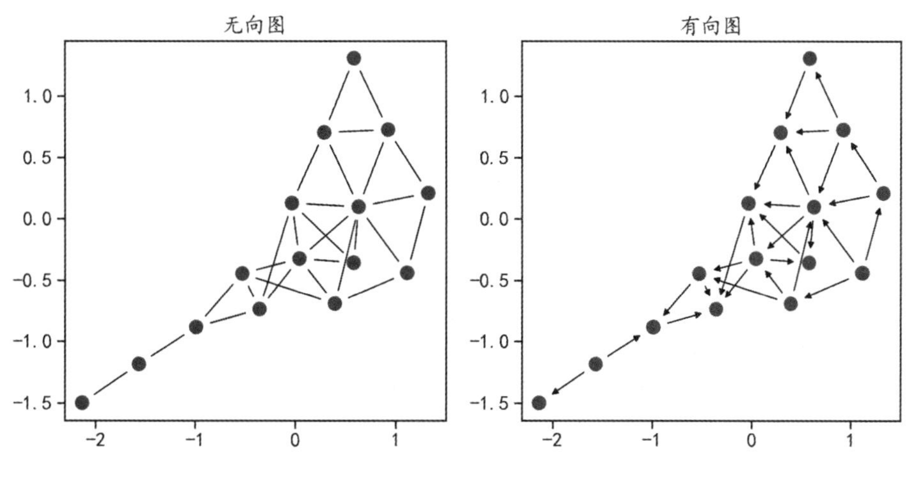

图 5-1　无向图与有向图

针对网络图 $G=(V,E)$，顶点集合 V 中的元素可以表示为 $v_1, v_2,\cdots,v_n$。其中，v_n 表示

G 有 n 个顶点。一条连接 V 中两个顶点 v_i 和 v_j 的边可记为（v_i,v_j）或者 e_{ij}。如果存在一条边连接顶点 v_i 和 v_j，则称 v_j 是 v_i 的邻居，反之亦然。以 v_i 为端点的边的数目称为 v_i 的度。对于有向图，v_i 的度可以分为 v_i 的出度和 v_i 的入度。其中，v_i 的出度是以 v_i 为起点的有向边的数目；v_i 的入度是以 v_i 为终点的有向边的数目。v_i 的度等于 v_i 的入度和 v_i 的出度的和。

用于表示网络图的形式有很多种，比较常用的是邻接矩阵。如果包含 n 个节点的网络图可以使用 $n \times n$ 的邻接矩阵 A 表示，则 A 中的元素可定义为

$$a_{ij}=\begin{cases}1 & (v_i,v_j)\in E \\ 0 & \text{其他}\end{cases}$$

如果网络图的节点过多，那么邻接矩阵中往往会出现大量的 0。因此，在实际应用中可以用稀疏矩阵的格式来存储邻接矩阵。Networkx 与 igraph 都提供了很多种用于生成网络图的方式，从而便于网络图可视化。下面将详细介绍这两个库在网络图可视化方面的内容。

5.2 Networkx 网络图可视化

Networkx 为 Python 的一个开源库，支持创建简单无向图、有向图和多重图，方便用户对复杂网络图进行创建、操作和学习。利用 Networkx 可以以多种数据形式存储网络图，生成多种随机网络图和经典网络图，分析网络图结构，建立网络图模型，设计新的网络图算法，进行网络图可视化等。本节将主要介绍如何使用 Networkx 进行网络图可视化。

5.2.1 Networkx 生成网络图

Networkx 生成网络图的方法有很多种。本节将介绍几种 Networkx 提供的常用方法生成网络图。在进行网络图可视化之前，先导入本节会使用到的库和模块，其中 Networkx 使用 nx 表示。

```
In[1]:%config InlineBackend.figure_format = 'retina'
      %matplotlib inline
      import seaborn as sns
      sns.set(font= "Kaiti",style="ticks",font_scale=1.4)
      import matplotlib
      matplotlib.rcParams['axes.unicode_minus']=False
      # 导入需要的库
      import numpy as np
      import pandas as pd
      import matplotlib.pyplot as plt
      import networkx as nx
```

在 Networkx 中，常用的生成网络图的函数如表 5-1 所示。本节的内容将会使用表 5-1

中的函数生成网络图。

表 5-1　常用的生成网络图的函数

函数	功　能
nx.Graph	定义一个图对象
add_node	为图添加一个节点
add_edge	为图添加一条边
add_nodes_from	为图添加一组节点
add_edges_from	为图添加一组边
from_numpy_matrix	通过 Numpy 邻接矩阵生成图
from_pandas_edgelist	通过 Pandas 数据表生成图
nx.DiGraph	定义一个有向图对象
nx.star_graph	生成星形图
nx.full_rary_tree	生成 ***n*** 叉树
nx.complete_graph	生成完全图
nx.empty_graph	生成无边图
nx.ladder_graph	生成梯形图
nx.grid_graph	生成网格图
nx.draw	生成网络图

1. 通过添加节点和边生成网络图

首先介绍通过逐步为网络图添加节点和边的方式，生成网络图并对其可视化。下面的程序首先使用 nx.Graph 函数定义一个图对象 g1，然后通过 g1.add_node 函数逐渐为 g1 添加多个节点，使用 g1.add_edge 函数在 g1 的节点之间添加连接的边，最后使用 nx.draw 函数进行可视化。运行该程序后可获得如图 5-2 所示的可视化结果。

```
In[2]:# 每次添加一个点或者一条边
      g1 = nx.Graph()
      g1.add_node("apple")                  # 添加节点
      g1.add_node("pear")
      g1.add_node("peach")
      g1.add_node("cherry")
      g1.add_node("banana")
      g1.add_edge("apple","pear")           # 添加边
      g1.add_edge("apple","peach")
      g1.add_edge("peach","banana")
      g1.add_edge("apple","banana")
      g1.add_edge("cherry","banana")
      # 生成网络图，并指定节点大小
      plt.subplots(figsize=(10, 5))
      nx.draw(g1,with_labels=True,node_size = 1500,node_color = "lightblue")
      plt.show()
```

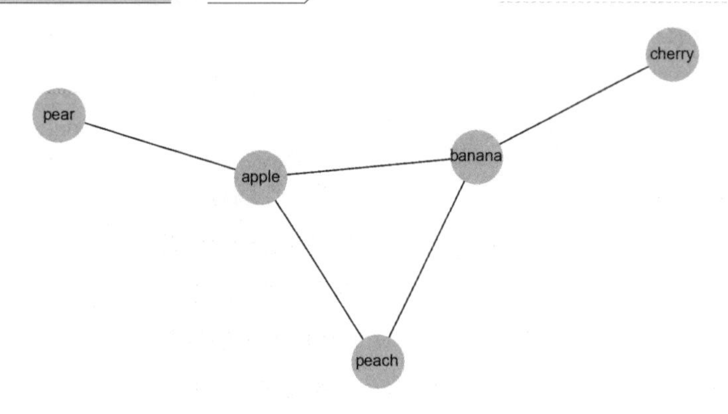

图 5-2 逐步添加节点和边获得的网络图

采用图 5-2 所示的逐步添加节点和边的方式生成具有多个节点和边的网络图，是不方便的。因此，Networkx 还提供了一次为图添加多个节点与边的函数。下面的程序将 0 到 10 之间（不包含 10）20 个随机数设置为 10 行 2 列（每行的两个元素可以表示一条边的连接），然后同样利用 nx.Graph 函数定义一个图对象 g2，与前面例子不同的是，这里直接使用 g2.add_nodes_from 函数输入一组节点数据，为 g2 添加节点；使用 g2.add_edges_from 函数输入一组边数据，为 g2 添加边。运行该程序后可获得如图 5-3 所示的可视化结果。

```
In[3]:# 一次性添加多个点或者多条边
     np.random.seed(12)                       # 随机生成一组边
     edges = np.random.randint(0,10,size = 20).reshape(-1,2)
     g2 = nx.Graph()
     g2.add_nodes_from(np.arange(10))  # 添加 10 个节点
     g2.add_edges_from(edges)                 # 添加边
     plt.subplots(figsize=(10, 5))
     nx.draw(g2,with_labels=True,node_color = "lightblue")
     plt.show()
```

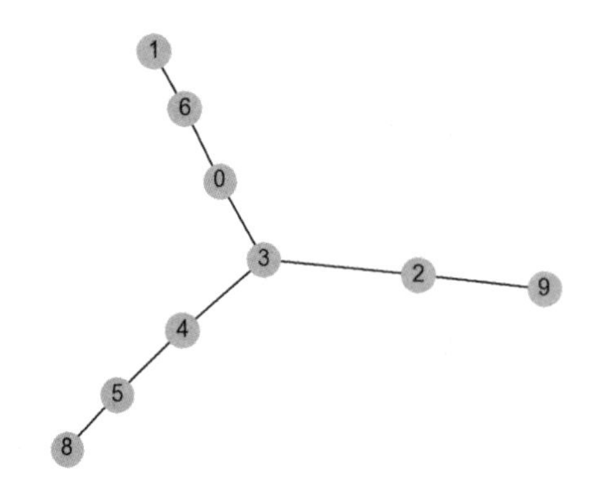

图 5-3 一次性添加多个节点和多条边获得的网络图

2. 通过邻接矩阵生成网络图

邻接矩阵是表示网络图的常用方式。Networkx 提供的 nx.from_numpy_matrix 函数可以通过邻接矩阵获得网络图。下面的程序先生成一个 10×10 的随机数矩阵，然后将不想保留的边数据转换为 0，接着通过 nx.from_numpy_matrix 函数生成图对象 g3，可视化 g3 后可获得如图 5-4 所示的可视化结果。

```
In[4]:np.random.seed(12)                        # 使用随机数构造邻接矩阵
      A = np.random.randint(0,10,100).reshape(10,10)
      A = np.where(A % 2 == 1,0,A)
      g3 = nx.from_numpy_matrix(A)
      plt.subplots(figsize=(10, 5))
      nx.draw(g3,with_labels=True,node_color = "lightblue")
      plt.show()
```

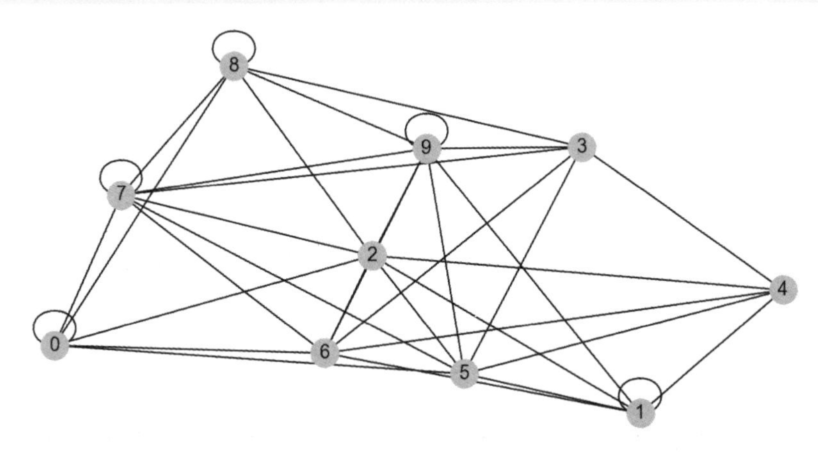

图 5-4　通过邻接矩阵生成的网络图

3. 通过边数据生成网络图

很多时候，网络图相关的数据已经保存在数据表中。例如，下面程序读取的数据包含 3 列数据，分别是每条边的开始节点、终止节点以及边的权重。其中，第一行数据表示节点 A 到节点 B 的权重为 11.1。注意：该数据可以表示无向图或者有向图，所以边之间是否为有向连接在使用时进行特别说明即可。

```
In[5]:# 3 通过边数据生成网络图
      gdf = pd.read_excel("data/chap6/ 地点间的距离 .xlsx")
      gdf.head()
      print(gdf.head())
Out[5]:  from to  weight
     0     A  B    11.1
     1     B  C     8.2
     2     C  E    11.1
     3     B  D    12.8
     4     C  D     7.7
```

当使用 nx.from_pandas_edgelist 函数生成网络图时，需要指定 source 和 target 参数所使用的数据列；如果不指定 create_using 参数，则会默认生成无向图；如果指定 create_using=nx.DiGraph()，则表示生成有向图。运行下面的程序后会使用上面读取的数据生成一个有向图和无向图，如图 5-5 所示。

```
In[6]:g4 = nx.from_pandas_edgelist(gdf,source="from",target = "to")
      plt.subplots(figsize=(10, 5))
      nx.draw(g4,with_labels=True,node_color = "lightblue")
      plt.show()
      # 通过设置 create_using 参数获得有向图
```

```
g4=nx.from_pandas_edgelist(gdf,source="from",target="to",
                          create_using=nx.DiGraph())
plt.subplots(figsize=(10, 5))
nx.draw(g4,with_labels=True,node_color = "lightblue")
plt.show()
```

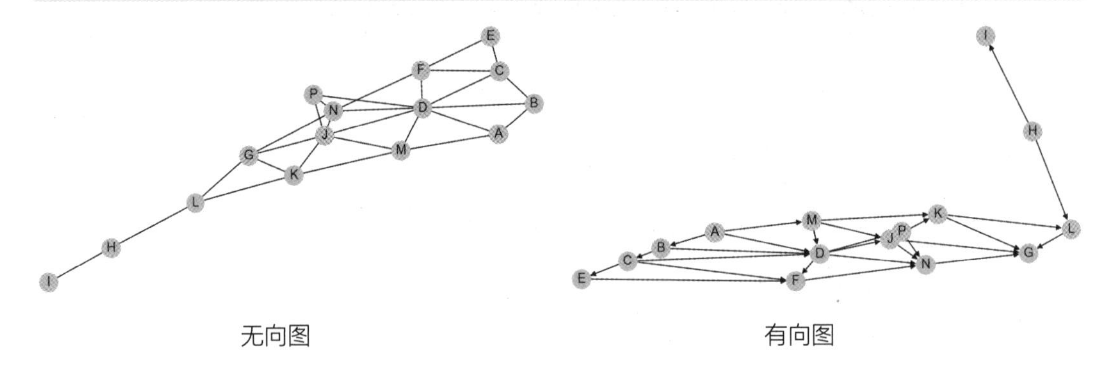

图 5-5　通过边的数据生成的网络图

4. 生成有向图

除了使用 nx.from_pandas_edgelist 函数生成有向图，还可以单独使用 nx.DiGraph 函数生成有向图，然后在有向图中添加边。下面的程序通过 g5.add_edges_from 函数为有向图添加一组指定的边，然后进行可视化，最终获得如图 5-6 所示的有向图。

```
In[7]:# 4 生成有向图
    g5 = nx.DiGraph()
    g5.add_edges_from([(1,2),(3,4),(5,6),(1,6),(3,5),(2,4),
                       (7,3),(4,6),(2,7),(1,7),(4,1)])
    plt.subplots(figsize=(10, 5))
    nx.draw(g5,with_labels=True,node_color = "lightblue")
    plt.show()
```

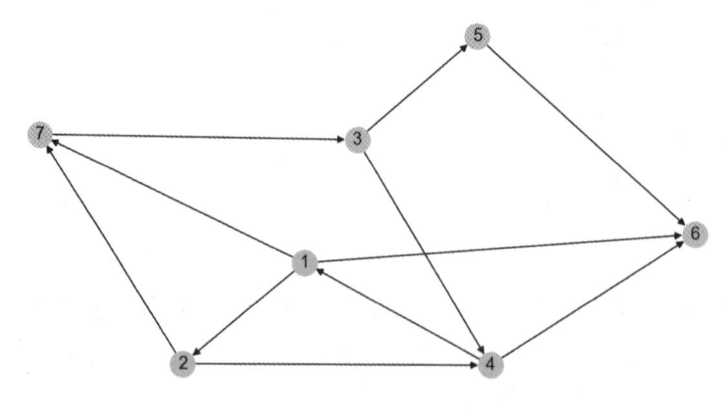

图 5-6　生成有向图

5. 生成特殊网络图

Networkx 还提供了很多用于生成特殊网络图的函数。下面的程序使用 nx.star_graph(6) 生成 7 个节点的星形图；使用 nx.full_rary_tree(4,10) 生成包含 10 个节点，每个分支最多 4 个节点的 n 叉树；使用 nx.complete_graph(6) 生成包含 6 个节点的完全图；

使用 nx.empty_graph(10) 生成包含 10 个节点的无边图；使用 nx.ladder_graph(10) 生成梯形图；使用 nx.grid_graph(dim = (2,3,4)) 生成网格图。运行下面的程序后可获得如图 5-7 所示的可视化结果。

```
In[8]:# 5 生成特殊网络图
      g6 = nx.star_graph(6)                          # 星形图
      g7 = nx.full_rary_tree(4,10)                   # n 叉树
      g8 = nx.complete_graph(6)                      # 完全图
      g9 = nx.empty_graph(10)                        # 无边图
      g10 = nx.ladder_graph(10)                      # 梯形图
      g11 = nx.grid_graph(dim = (2,3,4))             # 网格图
      plt.figure(figsize=(14, 8))
      plt.subplot(2,3,1)
      nx.draw(g6,with_labels=True,node_color = "lightblue")
      plt.title(" 星形图 ")
      plt.subplot(2,3,2)
      nx.draw(g7,with_labels=True,node_color = "lightblue")
      plt.title("n 叉树 ")
      plt.subplot(2,3,3)
      nx.draw(g8,with_labels=True,node_color = "lightblue")
      plt.title(" 完全图 ")
      plt.subplot(2,3,4)
      nx.draw(g9,with_labels=True,node_color = "lightblue")
      plt.title(" 无边图 ")
      plt.subplot(2,3,5)
      nx.draw(g10,with_labels=True,node_color = "lightblue")
      plt.title(" 梯形图 ")
      plt.subplot(2,3,6)
      nx.draw(g11,with_labels=True,node_color = "lightblue")
      plt.title(" 网格图 ")
      plt.tight_layout()
      plt.show()
```

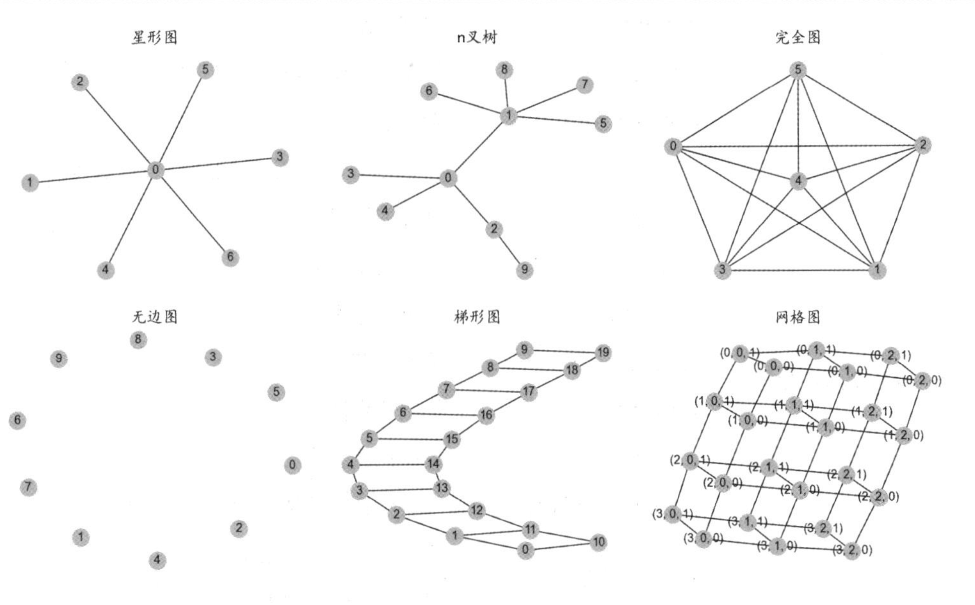

图 5-7　生成特殊网络图

5.2.2 Networkx 设置节点和边

本节将介绍如何使用 Networkx 提供的网络图可视化函数，通过相关参数的设置，获得可视化效果更美观的图。Networkx 的网络图可视化函数如表 5-2 所示。

表 5-2　Networkx 的网络图可视化函数

函数	参数	功能
draw_networkx_nodes	G、pos、ax	可视化节点时使用的图、坐标与坐标系
	nodelist	只可视化指定的节点
	node_size	节点的大小
	node_color	节点的颜色
	node_shape	节点的形状
	alpha	节点颜色的透明度
	linewidths	节点边缘的粗细
	edgecolors	节点边缘的颜色
	label	节点的标签
draw_networkx_edges	G、pos、ax	可视化节点时使用的图、坐标与坐标系
	edgelist	只可视化指定的边
	width	边的粗细
	edge_color	边的颜色
	style	边线的类型
	alpha	边颜色的透明度
	arrows	可视化箭头
	arrowstyle	箭头的类型，默认为“-|>”
	arrowsize	箭头的大小
draw_networkx_labels	G、pos、ax	可视化节点时使用的图、坐标与坐标系
	labels	节点的标签
	font_size	标签的字体大小
	font_color	标签的颜色
	font_weight	标签的字体粗细
	font_family	标签的字体
	alpha	标签的透明度
	horizontalalignment	水平对齐，可选 center,right,left
	verticalalignment	垂直对齐，可选 center,top,bottom, baseline, center_baseline

此外，还可以使用 draw_networkx_edge_labels 函数设置边标签。由于该函数的参数和 draw_networkx_labels 函数的参数大部分相同，这里就不再一一介绍了。下面将使用实际的可视化案例，介绍表 5-2 中相关参数的使用方式及相应的可视化结果。

1. 设置节点

下面的程序先生成 7 个节点的星形图，接着使用 nx.spring_layout 函数生成每个节点的位置，之后通过 for 循环语句使用 nx.draw_networkx_nodes 函数可视化每个节点，并且为每个节点设置大小、形状、颜色、标签等，接着使用 nx.draw_networkx_labels 函数设置每个节点的标签的显示情况（设置字体大小、字体、字体颜色、字体对齐方式等），使用 nx.draw_networkx_edges 函数可视化边之后，为该星形图添加图例，最终可获得如图 5-8 所示的可视化结果。

```
In[9]:# 设置节点
      G = nx.star_graph(6)                                   # 星形图
      pos = nx.spring_layout(G, seed=12)                     # 为节点生成位置坐标
      nodesize = [2000,1000,1000,1500,500,1500,1000]
      nodelists = [0, 1, 2, 3, 4, 5, 6]
      nodecolor = ["tomato","lightblue","bisque","linen","pink","cyan",
                   "lightgreen"]
      nodeshape = ["s","o","d","p","h","8","v"]
      gedgecolor = ["r","g","b","k","c","m"]
      plt.figure(figsize=(10, 6))
      for ii, nodelist in enumerate(nodelists):    # 通过 for 循环语句可视化每个节点
          nx.draw_networkx_nodes(G,pos=pos,
                                 nodelist=[nodelist],
                                 node_size = nodesize[ii],       # 节点的大小
                                 node_color=nodecolor[ii],alpha=1,  # 节点的颜色
                                 node_shape = nodeshape[ii],     # 节点的形状
                                 # 节点的边的粗细和颜色
                                 linewidths = 1,edgecolors ="k",
                                 label=" 节点 "+str(nodelist))
      # 设置节点的标签
      nx.draw_networkx_labels(G,pos=pos,font_size=20,               # 字体大小
                              font_family='sans-serif',             # 字体
                              font_color="k",alpha=1,               # 字体颜色
                              horizontalalignment="center",
                              verticalalignment="center")
      nx.draw_networkx_edges(G,pos=pos)                       # 可视化边
      lgnd = plt.legend(loc = (0.85,0.5))          # 设置图例和图例中节点的大小
      for handle in lgnd.legendHandles:
          handle.set_sizes([100])
      plt.title(" 设置节点的显示情况 ")
      plt.axis("off")
      plt.show()
```

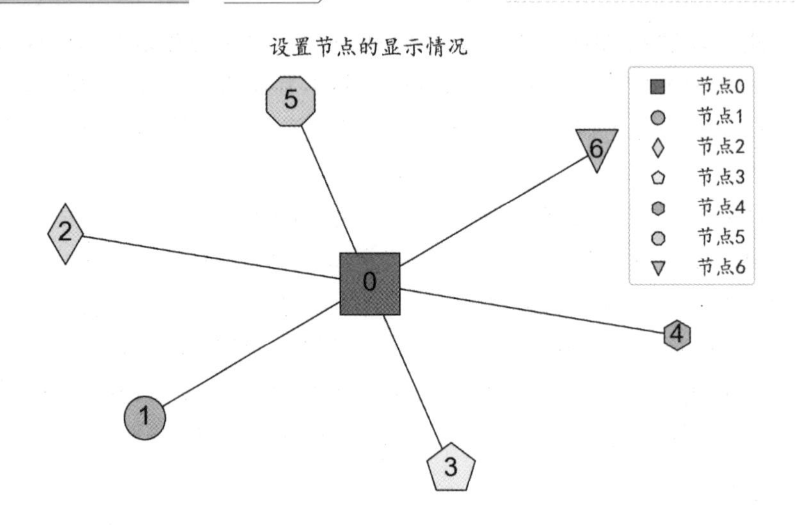

图 5-8　设置节点的显示情况

2. 可视化有向图的示例

下面的程序先使用 nx.cycle_graph 函数生成包含 6 个节点、6 条边的圆环有向图，之后使用 nx.circular_layout 函数利用圆环布局确定每个节点的位置，然后通过 for 循环语句调用 nx.draw_networkx_edges 函数可视化每条边，并且设置边的粗细、颜色、线的类型、箭头的样式、大小等内容，最终运行该程序后可获得如图 5-9 所示的可视化结果。

```
In[10]:# 生成一个有向图
       G = nx.cycle_graph(6,create_using = nx.DiGraph())
       pos = nx.circular_layout(G)                          # 为节点生成位置
       edgestyle = ["-", "-.", ":","-","-.", ":"]
       edgewith = [1,3,5,1,3,5]
       arrowstyle = ["->","-|>","-[","simple","->","-|>","-["]
       arrowsize = [10,30,20,40,80,50]
       plt.figure(figsize=(10, 6))
       for ii, edge in enumerate(G.edges()):                # 可视化边，并设置每条边
           nx.draw_networkx_edges(G,pos=pos,edgelist=[edge],
                                  width = edgewith[ii],         # 边的粗细
                                  edge_color = edgecolor[ii], # 边的颜色
                                  style = edgestyle[ii],       # 边的类型
                                  arrows = True,               # 显示箭头
                                  arrowstyle = arrowstyle[ii], # 箭头的样式
                                  arrowsize = arrowsize[ii],   # 箭头的大小
                                  min_source_margin=20,# 边与开始节点的空隙大小
                                  min_target_margin=20,# 边与目标节点的空隙大小
                                 )
       nx.draw_networkx_nodes(G,pos,node_size=1000,node_color="skyblue")
       nx.draw_networkx_labels(G,pos,font_size=20)
       plt.title(" 设置边的显示情况 ")
       plt.axis("off")
       plt.show()
```

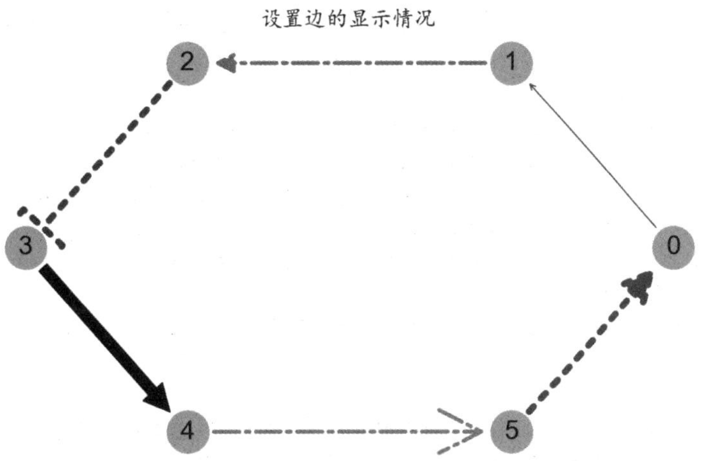

设置边的显示情况

图 5-9　设置边的显示情况

5.2.3 Networkx 设置布局方式

Networkx 在可视化图之前，会使用布局函数确定节点的位置，例如，使用 nx.spring_layout 函数进行布局，使用 nx.circular_layout 函数进行圆环布局等。Networkx 还提供了更多的布局算法函数。Networkx 常用的布局算法函数如表 5-3 所示。

表 5-3　Networkx 常用的布局算法函数

函数	布局方式
bipartite_layout	双直线布局（在两条直线上定位节点的布局）
circular_layout	圆环布局
kamada_kawai_layout	使用 Kamada-Kawai 路径长度为损失函数布局
planar_layout	没有交叉边的布局
random_layout	随机布局
shell_layout	同心圆布局
spring_layout	力导向布局
spectral_layout	基于拉普拉斯算子的布局
spiral_layout	螺旋布局
multipartite_layout	每层使用直线布局
graphviz_layout	使用 Graphviz 包中的算法为节点布局

利用不同的布局算法函数，可以生成不同的可视化结果。下面的程序针对“地点间的距离 .xlsx”数据所对应的图，使用不同的布局方式，对其进行可视化，然后输出相应的可视化结果，并分析可视化结果的差异。运行该程序后可获得如图 5-10 所示的可视化结果。

```
In[11]:# 准备数据
       gdf = pd.read_excel("data/chap6/ 地点间的距离 .xlsx")
       # 定义图为边增加权重变量
```

```
G = nx.from_pandas_edgelist(gdf,source="from",target = "to",
                              edge_attr=True)
# 双直线布局
pos1 = nx.bipartite_layout(G,nodes = ["A", "B", "C","D","E","M"])
pos2 = nx.circular_layout(G)             # 圆环布局
pos3 = nx.kamada_kawai_layout(G,weight = "weight") # Kamada-Kawai 布局
pos4 = nx.planar_layout(G)               # 没有交叉边的布局
pos5 = nx.random_layout(G,seed = 12)     # 随机布局
# 同心圆布局
pos6 = nx.shell_layout(G,nlist=[["D"],["A","B","C","E","F"],
                                 ["G","H","I","J","K","L","M","N","P"]])
# 力导向布局
pos7 = nx.spring_layout(G,weight = "weight",seed = 12)
pos8 = nx.spectral_layout(G,weight = "weight") # 基于拉普拉斯算子的布局
pos9 = nx.spiral_layout(G,equidistant = True)  # 螺旋布局
names = ["bipartite_layout","circular_layout","kamada_kawai_layout",
         "planar_layout","random_layout","shell_layout",
         "spring_layout","spectral_layout","spiral_layout"]
poss = [pos1,pos2,pos3,pos4,pos5,pos6,pos7,pos8,pos9]
# 根据不同布局方式可视化图
plt.figure(figsize=(14, 10))
for ii,(name,posi) in enumerate(zip(names,poss)):
    plt.subplot(3,3,ii+1)
    nx.draw(G,pos=posi,with_labels=True,node_color = "lightblue")
    plt.title(name)
plt.tight_layout()
plt.show()
```

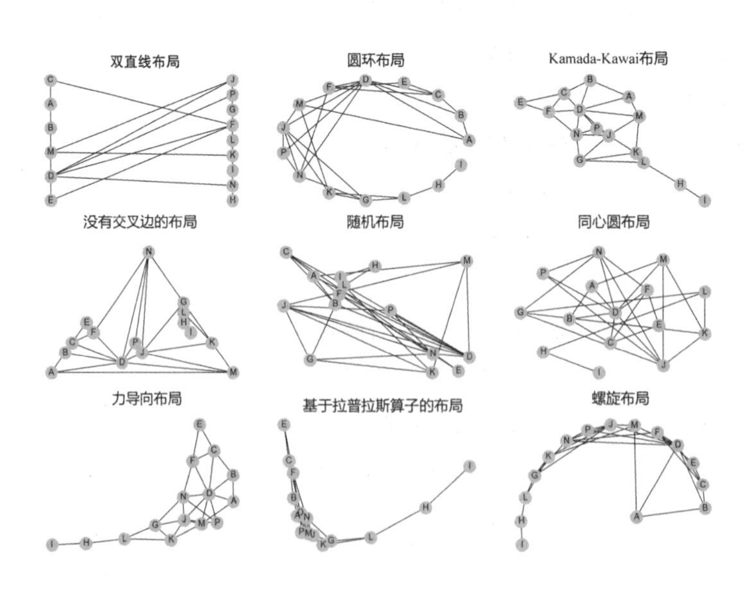

图 5-10　不同布局方式的可视化结果

在上面介绍的布局方式中，某些布局方式还支持更高的维度，例如，可以在三维空间中可视化图。下面的程序使用了 4 种三维布局算法，计算出图在不同算法下的坐标数据，接着在三维空间中将图可视化出来。运行该程序后可获得如图 5-11 所示的可视化结果。

```
In[12]:# 输出在三维空间中的点
       pos3_1 = nx.spring_layout(G,dim=3,weight = "weight",seed = 12)
       pos3_2 = nx.kamada_kawai_layout(G,weight = "weight",dim=3)
       pos3_3 = nx.random_layout(G,dim = 3)
       pos3_4 = nx.spectral_layout(G,dim = 3,weight = "weight")
       layout_names = ["spring_layout", "kamada_kawai_layout", "random_layout",
                       "spectral_layout"]
       pos3s = [pos3_1,pos3_2,pos3_3,pos3_4]
       # 在三维空间中可视化不同布局方式的图
       fig = plt.figure(figsize=(10,8))
       for kk,(name, pos3) in enumerate(zip(layout_names,pos3s)):
           # 取节点的坐标、边的坐标
           node_xyz = np.array([pos3[v] for v in sorted(G)])
           nodes = np.array([v for v in sorted(G)])
           edge_xyz = np.array([(pos3[u], pos3[v]) for u, v in G.edges()])
           ax = fig.add_subplot(2,2,kk+1,projection="3d")     # 可视化每个子图
           # 可视化节点
           for ii in range(len(nodes)):
               ax.text(node_xyz[ii,0],node_xyz[ii,1],node_xyz[ii,2],
                       nodes[ii],fontsize = 12,
                       bbox = dict(boxstyle = "circle",alpha = 0.9,
                                   facecolor = "lightblue"))
           for vizedge in edge_xyz:
               ax.plot(*vizedge.T, color="k")
           ax.set_title(name)
       plt.tight_layout()
       plt.show()
```

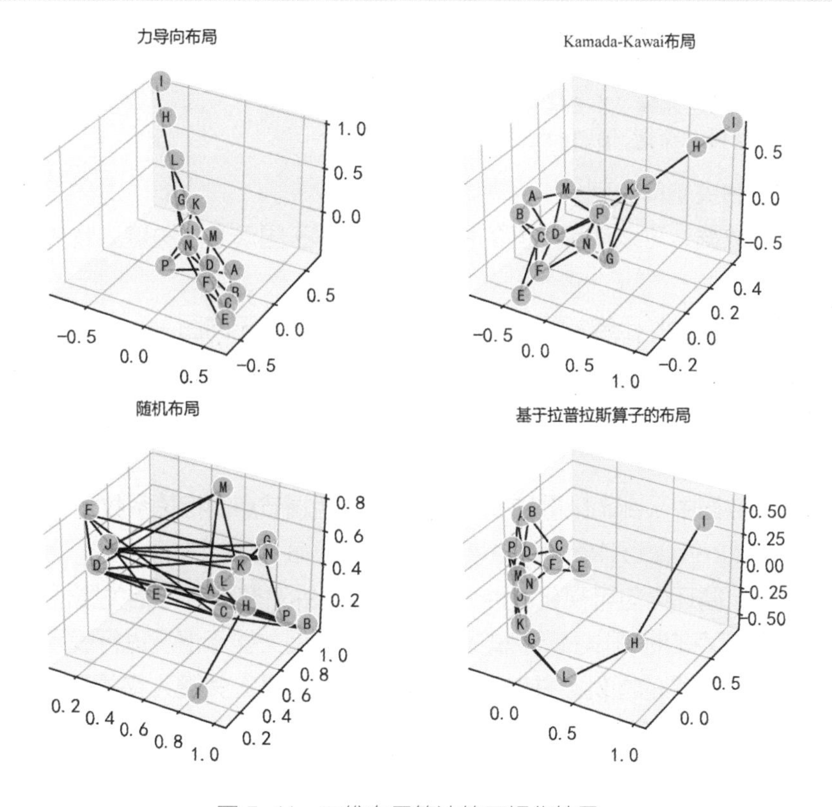

图 5-11 三维布局算法的可视化结果

5.2.4 Networkx 可视化复杂网络图

本节将以《三国演义》关键人物关系网络图为例，介绍如何可视化复杂网络图。首先是读取数据，从文件中读取节点数据和边数据。其中，节点数据包含每个节点的名称（name）、节点的分组（group）、节点出现的频次（freq）、节点的大小（size）；边数据包含边的起点（from）、边的终点（to）、两节点之间的相关性（cor），该相关性根据每个人在该书中每章出现的趋势计算得到。注意：该人物关系网络图是一个无向图。输出该数据的前几行程序如下。

```
In[13]:# 准备数据，读取节点数据和边数据
       nodedf = pd.read_csv("data/chap6/TK_nodedf.csv")
       edgedf = pd.read_csv("data/chap6/TK_edagedf.csv")
       print(nodedf.head())
       print(edgedf.head())
Out[13]:    name   group   freq   size
       0    曹操     曹魏     945    14
       1    曹洪     曹魏      93     9
       2    程普     孙吴      74     9
       3    程昱     曹魏      44     8
       4    典韦     曹魏      45     8
            from    to        cor
       0    曹操    荀彧   0.431089
       1    曹操    荀攸   0.488132
       2    荀彧    荀攸   0.366668
       3    曹操    张辽   0.442993
       4    曹操    徐晃   0.389152
```

1. 可视化人物关系网络图

针对前面的数据，可以使用下面的程序可视化《三国演义》关键人物关系网络图。该程序步骤如下。

（1）使用 nx.Graph 函数初始化一个空的图对象 G（无向图）。

（2）通过 for 循环语句利用 G.add_node 函数为 G 添加节点，并指定相应节点的属性。

（3）通过 for 循环语句利用 G.add_edge 函数为 G 添加边，并指定相应边的 weight 属性。

（4）根据边数据中 weight 属性的取值大小（边两端节点的相关系数大小）定义两种边。

（5）利用 nx.kamada_kawai_layout 函数计算 G 的节点布局方式。

（6）通过 for 循环语句可视化每种分组的节点，并对节点进行相关属性的设置。

（7）可视化节点的标签以及节点的两种边，并对相关显示情况进行设置。

（8）可视化网络图的图例，并输出最终的《三国演义》关键人物关系网络图。

运行下面的程序后可获得如图 5-12 所示的可视化结果。

```
In[14]:# 从数据中获得图对象 G
       G = nx.Graph()
       # 通过节点数据为 G 添加节点
       for ii in nodedf.index:
           G.add_node(nodedf.name[ii], group = nodedf["group"][ii],
                      size = 100* nodedf[ "size" ][ii])
       # 通过边数据为 G 添加边
       for ii in edgedf.index:
           G.add_edge(edgedf["from"][ii],edgedf["to"][ii],
                      weight = edgedf["cor"][ii])
       # 根据相关系数大小定义两种边
       elarge=[(u,v) for (u,v,d) in G.edges(data=True) if d['weight'] >= 0.5]
       esmall=[(u,v) for (u,v,d) in G.edges(data=True) if d['weight'] < 0.5]
       # 设置节点的布局方式
       pos = nx.kamada_kawai_layout(G,weight = "weight")
       # 定义一些属性
       nodecolor = ["tomato","lightblue","bisque","pink","cyan"]
       nodeshape = ["s","o","p","h","8"]
       edgecolor = ["r","g","b","k","c","m"]
       groups = [" 曹魏 "," 蜀汉 "," 孙吴 "," 群雄 "]# 节点的分组
       allnodes = sorted(G.nodes)
       # 可视化网络图
       plt.figure(figsize=(14, 10))
       for ii, group in enumerate(groups):      # 通过 for 循环语句设置每个点
           nodelist = [n for (n,nd) in G.nodes(data=True) if nd["group"] == group]
           nodesize=[nd["size"] for (n,nd) in G.nodes(data=True) if nd["group"] == group]
           nx.draw_networkx_nodes(G,pos=pos,nodelist = nodelist,
                                  node_size = nodesize,
                                  node_color = nodecolor[ii],
                                  alpha = 1,node_shape = nodeshape[ii],
                                  linewidths = 1,edgecolors ="k",label = group)
       # 设置节点的标签
       nx.draw_networkx_labels(G,pos=pos,font_size=10,font_family="Kaiti",
                               font_color="k",alpha=1,
                               horizontalalignment="center",
                               verticalalignment="center")
       nx.draw_networkx_edges(G,pos=pos,edgelist=elarge,width=1,alpha=1,
                              edge_color= "red",label = "cor>=0.5")
       nx.draw_networkx_edges(G,pos=pos,edgelist=esmall,width=2,alpha=1,
                              edge_color= "blue",style="dashed",
                              label = "cor<0.5")
       lgnd = plt.legend(loc = (0.78,0.7))      # 设置图例和图例中节点的大小
       for handle in lgnd.legendHandles[0:4]:
           handle.set_sizes([200])
       plt.title("《三国演义》关键人物关系 ")
       plt.axis("off")
       plt.show()
```

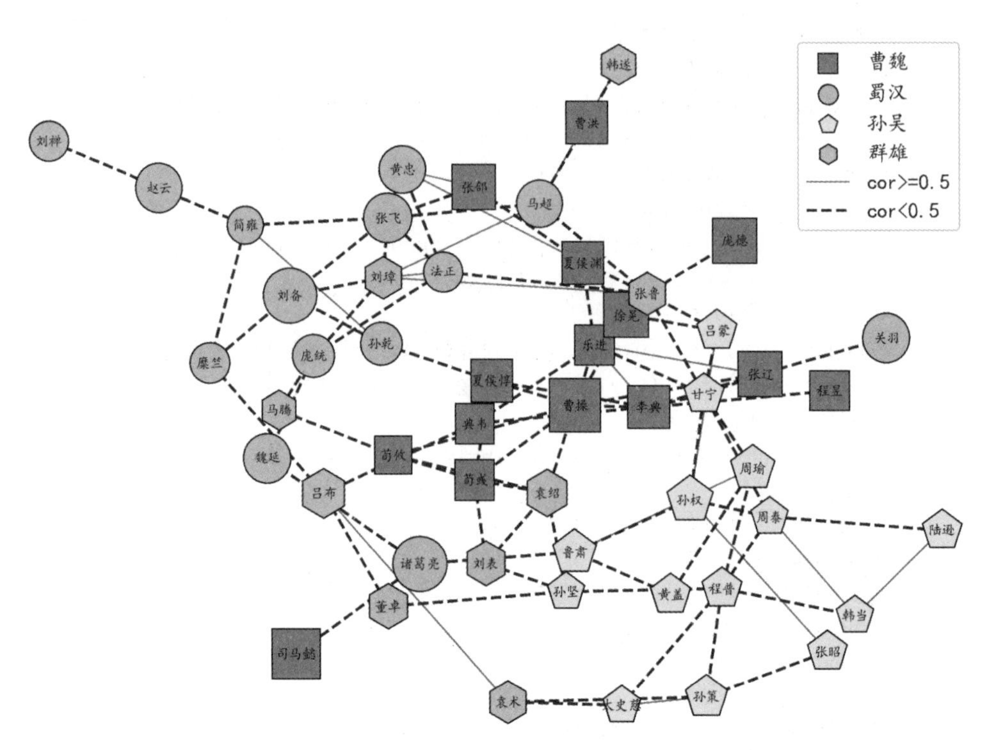

图 5-12 《三国演义》关键人物关系网络图

在图 5-12 中，不同阵营的人物使用不同颜色与形状的节点来表示，并且相关系数大小不同的边也使用了不同的线型与颜色。通过该图可以更方便地观察《三国演义》中关键人物关系。

2. 突出显示人物关系网络图中节点之间的最短路径

Networkx 的 nx.shortest_path 函数可以计算得到指定节点之间的最短路径，将感兴趣的最短路径突出显示在网络图中，并可以传达更多有用的信息。下面的程序先计算出了“曹操与刘备”“曹操与孙权”之间的最短路径，然后将这两条最短路径突出显示在关系网络图中。运行该程序后可获得如图 5-13 所示的可视化结果。

```
In[15]:# 突出显示一些节点之间的最短路径
       shortpath = nx.shortest_path(G,source=" 曹操 ",target=" 刘备 ",
                                    weight = "weight")
       short_egs1 = [(shortpath[n],shortpath[n+1]) for n in
                     range( len( shortpath)-1)]
       shortpath = nx.shortest_path(G,source=" 曹操 ",target=" 孙权 ",
                                    weight = "weight")
       short_egs2 = [(shortpath[n],shortpath[n+1]) for n in
                     range( len(shortpath)-1)]
       # 设置节点的布局方式
       pos = nx.spring_layout(G,weight = "weight",seed = 1234)
       # 可视化网络图
       plt.figure(figsize=(14, 10))
       for ii, group in enumerate(groups):      # 通过 for 循环语句设置每个点
           nodelist = [n for (n,nd) in G.nodes(data=True) if nd["group"] == group]
```

```
    nodesize = [nd["size"] for (n,nd) in G.nodes(data=True) if nd["group"] == group]
    nx.draw_networkx_nodes(G,pos=pos,nodelist = nodelist,
                           node_size = nodesize,
                           node_color = nodecolor[ii],
                           alpha = 1,node_shape = nodeshape[ii],
                           linewidths = 1,edgecolors ="k",label = group)
# 设置节点的标签
nx.draw_networkx_labels(G,pos=pos,font_size=10,font_family="Kaiti",
                        font_color="k",alpha=1,
                        horizontalalignment="center",
                        verticalalignment="center")
nx.draw_networkx_edges(G,pos=pos,width=1,alpha=1,edge_color= "k",
                       style="dashed")
nx.draw_networkx_edges(G,pos=pos,edgelist=short_egs1,width=3,alpha=1,
                       edge_color= "red",label=" 曹操—刘备 ")
nx.draw_networkx_edges(G,pos=pos,edgelist=short_egs2,width=3,alpha=1,
                       edge_color= "blue",label=" 曹操—孙权 ")
lgnd = plt.legend(loc = (0.1,0.7))          # 设置图例和图例中节点的大小
for handle in lgnd.legendHandles[0:4]:
    handle.set_sizes([200])
plt.title("《三国演义》关键人物关系 ")
plt.axis("off")
plt.show()
```

《三国演义》关键人物关系

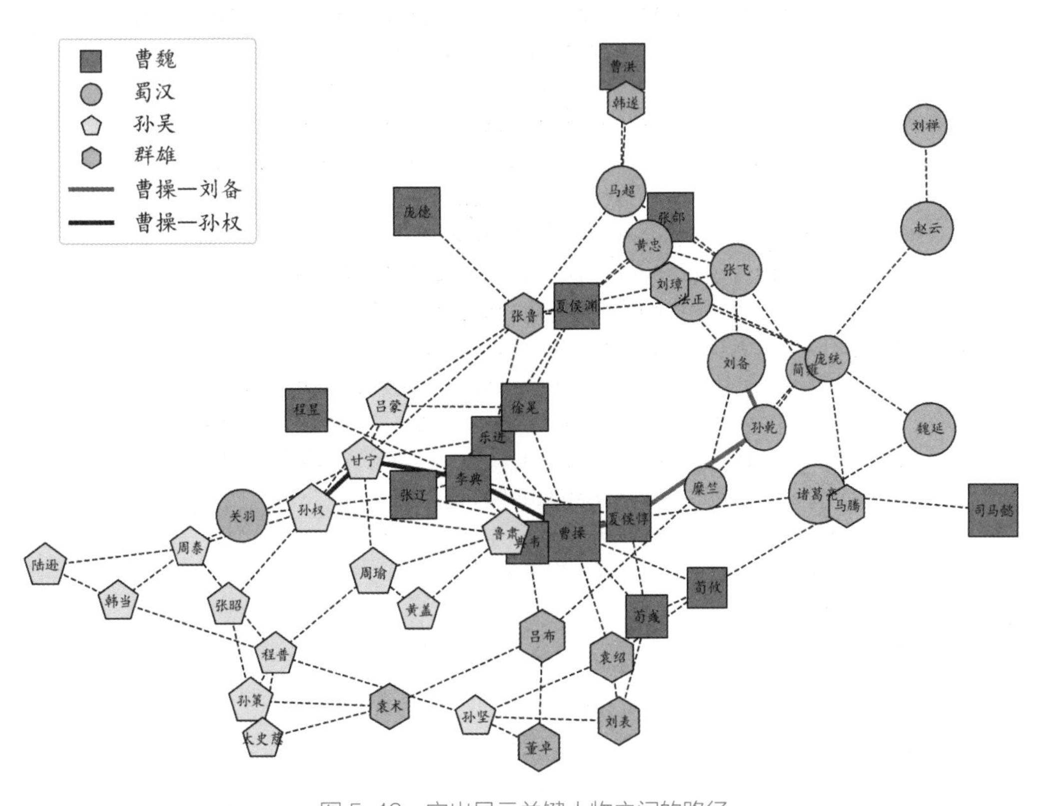

图 5-13　突出显示关键人物之间的路径

从图 5-13 中可以发现，曹操到刘备之间的最短路径为曹操—夏侯惇—孙乾—刘备；曹操到孙权之间的最短路径为曹操—李典—甘宁—孙权。

3. 突出显示人物关系网络图中节点之间的所有最短路径

在图 5-13 中，有些节点之间的最短路径可能并不只有一条。针对两个节点之间的所有最短路径，可以使用下面的程序进行可视化。运行该程序后可获得如图 5-14 所示的可视化结果。

```
In[16]:# 突出显示两个节点之间的所有最短路径
       shortpaths = list(nx.all_shortest_paths(G,source=" 关羽 ",target=" 刘备 "))
       edgecolor = ["r","g","b","c","m","k"]
       # 设置节点的布局方式
       pos = nx.nx_agraph.graphviz_layout(G,prog = "neato")
       # 可视化网络图
       plt.figure(figsize=(14, 10))
       for ii, group in enumerate(groups):  # 通过 for 循环语句设置每个点
           nodelist = [n for (n,nd) in G.nodes(data=True) if nd["group"] == group]
           nodesize = [ nd["size"] for (n,nd) in G.nodes(data=True) if nd["group"] == group]
           nx.draw_networkx_nodes(G,pos=pos,nodelist = nodelist,
                                  node_size = nodesize,
                                  node_color = nodecolor[ii],
                                  alpha = 1,node_shape = nodeshape[ii],
                                  linewidths = 1,edgecolors ="k",label = group)
       # 设置节点的标签
       nx.draw_networkx_labels(G,pos=pos,font_size=10,font_family="Kaiti",
                               font_color="k",alpha=1,
                               horizontalalignment="center",
                               verticalalignment="center")
       nx.draw_networkx_edges(G,pos=pos,width=1,alpha=1,edge_color= "k",
                              style="dashed")
       for ii,shortpath in enumerate(shortpaths):
           short_egs1 = [(shortpath[n],shortpath[n+1]) for n in
                         range(len(shortpath)-1)]
nx.draw_networkx_edges(G,pos=pos,edgelist=short_egs1,width=3,alpha=1,
                                  edge_color= edgecolor[ii],
                                  label = " 关羽—刘备 :"+str(ii+1))
       lgnd = plt.legend(loc = (0.05,0.6))     # 设置图例和图例中节点的大小
       for handle in lgnd.legendHandles[0:4]:
           handle.set_sizes([200])
       plt.title("《三国演义》关键人物关系 ")
       plt.axis("off")
       plt.show()
```

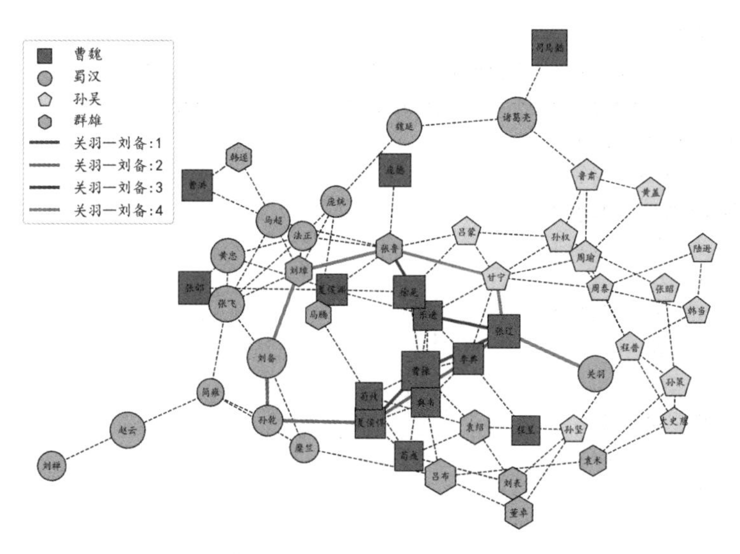

图 5-14　突出显示两个节点之间的所有最短路径

从图 5-14 中可知，关羽到刘备之间的最短路径有 4 条：关羽—张辽—曹操—夏侯惇—孙乾—刘备、关羽—张辽—李典—夏侯惇—孙乾—刘备、关羽—张辽—乐进—张鲁—刘璋—刘备、关羽—张辽—甘宁—张鲁—刘璋—刘备。

5.3 igraph 网络图可视化

igraph 是 Python 中一个用于网络图分析、可视化与挖掘的库。igraph 可以通过多种数据格式生成网络图，例如，利用邻接矩阵生成网络图，利用数据表生成图等。本节将详细介绍 igraph 网络图可视化功能。下面的程序导入了在进行 igraph 网络图可视化时会使用到的库和模块，其中 igraph 使用 ig 进行表示。

```
In[1]: %config InlineBackend.figure_format = 'retina'
       %matplotlib inline
       import seaborn as sns
       sns.set(font= "Kaiti",style="ticks",font_scale=1.4)
       import matplotlib
       matplotlib.rcParams['axes.unicode_minus']=False
       # 导入需要的库
       import numpy as np
       import pandas as pd
       import matplotlib.pyplot as plt
       import igraph as ig
```

5.3.1 igraph 生成并可视化网络图

继续使用“地点间的距离 .xlsx”数据，将该数据生成网络图，并对其可视化，其中导入的数据包括一个边数据集 gdf 与节点数据集 vdf。输出该数据的前几行程序如下。

```
In[2]:# 读取数据
      gdf = pd.read_excel("data/chap5/地点间的距离.xlsx")
      vdf = pd.read_excel("data/chap5/地点的名称.xlsx")
      print(gdf.head())
      print(vdf.head())
Out[2]:  from to  weight
      0    A  B    11.1
      1    B  C     8.2
      2    C  E    11.1
      3    B  D    12.8
      4    C  D     7.7
        name  group
      0    A      1
      1    B      1
      2    C      1
      3    D      1
      4    E      2
```

下面的程序使用 ig.Graph.DataFrame 函数，通过指定相应的参数生成无向图和有向图。其中，edges 参数指定数据表中的前两列分别作为网络图的起点和终点，其余的列作为边的属性；vertices 参数指定数据表的第 1 列作为节点的名称，其余的列作为节点的属性；参数 directed 指定生成的是否为有向图，若 directed=True，则表示生成的是有向图。

在生成网络图之后，可视化网络图之前，先使用布局算法函数指定节点的布局方式。下面的程序使用 layout_kamada_kawai 函数指定节点的布局方式，使用 ig.plot 函数可视化网络图。运行该程序后可获得如图 5-15 所示的可视化结果。

```
In[3]:# 通过数据表生成无向图 g1 和有向图 g2
      g1 = ig.Graph.DataFrame(edges=gdf,directed=False,vertices=vdf)
      g2 = ig.Graph.DataFrame(edges=gdf,directed=True,vertices=vdf)
      # 设置节点的布局方式
      layout1 = g1.layout_kamada_kawai()
      layout2 = g2.layout_kamada_kawai()
      # 可视化无向图 g1 和有向图 g2
      fig = plt.figure(figsize=(10,5))
      ax1 = plt.subplot(1,2,1)
      ig.plot(g1,target=ax1,layout = layout1,vertex_size=10)
      plt.title("无向图")
      ax2 = plt.subplot(1,2,2)
      ig.plot(g2,target=ax2,layout = layout2,vertex_size=10)
      plt.title("有向图")
      plt.tight_layout()
      plt.show()
```

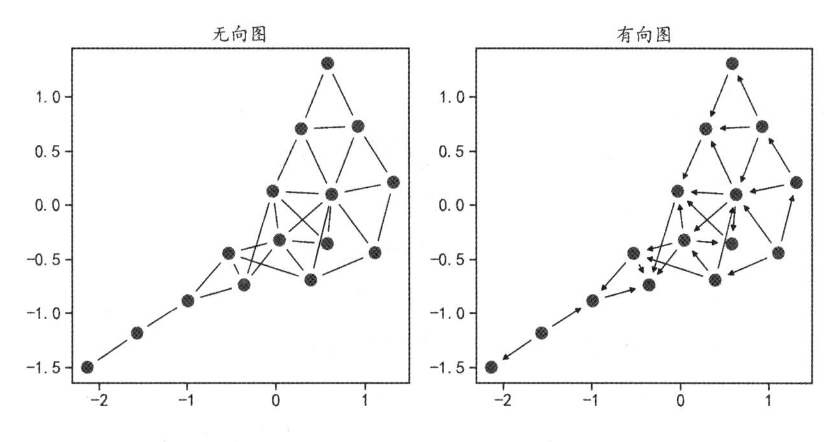

图 5-15　igraph 生成的无向图和有向图

对于 igraph 生成的网络图，可以通过 vs 属性获取所有节点，通过 es 属性获取所有边；可以使用 vcount 函数计算节点的数量，使用 ecount 函数计算边的数量，使用 density 函数计算图的密度。下面的程序会输出无向图 g1 的相关属性。

```
In[4]:# 分别获取无向图 g1 对应的属性
      print("节点的属性:",g1.vs.attribute_names())
      print("边的属性:",g1.es.attribute_names())
      print("节点的数量:", g1.vcount())
      print("边的数量:", g1.ecount())
      print("图的密度:", g1.density())
      print("图的密度:", 2*g1.ecount()/(g1.vcount()*(g1.vcount()-1)))
Out[4]:节点的属性: ['name', 'group']
      边的属性: ['weight']
      节点的数量: 15
      边的数量: 28
      图的密度: 0.26666666666666666
      图的密度: 0.26666666666666666
```

5.3.2 igraph 设置节点和边

igraph 提供了许多的可设置参数，用于使可视化结果更美观。下面将会介绍 igraph 如何对节点和边进行相关的设置，获得更美观的可视化结果。igraph 设置节点和边的相关参数如表 5-4 所示。

表 5-4　igraph 设置节点和边的相关参数

种　类	参　数	功能
节点	vertex_color	设置节点的颜色
	vertex_font	设置节点使用的字体
	vertex_label	设置节点标签
	vertex_label_angle	设置节点标签在节点周围圆圈上的位置
	vertex_label_color	设置节点标签的颜色
	vertex_label_dist	设置节点标签与节点本身的距离

续表

种　类	参　数	功能
	vertex_label_size	设置节点标签的大小
	vertex_order	设置节点的绘制顺序
	vertex_shape	设置节点的形状
	vertex_size	设置节点的大小
边	edge_color	设置边的形状
	edge_curved	设置边的曲率
	edge_font	设置边标签的字体
	edge_arrow_size	设置有向图中边箭头的大小
	edge_arrow_width	设置有向图中边箭头的宽度
	edge_width	设置边的粗细
其他	bbox	设置图的边界框的宽度和高度
	layout	设置节点的布局方式

在图 5-15 中，使用的是 Matplotlib 坐标系。igraph 还可以不基于 Matplotlib 坐标系进行网络图可视化。下面使用表 5-4 中的相关参数，对可视化的网络图进行设置，获得更美观的可视化结果。

可以直接使用 igraph 的函数 ig.plot(G,**visual_style) 进行可视化。其中，G 表示待可视化的网络图；visual_style 是设置可视化效果的字典，该字典中包含对应的参数与取值。下面的程序继续使用“地点间的距离 .xlsx”数据生成无向图 g1 并对其进行可视化。在 visual_style 字典中，可以通过 vertex_size 参数设置每个节点的大小，并且该参数的取值和每个节点的度有关；可以通过 g1.vs.degree 函数获得无向图 g1 中每个节点的度；可以通过 vertex_color 参数根据节点的分组设置每个节点的颜色；可以通过 vertex_shape 参数根据节点的分组设置每个节点的形状；可以通过 vertex_label 参数将每个节点的标签设置为节点的名称；可以通过 vertex_label_color 参数将节点的标签颜色统一设置为黑色；可以通过 vertex_label_size 参数将节点标签的大小统一设置为 12；可以分别通过 edge_width 和 edge_color 参数设置边的粗细、颜色；可以通过 layout 参数设置节点的布局方式；可以通过 bbox 参数设置网络图在可视化时的大小。通过函数 ig.plot(g1,**visual_style) 进行可视化后最终可获得如图 5-16 所示的可视化结果。

```
In[5]:# 设置相关参数控制可视化的情况
      visual_style = {}
      # 计算每个节点的度，用来设置可视化时节点的大小
      visual_style["vertex_size"] = [15+5*ii for ii in g1.vs.degree()]
      # 根据节点的 group 属性设置节点的颜色和形状
      colors = ["cyan","lightblue","orange","red"]
      visual_style["vertex_color"] = [colors[ii-1] for ii in g1.vs["group"]]
      shapes = ["rect", "circle", "diamond"]
      visual_style["vertex_shape"] = [shapes[ii-1] for ii in g1.vs["group"]]
      visual_style["vertex_label"] = g1.vs["name"]
```

```
visual_style["vertex_label_color"] = "black"
visual_style["vertex_label_size"]=12
# 根据边的大小设置线的粗细和颜色
visual_style["edge_width"] = list(np.where(np.array(g1.es['weight']) >= 10, 2, 4))
visual_style["edge_color"] = list(np.where(np.array(g1.es['weight']) >= 10, "black", "red"))
visual_style["layout"] = layout1            # 节点的布局方式
visual_style["bbox"] = (600, 400)           # 可视化窗口的大小
# 可视化调整后的无向图
ig.plot(g1,**visual_style)
```

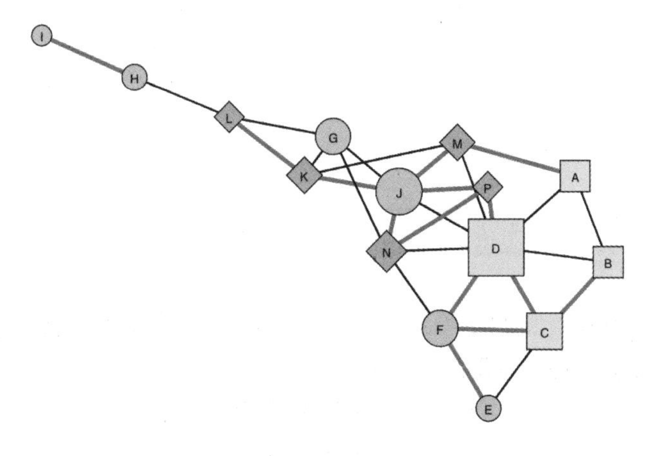

图 5-16　可视化调整后的无向图

除了可以使用 ig.plot(G,**visual_style) 可视化网络图外，还可以在可视化时分别指定 ig.plot 函数中每个参数的取值，对网络图进行可视化调整。下面的程序针对前面的有向图 g2，设置相关参数，对其进行可视化。由于 g1 和 g2 的节点相同，所以可视化时借用了 visual_style 字典中相关元素的取值，同时还使用 layout 参数设置节点的布局方式，edge_curved 等参数对边与箭头进行了相应的设置。运行该程序后可获得如图 5-17 所示的可视化结果。

```
In[6]:# 对有向图 g2 进行可视化调整
      ig.plot(g2,layout = layout2,          # 节点的布局方式
              vertex_color = visual_style["vertex_color"],     # 节点的颜色
              vertex_label = visual_style["vertex_label"],     # 节点的颜色
              vertex_shape = visual_style["vertex_shape"],     # 节点的形状
              vertex_size = visual_style["vertex_size"],       # 节点的大小
              vertex_label_color = "black",                    # 节点标签的颜色
              # 节点标签的大小
              vertex_label_size = visual_style["vertex_label_size"],
              edge_color = visual_style["edge_color"],         # 边的颜色
              edge_width = visual_style["edge_width"],         # 边的粗细
              edge_curved = 0.15,          # 将边设置为弧线，并控制弯曲程度
              edge_arrow_width = 1.5,      # 箭头的相对宽度
              bbox = (600,400),            # 可视化窗口的大小
             )
```

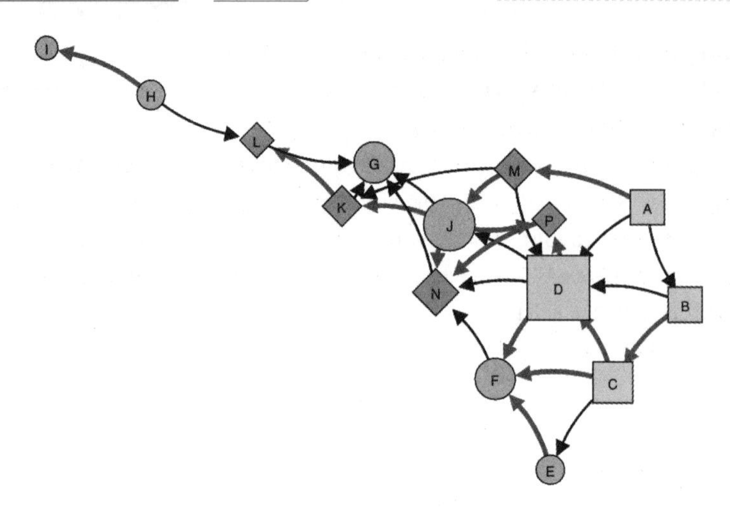

图 5-17 可视化调整后的有向图

5.3.3 igraph 设置节点的布局方式

igraph 提供了多种节点的布局方式，如前面已经使用过的 layout_kamada_kawai 函数。常用的节点的布局方式如表 5-5 所示。

表 5-5 常用的节点的布局方式

函数	功能
layout_circle	圆形布局算法
layout_drl	分布式递归布局算法
layout_fruchterman_reingold	Fruchterman-Reingold 力导向算法
layout_fruchterman_reingold_3d	三维 Fruchterman-Reingold 力导向算法
layout_kamada_kawai	Kamada-Kawai 力导向算法
layout_kamada_kawai_3d	三维 Kamada-Kawai 力导向算法
layout_lgl	大图布局算法
layout_random	随机布局算法
layout_random_3d	三维随机布局算法
layout_reingold_tilford	Reingold-Tilford 树布局算法
layout_reingold_tilford_circular	极坐标变换的 Reingold-Tilford 树布局算法
layout_sphere	球形布局算法

下面针对前面定义的网络图，展示一些在不同的节点的布局方式下的可视化结果。下面的程序将无向图 g1，使用分布式递归布局算法进行可视化。运行该程序后可获得如图 5-18 所示的可视化结果。

```
In[7]:# 针对大型网络的分布式递归布局
      visual_style["layout"] = g1.layout_drl()          # 节点的布局方式
      visual_style["bbox"] = (600, 400)                 # 可视化窗口的大小
      # 可视化调整后的网络图
      ig.plot(g1,**visual_style)
```

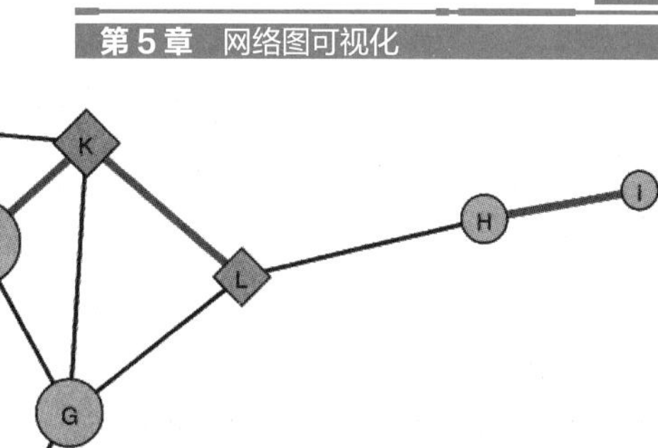
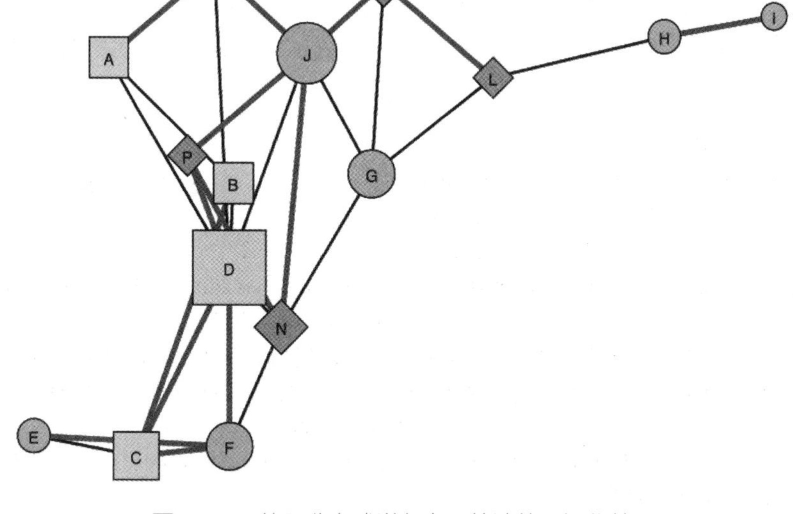

图 5-18　使用分布式递归布局算法的可视化结果

下面的程序将无向图 g1，使用 Reingold-Tilford 树布局算法进行可视化。运行该程序后可获得如图 5-19 所示的可视化结果。

```
In[8]:#  针对树状图的 Reingold-Tilford 树布局
      visual_style["layout"] = g1.layout_reingold_tilford()   # 节点的布局方式
      visual_style["bbox"] = (600, 400)                       # 可视化窗口的大小
      # 可视化调整后的网络图
      ig.plot(g1,**visual_style)
```

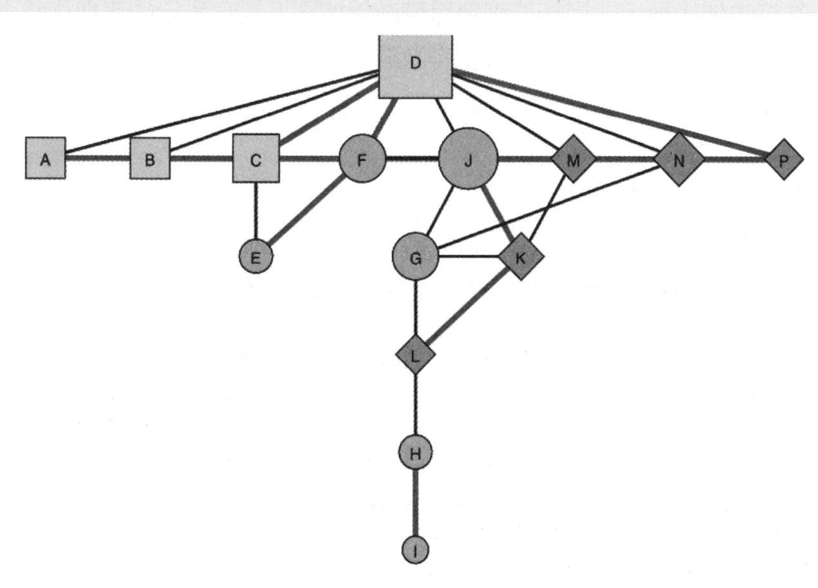

图 5-19　使用 Reingold-Tilford 树布局算法的可视化结果

5.3.4 igraph 可视化特定的路线

igraph 提供了计算节点之间最短路径长度的相关函数。下面的程序针对边有权重的无向图 g1，使用 g1.shortest_paths 函数计算出两个指定节点之间的距离，即 L 和 E 之

间的最短路径长度为 39.4；同样，g1.get_shortest_paths 函数可以获得两节点之间的最短路径，而且其输出结果支持节点模式和边模式。从该程序输出结果可以知道，节点 L 到 E 最短路径会经过的节点为 L, K, J, N, F, E，节点 L 到 E 最短路径会经过的边为 (K, L), (J, K), (J, N), (F, N), (E, F)。

```
In[9]:# 计算最短路径长度
      pathlen=g1.shortest_paths(source="L",target="E",weights=g1.es["weight"])
      print(" 最短路径长度为 :",pathlen)
      # 获得最短路径，输出的是节点的路径
      pathV = g1.get_shortest_paths("L", to="E", weights=g1.es["weight"],
                                    output = "vpath")
      print(" 最短路径的节点为 :",[g1.vs["name"][ii] for ii in pathV[0]])
      pathE = g1.get_shortest_paths("L", to="E", weights=g1.es["weight"],
                                    output="epath")
      pathElist = [g1.get_edgelist()[ii] for ii in pathE[0]]  # 获取对应的边
      # 获取边表示的路线
      pathEpath = [(g1.vs["name"][ii[0]], g1.vs["name"][ii[1]])for ii in
                   pathElist]
      print(" 最短路径的边为 :",pathEpath)
out[9]: 最短路径长度为 : [[39.4]]
        最短路径的节点为 : ['L', 'K', 'J', 'N', 'F', 'E']
        最短路径的边为 : [('K', 'L'), ('J', 'K'), ('J', 'N'), ('F', 'N'), ('E', 'F')]
```

将获得的最短路径在可视化时突出显示出来，会更容易分析可视化结果。因此，下面的程序将节点 L 到 E 最短路径突出显示，即在可视化时将最短路径的节点使用不同的形状和颜色，并将边加粗显示。运行该程序后可获得如图 5-20 所示的可视化结果。通过这个可视化结果更容易观察节点间最短路径的位置。

```
In[10]:# 设置相关参数控制可视化的情况
       visual_style = {}
       # 设置可视化时节点的大小
       visual_style["vertex_size"] = 30
       # 根据节点是否在指定的路线上设置节点的颜色和形状
       visual_style["vertex_color"] = np.array(["lightblue" for ii in
                                               g1.vs["group"]])
       visual_style["vertex_color"][pathV[0]] = "tomato"
       visual_style["vertex_shape"] = np.array(["circle" for ii in
                                               g1.vs["group"]])
       visual_style["vertex_shape"][pathV[0]] = "rect"
       visual_style["vertex_label"] = g1.vs["name"]
       visual_style["vertex_label_color"] = "black"
       visual_style["vertex_label_size"]=14
       # 根据边是否在指定的路线上设置线的粗细和颜色
       visual_style["edge_width"] = 1*np.ones(g1.ecount())
       visual_style["edge_width"][pathE[0]] = 4
       visual_style["edge_color"] = np.array(["black"]*g1.ecount())
       visual_style["edge_color"][pathE[0]] = "red"
       visual_style["layout"] = layout1              # 节点的布局方式
       visual_style["bbox"] = (600, 400)             # 可视化窗口的大小
       # 可视化调整后的无向图
```

```
        ig.plot(g1,**visual_style)
```

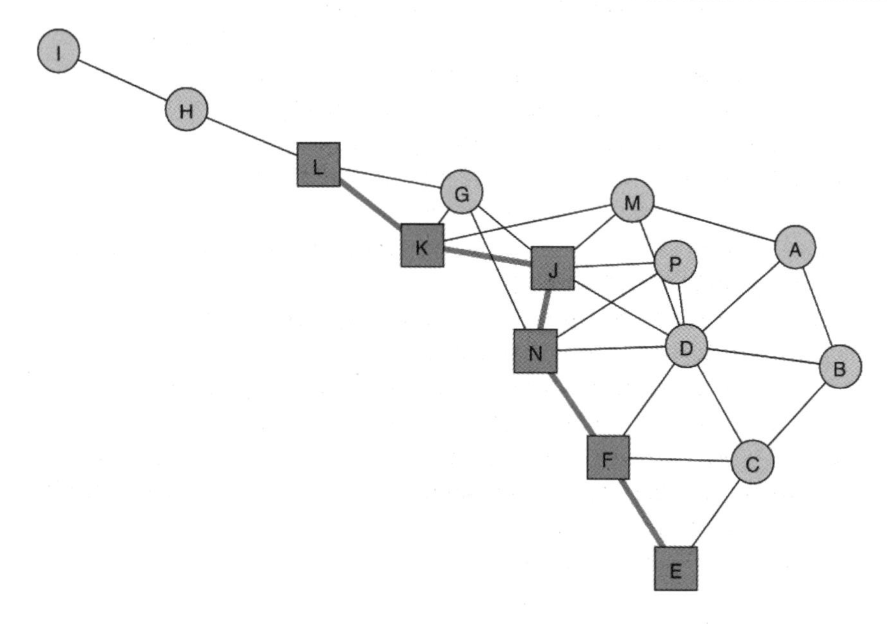

图 5-20 突出显示最短路径的可视化结果

下面的程序使用 g1.diameter 函数计算无向图 g1 的直径，也就是该图中的最长路径，同样可以使用 g1.get_diameter 函数获得该图的直径所经过的节点。从该程序输出结果可以知道，无向图 g1 的直径为 60.7。

```
In[11]:# 计算无向图 g1 的最长路径（直径）及其路线
       Dpathlen = g1.diameter(directed=False, weights=g1.es["weight"])
       print(" 图的直径为 :",Dpathlen)
       # 获得最短路径，输出的是节点的路径
       Dpath = g1.get_diameter(directed=False, weights=g1.es["weight"])
       print(" 图的直径所经过的节点为 :",[g1.vs["name"][ii] for ii in Dpath])
       # 获取边表示的路线
       DpathE = [(Dpath[ii],Dpath[ii+1]) for ii in range(len(Dpath)-1)]
       DpathEpath = [(g1.vs["name"][ii[0]],g1.vs["name"][ii[1]])for ii in DpathE]
       print(" 图的直径所经过的节点的边为 :",DpathEpath)
Out[11]: 图的直径为 : 60.7
        图的直径所经过的节点为 : ['E', 'F', 'N', 'J', 'K', 'L', 'H', 'I']
        图的最短路径的边为 : [('E', 'F'), ('F', 'N'), ('N', 'J'), ('J', 'K'), ('K',
'L'), ('L', 'H'), ('H', 'I')]
```

针对计算得到的无向图 g1 的直径，使用下面的程序进行可视化。运行该程序后可获得如图 5-21 所示的可视化结果。

```
In[12]:# 设置相关参数控制可视化的情况
       visual_style = {}
       # 设置可视化时节点的大小
       visual_style["vertex_size"] = 30
       # 根据节点是否在指定的路线上设置节点的颜色和形状
       visual_style["vertex_color"] = np.array(["lightblue" for ii in
                                               g1.vs["group"]])
```

```
visual_style["vertex_color"][Dpath] = "tomato"
visual_style["vertex_shape"] = np.array(["circle" for ii in
                                         g1.vs["group"]])
visual_style["vertex_shape"][Dpath] = "rect"
visual_style["vertex_label"] = g1.vs["name"]
visual_style["vertex_label_color"] = "black"
visual_style["vertex_label_size"]=14
# 根据边是否在指定的路线上设置线的粗细和颜色
DpathEindex=[ii for ii,e in enumerate(g1.get_edgelist()) if (e in DpathE)
|((e[1], e[0]) in DpathE)]
visual_style["edge_width"] = 1*np.ones(g1.ecount())
visual_style["edge_width"][DpathEindex] = 4
visual_style["edge_color"] = np.array(["black"]*g1.ecount())
visual_style["edge_color"][DpathEindex] = "red"
visual_style["layout"] = layout1                    # 节点的布局方式
visual_style["bbox"] = (600, 400)                   # 可视化窗口的大小
# 可视化调整后的无向图
ig.plot(g1,**visual_style)
```

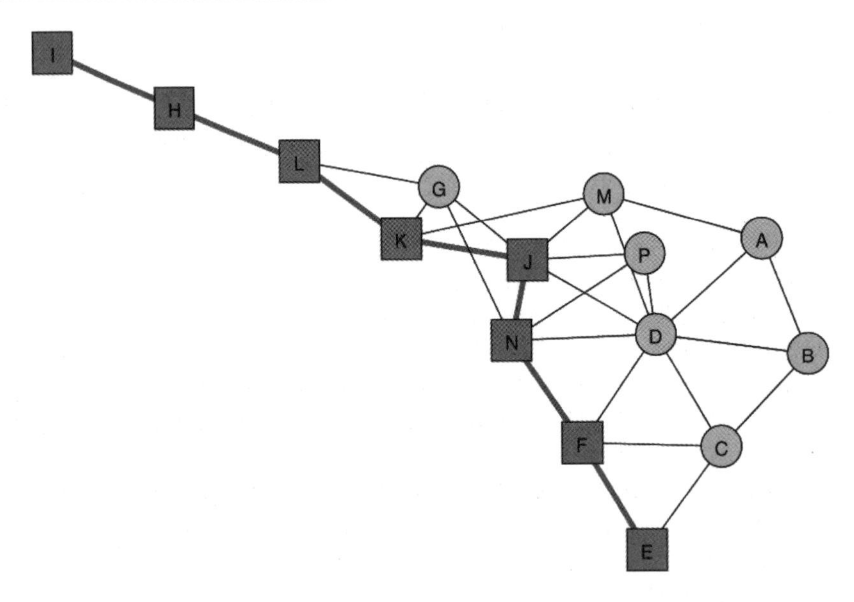

图 5-21　突出显示直径的无向图

igraph 还有关于图分析与可视化的更多内容，可以参看官方的帮助文档。

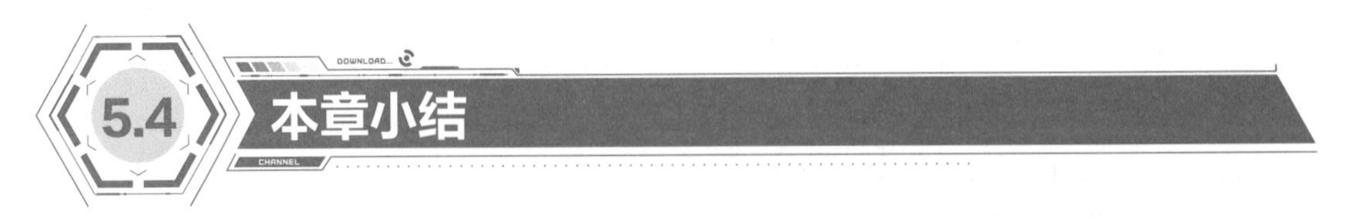

5.4 本章小结

本章介绍了关于网络图可视化的两个库——Networkx 与 igraph。这两个库都是具有网络图的生成、可视化、分析与挖掘的功能。针对网络图可视化，这两个库都有各自的特点。本章则是着重介绍了这两个库的网络图可视化功能，主要使用“《三国演义》人物关系”与“地点间的距离”两个网络图，介绍了这两个库对网络图的可视化。

第 6 章 plotly 交互式数据可视化

前面两章介绍了静态数据可视化，本章将会介绍 Python 中常用的动态数据可视化库——plotly。plotly 具有强大的交互式数据可视化功能，可以绘制二维和三维的可交互图像。可交互图像相对于静态的可视化图像具有更多的优势。例如，可以通过鼠标对可交互图像进行选择、缩放、平移等操作；可以自主地从可交互图像中获取自己感兴趣的信息，尤其是对可交互图像的缩放，可以更方便地分析可交互图像的局部信息，从而快速地对数据进行探索性分析，获得更高的工作效率。

plotly 相对于 Python 中其他数据可视化库而言，具有诸多优势。例如，plotly 包含的可视化功能更加丰富，包含基础图像绘制、统计图表绘制、科学计算图表绘制、地图绘制、三维数据可视化、子图可视化、动画以及交互控件的使用等功能；plotly 的可视化函数在对数据进行可视化时使用方式统一，应用时更加简单快捷；plotly 的可交互功能强大，而且基础的可交互功能不需要特别的设置。

由于 plotly 使用方便，功能强大，因此本章将根据不同类型的数据，详细地介绍 plotly 的可视化功能。

利用 plotly 进行可视化分析之前，应先导入需要的库和函数。其中，plotly 的可视化函数主要在 express、figure_factory 和 graph_objects 模块中。

```
In[1]:%config InlineBackend.figure_format = 'retina'
      %matplotlib inline
      # 导入需要的库
      import numpy as np
      import pandas as pd
      import matplotlib.pyplot as plt
      from scipy.stats import gaussian_kde
      from sklearn.preprocessing import scale
      import networkx as nx
      import plotly.express as px
      import plotly.figure_factory as ff
      import plotly.graph_objects as go
```

6.1 plotly 简介

plotly 包含很多可视化函数来获得可视化图像。plotly 的常用可视化函数及对应的可视化图像类型如表 6-1 所示。

表 6-1　plotly 的常用可视化函数及对应的可视化图像类型

可视化函数	可视化图像类型	可视化函数	可视化图像类型
express.scatter	散点图	express.pie	饼图
express.scatter_3d	三维散点图	express.treemap	矩形树图
express.scatter_ternary	三元散点图	express.sunburst	旭日图
express.line	折线图	express.icicle	冰柱图
express.area	面积图	express.scatter_matrix	矩阵散点图
express.bar	条形图	express.parallel_coordinates	平行坐标图
express.bar_polar	极坐标条形图	express.parallel_categories	分类平行坐标图
express.violin	小提琴图	express.density_contour	密度等高线图
express.box	箱线图	express.density_heatmap	密度热力图
express.histogram	直方图		

下面将使用具体的数据可视化案例，介绍 plotly 的可视化函数的使用。

6.2 plotly 数值型变量数据可视化

数值型变量数据可视化主要通过可视化图像，来分析单个或多个数值型变量数据分布情况。根据待分析变量数量的不同，所使用的可视化方法也会有些差异。例如，针对单个数值型变量，可以使用直方图、密度曲线等对数据进行可视化；针对两个数值型变量，通常会使用箱线图、散点图、二维密度曲线等进行数据可视化；针对 3 个或更多个数值型变量，可以使用三维散点图、山脊图（脊线图）、热力图、矩阵散点图、平行坐标图等进行数据可视化。下面使用具体的数据集，通过 plotly 的可视化函数，获得可交互图像。

6.2.1 单个数值型变量数据可视化

当对单个数值型变量进行可视化分析时，可以利用直方图查看数据的分布情况。下面的程序使用 px.histogram 函数获得可交互直方图。在该函数中，px 表示 plotly 的 express 模块；x 参数指定使用的数据；nbins 参数指定数据分箱的数量；marginal="box" 表示在直方图的边缘位置添加一个箱线图；title 参数指定可视化图像的名称；width 和

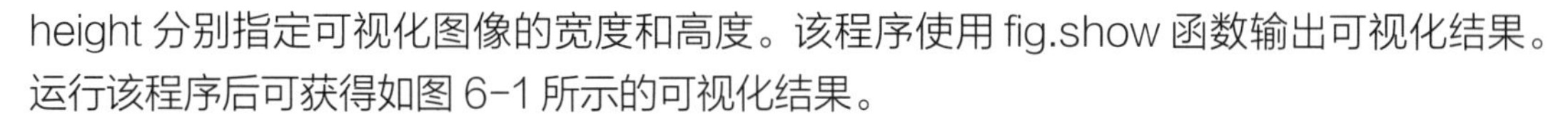

height 分别指定可视化图像的宽度和高度。该程序使用 fig.show 函数输出可视化结果。运行该程序后可获得如图 6-1 所示的可视化结果。

```
In[2]:# 用直方图可视化单个数值型变量数据的分布
      var1 = np.random.randn(1000)
      # 获得可交互直方图
      fig = px.histogram(x = var1,nbins=50,      # 指定使用的数据和分箱数量
                         marginal="box",         # 边缘位置添加一个箱线图
                         title=" 可视化数据分布的直方图 ",
                         width=800,height=500) # 设置可视化图像的大小
      fig.show()
```

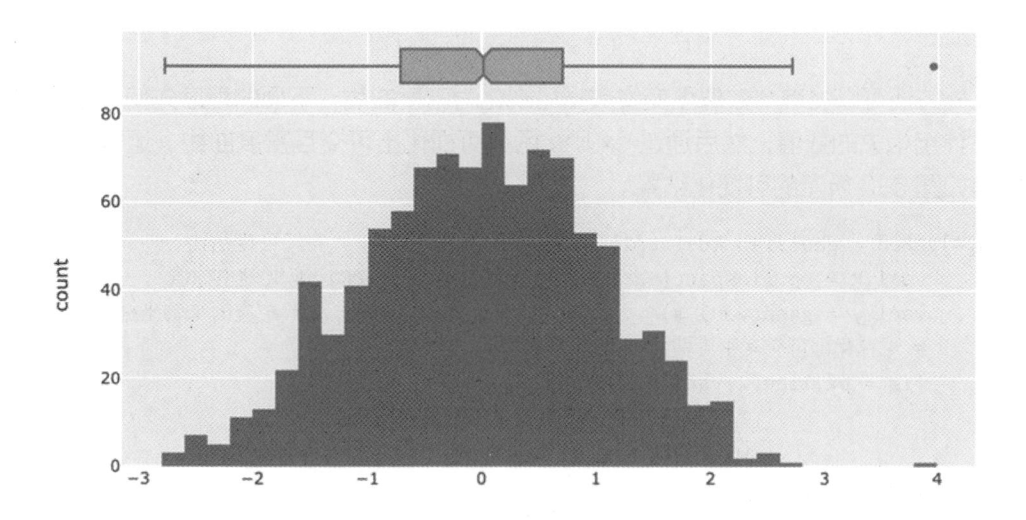

图 6-1　单个数值型变量的直方图

在图 6-1 中，纵坐标展示的是不同分箱中样本量。如果在可视化时指定参数 histnorm = "probability density"，则可以获得密度直方图，即纵坐标使用数据分布密度来展示。运行下面的程序可获得如图 6-2 所示的可视化结果。因为 plotly 得到的可视化图像是交互的，所以在该图像上通过鼠标单击不同的位置，会显示该图像中的相关信息。例如，在图 6-2 中，将光标放置在箱线图上，会显示出箱线图上各个位置的取值大小。

```
In[3]:# 用密度直方图可视化单个数值型变量数据的分布
      fig = px.histogram(x = var1,nbins=50,                 # 指定使用的数据和分箱数量
                         histnorm = "probability density",# 获得可交互密度直方图
                         marginal="box",                    # 边缘位置添加一个箱线图
                         title=" 可视化数据分布的直方图 ",
                         width=800,height=500)              # 设置可视化图像的大小
      fig.show()
```

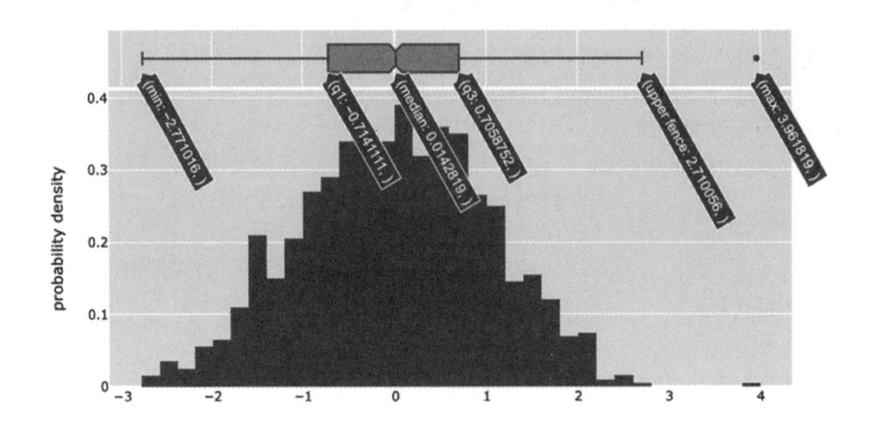

图 6-2　单个数值型变量的密度直方图

此外，还可以将单个数值型变量数据可视化为密度曲线。下面的程序先使用密度估计函数估计出相关的数值，然后通过 px.line 函数可视化出可交互密度曲线。运行该程序后可获得如图 6-3 所示的可视化结果。

```
In[4]:gked = gaussian_kde(var1)                              # 密度估计
      var1_x = np.linspace(var1.min(),var1.max(),100)  # X 轴坐标值
      var1_y = gked(var1_x)                                  # 对应的 Y 轴坐标值
      # 可视化出可交互密度曲线
      fig = px.line(x=var1_x, y=var1_y,
                    title=" 单个数值型变量的密度曲线 ",
                    width=800,height=500)
      fig.show()
```

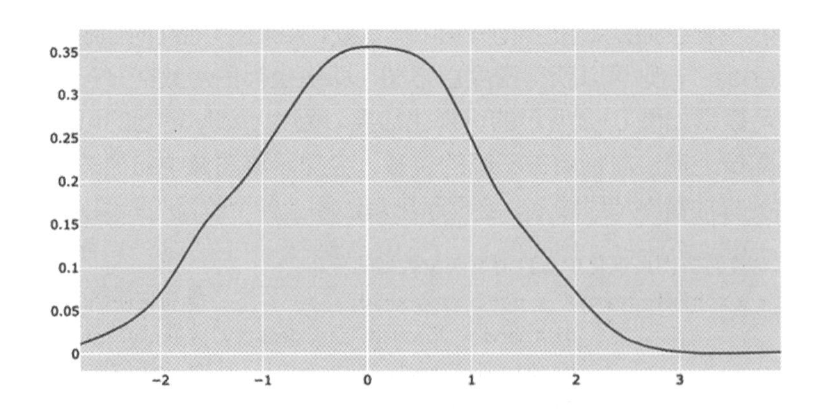

图 6-3　单个数据值型变量的密度曲线

6.2.2 两个数值型变量数据可视化

可以通过散点图直观地分析两个数值型变量之间的关系，也可以通过密度图分析这两

个变量的取值在二维空间的分布情况。下面介绍如何通过 plotly 的可视化函数分析两个数值型变量之间的关系。

想要通过散点图分析变量 var1 和 var2 之间的关系，先从文件夹中导入数据。导入数据的前几行如下所示。

```
In[5]:# 读取数据
      scatdf = pd.read_csv("data/chap6/ 散点图数据 .csv")
      print(scatdf.head())
Out[5]:        var1      var2      var3  group
      0   0.317047 -0.783669 -0.631010      1
      1  -0.003386 -1.913214 -0.669754      1
      2  -0.459443 -1.907225  0.932489      1
      3  -0.591936 -1.931069  0.499311      1
      4   1.102910 -2.068090  0.056705      1
```

针对导入的 scatdf 数据表，可以通过 px.scatter 函数可视化出散点图。在下面的程序中，由于参数 data_frame = scatdf 指定了可视化时使用的数据，因此可以直接使用该数据表的变量名指定其他参数，如 X 轴和 Y 轴分别表示变量 var1 和 var2；当可视化出散点图后，使用 fig.update_layout 函数调整散点图的布局，其中使用一个字典将散点图的标题设置在散点图居中的位置；通过 fig.update_traces 函数的相应参数设置散点图点的形状、颜色与大小。运行该程序后可获得如图 6-4 所示的可视化结果。

```
In[6]:# 使用散点图可视化 var1 和 var2 之间的关系
      fig = px.scatter(data_frame=scatdf,x = "var1",y = "var2",
                       width=800,height=500,
                       title = " 两个数值型变量的散点图 ")
      fig.update_layout(title={"x":0.5,"y":0.9},) # 将图像名称水平居中
      # 设置点的形状、颜色和大小
      fig.update_traces(marker=dict(symbol = "square",color="crimson",
                         size=10))
      fig.show()
```

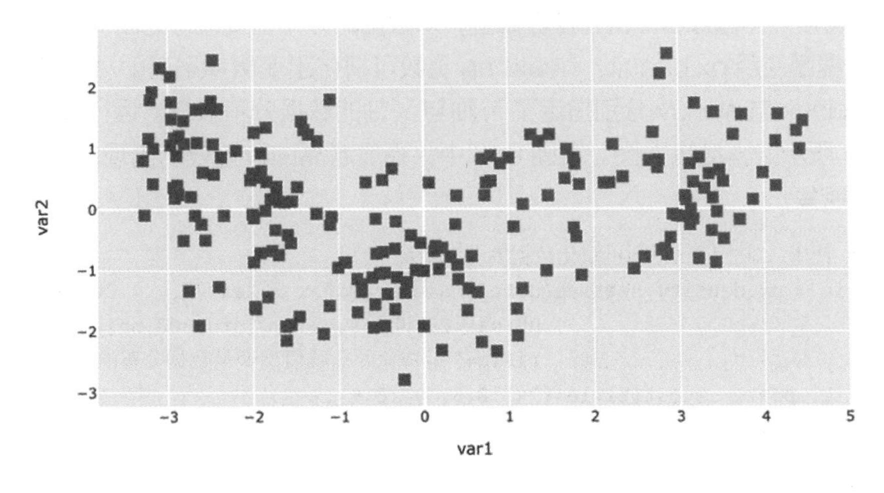

图 6-4　两个数值型变量的散点图

px.scatter 函数还有其他的参数可供使用，以便控制散点图的可视化效果。例如，下面的程序在图 6-4 的基础上，使用参数 marginal_x="histogram" 与 marginal_y="histogram"，分别可视化出 X 轴数据与 Y 轴数据的直方图。运行该程序后可获得如图 6-5 所示的可视化结果。该结果可以传达出更多有用的信息。

```
In[7]:# 使用散点图可视化 var1 和 var2 之间的关系
      fig = px.scatter(data_frame=scatdf,x = "var2",y = "var3",
                       marginal_x="histogram", marginal_y="histogram",
                       width=800,height=500,
                       title = " 两个数值型变量的散点图 ")
      fig.update_layout(title={"x":0.5,"y":0.9},)      # 将散点图的标题水平居中
      # 设置点的形状、颜色和大小
      fig.update_traces(marker=dict(color="crimson"))
      fig.show()
```

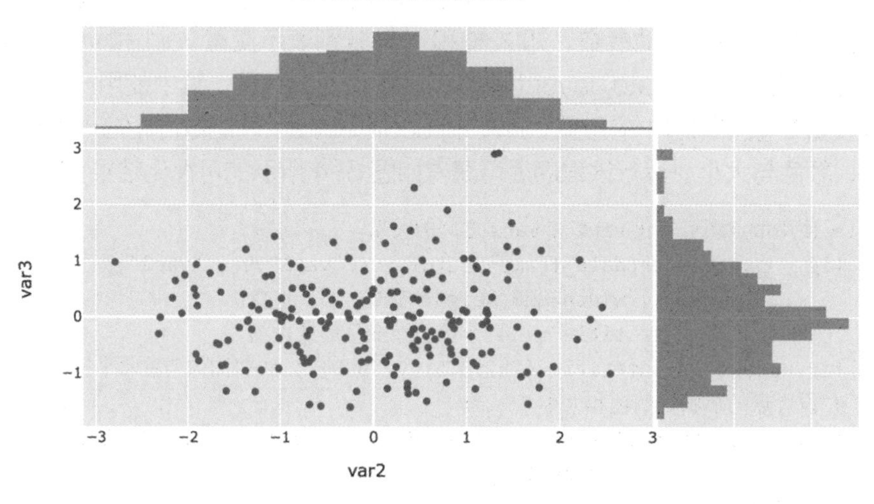

图 6-5　添加了边缘直方图的散点图

如果不关心两个数值型变量的位置关系，而关注于点在二维空间中的分布密度，则可以使用二维密度热力图或者二维密度曲线图，对数据的分布密度进行刻画。

下面的程序使用 px.density_heatmap 函数可视化出变量 var2 和 var3 的密度热力图，参数 nbinsx 与 nbinsy 分别指定了 X 轴与 Y 轴的数据分箱数量。运行该程序后可获得如图 6-6 所示的密度热力图。在图 6-6 中，亮度越高的位置表示出现的样本量越多，数据分布越密集。

```
In[8]:# 使用二维密度热力图可视化数据的分布情况
      fig = px.density_heatmap(data_frame=scatdf,x = "var2",y = "var3",
                               nbinsx=25,nbinsy=25, width=800,height=500,
                               title=" 可视化两个数值型变量数据分布的密度热力图 ")
      fig.update_layout(title={"x":0.5,"y":0.9},)
      fig.show()
```

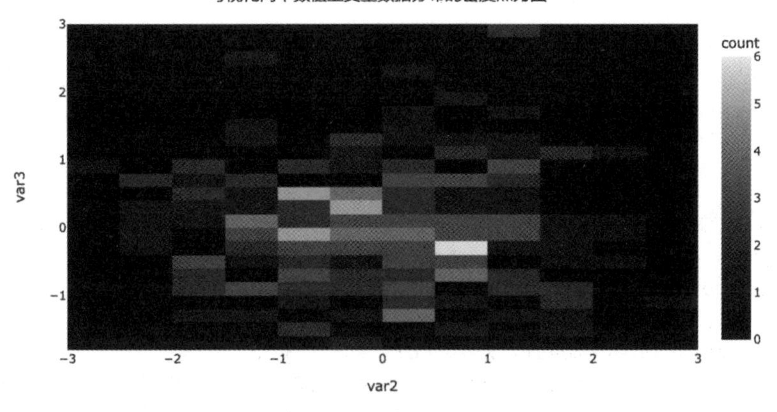

图 6-6　密度热力图

下面的程序使用 px.density_contour 函数可视化出变量 var2 和 var3 的二维密度曲线图。为了美观，还对该二维密度曲线图进行了颜色填充等设置。运行该程序后可获得如图 6-7 所示的二维密度曲线图。在图 6-7 中，颜色越深的位置表示出现的样本量越多，数据分布越密集。

```
In[9]:# 使用二维密度曲线图可视化数据的分布情况
      fig = px.density_contour(scatdf,x = "var2",y = "var3",
                               width=800,height=500,title = " 二维密度曲线图 ")
      # 颜色填充和显示标签
      fig.update_traces(contours_coloring="fill",contours_showlabels = True,
                        line_width = 2,line_color = "black",colorscale = "Reds")
      fig.update_layout(title={"x":0.5,"y":0.9},)
      fig.show()
```

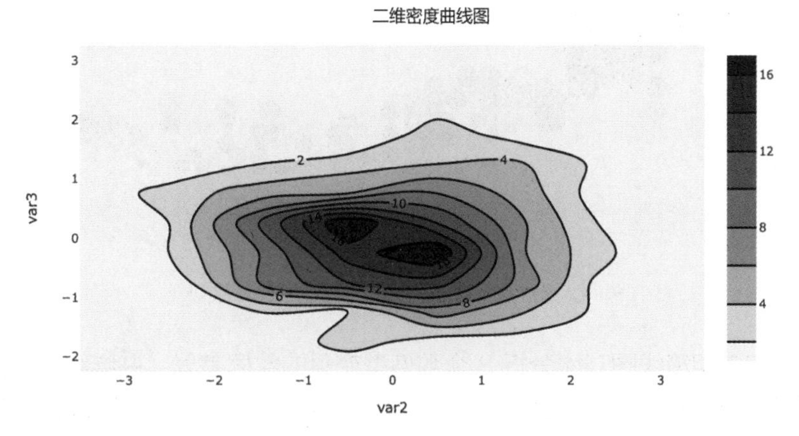

图 6-7　二维密度曲线图

6.2.3 三个数值型变量数据可视化

前面分析了单个和两个数值型变量数据的分布情况。针对 3 个数值型变量数据，也有很多种可以使用的可视化方式来分析它们的分布情况，如设置点大小的气泡图、比较每个变量数据分布差异的箱线图、分析在三维空间中数据分布的三维散点图等。下面将一一介绍如何使用 plotly 获得这些变量数据可交互的可视化图像。

下面的程序首先从文件中读取数据，并输出数据的前几行，然后使用 px.scatter 函数可视化出气泡散点图，其中参数 size="hwy" 表示使用 hwy 变量的取值设置每个点的大小。运行该程序后最终可获得如图 6-8 所示的气泡图。该气泡图可以同时分析 3 个数值型变量之间的关系。

```
In[10]:# 读取数据
       mpgdf = pd.read_csv("data/chap6/mpgdata.csv")
       print(mpgdf.head())
       # 可视化 disp、cty 及 hwy3 个数值型变量之间的关系
       fig = px.scatter(mpgdf, x="displ", y="cty",
                        size="hwy", size_max=20,        # 指定设置点大小的变量
                        width=800,height=500,title = "气泡图")
       fig.update_traces(marker=dict(symbol = "circle",color="blue"))
       fig.update_layout(title={"x":0.5,"y":0.9})
       fig.show()
Out[10]:  manufacturer model  displ  year  cyl   trans  drv  cty  hwy fl  class
       0     audi      a4    1.8  1999    4    auto(l5)  f   18   29  p  compact
       1     audi      a4    1.8  1999    4  manual(m5)  f   21   29  p  compact
       2     audi      a4    2.0  2008    4  manual(m6)  f   20   31  p  compact
       3     audi      a4    2.0  2008    4    auto(av)  f   21   30  p  compact
       4     audi      a4    2.8  1999    6    auto(l5)  f   16   26  p  compact
```

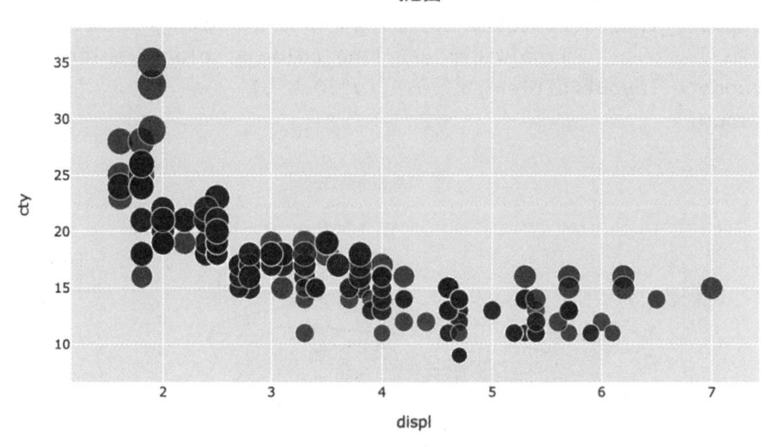

图 6-8　气泡图

下面的程序使用箱线图对比分析 3 个数值型变量的数据差异，并继续使用前面出现过的“散点图数据 .csv”数据，可视化变量 var1、var2 及 var3 的数据差异。其中，第一种方法是通过 go.Figure 函数创建一个图像 fig，然后依次使用 fig.add_box 函数利用数据表中每个变量的取值添加一个箱线图，最后输出如图 6-9 上图所示的可视化结果；第二种方法是将包含 3 个数值型变量的宽型数据转换为长型数据，然后使用 px.box 函数可视化出分组箱线图，最后输出如图 6-9 下图所示的可视化结果。这两种可视化方法获得的分组箱线图在信息传达上并没有差异。

```
In[11]:# 读取数据
       scatdf = pd.read_csv("data/chap6/散点图数据 .csv")
       # 第一种方法，逐次添加箱线图
```

```
fig = go.Figure()
# 箱线图
fig.add_box(y = scatdf.var1.values,width =0.3,name=" 变量 var1",
            # 旁边添加抖动散点图
            boxpoints='all',jitter=0.3,marker_size=3)
fig.add_box(y = scatdf.var2.values,width =0.3,name=" 变量 var2",
            boxpoints='all',jitter=0.3,marker_size=3)
fig.add_box(y = scatdf.var3.values,width =0.3,name=" 变量 var3",
            boxpoints='all',jitter=0.3,marker_size=3)
fig.update_layout(showlegend=False,width=800,height=500,
                  title = " 可视化数据差异的分组箱线图 ")
fig.show()
# 第二种方法，一次绘制分组箱线图；先将宽型数据转换为长型数据
scatdflong = scatdf.melt(value_vars = ["var1","var2","var3"],
                         var_name="groupvar",value_name='value')
fig = px.box(scatdflong, x="groupvar", y="value", points="all",
             notched = True,color = "groupvar",width=800,
             height=500,title = " 可视化数据差异的分组箱线图 ")
fig.update_layout(showlegend=False)
fig.show()
```

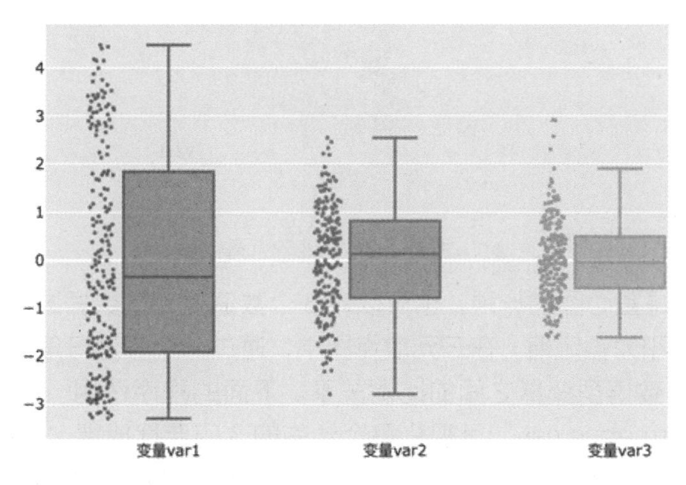

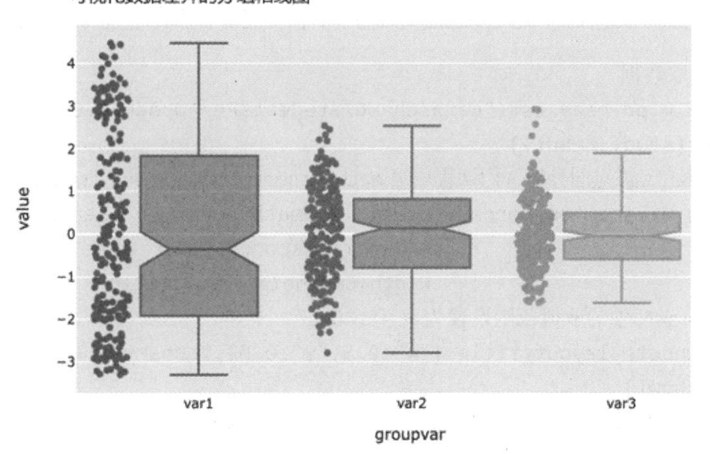

图 6-9 分组箱线图

三维散点图可以在三维空间中分析 3 个数值型变量的关系。下面的程序通过 px.scatter_3d 函数可视化出三维散点图，以分析变量 var1、var2 及 var3 之间的关系。运行该程序可获得如图 6-10 所示的三维散点图。可以对该图进行放大、缩小、旋转等操作以获取更多的信息。

```
In[12]:# 三维散点图
       fig = px.scatter_3d(scatdf,x = "var1",y = "var2",z = "var3",
                           width=800,height=500,title = " 三维散点图 ")
       fig.update_traces(marker=dict(color="tomato",size = 2))
       fig.update_layout(title={"x":0.5,"y":0.9})
       fig.show()
```

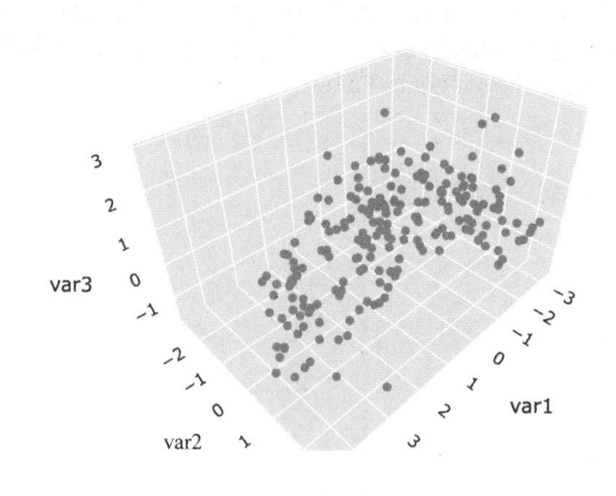

图 6-10　三维散点图

三元散点图是重心图的一种，也可以对 3 个数值型变量数据进行可视化分析，但通常需要三者总和为恒定值。在三元散点图中，通过一个等边三角形坐标系中某一点的位置代表 3 个数值型变量之间的比例关系。下面的程序使用一个学生成绩数据集“StudentsPerformance.csv”可视化每个学生的 3 门课程成绩，并使用 px.scatter_ternary 函数的参数 a、b、c 指定 3 个坐标轴所表示的数据。运行该程序后可获得如图 6-11 所示的三元散点图。该图在一定程度上反映了每个学生的成绩与整个班级的成绩分布。

```
In[13]: # 读取数据
       studf = pd.read_csv("data/chap6/StudentsPerformance.csv")
       print(studf.head())
       # 使用三元散点图分析 3 门课程成绩 mathscore、readingscore、writingscore 之间的关系
       fig = px.scatter_ternary(studf, a="mathscore", b="readingscore",
                                c="writingscore",hover_name = "ID",
                                width=600,height=600,title = "学生成绩三元散点图 ")
       # 每个坐标轴的取值范围设置为 0 ~ 100
       fig.update_layout(title={"x":0.5,"y":0.9},ternary = {"sum":100})
       fig.show()
Out[13]      ID  gender    group  mathscore  readingscore  writingscore
       0  Name1  female  group B         72            72            74
```

```
1  Name2  female  group C        69        90        88
2  Name3  female  group B        90        95        93
3  Name4    male  group A        47        57        44
4  Name5    male  group C        76        78        75
```

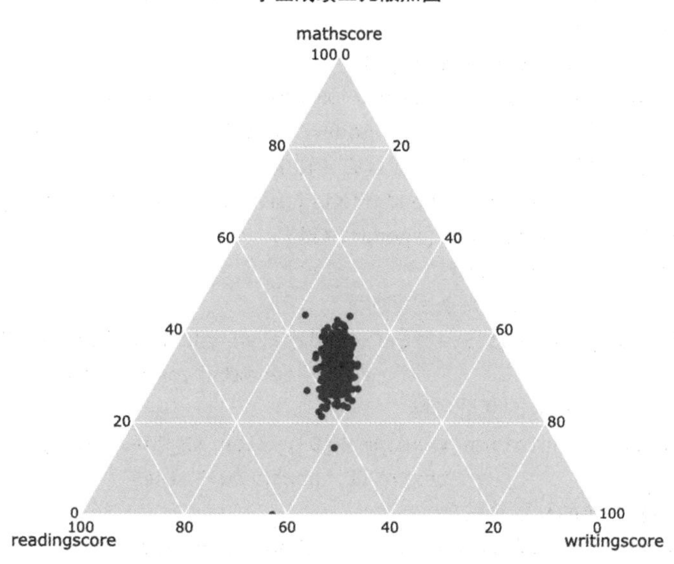

图 6-11　三元散点图

6.2.4　多个连续数值型变量数据可视化

如果待分析的数值型变量超过 3 个，通常会使用针对多个数值型变量的可视化方法。例如，使用脊线图可视化每个数值型变量的数据分布情况；使用相关系数热力图分析多个数值型变量之间的关系；使用矩阵散点图、平行坐标图等可视化方法对多个数值型变量数据进行分析。下面使用相关数据集，介绍如何利用 plotly 可视化出上述可交互图像。

下面的程序先导入待使用的 seeddf 数据集，然后使用脊线图（山脊图）可视化该数据的分布情况。在该数据中，一共有 7 个连续数值型变量 X1 ~ X7 和 1 个类别标签变量 label。In[15] 程序片段使用脊线图可视化除 X3 之外的其他 6 个连续数值型变量数据的分布。plotly 并没有提供可以直接可视化出脊线图的函数，因此通过计算每个特征的核密度估计值，然后通过 for 循环语句进行可视化。运行该程序后可获得如图 6-12 所示的脊线图。该图在对比每个变量数据的差异时很有效。

```
In[14]:# 数据准备
       seeddf = pd.read_excel("data/chap6/ 种子数据 .xlsx")
       print(seeddf.head())
Out[14]:      X1     X2      X3     X4     X5     X6     X7  label
       0   15.26  14.84  0.8710  5.763  3.312  2.221  5.220      1
       1   14.88  14.57  0.8811  5.554  3.333  1.018  4.956      1
       2   14.29  14.09  0.9050  5.291  3.337  2.699  4.825      1
       3   13.84  13.94  0.8955  5.324  3.379  2.259  4.805      1
       4   16.14  14.99  0.9034  5.658  3.562  1.355  5.175      1
```

```
In[15]:# 可视化 X1 ~ X7 数据的分布情况
       x = np.linspace(seeddf.min().min(),seeddf.max().max(),100) # 定义 X 轴坐标
       X1_7 = list(seeddf.columns.values[0:7])
       del X1_7[2]  # 由于 X3 数据过于集中，不适合可视化为脊线图，因此将其进行剔除
       # 定义 X 轴的取值范围
       xminmax = [np.floor(seeddf.min().min()),np.round(seeddf.max().max())]
       fig = go.Figure()
       for ii, Xii in enumerate(X1_7):
           fig.add_trace(go.Scatter(x= xminmax, y=np.full(2, len(X1_7)-ii),
                                    mode="lines",line_color="white"))
           # 通过核密度估计获取对应变量的 Y 轴坐标值
           xdata = np.linspace(seeddf[Xii].min(),seeddf[Xii].max(),30)
           gkedi = gaussian_kde(seeddf[Xii])
           ydata = gkedi(xdata)
           # 可视化出脊线图的每条密度曲线
           fig.add_trace(go.Scatter(x= xdata,y= ydata + (len(X1_7)-ii),
                                    fill="tonexty",name=Xii))
           # 设置 Y 轴对应的变量名称
           fig.add_annotation(x=xminmax[0],y=len(X1_7)-ii+0.2,
                              text=Xii,showarrow=False)
       # 统一更新图像的标题等信息
       fig.update_layout(title=" 脊线图 ",showlegend=False,
                         xaxis=dict(title=" 测量数据 "),
                         yaxis=dict(showticklabels=False),
                         width=800,height=500)
       fig.show()
```

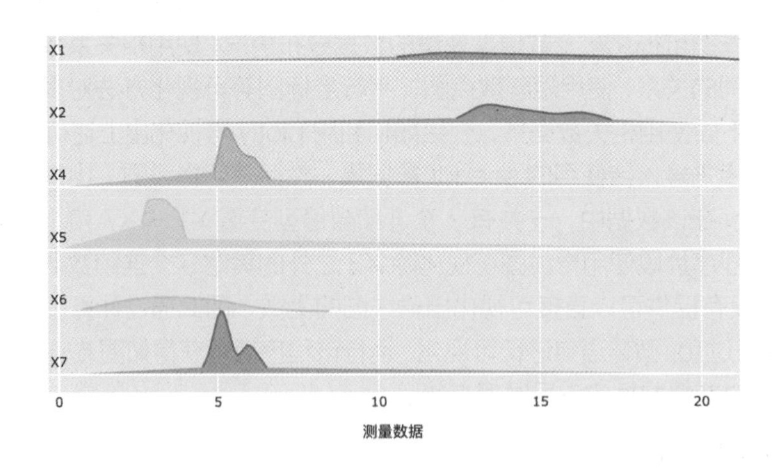

图 6-12　脊线图

可以通过相关系数热力图可视化特征之间的相关系数大小，从而比较数据关系。其中针对连续数值型变量，通常会使用皮尔逊相关系数。plotly 提供了两种相关系数热力图可视化函数——px.imshow 函数和 ff.create_annotated_heatmap 函数。其中，ff.create_annotated_heatmap 函数可利用文本显示每个位置的相关系数大小。运行 In[16] 程序片段可获得如图 6-13 左图所示的可视化结果。运行 In[17] 程序片段可获得如

图 6-13 右图所示的可视化结果。

```
In[16]:# 计算数据的相关系数矩阵
       seedcorr = seeddf.iloc[:,0:7].corr()
       fig = px.imshow(seedcorr,width=600,height=600,title = " 相关系数热力图 ",
                       # 设置图像的填充颜色
                       color_continuous_scale = px.colors.sequential.Viridis)
       fig.update_layout(title={"x":0.5,"y":0.9})
       fig.show()
In[17]:import plotly.figure_factory as ff
      z = np.round(seedcorr.values,3)                          # 可视化相关系数热力图的数组
       x = list(seedcorr.columns.values)                          # 每个变量的名称
       fig = ff.create_annotated_heatmap(z, x = x,y = x,colorscale="Viridis",
                                         showscale = True,     # 显示颜色条
                                         annotation_text = z) # 设置显示的数值
       fig.update_layout(title=" 相关系数热力图 ",width=600,height=600)
       fig.update_layout(title={"x":0.5,"y":0.9})
       fig.show()
```

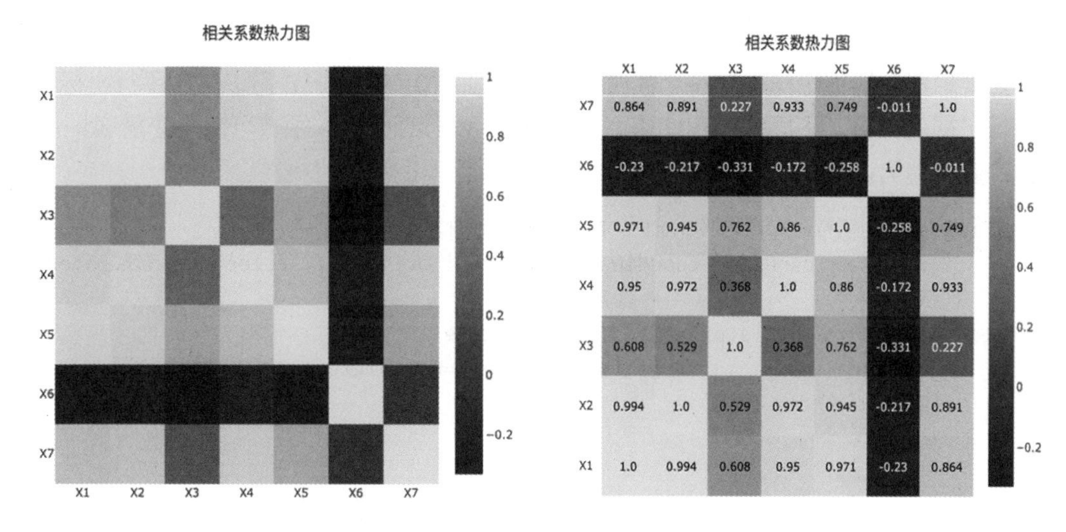

图 6-13　相关系数热力图

矩阵散点图可以被看作散点图的升级版本，它可以通过网格化形式可视化更多数值型变量之间的两两关系。plotly 可以通过 px.scatter_matrix 函数可视化出矩阵散点图，且只要指定使用的数据，就会默认将所有的特征进行可视化。运行下面的程序后可获得如图 6-14 所示的矩阵散点图。该图每个子图都对应着数据中的两个变量。

```
In[18]:# 使用矩阵散点图可视化 X1 ~ X7 之间的关系
    fig = px.scatter_matrix(data_frame=seeddf.iloc[:,0:7],width=800,
                            height=600,title = " 矩阵散点图 ")
    fig.update_traces(diagonal_visible=False,                 # 不可视化对角线的点
                      marker=dict(color="tomato",size = 5))
    fig.update_layout(title={"x":0.5,"y":0.9})
    fig.show()
```

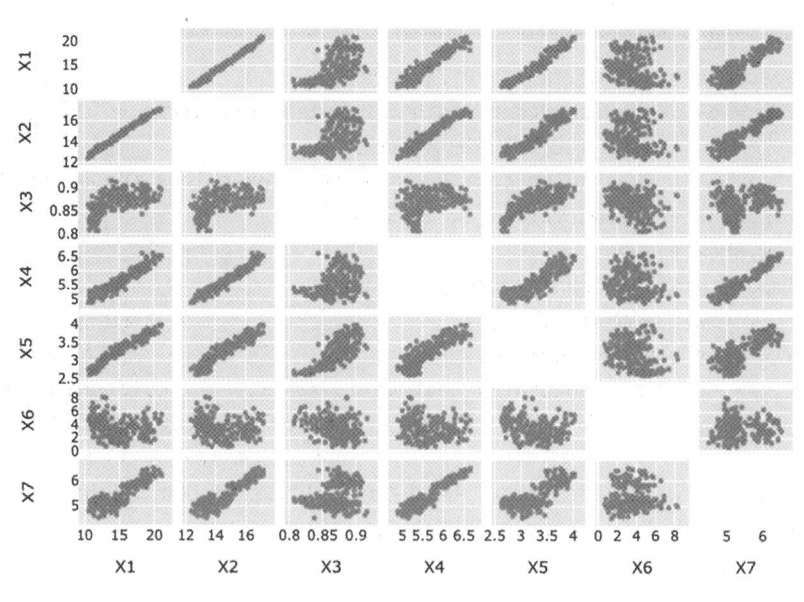

图 6-14　矩阵散点图

如果想要分析每个样本在多个数值型变量上的取值变化情况，可以使用平行坐标图对其进行可视化分析。下面的程序使用 px.parallel_coordinates 函数可视化变量 X1 ~ X7 数据的变化趋势。运行该程序后可获得如图 6-15 所示的平行坐标图。

```
In[19]:# 使用平行坐标图可视化 X1 ~ X7 数据的变化趋势
       fig = px.parallel_coordinates(seeddf.iloc[:,0:7], color= seeddf.index,
                                   # 设置颜色映射
color_continuous_scale=px.colors.diverging.Tealrose,
                                   width=800,height=600,title = " 平行坐标图 ")
      fig.show()
```

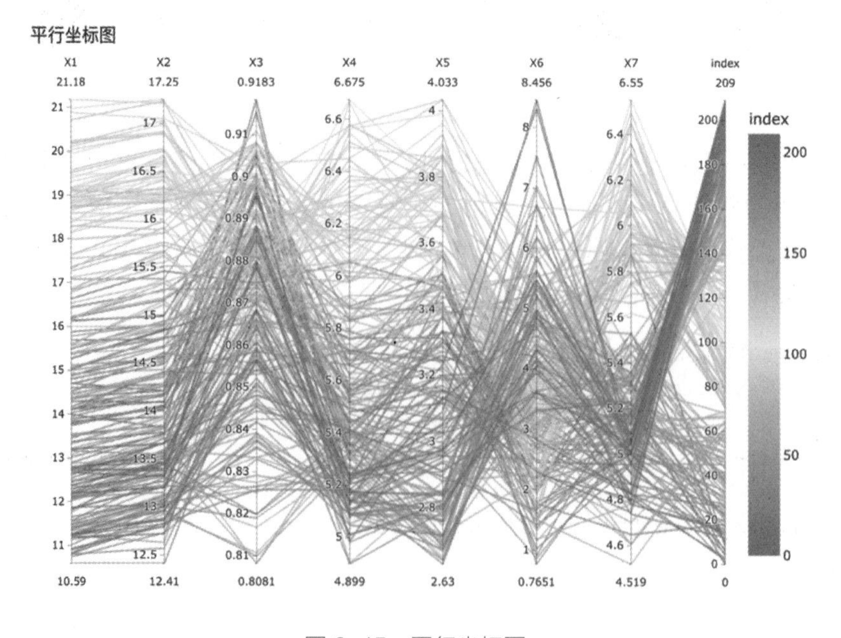

图 6-15　平行坐标图

6.3 plotly 分类型变量数据可视化

分类型变量数据又称定类数据，是按照现象的某种属性进行分类或分组的，从而反映事物的类型。根据分类型变量的多少，通常可对分类型变量数据采用不同的可视化方法。通常情况下，对于单个分类型变量，可使用条形图、饼图等对数据进行可视化；对于多个分类型变量，则可使用旭日图、雷达图、矩形树图等进行数据可视化。下面将介绍如何使用 plotly 的函数对数据进行可交互可视化。

6.3.1 单个分类型变量数据可视化

针对单个分类型变量数据的可视化，下面将主要介绍条形图和饼图系列可视化图像。可以使用 px.bar 函数可视化出条形图，使用 px.pie 函数可视化出饼图。

下面的程序先读取“mpgdata.csv”数据集，然后通过 value_counts 函数，计算每种取值出现的次数，并利用得到的数据可视化出条形图，最后通过使用不同的变量设置 X 轴和 Y 轴，分别获得垂直条形图和水平条形图。在该程序中，通过设置 fig.update_traces 函数的 textposition 参数，可以控制每个柱子对应数值标签的显示位置。运行该程序后可获得如图 6-16 所示的可视化结果。

```
In[20]:# 读取数据
       mpgdf = pd.read_csv("data/chap6/mpgdata.csv")
       mpgdf["class"].value_counts().reset_index(name="counts")
       classdf = mpgdf["class"].value_counts().reset_index(name="counts")
       classdf.columns = ["class","counts"]
       # 使用条形图对数据中的 class 进行可视化
       classdf = mpgdf["class"].value_counts().reset_index(name="counts")
       classdf.columns = ["class","counts"]
       fig = px.bar(classdf, x = "class",y="counts",text = "counts",
                    width=800,height=500)
       # 将文本放置在条形图的外侧
       fig.update_traces(textposition="outside")
       fig.show()
       fig = px.bar(classdf, y = "class",x="counts",text = "counts",
                    width=800,height=500)
       fig.update_traces(textposition="outside")
       fig.show()
```

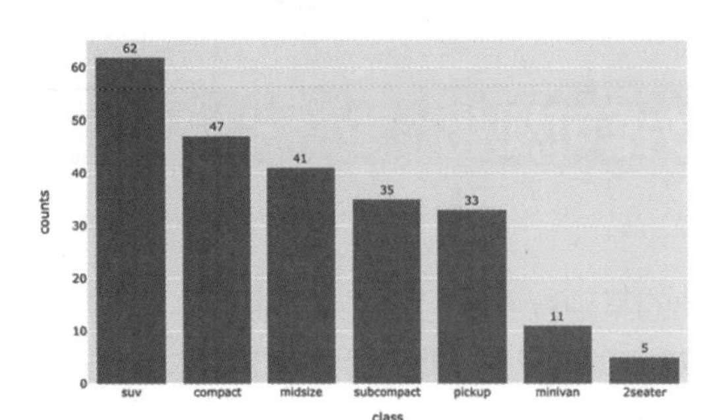

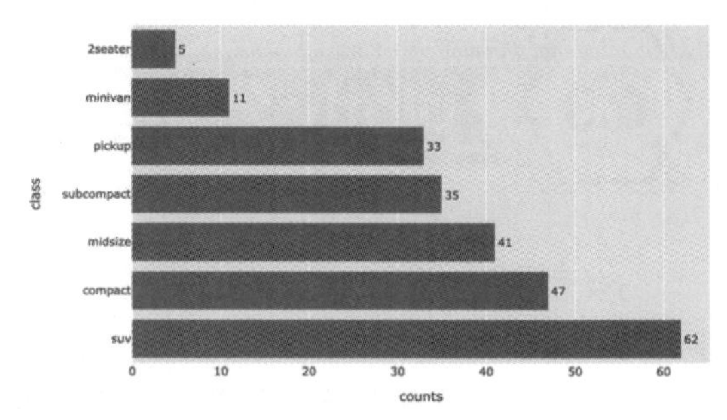

图 6-16　垂直条形图与水平条形图

还可以将前面可视化为条形图的数据可视化为饼图。使用 px.pie 函数在可视化出饼图后，通过 hole 参数的设置获得甜甜圈图。下面的程序使用同样的数据，分别可视化出饼图与甜甜圈图。运行该程序后可获得如图 6-17 所示的可视化结果。

```
In[21]:# 使用饼图对数据中的 class 进行可视化
       fig = px.pie(classdf,names ="class", values="counts",
                    width=800,height=600)
       # 对文本进行相应的设置
       fig.update_traces(textposition="inside",textinfo="percent+label")
       fig.show()
       # 通过设置饼图的空洞，可获得甜甜圈图
       fig = px.pie(classdf,names ="class", values="counts",
                    width=800,height=600)
       # 设置 hole 参数得到甜甜圈图
       fig.update_traces(hole = 0.4,textposition="inside",
                         textinfo="percent+label")
       fig.show()
```

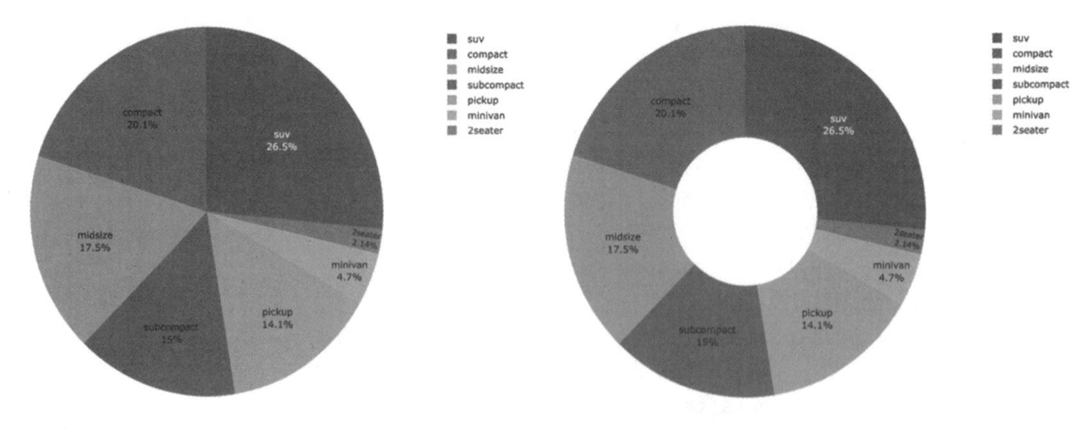

图 6-17　饼图与甜甜圈图

6.3.2　多个分类型变量数据可视化

针对多个（两个及两个以上）分类型变量数据的可视化，可以通过 px.bar 函数可视化出分组条形图，通过 px.treemap 函数可视化出矩形树图，通过 px.sunburst 函数可视

化出旭日图，通过 px.icicle 函数可视化出冰柱图。下面将使用具体的数据集通过上述函数进行数据可视化。

下面的程序同样使用前面读取的“mpgdata.csv”数据集，利用分组条形图可视化分析不同 year 取值下 class 取值的出现次数。运行该程序后可获得如图 6-18 所示的可视化结果。

```
In[22]:mynewdf=mpgdf[["class","year"]].value_counts().reset_index(name="counts")
       mynewdf["year"] = mynewdf["year"].apply(str)
       # 将数据准备为长型数据用于可视化
       mynewdf=mpgdf[["class","year"]].value_counts().reset_index(name="counts")
       mynewdf["year"] = mynewdf["year"].apply(str)    # 将变量取值转换为字符串
       # 可视化出垂直分组条形图
       fig = px.bar(mynewdf, x="class", y="counts", color="year",
                    # 设置不同分组的填充样式
                    pattern_shape="year", pattern_shape_sequence=["x", "+"],
                    width=800,height=500,title=" 两个分类型变量的分组条形图 ")
       fig.show()
       # 可视化出水平分组条形图
       fig = px.bar(mynewdf, y="class", x="counts", color="year",
                    pattern_shape="year", pattern_shape_sequence=["x", "+"],
                    width=800,height=500,title=" 两个分类型变量的分组条形图 ")
       fig.show()
```

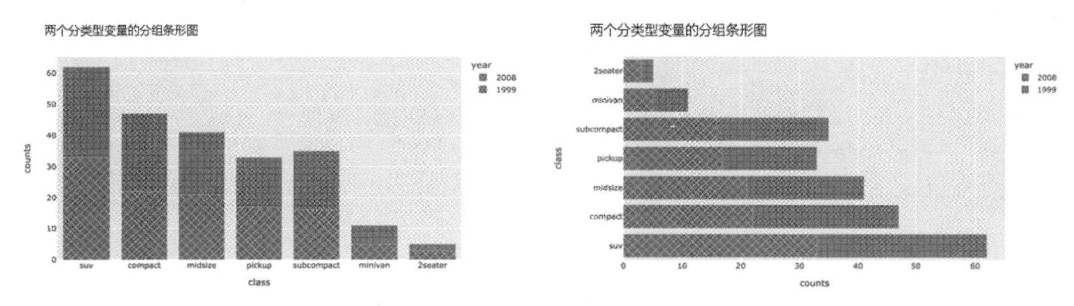

图 6-18　分组条形图

矩形树图起初用于了解磁盘空间的使用情况。它适合展现具有层级关系的数据，能够直观比较同级数据。相比传统的树形结构图，矩形树图能更有效地利用空间，并且拥有展示占比的功能。矩形树图缺点在于当分类占比太小时，文本会变得很难排布。下面的程序针对多个分类型变量数据，利用矩形树图进行可视化，且每个矩形面积表示对应分组的样本量。运行该程序后可获得如图 6-19 所示的可视化结果。可以通过该程序对该图进行可交互的操作，如通过单击对应的位置查看数据更细致的分组情况。

```
In[23]:# 矩形树图 ，矩形的面积大小使用对应分组的样本量表示
       fig = px.treemap(mpgdf,path=["year","drv","class","model"],
                        width=900,height=600,
                        title = " 多个分类型变量的矩形树图 ")
       fig.update_layout(title={"x":0.5,"y":0.9})
       fig.show()
```

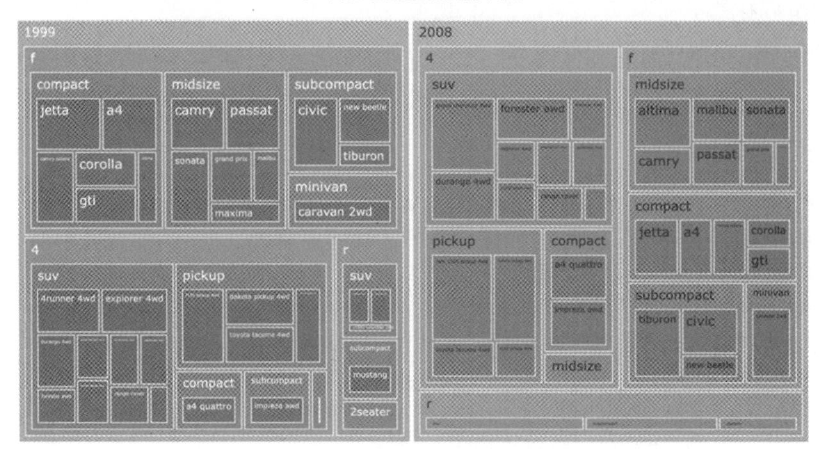

图 6-19　矩形树图

旭日图可以被看作饼图的延伸。它超越传统的饼图和环图，能清晰地表达层级和归属关系，并以父子层级结构来显示数据构成情况。在旭日图中，离圆点越近的层级越高，且对于相邻的两层，内层包含外层。下面的程序针对多个分类型变量（和矩形树图使用的变量相同）数据，利用旭日图进行可视化。运行该程序后可获得如图 6-20 所示的可视化结果。

```
In[24]:# 可视化出旭日图
       fig = px.sunburst(mpgdf,path=["year","drv","class","model"],
                         width=800,height=700,
                         title = " 多个分类型变量的旭日图 ")
       fig.update_layout(title={"x":0.5,"y":0.9})
       fig.show()
```

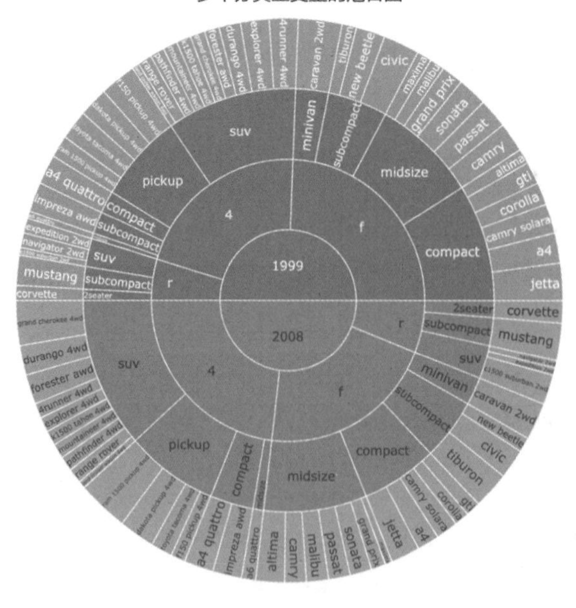

图 6-20　旭日图

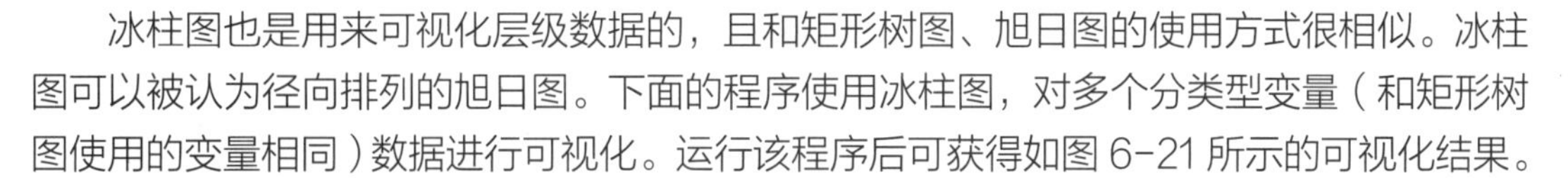

冰柱图也是用来可视化层级数据的，且和矩形树图、旭日图的使用方式很相似。冰柱图可以被认为径向排列的旭日图。下面的程序使用冰柱图，对多个分类型变量（和矩形树图使用的变量相同）数据进行可视化。运行该程序后可获得如图 6-21 所示的可视化结果。

```
In[25]:# 可视化出冰柱图
       fig = px.icicle(mpgdf,path=["year","drv","class","model"],
                       width=800,height=600,title=" 多个分类型变量的冰柱图 ")
       fig.update_layout(title={"x":0.5,"y":0.9})
       fig.show()
```

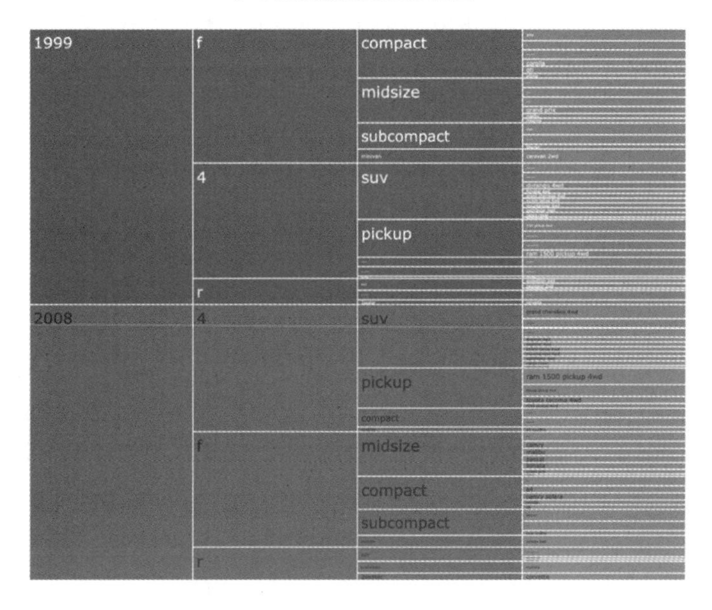

图 6-21　冰柱图

6.4 plotly 数值型和分类型变量数据可视化

若待分析的数据同时包含数值型和分类型变量，通常可采用条形图、分组箱线图、分组矩阵散点图、分组平行坐标图、树形图等进行可视化分析。下面将根据不同类型变量的数量，介绍如何使用 plotly 可视化出可交互图像。

6.4.1 单个数值型和单个分类型变量数据可视化

针对单个数值型变量和单个分类型变量的情况，可以使用分组箱线图、分组小提琴图、分组直方图等对数据进行可视化。这些可视化图像均可以对比分类型变量在不同取值下的数据分布情况。

下面的程序使用箱线图与小提琴图可视化一个分类型变量 class 和一个数值型变量

displ 数据。运行 In[26] 程序片段可获得如图 6-22 所示的可视化结果。运行 In[27] 程序片段可获得如图 6-23 所示的可视化结果。通过箱线图与小提琴图均能分析变量 class 在不同取值下 displ 的取值差异。

```
In[26]:# 使用箱线图可视化 class 在不同取值下 displ 的取值情况
       fig = px.box(mpgdf,x = "class",y = "displ",width=800,height= 500,
                    title = " 箱线图 ")
       fig.show()
In[27]:# 小提琴图可视化 class 在不同取值下 displ 的取值情况
       fig = px.violin(mpgdf,x = "class",y = "displ",
                       box=True, points="all",          # 同时可视化出箱线图和点
                       width=800,height= 500,title = " 小提琴图 ")
       fig.show()
```

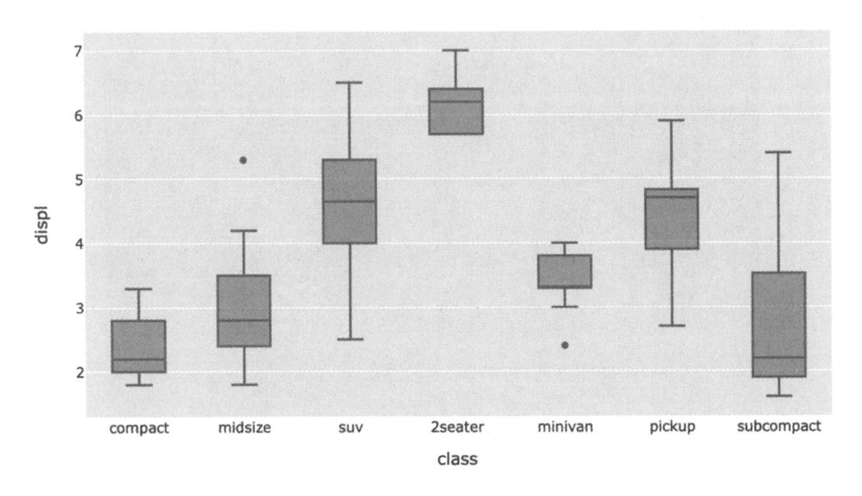

图 6-22　箱线图

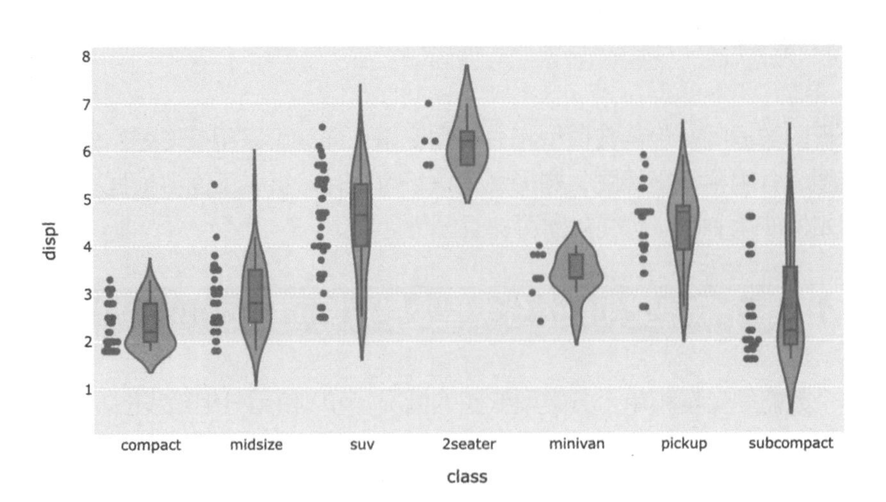

图 6-23　小提琴图

分组直方图则是利用直方图对比数据变量在不同取值下的数据分布变化趋势的。下面的程序利用 seeddf 数据集中的 label 变量作为分组变量，可视化出 label 在不同取值下变量 X1 数据的分组直方图，且在可视化时对不同分组的数据设置了不同的填充颜色和填充样式。运行该程序后可获得如图 6-24 所示的可视化结果。通过该图可以发现不同种类的种子，其 X1 特征的数据分布差异较大。

```
In[28]: # 数据准备
        seeddf = pd.read_excel("data/chap6/ 种子数据 .xlsx")
        print(seeddf.head())
Out[28]:       X1     X2      X3     X4     X5     X6     X7  label
        0   15.26  14.84  0.8710  5.763  3.312  2.221  5.220      1
        1   14.88  14.57  0.8811  5.554  3.333  1.018  4.956      1
        …
        4   16.14  14.99  0.9034  5.658  3.562  1.355  5.175      1
In[29]:# 使用分组直方图可视化分类变量对数值型变量数据分布的影响
        fig = px.histogram(seeddf,x = "X1", color = "label",nbins = 60,
                           # 设置不同分组的填充样式
                           pattern_shape = "label",
                           pattern_shape_sequence=["x",".","+"],
                           width=800,height= 500,title = " 分组直方图 ")
        fig.show()
```

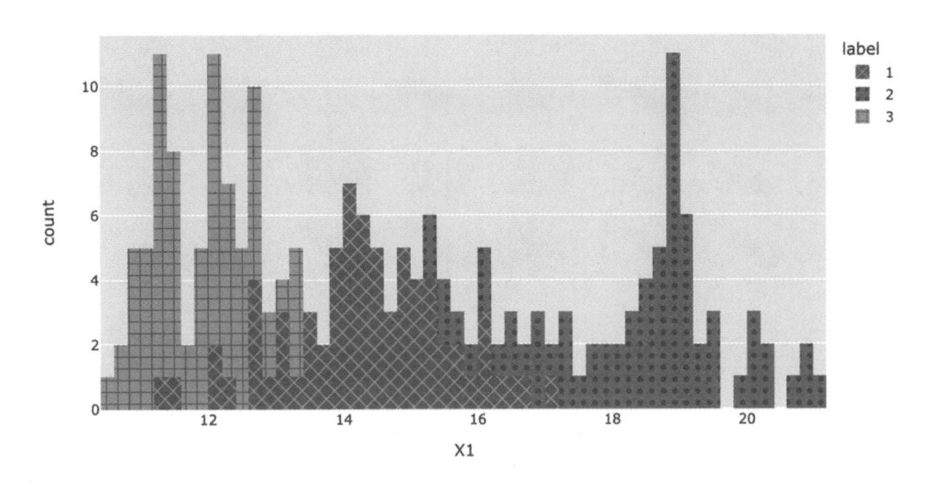

图 6-24　分组直方图

6.4.2 多个数值型和单个分类型变量数据可视化

下面将介绍对多个（两个或两个以上）数值型和单个分类型变量数据进行可视化的情况。首先介绍的是利用分组矩阵散点图可视化数据，利用 seeddf 数据集中的 label 变量作为分类型变量，可视化分析 X1 ~ X7 之间的关系，并利用 label 变量为矩阵散点图设置不同颜色和形状的点，以表示不同的数据分组。运行该程序后可获得如图 6-25 所示的分组矩阵散点图。从该图中可以看出不同分组下任意两个数值型变量特征之间的数据分布情况，三种类型的种子数据分布差异较明显。

```
In[30]:# 使用矩阵散点图可视化 X1 ~ X7 之间的关系
       dimensions = ["X1","X2","X3","X4","X5","X6","X7"]
       seeddf["label"] = seeddf["label"].apply(str)
       fig = px.scatter_matrix(data_frame=seeddf,dimensions = dimensions,
                               color = "label",symbol="label", # 设置点的颜色和形状
                                width=800,height=600,title = " 分组矩阵散点图 ")
       fig.update_traces(diagonal_visible=False,       # 不可视化对角线的点
                         marker=dict(size = 5))
       fig.update_layout(title={"x":0.5,"y":0.9},
                         # 调整图例位置
                         legend=dict(orientation="h",yanchor="bottom",
                                     y=1.02,xanchor="right",x=1))
       fig.show()
```

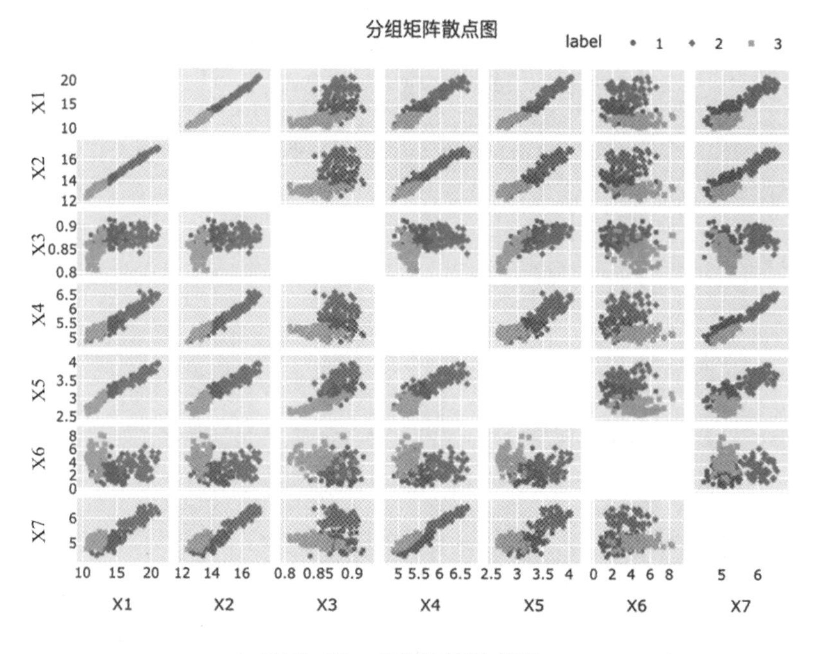

图 6-25　分组矩阵散点图

下面的程序使用分组二维密度曲线可视化 X1 和 X3 特征的数据空间分布情况。运行该程序后可获得如图 6-26 所示的可视化结果。

```
In[31]:# 可视化出分组二维密度曲线
       fig = px.density_contour(seeddf, x="X1", y="X3", color="label",
                                  width=800,height=600,title = " 分组二维密度曲线 ")
       # 对分组二维密度曲线进行填充和显示标签
       fig.update_traces(contours_showlabels = True,line_width = 2)
       # 调整图例位置
       fig.update_layout(legend=dict(orientation="h",yanchor="bottom",
                                     y=1.02,xanchor="right",x=1))
       fig.show()
```

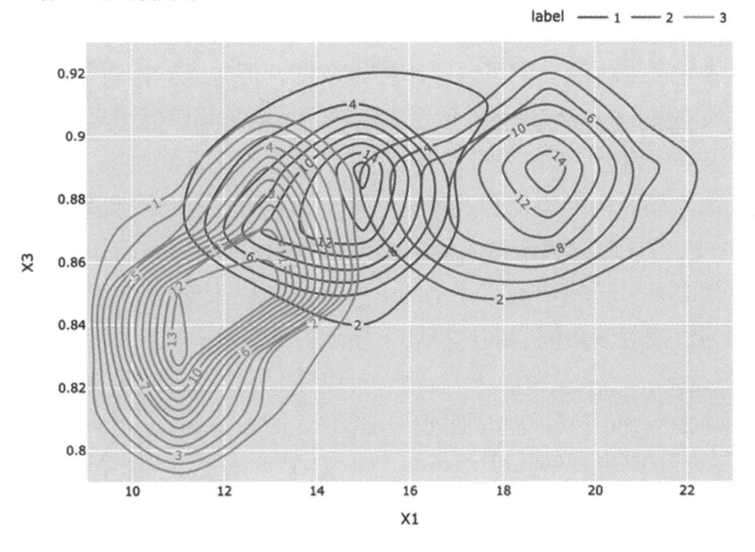

图 6-26 分组二维密度曲线

分组平行坐标图可以可视化在不同的分组特征变量取值下，每个样本在其他特征变量之间的取值变化情况。下面的程序继续利用 label 变量作为分类型变量，通过平行坐标图可视化分析 X1 ~ X7 之间的关系，并将不同分组的样本使用不同颜色的线进行可视化。运行该程序后可获得如图 6-27 所示的可视化结果。

```
In[32]:# 可视化出分组平行坐标图
       seeddf["label"] = seeddf["label"].apply(np.int8)
       dimensions = ["X1","X2","X3","X4","X5","X6","X7","label"]
       fig = px.parallel_coordinates(seeddf,dimensions=dimensions,
                                     color = "label",
                                     # 设置不同颜色的线
                                     color_continuous_scale=px.colors.diverging.Tealrose,
                                     color_continuous_midpoint=2,
                                     width=800,height=600,title = " 分组平行坐标图 ")
       fig.show()
```

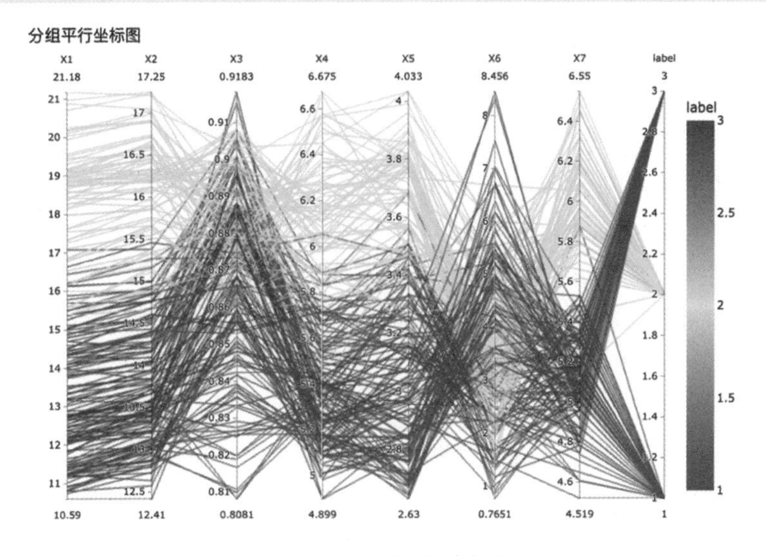

图 6-27 分组平行坐标图

雷达图是一种可以表现多维（四维以上）数据的图表。它将多个维度的数据映射到坐标轴上。这些坐标轴起始于同一个圆心点，而常结束于圆周边缘。这时，将同一组的点使用线连接起来就成为了雷达图。它可以展示多维数据，但是点的相对位置和坐标轴之间的夹角不能表示任何信息。风向玫瑰图（玫瑰图的特例）用来简单描述某一地区风向的分布。在风向玫瑰图的极坐标系上，每一部分的长度表示该风向出现的频率，而最长的部分表示该风向出现的频率最高。风向玫瑰图通常分为 16 个方向。风向玫瑰图的每个轴表示数据的相应信息，每一部分长度则表示对应信息出现的频率。

下面的程序读取一个天气数据“weather_day.csv”。该数据有多个变量，包含每天的风向变量 Wdire。读取该数据的前几行如下所示。

```
In[33]:# 风向雷达图和风向玫瑰图
       weatherdf = pd.read_csv("data/chap6/weather_day.csv")
       print(weatherdf.head())
Out[33]:  year   month2   month day  MeanTemp   MeanHum  Fog  Hail  Rain  Snow  \
       0  1997   January     1    1  13.869565  82.347826    1     0     0     0
       1  1997   January     1    2  13.304348  82.434783    1     0     0     0
       …
       4  1997   January     1    5  14.952381  70.285714    1     0     0     0
          Thunder  Tornado  Wdire
       0        0      0.0  North
       1        0      0.0  North
       …
       4        0      0.0  North
```

之后使用下面的程序将该数据分别可视化为雷达图和风向玫瑰图。其中，雷达图统计了该数据中不同风向下的下雨次数（Rain 变量）和起雾次数（Fog 变量），并使用 go.Scatterpolar 函数进行可视化。运行 In[34] 程序片段可获得如图 6-28 左图所示的可视化结果。In[35] 程序片段则将同样的数据利用风向玫瑰图进行可视化展示，并使用 go.Barpolar 函数进行可视化。运行 In[35] 程序片段可获得如图 6-28 右图所示的可视化结果。

```
In[34]:# 可视化出雷达图
       fig = go.Figure()
       # 定义风的方向
       WINdIR = ["East","ENE", "NE", "NNE", "North", "NNW", "NW", "WNW", "West",
                 "WSW", "SW","SSW","South", "SSE", "SE", "ESE"]
       # 添加不同风向下的下雨次数
       fig.add_trace(go.Scatterpolar(r=weatherdf.groupby("Wdire")["Rain"].sum(),
                                     theta=WINdIR,name="Rain",fill='toself'))
       # 添加不同风向下的起雾次数
       fig.add_trace(go.Scatterpolar(r=weatherdf.groupby("Wdire")["Fog"].sum(),
                                      theta=WINdIR,name="Fog",fill='toself'))
       #设置极坐标系刻度
       fig.update_layout(polar=dict(radialaxis=dict(visible=True)),
                         showlegend=True,title=" 雷达图 ",
                         # 设置使用的主题和背景色
                         template="ggplot2",paper_bgcolor="lightgray",
                         width=800, height=600)
       fig.show()
In[35]:# 可视化出风向玫瑰图
       fig = go.Figure()
```

```
# 添加不同风向下的下雨次数
fig.add_trace(go.Barpolar(r=weatherdf.groupby("Wdire")["Rain"].sum(),
                          theta=WINdIR,name="Rain"))
# 添加不同风向下的起雾次数
fig.add_trace(go.Barpolar(r=weatherdf.groupby("Wdire")["Fog"].sum(),
                              theta=WINdIR,name="Fog"))
fig.update_layout(polar=dict(radialaxis=dict(visible=True)),
                  showlegend=True,title=" 风向玫瑰图 ",
                  template="ggplot2",width=800, height=600)
fig.show()
```

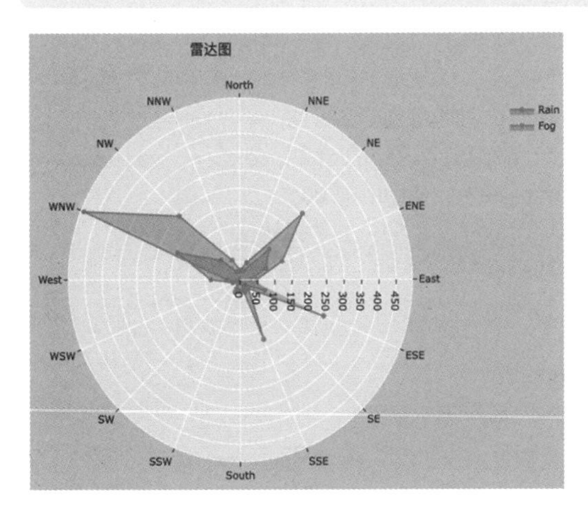

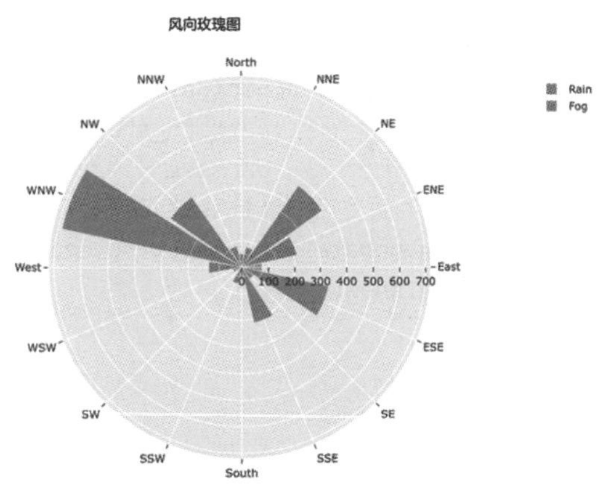

图 6-28 雷达图与风向玫瑰图

6.4.3 单个数值型和多个分类型变量数据可视化

下面将介绍针对一个数值变量和多个分类型变量数据进行可视化分析的情况。这种情况经常会分析在不同分类型变量组合下，数值型变量对应取值的总和、分布、变化趋势等内容。下面的程序将会继续使用前面导入的 seeddf 数据集，利用 melt 函数将宽型数据转换为长型数据（这样新的 seeddflong 数据中就会用两个分类型变量 label、groupvar 和一个数值型变量 value），然后计算各个分组下数据的均值。

```
In[36]:# 数据准备，将宽型数据转换为长型数据
       seeddflong=seeddf.melt(value_vars =["X1","X2","X3","X4","X5","X6","X7"],
                              var_name="groupvar",value_name="value",
                              id_vars=["label"])
       # 计算各个分组下数据的均值
       plotdata = seeddflong.groupby(["label",
                                      "groupvar"])["value"].mean().reset_index()
       plotdata["label"] = plotdata.label.apply(str)
       plotdata["value"] = np.round(plotdata["value"],1)
       print(plotdata.head())
Out[36]:  label groupvar  value
       0     1       X1   14.3
       1     1       X2   14.3
       2     1       X3    0.9
       3     1       X4    5.5
       4     1       X5    3.2
```

下面的程序使用分组散点图和分组条形图可视化分析不同分组下数据的均值大小情况。其中，横坐标使用 X1 ~ X7；label 用于分组，并通过 label 设置颜色和形状来区分数据。运行 In[37] 程序片段获得如图 6-29 所示的可视化结果。运行 In[38] 程序片段获得如图 6-30 所示的可视化结果。

```
In[37]:# 可视化出分组散点图
       fig = px.scatter(plotdata,x = "groupvar",y = "value",
                        color = "label",symbol="label",template="ggplot2",
                        width=800, height=500,title=" 分组散点图 ")
       fig.update_traces(marker_size=10)
       fig.show()
In[38]:# 可视化出分组条形图
       fig = px.bar(plotdata,x = "groupvar",y = "value",color = "label",
                    pattern_shape="label",template="ggplot2",text = "value",
                    barmode = "group",width=800, height=500,
                    title=" 分组条形图 ")
       fig.update_traces(textposition="outside")
       fig.show()
```

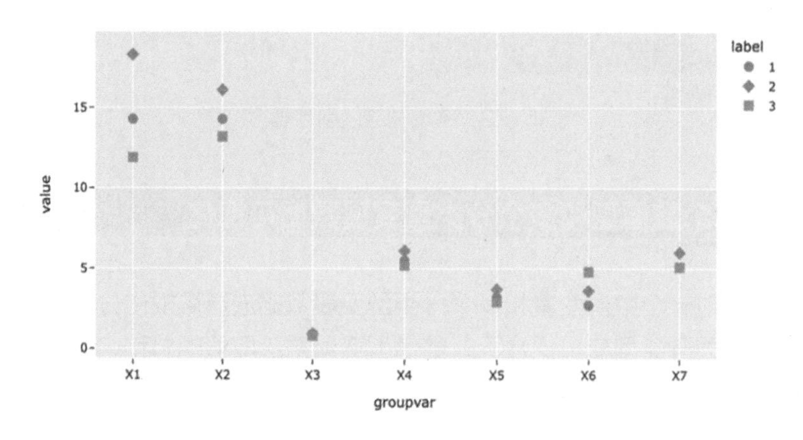

图 6-29　分组散点图

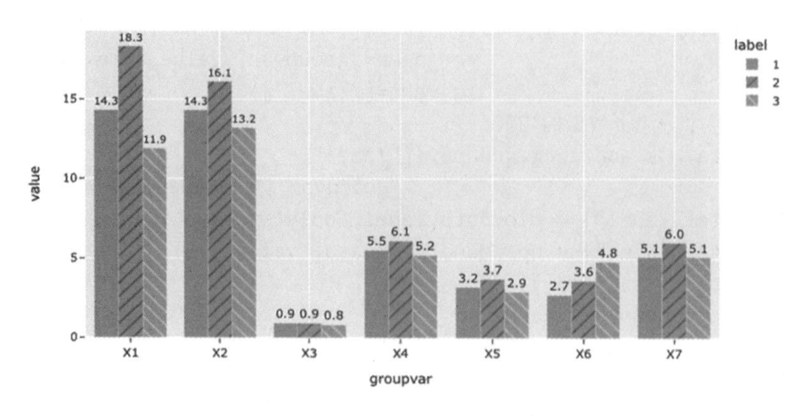

图 6-30　分组条形图

针对前面可视化出分组散点图和分组条形图的程序，如果调整X轴与Y轴的参数取值，可获得水平放置的散点图与条形图。运行 In[39] 程序片段获得如图 6-31 所示的可视化结果。运行 In[40] 程序片段获得如图 6-32 所示的可视化结果。

```
In[39]:# 可视化出水平分组散点图
   fig = px.scatter(plotdata,y = "groupvar",x = "value",
                    color = "label",symbol="label",template="ggplot2",
                    width=800, height=500,title=" 水平分组散点图 ")
   fig.update_traces(marker_size=10)
   fig.show()
In[40]:# 可视化出水平分组条形图
   fig = px.bar(plotdata,y = "groupvar",x = "value",color = "label",
                pattern_shape="label",template="ggplot2",text = "value",
                barmode = "group",width=800, height=500,
                title=" 水平分组条形图 ")
   fig.update_traces(textposition="outside")
   fig.show()
```

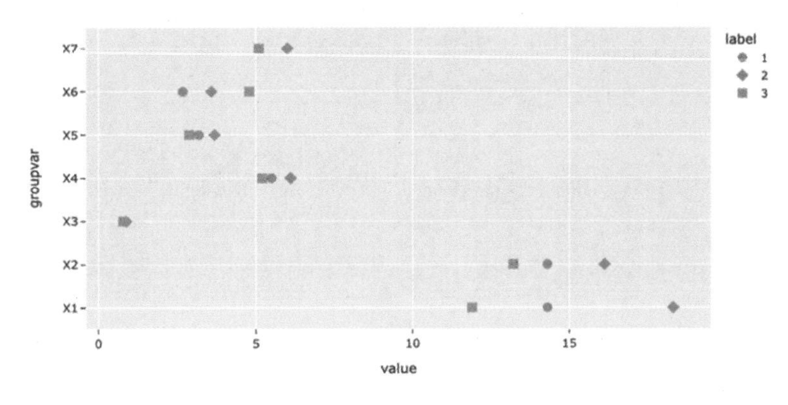

图 6-31　水平分组散点图

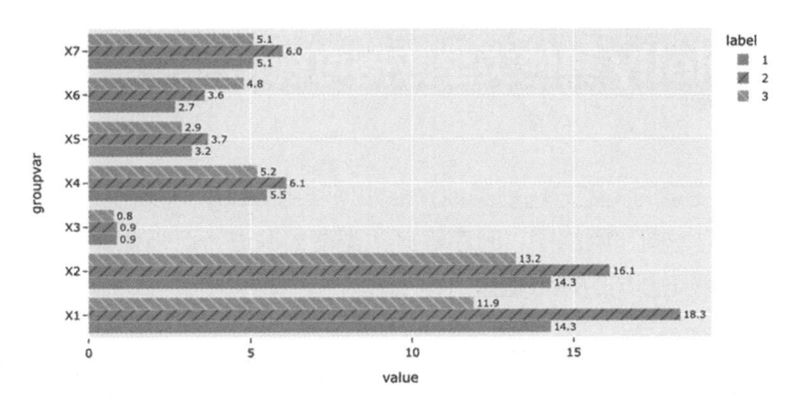

图 6-32　水平分组条形图

下面使用矩形树图可视化多个分类型变量下一个数值变量对应的取值总和，即矩形的面积表示对应分组下数值型变量数据的和。下面的程序使用 px.treemap 函数可视化出矩形树图，并通过 path 参数指定用于分组的变量，通过 values 参数指定需要计算和的数值型变量。运行该程序获得如图 6-33 所示的可视化结果。

```
In[41]:# 可视化出矩形树图
       fig = px.treemap(mpgdf,path=["year","drv","class","model"],
                        # 矩形的面积使用对应分组下 cty 数据的和表示
                        values="cty",
                        width=900,height=600,
                        title = " 矩形树图 ")
       fig.update_layout(title={"x":0.5,"y":0.9})
       fig.show()
```

矩形树图

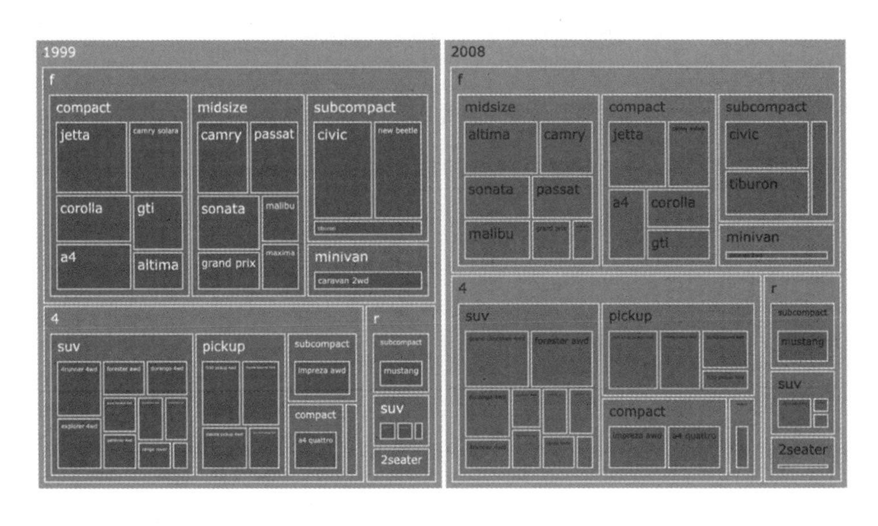

图 6-33　矩形树图

同样，可以使用冰柱图、旭日图等通过指定 values 参数，对数值型变量数据的和进行可视化，且它们的使用方式和矩形树图相似，这里就不再一一介绍了。

6.5 plotly 其他类型数据可视化

前面根据数据变量的类型分门别类地介绍如何利用 plotly 可视化出可交互图像。除此之外，plotly 还可对地图、网络图、时序等其他类型数据进行可视化。下面将介绍如何使用 plotly 对可交互网络图与时序数据进行可视化。

6.5.1 可交互网络图可视化

第 5 章节已经详细介绍了网络图可视化。本节将介绍如何使用 plotly 进行可交互网络图可视化。下面的程序对《三国演义》关键人物关系数据进行可视化。

（1）导入节点数据表和边数据表。

（2）通过 nx.Graph 函数获得图对象 G，并为图对象 G 添加节点和边。

（3）通过 nx.kamada_kawai_layout 函数计算节点的坐标。

（4）创建 plotly 可视化时需要的节点数据与边数据。使用 go.Scatter 函数，分别指定不同分组下节点的坐标，并设置节点的颜色和形状等；同样使用 go.Scatter 函数，添加两点间的连线作为边，并设置边的粗细和颜色。

（5）通过 go.Figure 函数进行可视化，并对图像的整体布局和样式进行合适的调整，最终可获得如图 6-34 所示的可交互网络图。

当运行下面的程序得到可交互网络图后，可以通过单击该图像查看更多的内容。

```
In[42]:# 数据准备，读取节点数据表和边数据表
       nodedf = pd.read_csv("data/chap5/TK_nodedf.csv")
       edgedf = pd.read_csv("data/chap5/TK_edagedf.csv")
       # 获得图对象 G
       G = nx.Graph()
       # 通过节点数据表为图对象 G 添加节点
       for ii in nodedf.index:
       G.add_node(nodedf.name[ii],group = nodedf["group"][ii], size = 2 * nodedf["size"][ii])
       # 通过边数据表为图对象 G 添加边
       for ii in edgedf.index:
           G.add_edge(edgedf["from"][ii],edgedf["to"][ii],
                      weight = edgedf["cor"][ii])
       # 根据布局方式计算节点的坐标
       np.random.seed(123)
       pos = nx.kamada_kawai_layout(G,weight = "weight")
       # 创建 plotly 可视化时需要的节点数据和边数据
       nodecolor = ["red","blue","bisque","cyan"]
       nodeshape = ["circle","square","diamond","pentagon"]
       groups = [" 曹魏 "," 蜀汉 "," 孙吴 "," 群雄 "]          # 节点的分组
       node_x = []                                         # 节点的 X 轴坐标
       node_y = []                                         # 节点的 Y 轴坐标
       node_name = []                                      # 节点的名称
       node_group = []                                     # 节点的颜色
       node_size = []                                      # 节点的大小
       for node in G.nodes():
           node_name.append(node)
           node_group.append(G.nodes[node]["group"])
           node_size.append(G.nodes[node]["size"])
           x, y = pos[node]                                # 节点的坐标
           node_x.append(x)
           node_y.append(y)
       # 颜色和形状列表
       node_color = [nodecolor[groups.index(name)]  for name in node_group]
       node_shape = [nodeshape[groups.index(name)]  for name in node_group]
       # 添加节点，并设置节点的颜色、大小、形状等
       node_trace = go.Scatter(x=node_x, y=node_y,mode="markers",
                               hoverinfo="text",line_width=1,
                               line_color = "black", opacity=1)
       node_trace.text = node_name
```

```
node_trace.marker.color = node_color
node_trace.marker.size = node_size
node_trace.marker.symbol = node_shape
# 将边设置为短线
edge_x = []                                                  # 边的 X 轴坐标
edge_y = []                                                  # 边的 Y 轴坐标
for edge in G.edges():
    x0, y0 = pos[edge[0]]                                    # 起点
    x1, y1 = pos[edge[1]]                                    # 终点
    edge_x.append(x0)
    edge_x.append(x1)
    edge_x.append(None)
    edge_y.append(y0)
    edge_y.append(y1)
    edge_y.append(None)
# 添加两点间的连线
edge_trace = go.Scatter(x=edge_x, y=edge_y,mode="lines",hoverinfo="none",
                        line=dict(width=2, color="black"))
# 可交互网络图可视化
fig = go.Figure(data=[edge_trace,node_trace],)
fig.update_layout(showlegend=False,
                  width=800, height=600,margin=dict(b=20,l=5,r=5,t=90),
                  xaxis=dict(showgrid=False, zeroline=False,
                             showticklabels=False),
                  yaxis=dict(showgrid=False, zeroline=False,
                             showticklabels=False),
                  title={"text":"《三国演义》关键人物关系可交互网络图 ",
                         "x":0.5, "y":0.9})
fig.show()
```

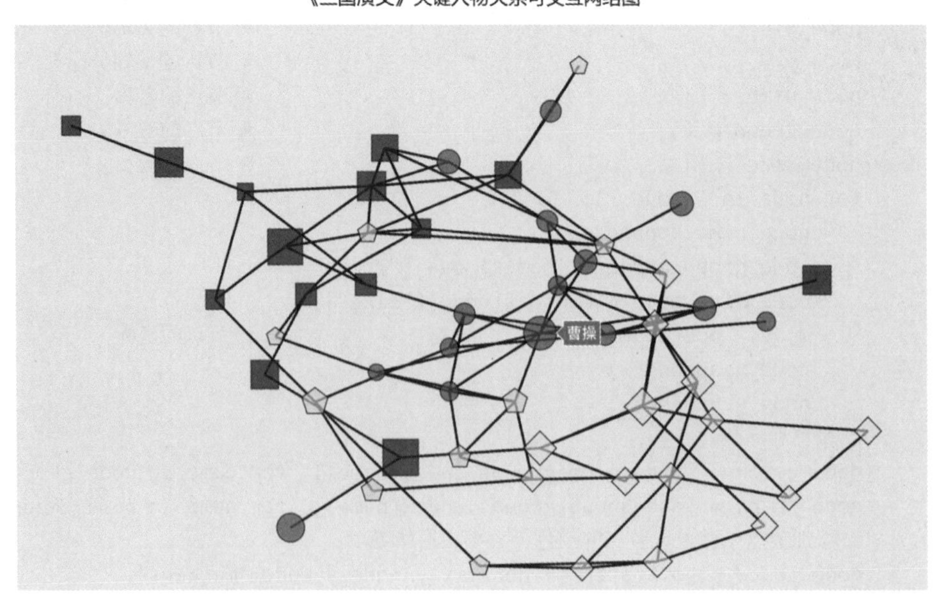

图 6-34　可交互网络图

还可以利用 plotly 在三维空间中获得如图 6-34 所示的可交互网络图，其可视化的流程和在二维空间可视化的流程相似，而不同的地方在于，节点的布局要三维的，同时要通过 go.Scatter3d 函数添加节点和边。运行下面的程序可获得如图 6-35 所示的三维可交互网络图。

```
In[43]:# 三维网络图可视化
       np.random.seed(122)
       # 获得图对象 G
       G = nx.Graph()
       # 通过节点数据表为图对象 G 添加节点
       for ii in nodedf.index:
       G.add_node(nodedf.name[ii],group = nodedf["group"][ii],size = 1.1 * nodedf["size"][ii])
       # 通过边数据表为图对象 G 添加边
       for ii in edgedf.index:
           G.add_edge(edgedf["from"][ii],edgedf["to"][ii],
                      weight = edgedf["cor"][ii])
       # 根据布局方式计算节点的三维坐标
       pos = nx.kamada_kawai_layout(G,weight = "weight",dim = 3)
       # 创建 plotly 可视化时需要的节点数据和边数据
       nodecolor = ["red","blue","bisque","cyan"]
       nodeshape = ["circle","square","diamond","x"]
       groups = [" 曹魏 "," 蜀汉 "," 孙吴 "," 群雄 "]        # 节点的分组
       node_x = []                                        # 节点的 X 轴坐标
       node_y = []                                        # 节点的 Y 轴坐标
       node_z = []                                        # 节点的 Z 轴坐标
       node_name = []                                     # 节点的名称
       node_group = []                                    # 节点的颜色
       node_size = []                                     # 节点的大小
       for node in G.nodes():
           node_name.append(node)
           node_group.append(G.nodes[node]["group"])
           node_size.append(G.nodes[node]["size"])
           x, y, z = pos[node]                            # 节点的坐标
           node_x.append(x)
           node_y.append(y)
           node_z.append(z)
       # 颜色和形状列表
       node_color = [nodecolor[groups.index(name)]  for name in node_group]
       node_shape = [nodeshape[groups.index(name)]  for name in node_group]
       # 添加节点，并设置节点的颜色、大小、形状等
       node_trace = go.Scatter3d(x=node_x, y=node_y,z = node_z,mode="markers",
                                 hoverinfo="text",line_width=1,
                                 line_color = "black",opacity=1)
       node_trace.text = node_name
       node_trace.marker.color = node_color
       node_trace.marker.size = node_size
       node_trace.marker.symbol = node_shape
       # 将边设置为短线
```

```
edge_x = []                                    # 边的 X 轴坐标
edge_y = []                                    # 边的 Y 轴坐标
edge_z = []                                    # 边的 Z 轴坐标
for edge in G.edges():
    x0, y0, z0 = pos[edge[0]]                  # 起点
    x1, y1, z1 = pos[edge[1]]                  # 终点
    edge_x.append(x0)
    edge_x.append(x1)
    edge_x.append(None)
    edge_y.append(y0)
    edge_y.append(y1)
    edge_y.append(None)
    edge_z.append(z0)
    edge_z.append(z1)
    edge_z.append(None)
# 添加两点间的连线
edge_trace = go.Scatter3d(x=edge_x, y=edge_y,z=edge_z,mode="lines",
                          hoverinfo="none",
                          line=dict(width=2, color="black"))
# 可视化出三维可交互网络图
fig = go.Figure(data=[edge_trace,node_trace],)
fig.update_layout(showlegend=False,width=800, height=600,
                  margin=dict(b=20,l=5,r=5,t=90),
                  title={"text":"《三国演义》关键人物关系可交互网络图 ",
                         "x":0.5,"y":0.9})
fig.show()
```

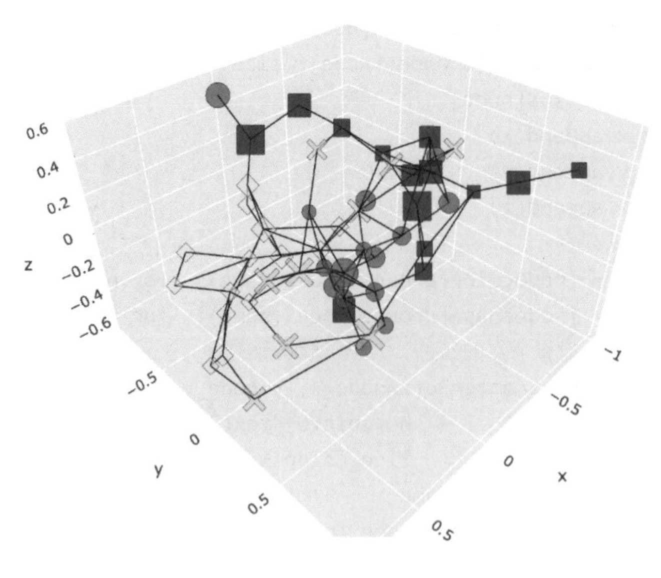

图 6-35　三维可交互网络图

6.5.2 时序数据可视化

本节将利用一个时序数据，介绍如何使用 plotly 可视化出可交互的单个和多个时序图。下面的程序导入 plotly 自带的数据后使用 px.line 函数，利用折线图可视化数据中单个序列 GOOG 的波动情况。运行该程序后可获得如图 6-36 所示的可视化结果。

```
In[44]:# 导入 plotly 自带的一个时序数据
       tsdf = px.data.stocks()
       print(tsdf.head())
Out[44]:       date      GOOG      AAPL      AMZN        FB      NFLX      MSFT
    0  2018-01-01  1.000000  1.000000  1.000000  1.000000  1.000000  1.000000
    1  2018-01-08  1.018172  1.011943  1.061881  0.959968  1.053526  1.015988
    2  2018-01-15  1.032008  1.019771  1.053240  0.970243  1.049860  1.020524
    3  2018-01-22  1.066783  0.980057  1.140676  1.016858  1.307681  1.066561
    4  2018-01-29  1.008773  0.917143  1.163374  1.018357  1.273537  1.040708
In[45]:# 使用折线图可视化一个变量数据
       fig = px.line(tsdf, x="date", y="GOOG",width=800, height=500,
                     title = "GOOG 的时序变化 ")
       fig.update_traces(line=dict(width=2, color="black"))
       fig.update_layout(title={"x":0.5,"y":0.9})
       fig.show()
```

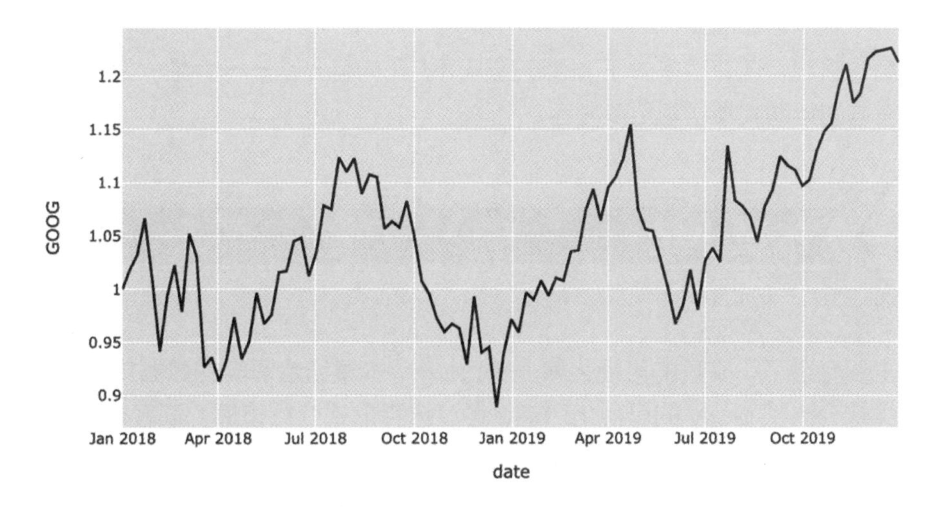

图 6-36 单个时序图

若 px.line 函数的参数 y 被指定为多个列名，则可获得多个时序图。下面的程序可视化出多个时序的波动情况时，还在图像的下方添加了一个用于选择显示时间段的滑块工具，以便更灵活地控制显示的时间区间。运行该程序后可获得如图 6-37 所示的可视化结果。

```
In[46]:# 使用折线图可视化多个变量数据
       fig = px.line(tsdf, x="date", y=tsdf.columns,width=800, height=600,
                     title = " 多个变量的时序变化 ",template="ggplot2")
       fig.update_traces(line=dict(width=2))
```

```
    fig.update_layout(legend=dict(yanchor="top",y=0.99,
                                  xanchor="left",x=0.01),
                      # 在 X 轴位置添加一个选择时间段的滑块
                      xaxis = dict(rangeslider = dict(visible=True)))
    fig.show()
```

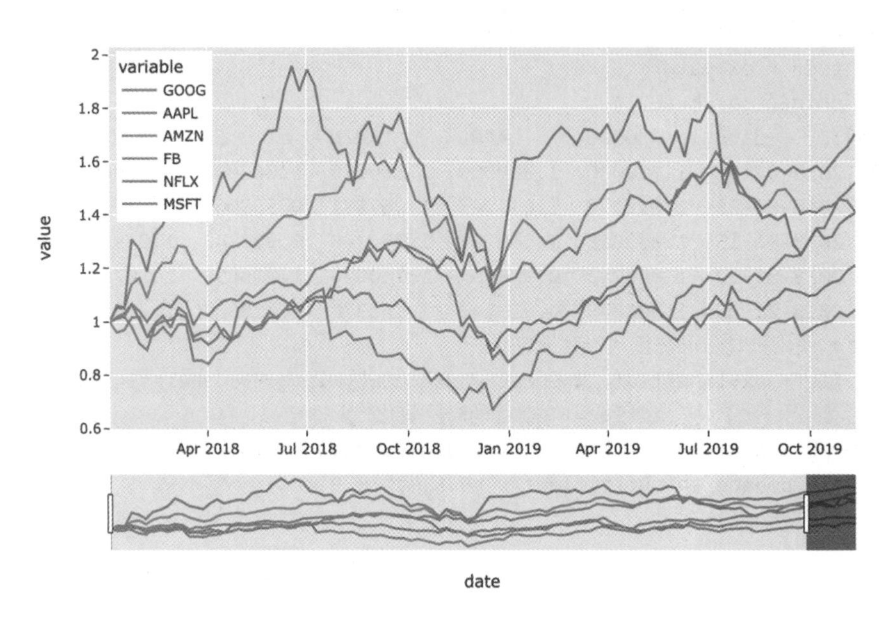

图 6-37　多个时序图

由于篇幅限制，还有很多关于 plotly 数据可视化内容无法一一介绍，读者可以在此基础上参考官方的帮助文档学习更多内容。

6.6 本章小结

本章主要介绍了可交互的可视化库——plotly。本章结合真实的数据集，根据数据类型分门别类地介绍了 plotly 的可视化功能。通过这种形式介绍该库，读者在学习 ploty 可视化函数使用方式的同时，还能充分地理解面对不同形式的数据和不同的待分析目标时，应该采用哪种可视化图像来描述数据，从而得到我们想要的分析结果。

第 7 章 Python 其他交互式数据可视化库

Python 交互式数据可视化库有很多。本章将主要介绍两个新的 Python 交互式数据可视化库，分别是 Bokeh 和 pyecharts。

Bokeh 支持在 Web 浏览器中进行大型数据集的高性能可视化表示。Bokeh 使用 D3.js 样式提供优雅、简洁新颖的图形，同时提供大型数据集的高性能交互功能。Bokeh 可以快速地创建交互式的绘图、仪表盘和数据应用。

Apache ECharts 是一个百度开源的数据可视化图表库。该库凭借着良好的交互性、精巧的图表设计，得到了众多开发者的认可。Python 语言很适合用于数据处理。当 Apache ECharts 与 Python 语言相结合就产生了 pyecharts。pyecharts 可视化出的可交互图像有诸多优势，例如，其 API 设计简洁，使用流畅，并支持链式调用；包含 30 多种常见图表，可视化功能应有尽有；支持主流 Notebook 环境，支持在 Jupyter Notebook 和 JupyterLab 使用 pyecharts；通过高度灵活的配置项，可轻松搭配出精美的图表等。

下面将通过具体的数据可视化案例，介绍如何更好地使用这两个库的数据可视化功能。

7.1 Bokeh 交互式数据可视化

本节将介绍 Bokeh 所包含的可视化函数，以及利用 Bokeh 可视化函数进行数据可视化实例。

7.1.1 Bokeh 的简介与设置

Bokeh 具有操作简单且高度定制化的特点。它为用户提供了多个可视化界面，并提供了强大而灵活的功能。这些功能主要通过 models、plotting、layouts、io 等模块完成。其中，models 是最基础的模块；plotting 主要提供各种常用的绘图函数用于图像的可视化；layouts 主要用于设置图像的布局等。Bokeh 中各模块的常用类及功能如表 7-1 所示。

表 7-1 Bokeh 中各模块的常用类及功能

模 块	类	功 能
models	ColumnDataSource	将列名映射到序列或数组
	HoverTool	可交互时的悬停工具
	ActionTool	工具栏中的按钮工具
	HelpTool	工具栏中的帮助工具
	Axis	定义所有轴类型通用属性
plotting	figure	为绘图创建一个新图形
	show	输出当前的可视化图像
palettes	brewer	ColorBrewer 包含的调色板组
	d3	D3 包含的调色板组
	mpl	Matplotlib 包含的调色板组
transform	cumsum	为数据的列生成累加和表达式
	dodge	将 Dodge 转换应用于数据的列
	factor_cmap	将分类的数据列映射到颜色上
	factor_mark	将分类的数据列映射到点形状上
	jitter	将抖动转换应用于数据的列
io	output_notebook	在 Jupyter 中将可视化图像输出到 cell 下方
	curdoc	返回当前默认状态的文档
	show	显示当前的 Bokeh 对象
	output_file	将生成的图像输出到指定文件
layouts	gridplot	创建网格绘图
	row	将图像按行排列
	column	将图像按列排列

表 7-1 主要展示了进行数据可视化实例时会使用的一些模块与类。这些模块与类的具体使用方式会在 7.1.2 节结合数据集进行详细的介绍。

7.1.2 Bokeh 数据可视化

本节将以数据可视化实例的形式，介绍如何使用 Bokeh 对数据进行可视化。下面的程序先导入可视化时所需要的库和函数，然后为了能够正确地在 Jupyter 中输出可视化图像，运行 output_notebook 函数。

```
In[1]:# 导入需要的库
      import numpy as np
      import pandas as pd
      from scipy.stats import gaussian_kde
      from bokeh.plotting import figure, show
      from bokeh.io import output_notebook,curdoc
```

```
from bokeh.transform import factor_cmap, factor_mark
from bokeh.palettes import brewer,d3
from bokeh.models import ColumnDataSource,HoverTool
from bokeh.layouts import gridplot,row,column
output_notebook()          # 将 bokeh 得到的可视化图像输出到 cell 的下方
```

下面介绍的可视化图像包括分组散点图、六边形热力图、数据分布山脊图，以及利用子图组合的图像。

1. 分组散点图

利用前面使用过的“digit3D.csv”数据，使用其中的变量 V1 与 V2 作为每个点的坐标，使用变量 label 作为数据分组变量，并提前将 label 转换为字符串格式。下面的程序输出了数据的前几行。

```
In[2]:# 数据准备，导入手写字体的三维数据
      digitdf = pd.read_csv("data/chap3/digit3D.csv")
      digitdf["label"] = digitdf.label.apply(str)
      print(digitdf.head())
Out[2]:          V1         V2         V3 label
       0 -48.090091  17.541763   6.549488     0
       1  15.622530   4.635292 -18.603039     1
       …
       4 -13.054036  10.309095 -40.025571     4
```

数据准备好后，通过下面的程序可视化出分组散点图。该程序包括下面几个步骤。

（1）为了对不同的分组设置不同的点形状，获取数据分组变量 label 的所有取值情况，设置 Bokeh 所支持的形状列表 MARKES。

（2）使用 figure 函数初始化一个图对象 p，并且对 p 进行一些基础的设置，如设置 p 的大小、名称、坐标轴取值范围及其他的可交互工具等。

（3）通过 p.scatter 函数可视化出分组散点图，其中通过 source 参数指定使用的数据集，通过其他的参数对可视化效果进行设置，如设置点的颜色、形状等。

（4）进一步设置 p 的其他属性，如图像的坐标系、坐标轴标签及图例等内容。

（5）通过 show 函数输出最终的可视化结果。

运行该程序后可获得如图 7-1 所示的可视化结果。

```
In[3]:# 可视化出分组散点图
      LABEL = sorted(digitdf.label.unique())          # 获取数据的类别
      MARKES = ["circle","cross","diamond","hex","plus","square","star","x",
                "y","asterisk"]
      label = digitdf.label                           # 每个点的类别标签
      p = figure(width = 800,height = 500,title = " 分组散点图 ",
                 x_range = (-65,50),                  # X 轴的取值范围
                 tooltips = "Data class: @label")     #为点添加悬停鼠标时的提示信息
      p.scatter("V1","V2",source = digitdf,           # 指定使用的数据和坐标
                size = 10,legend_group="label",fill_alpha=0.8,
                marker = factor_mark("label",MARKES,LABEL), # 设置点的形状映射
                # 设置点的颜色映射
```

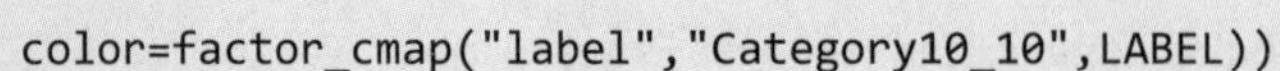

```
                   color=factor_cmap("label","Category10_10",LABEL))
# 设置坐标轴标签
p.xaxis.axis_label = "Var1"
p.yaxis.axis_label = "Var2"
p.title.align = "center"                              # 设置标题的位置和大小
p.title.text_font_size = "15px"
p.legend.location = "top_left"                        # 设置图例的位置和标签
p.legend.title = "label"
show(p)                                               # 显示可视化图像
```

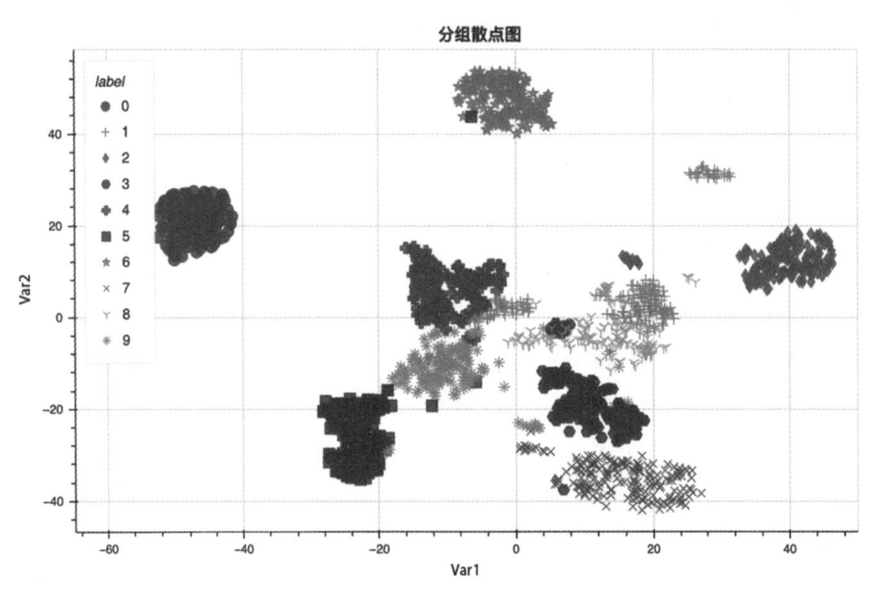

图 7-1　分组散点图

通过上面的可视化实例可以发现，可视化内容主要是通过 figure 函数得到图对象，并使用该图对象的相关属性获得完整的可视化图像。可以使用的图对象的可视化函数如表 7-2 所示。

表 7-2　可以使用的图对象的可视化函数

函数	图像类型	函数	图像类型
scatter	散点图	hexbin	六边形热力图
hbar_stack	左右堆叠条形图	line	线图
vbar_stack	上下堆叠条形图	quad	四边形
hline_stack	左右堆叠折线图	patch	Patch 图
vline_stack	上下堆叠折线图	rect	任意角度的长方形
harea_stack	左右堆叠面积图	vbar	垂直条形图
varea_stack	上下堆叠面积图	hbar	水平条形图
segment	线段	arc	弧线

2. 六边形热力图

六边形热力图又称六边形分箱热力图，是一种由六边形为主要元素的统计图表。它既

是散点图的延伸，又兼具直方图和热力图的特征。一般来说，散点图更容易分析变量数据之间的关系，但是随着数据量越来越大，画面上的点也越来越多。这时，有些点很可能会重叠在一起，以至于很难分辨出变量数据的变化趋势。因此，为了解决这个问题，引入"密度"的概念，即以特定的区域（六边形）为单位，统计出这个区域里点出现的频数，然后借助热力图，用颜色代表频数的高低，这样点的分布就一目了然了。在面对大规模数据时，使用六边形热力图代替散点图进行可视化分析，可以大幅降低散点图可视化分析所带来的视觉困难。

下面的程序利用 Bokeh 可视化出六边形热力图。该程序先使用变量 V1 和 V2 分别作为 X 轴和 Y 轴，然后使用 p.hexbin 函数进行可视化，并通过参数 palette 设置颜色映射，最后通过 p.add_tools 函数为图像添加悬停工具，且当光标悬停在对应的六边形上时，会显示对应的样本量。运行该程序后可获得如图 7-2 所示的可视化结果。

```
In[4]:# 六边形热力图可视化
      p = figure(width = 800,height = 500,title = "六边形热力图",
                 x_range = (-30,30),y_range = (-45,20)) # 设置 X 轴、Y 轴的显示范围
      # 获得六边形热力图，并设计配色
      count,_ = p.hexbin(x = digitdf.V1,y = digitdf.V2,          # 指定使用的数据和坐标
                         size = 2,palette=brewer["RdYlGn"][10])
      p.title.align = "center"                                    # 设置标题的位置和大小
      p.title.text_font_size = "15px"
      # 添加悬停工具，设置光标悬停时显示的信息
      p.add_tools(HoverTool(tooltips=[("count", "@c")]))
      show(p)
```

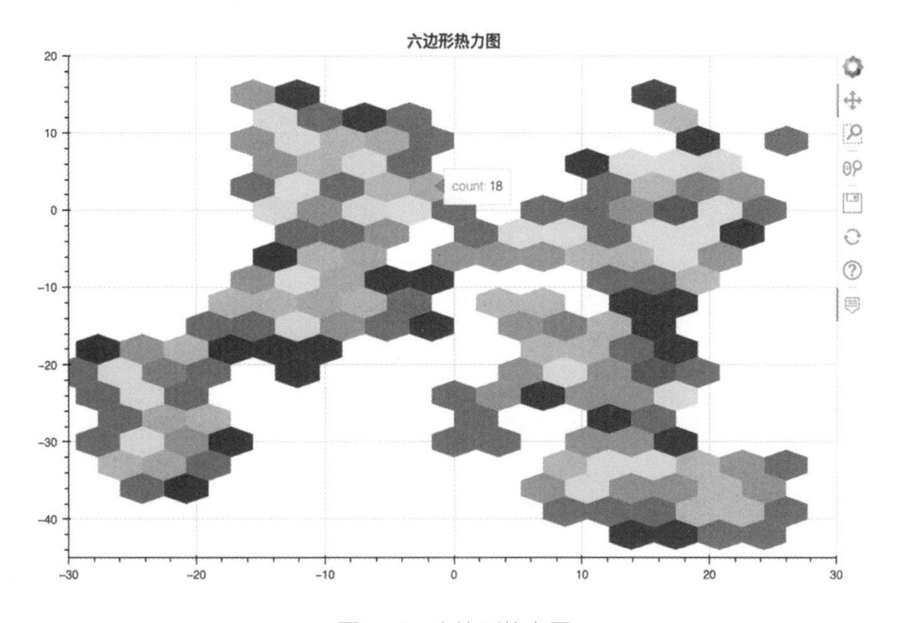

图 7-2　六边形热力图

3. 数据分布山脊图

接下来继续使用前面导入的"digit3D.csv"数据，使用数据分布山脊图可视化在不同 label 变量取值下 V1 数据的分布情况。为了对比分析不同类型图像的可视化效果，使用下面的程序可视化出分组密度曲线。该程序先通过 for 循环语句逐次使用 p.patch 函数

可视化出分组密度曲线，且不同类别的数据样本，使用不同的颜色进行表示。运行该程序后可获得如图 7-3 所示的可视化结果。

```
In[5]:# 可视化出分组密度曲线
    palette = brewer["Paired"][10]                          # 设置颜色
    LABEL = sorted(digitdf.label.unique())                  # 设置数据的类别标签
    p = figure(width = 800,height = 500,title = " 分组密度曲线 ")
    # 可视化不同类别数据的分布情况
    for ii,lab in enumerate(LABEL):
        datax = digitdf.V1[digitdf.label == lab]            # 不同类别的数据样本
        X = np.linspace(datax.min()-5,datax.max()+5, 100)
        pdf = gaussian_kde(datax)
        Y = pdf(X)                                          # 对应的 Y 轴坐标
        p.patch(x = X,y = Y,line_color=palette[ii], line_width=2,
                fill_color = palette[ii],fill_alpha = 0.5,legend_label = lab)
    p.legend.click_policy="hide"                            # 设置图例为可隐藏模式
    p.xaxis.axis_label = "X"
    p.yaxis.axis_label = " 密度 "
    p.title.align = "center"
    p.title.text_font_size = "15px"
    show(p)
```

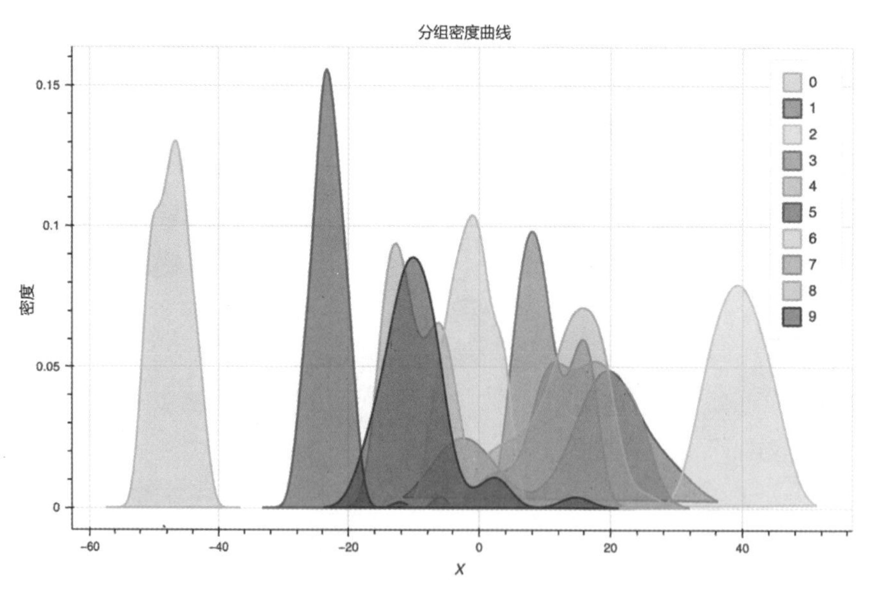

图 7-3 分组密度曲线

在图 7-3 中，分组密度曲线虽然可以查看不同分组数据的分布情况，但是数据之间的重叠、遮挡问题比较严重，因此可以进一步将该图像转换为数据分布山脊图，从而对数据进行可视化分析。

下面的程序先定义一个主要用于缩放核密度估计值的 ridge 函数，以便于获得更好的数据可视化效果，然后使用 for 循环语句通过 p.patch 函数可视化出数据分布山脊图。与上面的程序不同的是，要使用定义的 ridge 函数处理每个类别数据计算得到的核密度估计值后，再进行可视化。运行该程序最终可获得如图 7-4 所示的可视化结果。

```
In[6]:# 数据分布山脊图可视化
      def ridge(category, data, scale=10):                # scale 用于缩放核密度估计值
          return list(zip([category]*len(data), scale*data))
      LABEL = sorted(digitdf.label.unique())              # 获取数据的类别
      LABELs = [LABEL,"10"]
      palette = brewer["Paired"][10]                      # 颜色向量
      X = np.linspace(digitdf.V1.min()-5,digitdf.V1.max()+5, 500)
      source = ColumnDataSource(data=dict(X=X))           # 生成用于可视化的数据
      p = figure(y_range = LABEL,x_range = (X.min(),X.max()),width = 800,
                 height = 500, title = " 数据山脊图 ")
      for ii, lab in enumerate(LABEL):
          datax = digitdf.V1[digitdf.label == lab]        # 不同分组的样本
          pdf = gaussian_kde(datax)                       # 密度估计
          y = ridge(lab, pdf(X))                          # 对核密度估计值进行处理
          source.add(y, lab)
          p.patch("X", lab, color=palette[ii], alpha=1, line_color="black",
                  source=source)
      p.y_range.range_padding = 0.1                       # 扩大 Y 轴的取值范围
      p.xaxis.axis_label = "X"
      p.yaxis.axis_label = " 数据分组 "
      p.title.align = "center"
      p.title.text_font_size = "15px"
      p.axis.axis_line_color = None                       # 不显示坐标轴
      p.background_fill_color = "#efefef"                 # 设置图像的背景色
      p.axis.minor_tick_line_color = None                 # 不显示坐标轴的刻度线
      p.axis.major_tick_line_color = None
      show(p)y
```

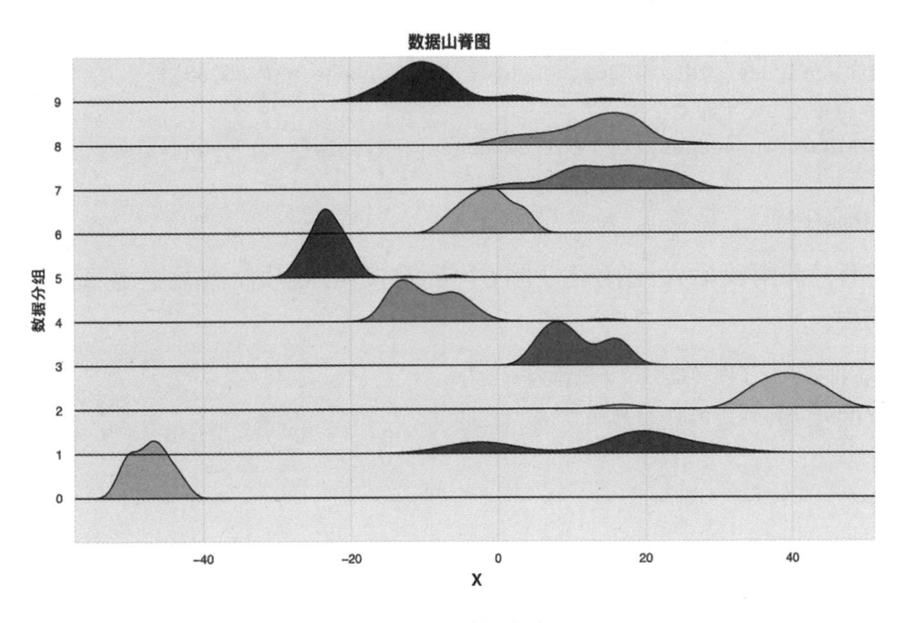

图 7-4　数据山脊图

与前面的分组密度曲线相比，通过数据山脊图可以更容易对比每个类别数据的分布情况，以及不同分组之间数据的分布差异等。

4. 利用子图组合的图像

Bokeh 还提供了将多个子图组合成图像的函数。其中，常用的有按照行排列函数、按照列排列函数及按照网格排列函数。下面将分别介绍这三种函数的使用方法。在进行数据的子图排列之前，先准备几个用于排列的子图。

下面的程序利用数据可视化得到了 3 个子图，分别是气泡图 p1、变量 V1 的直方图、变量 V2 的直方图。

```
In[7]:# 可视化出第一个子图
      p1 = figure(width = 600,height = 400,
                  title = " 数据中两个变量的分布与关系 ",
                  x_range = (-55,50),y_range = (-45,60))# 设置 X 轴、Y 轴的取值范围
      digitdf["size"] = np.log10(1+digitdf.V3.apply(abs))*6   # 添加点的大小变量
      p1.scatter("V1","V2",source = digitdf,            # 指定使用的数据和坐标
                 size = "size")
      # 设置坐标轴标签
      p1.xaxis.axis_label = "Var1"
      p1.yaxis.axis_label = "Var2"
      show(p1)
      # 可视化出第二个子图
      hist, edges = np.histogram(digitdf["V1"],bins=60) # 计算可视化数据
      p2 = figure(width = 600,height = 200,x_range = (-55,50))
      # 指定每个柱子的 4 个边
      p2.quad(top=hist, bottom=0, left=edges[:-1], right=edges[1:],
              line_color="black")
      show(p2)
      # 可视化出第三个子图
      hist, edges = np.histogram(digitdf["V2"],bins=60) # 计算可视化数据
      p3 = figure(width = 200,height = 400,y_range = (-45,60))
      # 指定每个柱子的 4 个边
      p3.quad(top=edges[1:], bottom=edges[:-1], left=0, right=hist,
              line_color="black")
      show(p3)
```

下面的程序利用 column 函数将子图 p1 与 p2 按照列排列，然后输出如图 7-5 所示的可视化结果。

```
In[8]:# 将第一个子图和第二个子图排为一列
      show(column([p1,p2]))
```

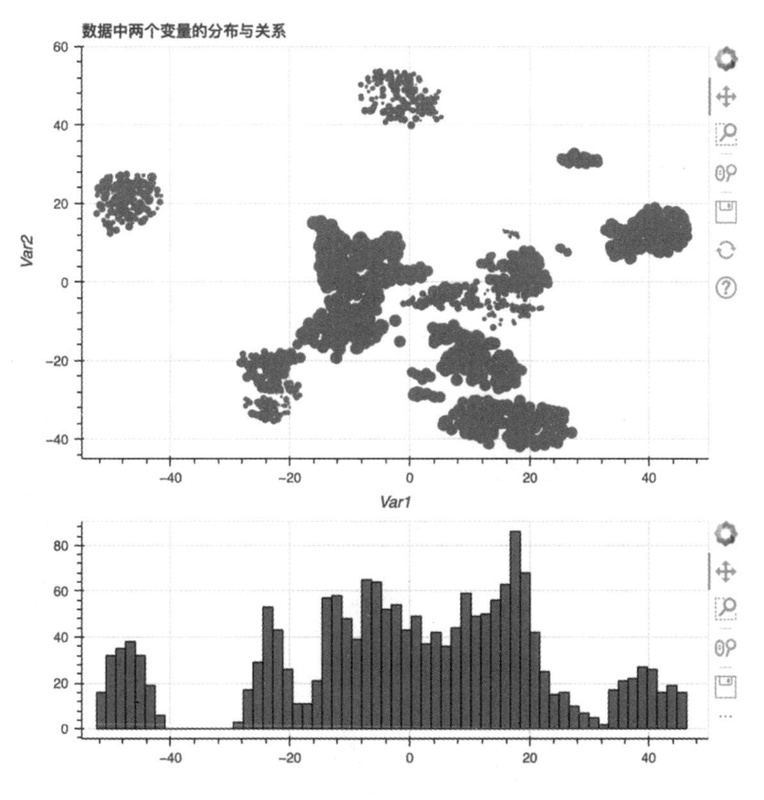

图 7-5　将子图按照列排列

下面的程序利用 row 函数将子图 p1 与 p3 按照行排列，然后输出如图 7-6 所示的可视化结果。

```
In[9]:# 将第一个子图和第三个子图排为 1 行
      show(row([p1,p3]))
```

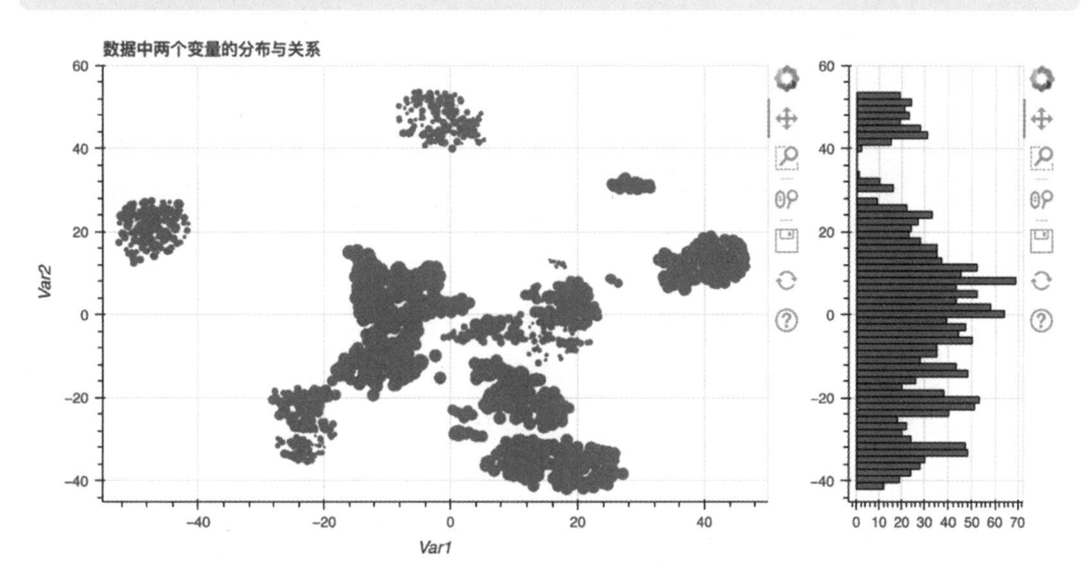

图 7-6　将子图按照行排列

下面的程序利用 gridplot 函数将子图 p1、p3 与 p2 按照网格排列，然后输出如图 7-7 所示的可视化结果。

```
In[10]:# 将第一个子图、第二个子图和第三个子图排为 2 行 2 列
       show(gridplot([p1,p3,p2],ncols=2))
```

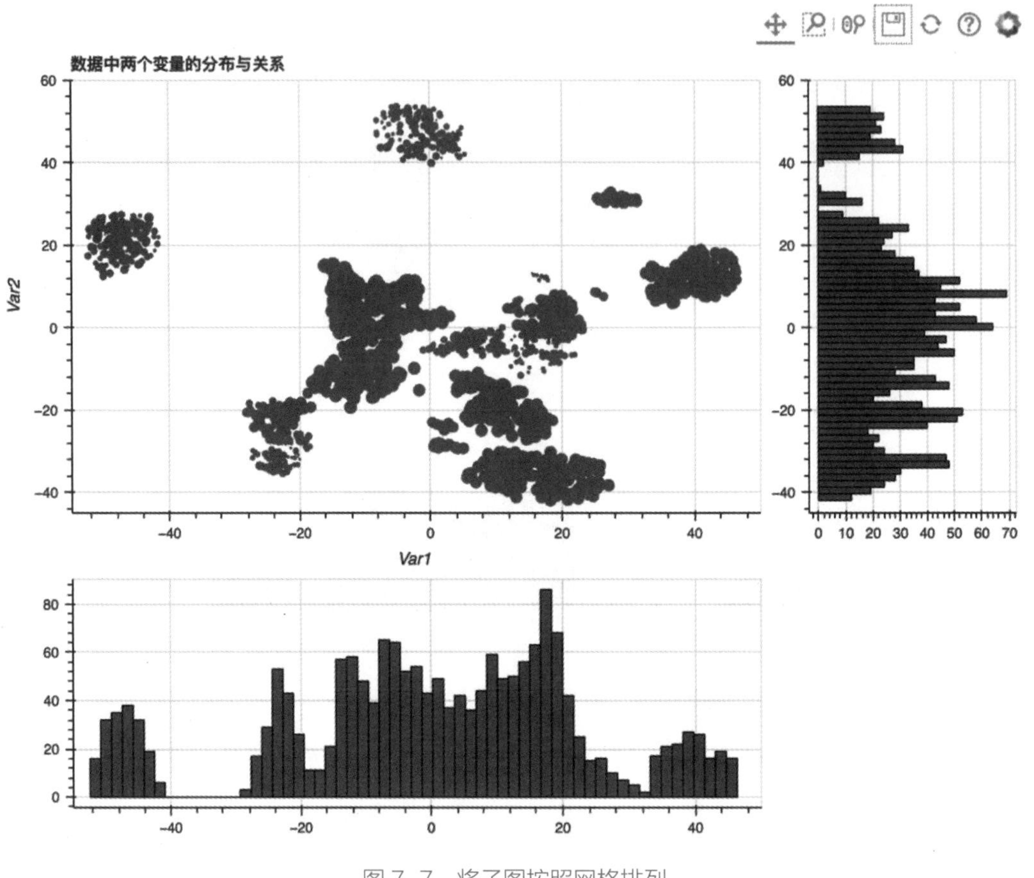

图 7-7　将子图按照网格排列

Bokeh 还有更多的数据可视化功能，其使用方法这里就不再一一列举了，读者可以自行参看官方文档。

7.2 pyecharts 交互式数据可视化

pyecharts 使用可交互图像进行数据可视化非常方便，并且具有很强的数据可视化功能。现在，pyecharts 主要分为 v0.5.x 版本和 v1 版本，并且 v0.5.x 版本和 v1 版本之间不兼容，而 v1 版本是一个全新的版本。本章的内容是基于 v1 版本的。由于 v0.5.x 版本将不再被维护，所以建议以学习使用 v1 版本为主。

7.2.1 pyecharts 的简介与设置

pyecharts 数据可视化功能离不开它的全局配置项。pyecharts 的全局配置项主要设置可视化图像的整体显示情况，如设置图像的标题、可交互工具箱、图例等内容。

pyecharts 的常用全局配置项如表 7-4 所示。

表 7-4　pyecharts 的常用全局配置项

全局配置项	说　明
AnimationOpts	Echarts 画图动画配置项
InitOpts	初始化配置项
ToolBoxFeatureOpts	工具箱工具配置项
ToolboxOpts	工具箱配置项
BrushOpts	区域选择组件配置项
TitleOpts	标题配置项
DataZoomOpts	区域缩放配置项
LegendOpts	图例配置项
VisualMapOpts	视觉映射配置项
TooltipOpts	提示框配置项
AxisLineOpts	坐标轴轴线配置项
AxisTickOpts	坐标轴刻度配置项
AxisOpts	坐标轴配置项

表 7-4 所列出的常用全局配置项的作用可以通过图 7-8 进行查看。

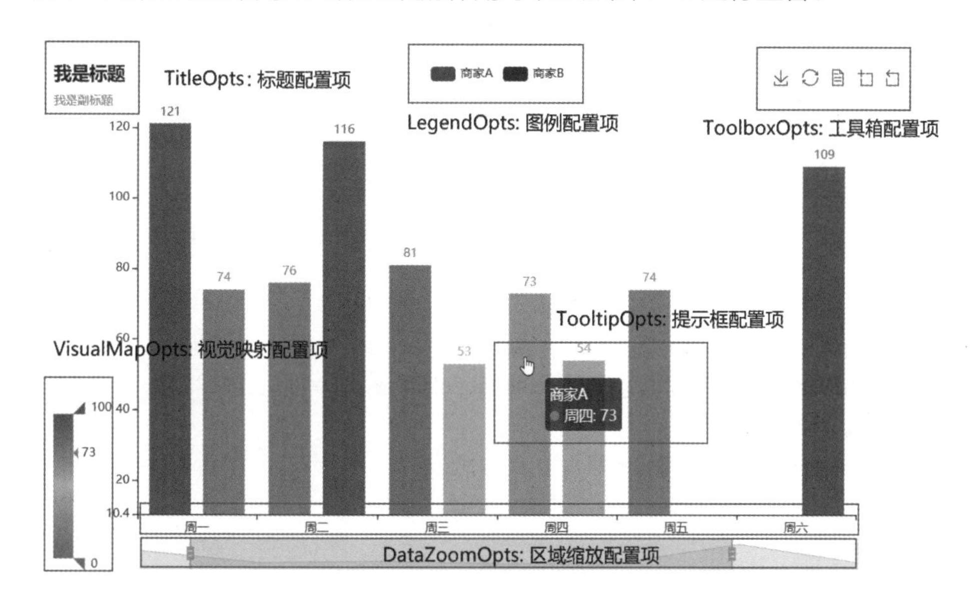

图 7-8　pyecharts 各部分内容所对应的全局配置项

pyecharts 还提供了可视化图像所对应的类，如表 7-5 所示。

表 7-5　pyecharts 的常用类及对应的可视化图像类型

类	可视化图像类型	类	可视化图像类型
Calendar	日历图	Scatter	散点图
Funnel	漏斗图	HeatMap	热力图

续表

类	可视化图像类型	类	可视化图像类型
Gauge	仪表盘	Kline	K 线图
Graph	关系图	Line	折线 / 面积图
Liquid	水球图	PictorialBar	象形柱状图
Parallel	平行坐标系	Boxplot	箱线图
Pie	饼图	Tree	树图
Polar	极坐标系	TreeMap	矩形树图
Radar	雷达图	Bar3D	三维柱状图
Sankey	桑基图	Line3D	三维折线图
Sunburst	旭日图	Scatter3D	三维散点图
ThemeRiver	主题河流图	Surface3D	三维曲面图
WordCloud	词云图	Map3D	三维地图
Bar	柱状图 / 条形图	Timeline	时间线轮播图

7.2.2 节将使用 pyecharts 提供的类，结合待分析的数据集，介绍如何更好地可视化出可交互图像。

7.2.2 pyecharts 数据可视化

本节将以可视化实例的形式，利用 pyecharts 进行数据可视化。由于 pyecharts 的可视化图像类型较多，因此本节将主要介绍前面没有介绍过的 pyecharts 特有的数据可视化功能。下面的程序先导入会使用到的相关库和模块，然后为了在 Jupyter lab 中获得更好的可视化效果，会将 CurrentConfig.NOTEBOOK_TYPE 设置为 NotebookType.JUPYTER_LAB。

```
In[1]:from pyecharts.globals import CurrentConfig, NotebookType
      CurrentConfig.NOTEBOOK_TYPE = NotebookType.JUPYTER_LAB
      # 导入需要的库
      import numpy as np
      import pandas as pd
      import os
      import json
      from pyecharts import options as opts
      from pyecharts.charts import Grid,Liquid,Gauge,Calendar,WordCloud,
ThemeRiver, Timeline, PictorialBar, Funnel, Graph
      from pyecharts.globals import SymbolType,ThemeType
```

下面主要介绍以下几种可视化图像：水球图、仪表盘、主题河流图、词云图、日历图、象形柱状图、漏斗图及关系图。

1. 水球图

水球图是一种适合于展现单个百分比数据的可视化图像。下面的程序展示了三种形式的水球图，分别是两个圆形水球图和一个菱形水球图。在该程序中，均使用 Liquid 函数初始化水球图的类，然后通过添加相关的参数对水球图的显示形式进行设置，例如，使用 shape 参数设置水球图的形状，使用 is_outline_show 参数设置水球是否包含边缘；在获得 3 个水球图后，通过 Grid 函数为这 3 个图像进行布局设置；由于要在 Jupyter lab 中输出可视化图像，所以在第一次使用 grid.render_notebook 函数之前应先使用 grid.load_javascript 函数。运行该程序后最终可获得如图 7-9 所示的可视化结果。

```
In[2]:# 圆形水球图 1
      l1 = (Liquid().add("lq1", [0.65], center=["20%", "50%"])
            .set_global_opts(title_opts=opts.TitleOpts(title=" 水球图 "))
      )
      # 菱形水球图
      l2 = (Liquid().add("lq2", [0.255], center=["50%", "70%"],        # 设置位置
                         shape=SymbolType.DIAMOND)                      # 设置形状
      )
      # 圆形水球图 2
      l3 = (Liquid().add("lq3", [0.8], center=["80%", "50%"],          # 设置位置
                         is_outline_show=False)                         # 不包含边缘
      )
      # 将多个图像组合显示
      grid = (Grid().add(l1, grid_opts=opts.GridOpts())
              .add(l2, grid_opts=opts.GridOpts())
              .add(l3, grid_opts=opts.GridOpts()))
      grid.load_javascript()      # 首次可视化前先调用 load_javascript 函数
      grid.render_notebook()
```

图 7-9　水球图

2. 仪表盘

仪表盘是一种拟物化的可视化图像。其中，刻度表示度量，指针表示维度，指针角度表示数值。仪表盘就像汽车的速度表一样，有一个圆形的表盘及相应的刻度，并有一个指

针指向当前数值。目前，很多的管理报表或报告上都采用仪表盘，以便直观地表现出某个指标的进度或实际情况。

可以使用 Gauge 函数可视化出仪表盘。下面的程序分别可视化出两个仪表盘 g1 和 g2。这两个仪表盘的显示通过可视化时设置的不同参数来控制，例如，通过 data_pair 参数设置控制指针的位置，通过 detail_label_opts 参数设置显示文本时的位置和字体等，通过 pointer 参数设置控制指针的显示情况。运行该程序后最终可获得如图 7-10 所示的可视化结果。

```
In[3]:# 设置仪表盘的文字显示情况
      g1 = (Gauge().add(series_name=" 业务指标 ", data_pair=[(" 完成率 ", 35)],
                        title_label_opts=opts.LabelOpts(font_size=20,
                            color="black"),
                        detail_label_opts=opts.GaugeDetailOpts(
                            offset_center = [0, "40%"],font_size = 30))
           .set_global_opts(legend_opts=opts.LegendOpts(is_show=False))
          )
      g1.render_notebook()
      # 设置仪表盘的指针和半径情况
      g2 = (Gauge().add(series_name="", data_pair=[("", 88)],
                        radius="75%",                    # 半径百分比
                        detail_label_opts=opts.GaugeDetailOpts(
                             offset_center = [0, "40%"] ),
                        # 设置指针
                        pointer = opts.GaugePointerOpts(length = "60%",
                              width = 20))
           .set_global_opts(legend_opts=opts.LegendOpts(is_show=False))
          )
      g2.render_notebook()
```

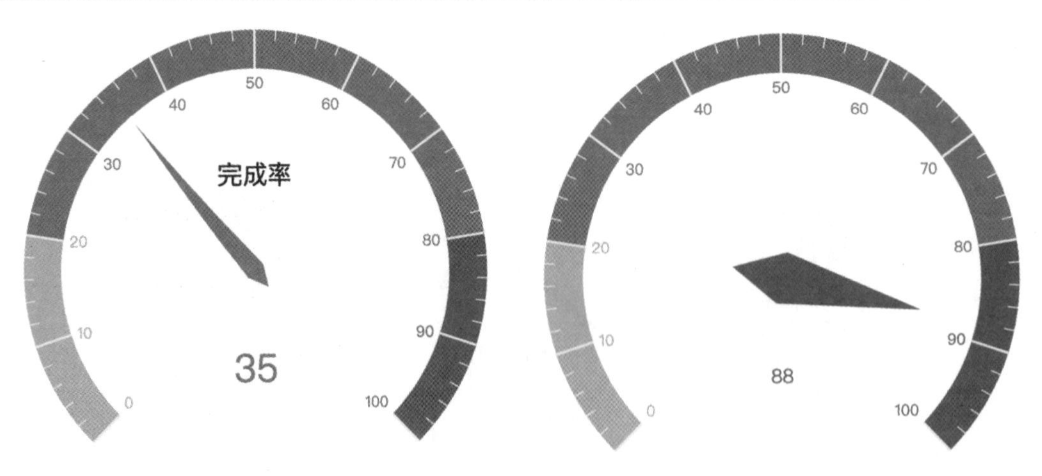

图 7-10　仪表盘

3. 主题河流图

主题河流图又称蒸汽图，是一种特殊的流图，主要用来表示事件或主题等在一段时间内的变化。下面的程序利用主题河流图可视化分析《红楼梦》中几个关键人物在每章的出场情况。在该程序中，先从文件夹中导入数据，并只使用前 7 列数据（7 个人的出场

数据），然后为数据添加 1 列章的编号，接着将宽型数据转换为长型数据，转换后的长型数据只有 3 列，再将长型数据的每行作为列表中的一个元素，最后将所有的数据转换为 ThemeRiver 函数可视化时需要的列表形式。

```
In[4]:# 数据准备，只使用前 7 列数据可视化出主题河流图
      reddf = pd.read_csv("data/chap7/ 红楼梦人物出场次数 .csv")
      reddf = reddf.iloc[:,0:7]
      reddf["chap"] = np.arange(1,121)
      print(" 读取的数据形式 :\n",reddf.head())
      x_data = reddf.columns.values.tolist()
      # 将宽型数据转换为长型数据
      reddflong = pd.melt(reddf,id_vars=["chap"],var_name = "name",
                          value_name = "number")
      print(" 长型数据形式 :\n",reddflong.head())
      # 将数据转换为可视化时需要的列表的形式
      y_data=[[str(reddflong.chap[ii]),reddflong.number[ii],reddflong.name[ii]]
               for ii in reddflong.index]
      print(" 主题河流图需要的数据形式 :\n",y_data[0:5])
Out[4]: 读取的数据形式 :
           宝玉   凤姐    贾母    黛玉   袭人   王夫人   宝钗  chap
      0    1.0   0.0    0.0    0.0   0.0    0.0   0.0    1
      1    2.0   0.0    0.0    1.0   0.0    0.0   0.0    2
      2   32.0   1.0   32.0   75.0   9.0   17.0   0.0    3
      3    0.0   0.0    3.0    3.0   0.0   11.0   2.0    4
      4   61.0   0.0    6.0   10.0   3.0    1.0   5.0    5
      长型数据形式 :
         chap name  number
      0    1   宝玉     1.0
      1    2   宝玉     2.0
      2    3   宝玉    32.0
      3    4   宝玉     0.0
      4    5   宝玉    61.0
      主题河流图需要的数据形式 :
       [['1', 1.0, ' 宝玉 '], ['2', 2.0, ' 宝玉 '], ['3', 32.0, ' 宝玉 '], ['4', 0.0,
' 宝玉 '], ['5', 61.0, ' 宝玉 ']]
```

数据准备好后，即可通过下面的程序可视化出主题河流图。在该程序中，使用 ThemeRiver 函数可视化出主题河流图，并通过其他的设置项对该图像进行布局，在该图像的下方添加一个数据缩放工具，以方便对可视化数据区间的选取。运行该程序后可获得如图 7-11 所示的可视化结果。

```
In[5]:# 可视化出主题河流图
      redtr = (ThemeRiver(init_opts=opts.InitOpts(width="1000px",
                                                  height="600px"))
               .add(series_name=x_data,data=y_data,
                    singleaxis_opts=opts.SingleAxisOpts(pos_top="50",
                                                        pos_bottom="50"))
               .set_global_opts(
                   # 设置提示框显示的相关内容
                   tooltip_opts=opts.TooltipOpts(trigger="axis",
```

```
                        axis_pointer_type="line"),
                # 添加数据缩放工具 ,range_start 和 range_end 的取值表示百分比
                datazoom_opts=opts.DataZoomOpts(range_start=8,range_end=100,
                                                pos_bottom = 0))
            )
    redtr.render_notebook()
```

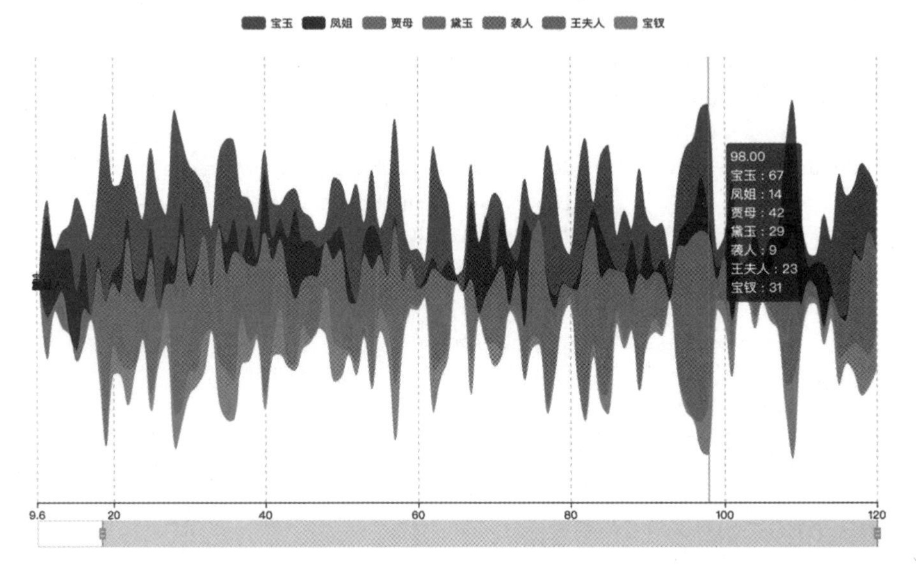

图 7-11　主题河流图

4. 词云图

词云图是利用词语的显示大小表示词语出现频率的可视化图像。下面的程序利用“三国关键词 .csv”数据，可视化出可交互的词云图。其中，In[6] 程序片段进行数据准备，主要将数据的表格形式转换为可视化需要的列表形式；In[7] 程序片段利用 WordCloud 函数可视化出词云图，并将可视化好的词云图输出为 html 文件。运行该程序最终可获得如图 7-12 所示的可视化结果。

```
In[6]:# 数据准备
      word_fre = pd.read_csv("data/chap7/ 三国关键词 .csv")
      print(word_fre.head())
      wcdata = [(word_fre.word[ii],str(word_fre.freq[ii])) for ii
                 in word_fre.index]
      print(wcdata[0:5])
Out[6]:  word   freq
      0   玄德  1796
      1   孔明  1657
      2   曹操   913
      3   将军   704
      4   却说   649
      [(' 玄德 ', '1796'), (' 孔明 ', '1657'), (' 曹操 ', '913'), (' 将军 ', '704'),
(' 却说 ', '649')]
In[7]:# 可视化出词云图
      wc = (WordCloud(init_opts=opts.InitOpts(width="1000px", height="600px"))
            .add(series_name="a", data_pair=wcdata, word_size_range=[15, 66])
```

```
        .set_global_opts(
            # 标题相关的设置
            title_opts=opts.TitleOpts(title="《三国演义》高频词",
                                      pos_left="center"))
    )
wc.render("data/chap7/wordcloud_三国.html")
```

注意：在 Jupyter lab 中，使用 wc.render_notebook 函数可能不能正确地输出词云图（可能是版本不匹配的问题），因此要将词云图输出为 html 文件，并可以利用浏览器查看输出的词云图文件。

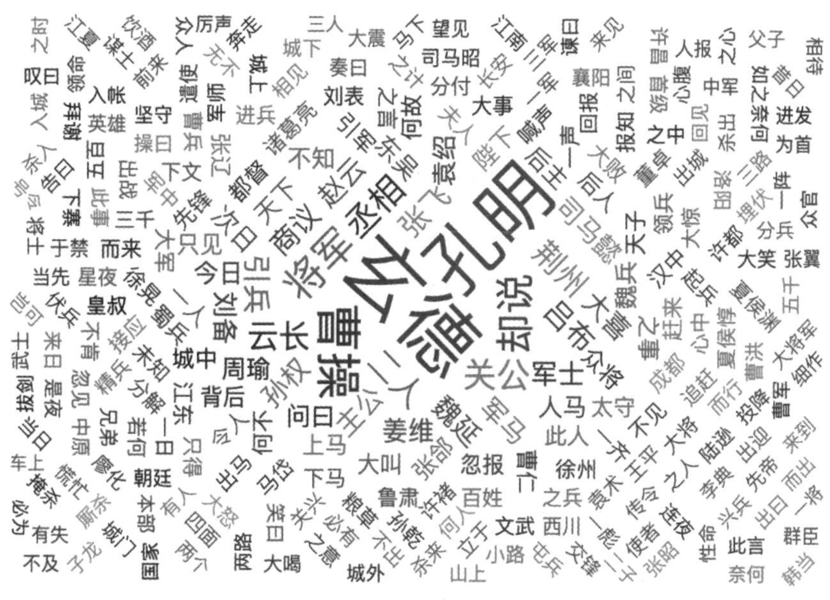

图 7-12 《三国演义》词云图

5. 日历图

日历图是指热力图和日历两者组合的时序图，是一种双变量图，由时间变量和另一种变量组成。日历图可以反映出在一段日期内的数据分布情况，有利于分析人员在时间跨度上对某些数据进行对比分析。

下面将使用一个天气数据，可视化其中某一年数据中每天的温度变化情况。下面的程序读取数据，并将其处理为日历图所需要的数据形式。

```
In[8]:# 数据导入和预处理
      weath = pd.read_csv("data/chap7/weather3years.csv")
      weath["MeanTemp"] = np.round(weath["MeanTemp"],2)
      weath["MeanHum"] = np.round(weath["MeanHum"],2)
      print("读取的数据形式:\n",weath.head())
      # 数据准备
      caledata = [[weath.date[ii],weath.MeanTemp[ii]] for ii in weath.index]
      print("日历图需要的数据形式:\n",caledata[0:4])
Out[8]: 读取的数据形式:
```

```
   year        date  MeanTemp  MeanHum
0  2014  2014-01-01     13.38    89.62
1  2014  2014-01-02     11.00    78.38
2  2014  2014-01-03     12.50    74.88
3  2014  2014-01-04     12.88    88.12
4  2014  2014-01-05     12.38    89.00
日历图所需要的数据形式：
 [['2014-01-01', 13.38], ['2014-01-02', 11.0], ['2014-01-03', 12.5],
  ['2014-01-04', 12.88]]
```

准备好的数据是列表形式的。该列表是包含时间和当日温度两个元素的列表。下面的程序通过 calendar_opts 参数设置日历图的位置与可视化的时间范围，其中 range_=["2014"] 表示只可视化 2014 年的日历图；通过 daylabel_opts 和 monthlabel_opts 参数设置天和月份的显示模式；通过 set_global_opts 函数设置图像的整体布局，其中利用 visualmap_opts 参数设置图像的颜色映射，并通过将温度的取值切分为多段的形式显示。运行该程序后可获得如图 7-13 所示的可视化结果。

```
In[9]:# 可视化出温度分段变化日历图
      cale = (Calendar(init_opts=opts.InitOpts(width="1000px", height="320px"))
              .add(series_name="",yaxis_data=caledata,
                   # 设置图像的位置布局和可视化的时间范围，以及相关 label 的显示
                   calendar_opts=opts.CalendarOpts(pos_top="120",pos_left="30",
                                                   pos_right="30",range_=["2014"],
                   daylabel_opts=opts.CalendarDayLabelOpts(name_map="cn"),
                   monthlabel_opts=opts.CalendarMonthLabelOpts(name_map="cn"),
              ))
           .set_global_opts(
              # 标题相关的设置
              title_opts=opts.TitleOpts(pos_top="30", pos_left="center",
                                        title="2014 年温度变化 "),
              # 设置颜色映射配置项，将颜色映射切分为多段的形式
              visualmap_opts=opts.VisualMapOpts(max_=40,min_=0,
                                        orient="horizontal",is_piecewise=True,
                                        pos_left = "center",pos_top = "60"))
      )
      cale.render_notebook()
```

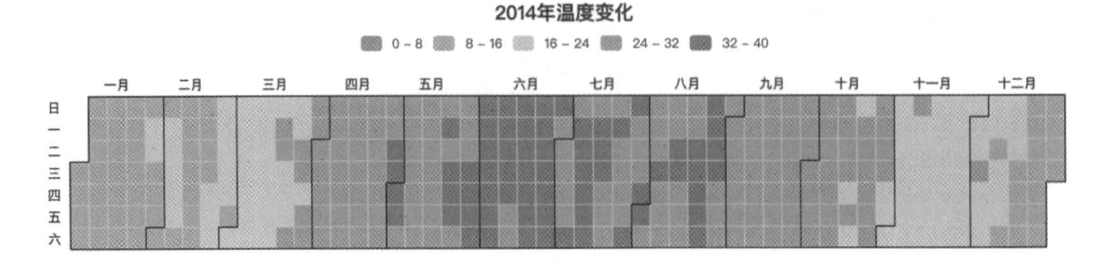

图 7-13　温度分段变化日历图

下面的程序在可视化时将温度映射为连续变化的情况。运行该程序后可获得如图 7-14 所示的可视化结果。

```
In[10]:# 可视化出温度连续变化日历图
      cale = (Calendar(init_opts=opts.InitOpts(width="1000px", height="320px"))
              .add(series_name="",yaxis_data=caledata,
                   # 设置图像的位置布局和可视化的时间范围，以及相关 label 的显示
                   calendar_opts=opts.CalendarOpts(pos_top="120",pos_left="30",
                                                  pos_right="30",range_=["2014"],
                    daylabel_opts=opts.CalendarDayLabelOpts(name_map="cn"),
                    monthlabel_opts=opts.CalendarMonthLabelOpts(name_map="cn"),
              ))
          .set_global_opts(
              # 标题相关的设置
              title_opts=opts.TitleOpts(pos_top="30", pos_left="center",
                                        title="2014 年温度变化 "),
              # 设置颜色映射配置项，不切分颜色映射
              visualmap_opts=opts.VisualMapOpts(max_=40,min_=0,
                        orient="horizontal",pos_left = "center",pos_top = "60"))
      )
      cale.render_notebook()
```

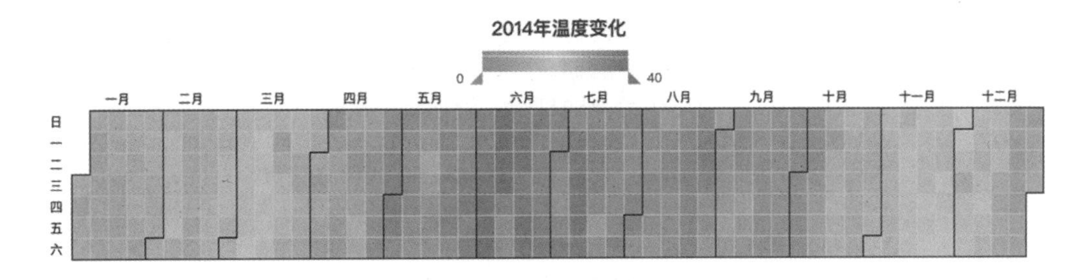

图 7-14　温度连续变化日历图

6. 象形柱状图

象形柱状图也是柱状图的一种，不同的是象形柱状图的柱子使用象形符号表示。下面的程序则是使用象形柱状图，可视化每个大洲人口，读取的数据包含不同年份中统计的各大洲人口。

```
In[11]:# 读取数据
       peodf = pd.read_excel("data/chap7/ 世界人口 ( 单位万 ).xlsx")
       print(peodf.head())
Out[11]:    时间      世界    非洲     亚洲     欧洲   拉丁美洲   北美洲  大洋洲
       0  1750   79100  10600   50200  16300   1600     200   200
       1  1800   97800  10700   63500  20300   2400     700   200
       2  1850  126200  11100   80900  27600   3800    2600   200
       3  1900  165000  13300   94700  40800   7400    8200   600
       4  1950  251863  22121  139849  54740  16710   17162  1281
```

下面的程序则是利用象形柱状图，可视化不同地区在不同时间节点的人口数量。在可视化时，先将数据表中的每列数据转化为列表的形式，然后在 PictorialBar 函数中通过 add_xaxis 函数设置 X 轴坐标使用的数据，通过 add_yaxis 函数逐次添加 Y 轴使用的数据，通过 reversal_axis 函数翻转坐标系，获得水平柱状图，最后对图像的整体显示情况

进行综合设置。运行该程序后可获得如图 7-15 所示的可视化图像。该图像是可交互的，可通过单击该图像进行更多的可交互设置，如可视化不同区域的数据等。

```
In[12]:# 可视化不同地区在不同时间节点的人口
       year = [str(ii) for ii in list(peodf["时间"].values)]
       valall = [str(ii) for ii in list(peodf["世界"].values)]
       val1 = [str(ii) for ii in list(peodf["非洲"].values)]
       val2 = [str(ii) for ii in list(peodf["亚洲"].values)]
       val3 = [str(ii) for ii in list(peodf["欧洲"].values)]
       val4 = [str(ii) for ii in list(peodf["拉丁美洲"].values)]
       val5 = [str(ii) for ii in list(peodf["北美洲"].values)]
       val6 = [str(ii) for ii in list(peodf["大洋洲"].values)]
       bar = (PictorialBar(init_opts=opts.InitOpts(width="1000px",
                                height = "600px" )).add_xaxis(year)
              .add_yaxis("世界",valall,label_opts=opts.LabelOpts(is_show=False),
                         symbol_repeat="fixed", is_symbol_clip=True,
                         symbol = SymbolType.ROUND_RECT)
              .add_yaxis("亚洲",val2,label_opts=opts.LabelOpts(is_show=False),
                         symbol_repeat="fixed",is_symbol_clip=True,
                         symbol=SymbolType.ROUND_RECT)
              .add_yaxis("非洲",val1,label_opts=opts.LabelOpts(is_show=False),
                         symbol_repeat="fixed",is_symbol_clip=True,
                         symbol=SymbolType.ROUND_RECT)
              .add_yaxis("欧洲",val3,label_opts=opts.LabelOpts(is_show=False),
                         symbol_repeat="fixed",is_symbol_clip=True,
                         symbol=SymbolType.ROUND_RECT)
              .add_yaxis("拉丁美洲",val4,
                         label_opts=opts.LabelOpts(is_show=False),
                         symbol_repeat="fixed",is_symbol_clip=True,
                         symbol=SymbolType.ROUND_RECT)
              .add_yaxis("北美洲",val5,label_opts=opts.LabelOpts(is_show=False),
                         symbol_repeat="fixed",is_symbol_clip=True,
                         symbol=SymbolType.ROUND_RECT)
              .add_yaxis("大洋洲",val6,label_opts=opts.LabelOpts(is_show=False),
                         symbol_repeat="fixed",is_symbol_clip=True,
                         symbol=SymbolType.ROUND_RECT)
              .reversal_axis()    # 翻转坐标系
              .set_global_opts(title_opts=opts.TitleOpts(title="世界各大洲人口(单位:
                                                                万人)"),
                   xaxis_opts=opts.AxisOpts(is_show=True),
                   yaxis_opts=opts.AxisOpts(
                         axistick_opts = opts.AxisTickOpts(is_show=False),
                         axisline_opts=opts.AxisLineOpts(
                         linestyle_opts = opts.LineStyleOpts(opacity=0)))
                              )
              )
       bar.render_notebook()
```

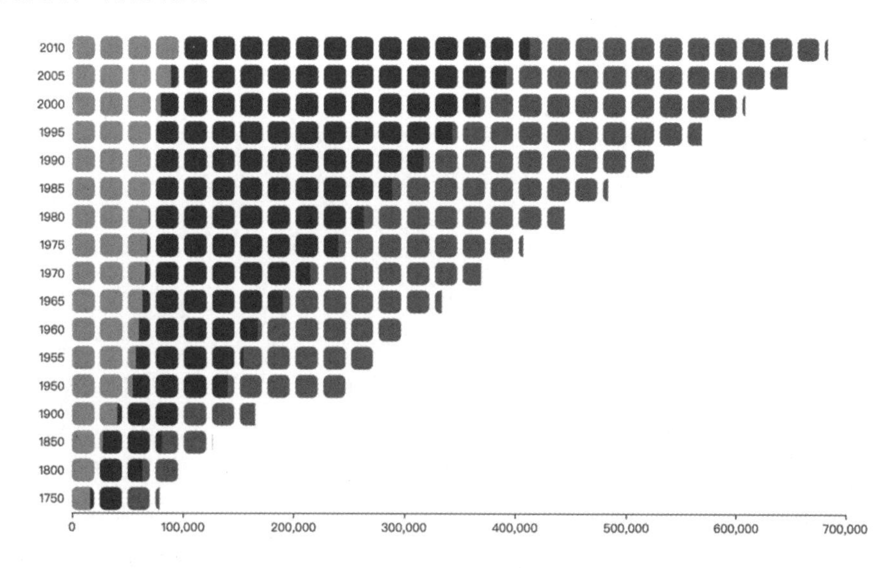

图 7-15　象形柱状图

如果将象形柱状图和时间轴组件相结合，则可以获得可播放的动画。下面的程序同样使用前面的人口数据，获得每个时间段的各大洲人口象形柱状图，然后通过时间的播放获得动画。在该程序中，先使用 Timeline 函数获得一个时间轴组件，然后通过 for 循环语句获得每年的人口数据象形柱状图，并通过时间轴组件的 add 函数将其添加在 tl 对象中，最后输出 tl 即可获得可交互的可视化结果。运行该程序后可获得如图 7-16 所示的可视化图像。该图像显示的是 1750 年的人口数据，通过单击该图像中的播放按钮可以播放动画。

```
In[13]:# 可视化出动态象形柱状图
       year = list(peodf[" 时间 "].values)                  # 时间数据
       # 设置时间轴组件的大小和主题
       tl = Timeline(init_opts=opts.InitOpts(width="800px", height="400px",
                     theme=ThemeType.DARK))
       for k,y in enumerate(year):
           xdata = list(peodf.columns.values[1:8])        # 初始化 X 轴和 Y 轴使用的数据
           ydata = peodf.loc[peodf[" 时间 "] == year[k]].values[0][1:8]
           xdata = [xdata[ii] for ii in np.argsort(ydata)]  # 更新排序后使用的数据
           ydata = [str(ii) for ii in np.sort(ydata)]
           bar = (PictorialBar().add_xaxis(xdata)
               .add_yaxis("",ydata,label_opts=opts.LabelOpts(is_show=False),
                          symbol_repeat="fixed",is_symbol_clip=True,
                          symbol=SymbolType.ROUND_RECT)
               .reversal_axis()                           # 翻转坐标系
               .set_global_opts(title_opts=opts.TitleOpts(
                          title=" 世界各大洲人口 ( 单位 : 万人 )", pos_left = "center"),
                   xaxis_opts=opts.AxisOpts(is_show=True),
                   yaxis_opts=opts.AxisOpts(
                          axistick_opts=opts.AxisTickOpts(is_show=False),
                       axisline_opts=opts.AxisLineOpts(
                          linestyle_opts=opts.LineStyleOpts(opacity=0)))
                           )
```

```
    )
    tl.add(bar,"{} 年 ".format(y))
tl.render_notebook()
```

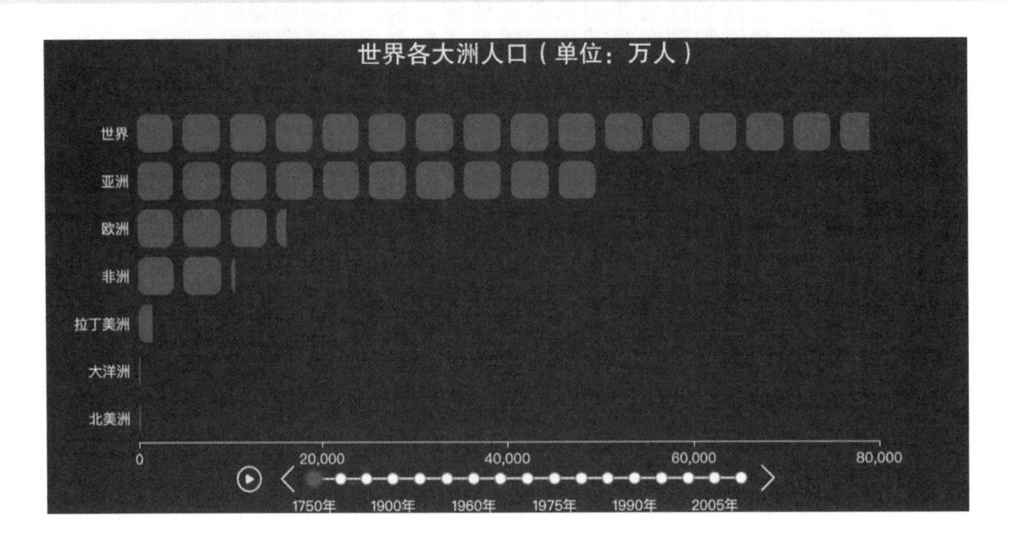

图 7-16　动态象形柱状图

7. 漏斗图

漏斗图适用于业务流程比较规范、周期长、环节多的单流程单向分析，通过漏斗各环节业务数据的比较能够直观地发现和说明问题所在的环节，进而做出决策。漏斗图用梯形面积表示某个环节业务量与上一个环节之间的差异。漏斗图从上到下，有逻辑上的顺序关系，表现了随着业务流程的推进业务目标完成的情况。

漏斗图也可以可视化分组数据，且可以更形象地分析数据之间的大小。下面的程序则是利用漏斗图和时间轴组件相结合，可视化每个大洲的人口数据情况。在该程序中，使用 Funnel 函数进行可视化，同样是利用 for 循环语句使用漏斗图可视化每个时间段的人口数据，并使用 add 函数添加到 Timeline 函数获得的 tl 对象中。运行该程序后可输出如图 7-17 所示的可视化图像。

```
In[14]:# 可视化出动态漏斗图
    year = list(peodf[" 时间 "].values)                # 时间数据
    # 设置时间轴组件的大小和主题
    tl = Timeline(init_opts=opts.InitOpts(width="800px", height="500px"))
    for k,y in enumerate(year):
        xdata = list(peodf.columns.values[2:8])        # 初始化 X 轴和 Y 轴使用的数据
        ydata = peodf.loc[peodf[" 时间 "] == year[k]].values[0][2:8]
        ydata = [str(ii) for ii in ydata]
        xydata = [list(z) for z in zip(xdata, ydata)]  # 将数据转换为列表
        fun = (Funnel().add("",xydata,sort_="ascending",gap=1)
          .set_global_opts(title_opts=opts.TitleOpts(title=" 世界各大洲人口 ( 单位 :
                                                              万人 )"))
        )
        tl.add(fun,"{} 年 ".format(y))
    tl.render_notebook()
```

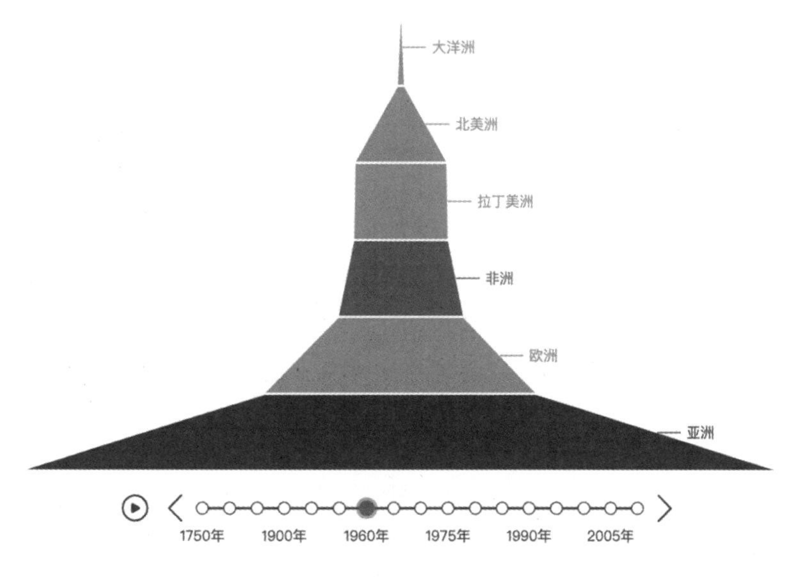

图 7-17　动态漏斗图

8. 关系图

关系图也是可视化网络关系常用的一种可视化方法。在 pyecharts 中，可以通过 Graph 函数可视化出关系图（网络图）。在下面的程序中，仍然使用前面介绍过的《三国演义》人物关系数据，先读取数据并进行简单的预处理，且读取的数据包含节点数据表和边连接数据表；为了使用 pyecharts 进行数据可视化，需要将边数据中对应的节点名称映射为整数。

```
In[15]:# 数据准备，读取节点数据表和边数据表
       nodedf = pd.read_csv("data/chap5/TK_nodedf.csv")
       edgedf = pd.read_csv("data/chap5/TK_edagedf.csv")
       print(nodedf.head())
       print(edgedf.head())
Out[15]:  name    group  freq  size
        0  曹操    曹魏    945    14
        1  曹洪    曹魏     93     9
        2  程普    孙吴     74     9
        3  程昱    曹魏     44     8
        4  典韦    曹魏     45     8
           from  to     cor
        0  曹操  荀彧  0.431089
        1  曹操  荀攸  0.488132
        2  荀彧  荀攸  0.366668
        3  曹操  张辽  0.442993
        4  曹操  徐晃  0.389152
In[16]:# 将边的相关名称映射为整数
       usemap=pd.Series(index=nodedf["name"].values,data=nodedf.index).to_dict()
       edgedf["from"] = edgedf["from"].map(usemap)
       edgedf["to"] = edgedf["to"].map(usemap)
       print(edgedf.head())
```

```
Out[16]:   from  to       cor
       0      0  40  0.431089
       1      0  39  0.488132
       2     40  39  0.366668
       3      0  45  0.442993
       4      0  38  0.389152
```

为了能够使用 pyecharts 的 Graph 函数可视化关系图，需要对数据进行进一步的处理，即将节点数据和边数据均处理为列表的形式。在节点数据中，列表中的每个元素由一个字典构成，其中字典中有该节点的一些基础信息，例如处理后的节点数据要包含每个节点的以下信息：id（节点的编号）、name（节点的名称）、symbolSize（节点可视化时使用的大小）、category（节点所属的分组）。在节点间的边数据列表中，每个元素同样使用字典的形式，并且要包含以下的信息：id（边的编号）、source（边的起点所对应的节点编号，且对应着节点列表中的 id）、target（边的终点所对应的节点编号，且对应着节点列表中的 id）。针对每个节点的分组，同样定义了一个分组列表 categories，其中包含 4 种分组。数据预处理好后，每个列表的前几行输出如下。

```
In[17]:# 生成可视化时需要的节点、边和分组数据
       nodes = [{"id":str(ii),
                 "name":nodedf.name[ii],
                 "symbolSize":str(2*nodedf["size"][ii]),
                 "value":str(nodedf.freq[ii]),
                 "category":nodedf["group"][ii]} for ii in nodedf.index.values]
       print(nodes[0:3])
       links = [{"id":str(ii),"source":str(edgedf["from"][ii]),
                 "target":str(edgedf.to[ii])} for ii in edgedf.index.values]
       print(links[0:3])
       categories = [{"name": ii} for ii in np.unique(nodedf.group)]
       print(categories[0:5])
Out[17]:[{'id': '0', 'name': '曹操', 'symbolSize': '28', 'value': '945', 'category':
'曹魏'}, {'id': '1', 'name': '曹洪', 'symbolSize': '18', 'value': '93', 'category': '曹
魏'}, {'id': '2', 'name': '程普', 'symbolSize': '18', 'value': '74', 'category': '孙吴'}]
     [{'id': '0', 'source': '0', 'target': '40'}, {'id': '1', 'source': '0', 'target':
'39'}, {'id': '2', 'source': '40', 'target': '39'}]
     [{'name': '孙吴'}, {'name': '曹魏'}, {'name': '群雄'}, {'name': '蜀汉'}]
```

可视化需要的数据准备好后，下面的程序则是利用 Graph 函数可视化关系图，并且对该图像的可视化效果通过 set_global_opts 函数进行设置。运行该程序后可获得如图 7-18 所示的可视化图像。该图像是可交互的，可以通过相应的交互操作查看更多的信息。

```
In[18]:# 可视化出人物关系图
       c = (Graph(init_opts=opts.InitOpts(width="1000px", height="600px"))
            .add("", nodes, links, categories,layout="circular",
                 is_rotate_label=True,
                 linestyle_opts=opts.LineStyleOpts(curve=0.3,width = 2,
                                                   color="source"),
                 label_opts=opts.LabelOpts(position="right"))
```

```
        .set_global_opts(title_opts=opts.TitleOpts(
                                   title="《三国演义》人物关系 ", pos_left="10%"),
                               legend_opts=opts.LegendOpts(orient="vertical",
                                          pos_left="10%",pos_top="20%"),
        )
    )
    c.render_notebook()
```

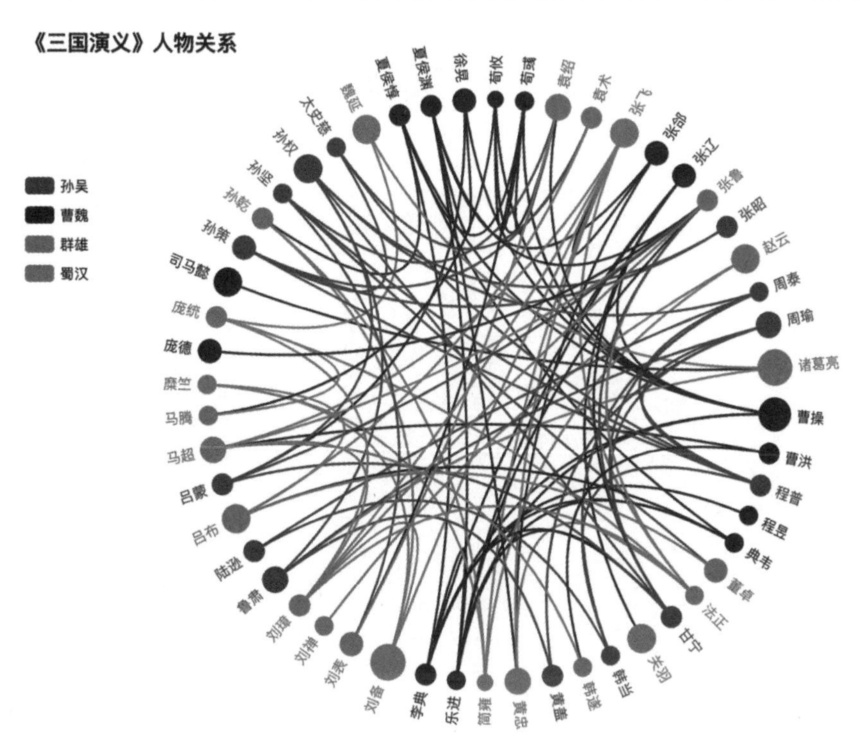

图 7-18　可交互的人物关系图

pyecharts 的数据可视化功能还有很多，本章则是介绍了一些经典的数据可视化案例，更多的可视化内容可以到官方的帮助文档中去查看，而且该库提供了中文的帮助文档。

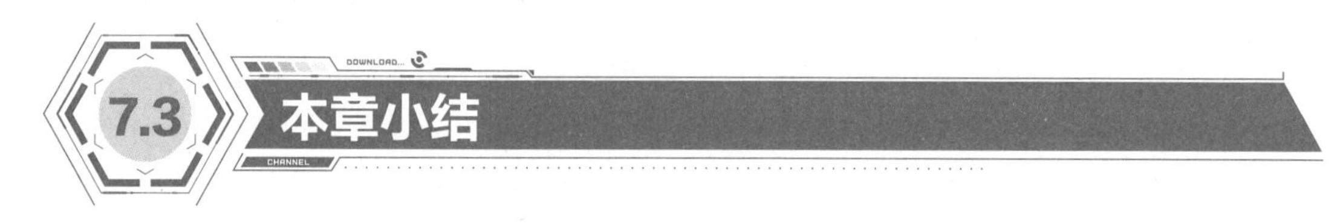

7.3 本章小结

本章主要介绍了 Python 中两个可交互图像可视化库的使用，分别是 Bokeh 和 pyecharts。在介绍这两个库时，使用了与可视化案例相结合的方式。其中，针对 Bokeh 介绍了如何可视化出数据分组散点图、六边形热力图、数据分布山脊图，以及利用子图组合的图像；针对 pyecharts 介绍了如何可视化出水球图、仪表盘、主题河流图、词云图、日历图、象形柱状图、漏斗图及关系图。

第三部分 Python 数据可视化分析实战篇

本篇作为 Python 数据可视化分析实战篇，会以具体的数据可视化分析案例为基础，利用 Python 完成对数据的预处理、可视化分析与建模的过程，从实战的角度理解数据可视化分析的作用。本篇主要包含 4 个大的数据可视化分析案例，分别是足球运动员数据可视化分析、抗乳腺癌候选药物可视化分析、时序数据的异常检测和预测及中药材鉴别数据可视化分析。

本篇的内容是以数据可视化分析实战应用为导向，会尽可能地选择适合数据分析的机器学习算法，因此不能对所有经典的机器学习算法进行详细的介绍。如果想要了解更多关于机器学习算法的使用与应用，可以参考相关书籍。

第 8 章　足球运动员数据可视化分析

本章中的足球指的是英式足球，是一种在全球范围内流行的团队球类运动，也是最受欢迎、接受度最高、普及面最广的一种足球类运动，被誉为“世界游戏”。

本章待分析的数据为《FIFA 19》* 游戏中足球运动员的相关属性数据（简称《FIFA 19》数据），包括足球运动员的年龄、价值、位置、俱乐部、国家等信息。该数据可以通过 Kaggle 下载，也可以从本书提供的数据资源中获取。下面将分为 4 个小节（分别为数据清洗与预处理、数据探索性可视化分析、数据降维可视化分析及数据聚类可视化分析）对该数据进行可视化分析，从而充分提取该数据的有用信息。

在对该数据进行可视化分析之前，首先导入本章会使用到的库和模块，程序如下（其中导入的 missingno 主要用于数据的缺失值可视化）。

```
In[1]:%config InlineBackend.figure_format = 'retina'
      %matplotlib inline
      import seaborn as sns
      sns.set(font= "Kaiti",style="whitegrid",font_scale=1.4)
      import matplotlib
      matplotlib.rcParams['axes.unicode_minus']=False
      # 导入需要的库
      import numpy as np
      import pandas as pd
      import matplotlib.pyplot as plt
      import missingno as msno
      from plotnine import *
      import plotly.express as px
      from plotly.subplots import make_subplots
      import plotly.graph_objects as go
      from sklearn.preprocessing import MinMaxScaler
      from sklearn.decomposition import PCA
      from sklearn.cluster import KMeans
      from sklearn.metrics import silhouette_samples,silhouette_score
```

*　《FIFA 19》是一款足球体育类游戏。

8.1 数据清洗与预处理

从文件夹中导入《FIFA 19》数据，并输出、查看该数据的整体情况。该数据一共有18207 个样本。

```
In[2]:# 导入数据
      FIFA19 = pd.read_csv("data/chap8/FIFA19data.csv")
      FIFA19
Out[2]:
```

	ID	Name	Age	Photo	Nationality	Flag	Overall	Pote
0	158023	L. Messi	31	https://cdn.sofifa.org/players/4/19/158023.png	Argentina	https://cdn.sofifa.org/flags/52.png	94	
1	20801	Cristiano Ronaldo	33	https://cdn.sofifa.org/players/4/19/20801.png	Portugal	https://cdn.sofifa.org/flags/38.png	94	
2	190871	Neymar Jr	26	https://cdn.sofifa.org/players/4/19/190871.png	Brazil	https://cdn.sofifa.org/flags/54.png	92	
3	193080	De Gea	27	https://cdn.sofifa.org/players/4/19/193080.png	Spain	https://cdn.sofifa.org/flags/45.png	91	
4	192985	K. De Bruyne	27	https://cdn.sofifa.org/players/4/19/192985.png	Belgium	https://cdn.sofifa.org/flags/7.png	91	
...	...	...	...	...	...	...	...	
18202	238813	J. Lundstram	19	https://cdn.sofifa.org/players/4/19/238813.png	England	https://cdn.sofifa.org/flags/14.png	47	
18203	243165	N. Christoffersson	19	https://cdn.sofifa.org/players/4/19/243165.png	Sweden	https://cdn.sofifa.org/flags/46.png	47	
18204	241638	B. Worman	16	https://cdn.sofifa.org/players/4/19/241638.png	England	https://cdn.sofifa.org/flags/14.png	47	
18205	246268	D. Walker-Rice	17	https://cdn.sofifa.org/players/4/19/246268.png	England	https://cdn.sofifa.org/flags/14.png	47	
18206	246269	G. Nugent	16	https://cdn.sofifa.org/players/4/19/246269.png	England	https://cdn.sofifa.org/flags/14.png	46	

18207 rows × 88 columns

《FIFA 19》数据有 88 个特征（88 列），但很多特征并不重要。《FIFA 19》数据中部分列所表达的信息如表 8-1 所示。

表 8-1 《FIFA 19》数据中部分列所表达的信息

列 名	说 明	列 名	说 明	列 名	说 明
ID	编号	Name	名称	Age	年龄
Nationality	国籍	Overall	综合评分	Potential	潜力
Club	俱乐部	Value	价值（现行市价）	Wage	工资
Preferred Foot	优势脚	Weak Foot	弱脚	Position	位置
Loaned From	俱乐部名称	Height	身高	Weight	体重

读取《FIFA 19》数据后，首先分析该数据的缺失值情况。由于该数据具有较多的样本量与列数，所以可以借助 missingno 的 matrix 函数可视化数据的缺失值情况。运行下面的程序可获得如图 8-1 所示的可视化结果。

```
In[3]:# 查看数据的缺失值情况
      msno.matrix(FIFA19,fontsize=12,labels = True,sparkline = False,
                  color=(0.25, 0.25, 0.5))
      plt.show()
```

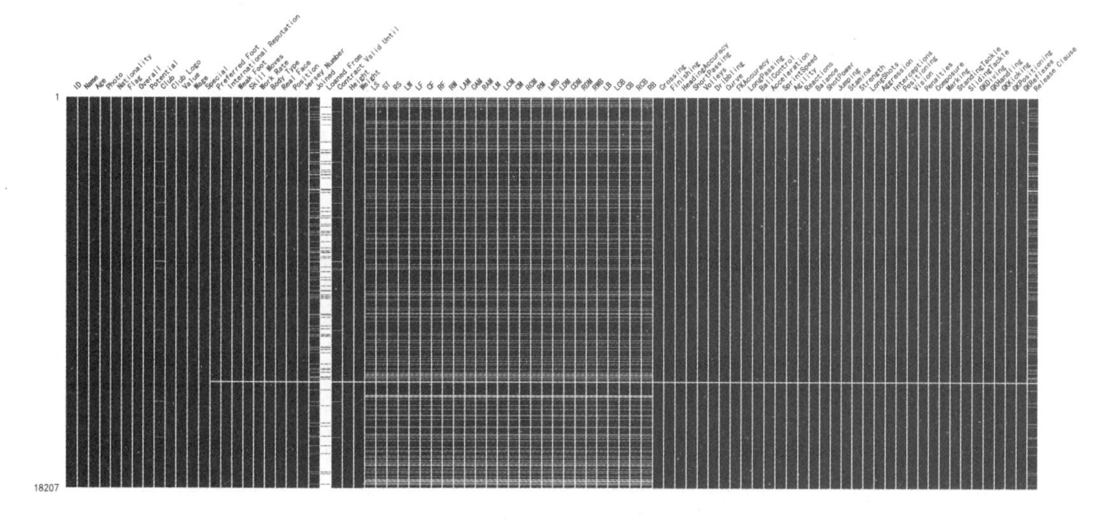

图 8-1　数据缺失值可视化图像

从图 8-1 中可以发现，数据包含大量缺失值，而且有些特征的缺失值数量较多；带有缺失值的数据大多数属于同一个样本。

可以直接剔除该数据中缺失值较多的变量（列，特征），如 Loaned From 等。

同样，可以直接剔除具有较多缺失值的样本。下面的程序对该数据的缺失值进行处理后，通过条形图查看该数据中每个变量的缺失值情况。运行该程序后可获得如图 8-2 所示的可视化结果。从图 8-2 中可以发现，该数据预处理后，已经没有缺失值的存在。

```
In[4]:# 剔除具有较多缺失值的样本
      FIFA19 = FIFA19[FIFA19.isna().sum(axis=1) < 35]
      # 剔除具有较多缺失值的变量 Loaned From
      FIFA19 = FIFA19.drop(labels=["Loaned From"],axis=1)
      # 剔除 Club 有缺失值的样本
      FIFA19 = FIFA19[~FIFA19.Club.isna()]
      # 剔除 LS,ST,RS,LW,LF 等有缺失值的样本
      FIFA19 = FIFA19[~FIFA19.LS.isna()]
      # 剔除一些没有必要的变量
      delvarname = ["ID","Body Type","Real Face","Joined","Release Clause",
                    "Photo","Flag","Special","Contract Valid Until","Work Rate"]
      FIFA19 = FIFA19.drop(labels=delvarname,axis=1)
      FIFA19 = FIFA19.reset_index(drop=True)
      # 使用条形图查看数据的缺失值情况
      msno.bar(FIFA19,fontsize=12,labels = True,color="red")
      plt.show()
```

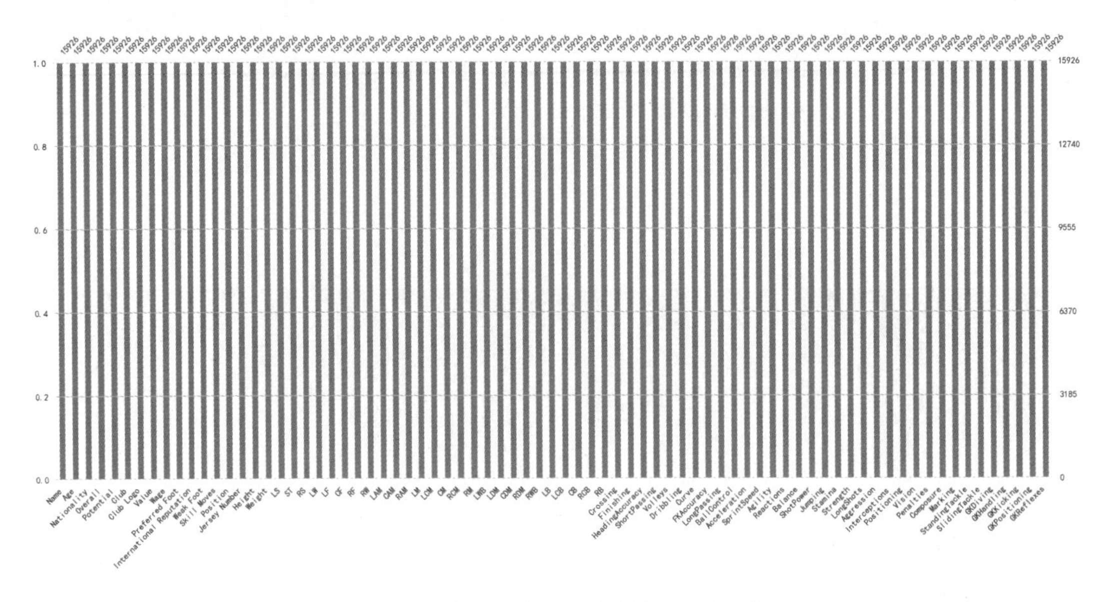

图 8-2　数据预处理后缺失值可视化图像

虽然已经对数据的缺失值进行了处理，但数据中还有很多列的数值数据是以字符串的形式存储的。为了后面可视化分析时数据使用更加方便，因此需要对数据的某些列进行进一步的预处理。

（1）程序片段 In[5] 定义了一个 DealMoney 函数，方便预处理数据中的 Value 和 Wage 变量，计算出具体的金钱数量。

（2）程序片段 In[6] 调用 DealMoney 函数处理 Value 和 Wage 变量，并将 LS, ST,RS,LW 等变量的字符串进行数学运算，将 Height 和 Weight 变量的单位转换为米与千克。

（3）程序片段 In[7] 根据 Club 变量的取值创建联盟（League 变量），并将预处理好的数据保存到新的文件中。

```
In[5]:# 定义一个对金钱进行预处理的函数
      def DealMoney(money):
          middle = money[1:-1]
          end = money[-1]
          if end == "M":
              return(float(middle)*1000000)
          elif end == "K":
              return(float(middle)*1000)
          elif end == "0":
              return 0
          else:
              return float(middle)
In[6]:FIFA19["Value"] = FIFA19.Value.apply(func=DealMoney)
      FIFA19["Wage"] = FIFA19.Wage.apply(func=DealMoney)
      # 预处理 LS,ST,RS,LW,LF 等变量
      varname = ['LS', 'ST', 'RS', 'LW', 'LF', 'CF', 'RF', 'RW','LAM', 'CAM',
                 'RAM', 'LM', 'LCM', 'CM', 'RCM', 'RM', 'LWB', 'LDM',
                 'CDM', 'RDM', 'RWB', 'LB', 'LCB', 'CB', 'RCB', 'RB']
      for name in varname:
```

```
        FIFA19[name] = FIFA19[name].apply(func=eval)
    # 处理Height和Weight变量
    FIFA19["Height"] = FIFA19.Height.apply(func = lambda x: np.round (float(x[0])
* 30.48 + float(x[2:]) * 2.54 , 2))
    FIFA19["Weight"] = FIFA19.Weight.apply(func = lambda x: np.round (float(
x[0:3]) / 2.204623 , 2))
    FIFA19
In[7]:# 根据Club变量的取值创建联盟（League变量）
    bundesliga  = ["1. FC Nürnberg", "1. FSV Mainz 05", "Bayer 04 Leverkusen",
        "Borussia Dortmund", "Borussia Mönchengladbach", "Eintracht Frankfurt",
        "FC Augsburg", "FC Schalke 04", "Fortuna Düsseldorf", "Hannover 96",
        "Hertha BSC", "RB Leipzig", "SC Freiburg", "TSG 1899 Hoffenheim",
        "VfB Stuttgart", "VfL Wolfsburg", "SV Werder Bremen",
        "FC Bayern München",]
    premierLeague = [
        "Arsenal", "Bournemouth", "Brighton & Hove Albion", "Burnley",
        "Cardiff City", "Chelsea", "Crystal Palace", "Everton", "Fulham",
        "Huddersfield Town", "Leicester City", "Liverpool", "Manchester City",
        "Manchester United", "Newcastle United", "Southampton",
        "Tottenham Hotspur", "Watford", "West Ham United",
        "Wolverhampton Wanderers"]
    laliga =["Athletic Club de Bilbao", "Atlético Madrid", "CD Leganés",
        "Deportivo Alavés", "FC Barcelona", "Getafe CF", "Girona FC",
        "Levante UD", "Rayo Vallecano", "RC Celta", "RCD Espanyol",
        "Real Betis", "Real Madrid", "Real Sociedad", "Real Valladolid CF",
        "SD Eibar", "SD Huesca", "Sevilla FC", "Valencia CF", "Villarreal CF"]
    seriea =["Atalanta", "Bologna","Cagliari", "Chievo Verona", "Empoli",
        "Fiorentina","Frosinone", "Genoa",
        "Inter", "Juventus", "Lazio", "Milan", "Napoli", "Parma","Roma",
        "Sampdoria", "Sassuolo", "SPAL","Torino", "Udinese"]
    superlig = ["Akhisar Belediyespor","Alanyaspor", "Antalyaspor",
        "Medipol Başakşehir FK", "BB Erzurumspor",
        "Beşiktaş JK","Bursaspor","Çaykur Rizespor","Fenerbahçe SK",
        "Galatasaray SK", "Göztepe SK",
        "Kasimpaşa SK","Kayserispor","Atiker Konyaspor",
        "MKE Ankaragücü", "Sivasspor", "Trabzonspor","Yeni Malatyaspor"]
    ligue1 = ["Amiens SC", "Angers SCO", "AS Monaco", "AS Saint-Étienne",
         "Dijon FCO","En Avant de Guingamp", "FC Nantes",
         "FC Girondins de Bordeaux", "LOSC Lille", "Montpellier HSC",
         "Nîmes Olympique", "OGC Nice", "Olympique Lyonnais",
        "Olympique de Marseille", "Paris Saint-Germain",
        "RC Strasbourg Alsace", "Stade Malherbe Caen", "Stade de Reims",
        "Stade Rennais FC", "Toulouse Football Club"]
    eredivisie = ["ADO Den Haag","Ajax", "AZ Alkmaar", "De Graafschap",
        "Excelsior","FC Emmen","FC Groningen",
        "FC Utrecht","Feyenoord","Fortuna Sittard","Heracles Almelo",
        "NAC Breda","PEC Zwolle", "PSV","SC Heerenveen","Vitesse",
         "VVV-Venlo","Willem II"]
    liganos = ["Os Belenenses", "Boavista FC", "CD Feirense", "CD Tondela",
        "CD Aves", "FC Porto", "CD Nacional", "GD Chaves",
```

```
    "Clube Sport Marítimo", "Moreirense FC", "Portimonense SC",
    "Rio Ave FC","Santa Clara", "SC Braga", "SL Benfica", "Sporting CP",
    "Vitória Guimarães", "Vitória de Setúbal"]
League = []
Country = []
for ii in  range(len(FIFA19.Club)):
    club = FIFA19.Club[ii]
    if club in bundesliga:
        League.append("Bundesliga")
        Country.append("Germany")
    elif club in premierLeague:
        League.append("Premier League")
        Country.append("UK")
    elif club in laliga:
        League.append("La Liga")
        Country.append("Spain")
    elif club in seriea:
        League.append("Serie A")
        Country.append("Italy")
    elif club in superlig:
        League.append("Süper Lig")
        Country.append("Turkey")
    elif club in ligue1:
        League.append("Ligue 1")
        Country.append("France")
    elif club in eredivisie:
        League.append("Eredivisie")
        Country.append("Netherlands")
    elif club in liganos:
        League.append("Liga Nos")
        Country.append("Portugal")
    else:
        League.append("Other")
        Country.append("Other")
FIFA19["League"] = League
FIFA19["Country"] = Country
# 将清洗和预处理好的数据保存
FIFA19.to_csv("data/chap8/FIFA19dataClear.csv",index=False)
```

经过上面的数据清洗与预处理步骤，数据已经被处理好，并对其进行了保存，从而方便后面数据的读取与可视化分析应用。

8.2 数据探索性可视化分析

本节将对前面预处理好的数据，使用合适的数据可视化方式，得到可视化图像，对数据的内容进行探索性可视化分析。下面的程序导入预处理好的数据（一共有 15 926 个足球运动员的样本信息，77 列数据特征）。

```
In[8]:# 数据导入
      FIFA19 = pd.read_csv("data/chap8/FIFA19dataClear.csv")
      FIFA19
Out[8]:
```

	Name	Age	Nationality	Overall	Potential	Club	Club Logo	Value	Wage
0	L. Messi	31	Argentina	94	94	FC Barcelona	https://cdn.sofifa.org/teams/2/light/241.png	110500000.0	565000.0
1	Cristiano Ronaldo	33	Portugal	94	94	Juventus	https://cdn.sofifa.org/teams/2/light/45.png	77000000.0	405000.0
2	Neymar Jr	26	Brazil	92	93	Paris Saint-Germain	https://cdn.sofifa.org/teams/2/light/73.png	118500000.0	290000.0
3	K. De Bruyne	27	Belgium	91	92	Manchester City	https://cdn.sofifa.org/teams/2/light/10.png	102000000.0	355000.0
4	E. Hazard	27	Belgium	91	91	Chelsea	https://cdn.sofifa.org/teams/2/light/5.png	93000000.0	340000.0
...	...	...	...	...	...	...	...	...	...
15921	J. Lundstram	19	England	47	65	Crewe Alexandra	https://cdn.sofifa.org/teams/2/light/121.png	60000.0	1000.0
15922	N. Christoffersson	19	Sweden	47	63	Trelleborgs FF	https://cdn.sofifa.org/teams/2/light/703.png	60000.0	1000.0
15923	B. Worman	16	England	47	67	Cambridge United	https://cdn.sofifa.org/teams/2/light/1944.png	60000.0	1000.0
15924	D. Walker-Rice	17	England	47	66	Tranmere Rovers	https://cdn.sofifa.org/teams/2/light/15048.png	60000.0	1000.0
15925	G. Nugent	16	England	46	66	Tranmere Rovers	https://cdn.sofifa.org/teams/2/light/15048.png	60000.0	1000.0

15926 rows × 77 columns

针对读取的数据，下面将以 5 个主题对其进行探索性可视化分析。这 5 个主题分别为可视化分析足球运动员年龄与价值之间的关系，可视化分析足球运动员年龄和综合评分之间的关系，可视化分析联盟和俱乐部的足球运动员信息，可视化分析多个变量之间的关系，以及与球场中位置相关的数据可视化分析。

8.2.1 可视化分析足球运动员年龄与价值之间的关系

可以通过多个可视化图像分析足球运动员年龄（Age 变量）与价值（Value 变量）之间的关系。

首先，利用直方图可视化每个足球运动员年龄的分布情况，以及足球运动员的平均年龄。因为足球运动员可以分为不同的联盟，因此将会针对每个联盟的足球运动员可视化出一个年龄分布直方图。下面的程序利用 plotnine，将分面数据可视化与直方图数据可视化相结合，获得需要的年龄分布可视化图像。同时，针对每个联盟的足球运动员平均年龄使用一条竖线进行可视化。运行该程序后可获得如图 8-3 所示的可视化结果。

```
In[9]:# 准备足球运动员平均年龄数据
      Agemean = FIFA19.groupby("League")["Age"].mean().reset_index()
      Agemean.columns = ["League","Age"]
      Agemean["Age"] = np.round(Agemean["Age"],2)
      # 可视化每个联盟的足球运动员年龄的分布情况
      (ggplot(data = FIFA19)+
       theme_light(base_family = "Kaiti")+theme(figure_size=(12,7))+
       # 添加直方图、直线和文本
       geom_histogram(aes("Age",fill = "League"),bins = 35)+
```

```
    geom_vline(aes(xintercept = "Age"), color = "black",
               size = 1,data=Agemean,)+
    geom_text(aes(x = Agemean["Age"]+2, y = 50, label = "Age"),data=Agemean)+
    facet_wrap("~League",nrow = 3,scales = "free_y")+      # 进行分面
    labs(x = "足球运动员年龄",y = "数量",title = "每个联盟的足球运动员年龄的分布情况",
         fill = " 联盟 ")+
    theme(subplots_adjust={"hspace": 0.2,"wspace": 0.1},   # 调整子图之间的距离
          strip_text = element_text(colour = "black"),
          strip_background =element_rect(fill="lightblue"))
)
```

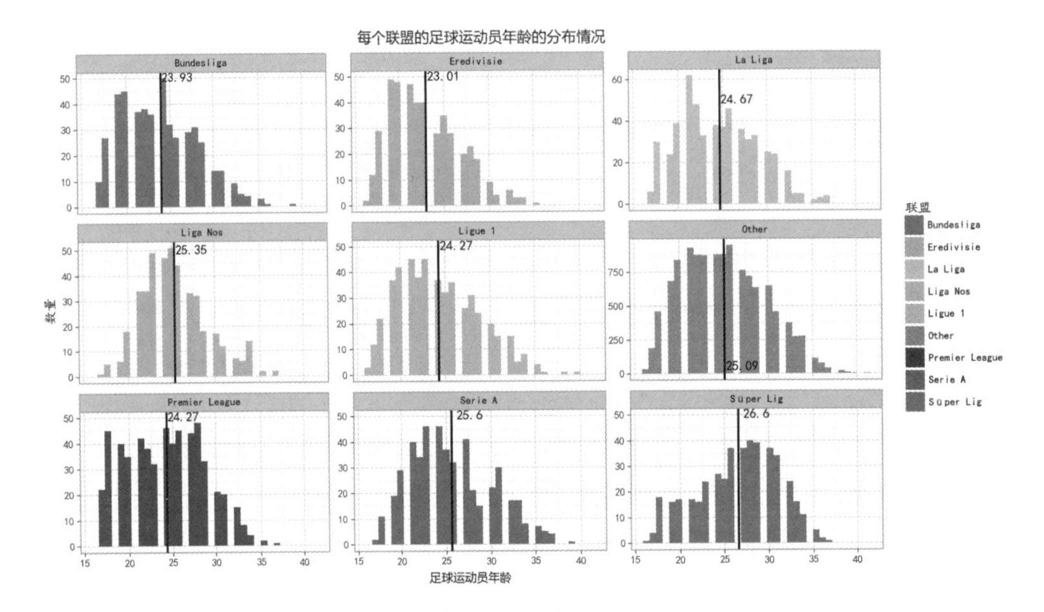

图 8-3 每个联盟的足球运动员年龄的分布情况

从图 8-3 中可以发现每个联盟的足球运动员年龄的分布差异、足球运动员的平均年龄、Eredivisie 联盟的足球运动员平均年龄最小等信息。

下面使用准备好的数据，通过散点图分析每个足球运动员年龄和潜力（Potential 变量）之间的关系。为了对比联盟之间的差异，可以利用分面散点图；为了分析年龄和潜力的变化趋势，可以为散点图添加拟合曲线。获得上述可视化图像的程序如下。运行该程序后可获得如图 8-4 所示的可视化结果。

```
In[10]:# 可视化每个联盟的足球运动员年龄和潜力之间的关系
       (ggplot(aes(x = "Age",y = "Potential"),data = FIFA19)+
        theme_light(base_family = "Kaiti")+theme(figure_size=(12,7))+
        geom_point(aes(colour = "League",fill = "League"),
                   show_legend = False)+                     # 散点图
        geom_smooth(method = "loess")+
        facet_wrap("~League",nrow = 3,scales = "fixed")+      # 进行分面
        labs(x = " 足球运动员年龄 ",y = " 潜力 ",
             title = " 每个联盟的足球运动员年龄和潜力之间的关系 ",fill = " 联盟 ")+
        theme(subplots_adjust={"hspace": 0.2,"wspace": 0.1},
              strip_text = element_text(colour = "black"),
```

```
            strip_background =element_rect(fill="lightblue"))
        )
```

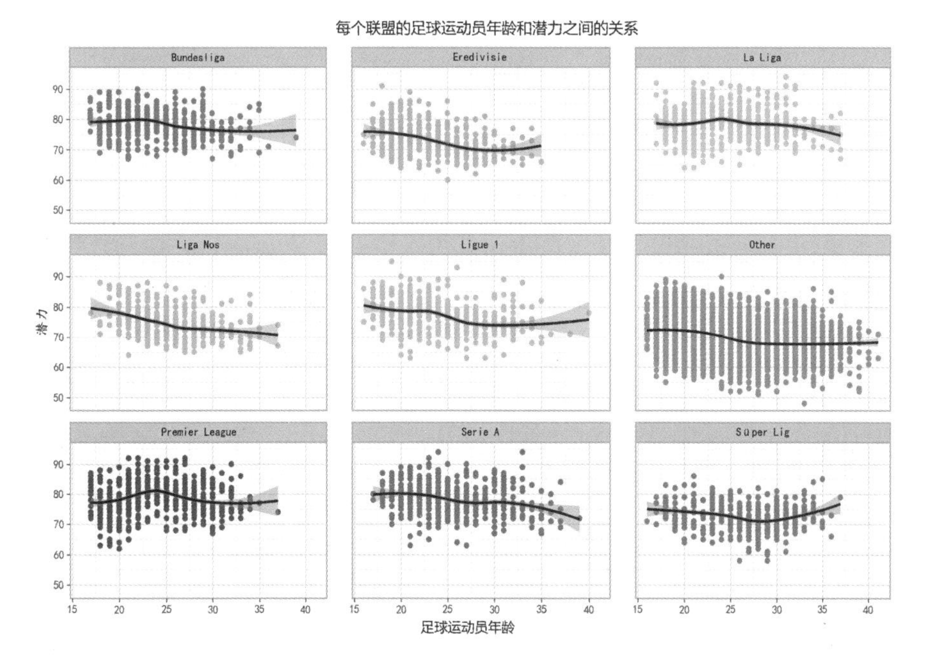

图 8-4　每个联盟的足球运动员年龄和潜力之间的关系

从图 8-4 中可以发现，随着足球运动员年龄增加，潜力的变化趋势整体上是下降的，而且对于不同的联盟，该变化趋势不完全一致。

除了可以用潜力表示足球运动员的价值之外，还可以用综合评分（Overall 变量）表示足球运动员的价值。下面的程序使用分面散点图可视化分析每个联盟的综合评分随着足球运动员年龄的变化趋势。运行该程序后可获得如图 8-5 所示的可视化结果。

从图 8-5 中可以发现，综合评分的变化趋势是随着足球运动员年龄增加先增加，然后趋于平稳或者稍有减少。

```
In[11]:# 可视化每个联盟足球运动员年龄和综合评分之间的关系
       (ggplot(aes(x = "Age",y = "Overall"),data = FIFA19)+
        theme_light(base_family = "Kaiti")+theme(figure_size=(12,7))+
        geom_point(aes(colour = "League",fill = "League"),
                   show_legend = False)+                     # 散点图
        geom_smooth(method = "loess")+
         facet_wrap("~League",nrow = 3,scales = "fixed")+    # 进行分面
        labs(x = " 足球运动员年龄 ",y = " 综合评分 ",
             title = " 每个联盟足球运动员的年龄和综合评分之间的关系 ",fill = " 联盟 ")+
        theme(subplots_adjust={"hspace": 0.2,"wspace": 0.1},
              strip_text = element_text(colour = "black"),
              strip_background =element_rect(fill="lightblue"))
       )
```

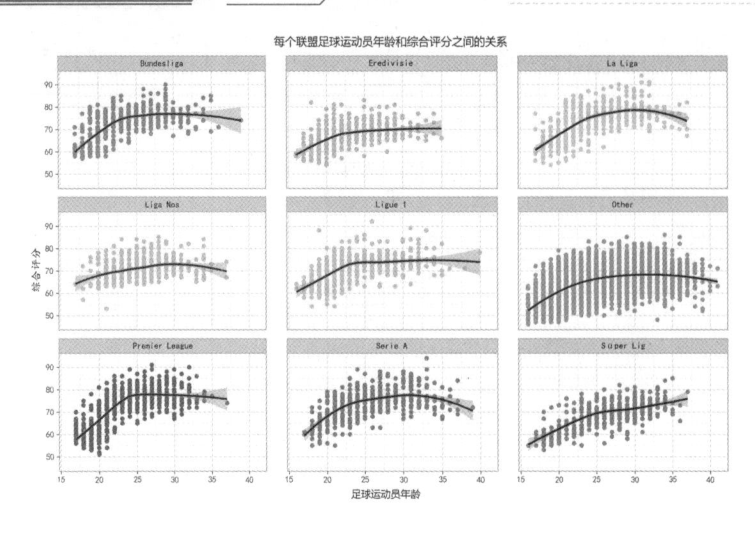

图 8-5　每个联盟的足球运动员年龄和综合评分之间的关系

按照常识我们知道，综合评分越高的足球运动员，其相应的价值就会越大。针对每个足球运动员综合评分和价值之间的关系，同样可以使用散点图进行可视化分析。下面的程序则是利用 plotly 的 px.scatter 函数针对每个联盟的数据可视化出一个散点图。运行该程序后可获得如图 8-6 所示的可视化结果。

```
In[12]:# 使用可交互散点图可视化每个足球运动员综合评分和价值之间的关系
       fig = px.scatter(FIFA19, x="Overall", y="Value",color = "League",
                        symbol = "League",
                        facet_col = "League",hover_name = "Name",
                        width=1200,height=500,
                        title = " 每个足球运动员综合评分和价值之间的关系 ")
       fig.update_traces(marker=dict(size = 8))
       fig.for_each_annotation(lambda a: a.update(text=a.text.split("=")[-1]))
       fig.update_layout(title={"x":0.5,"y":0.9},legend = {"x":0.85})
       fig.show()
```

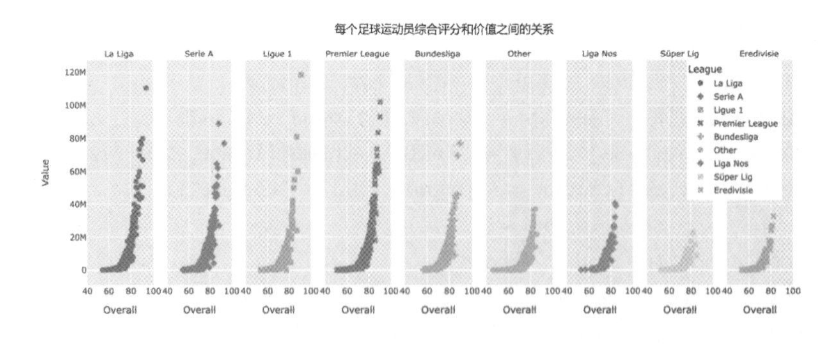

图 8-6　每个足球运动员综合评分和价值之间的关系

从图 8-6 中可知，如果每个足球运动员综合评分在 50 ~ 75 区间内变化，则其价值增加很少；如果综合评分超过 75 之后，其价值增加很多，而且并不是所有联盟都有高价值的足球运动员。

可以使用分组箱线图可视化不同年龄足球运动员的价值分布情况。下面的程序在可视化时，将足球运动员年龄（Age）作为横坐标，利用箱线图统计分析价值（Value）分布情况。运行该程序后可获得如图 8-7 所示的可视化结果。从图 8-7 中可以发现，大部分足球运动员的价值都是很低的，而价值较高的足球运动员年龄普遍分布在 22 ~ 32 这个年龄阶段。

```
In[13]:# 可视化不同年龄足球运动员的价值分布情况
       ylabels = [0,30000000,60000000,90000000,120000000]
       (ggplot(aes(x = "Age",y = "Value"),data = FIFA19)+
        theme_light(base_family = "Kaiti")+theme(figure_size=(12,6))+
        geom_boxplot(aes(group = "Age",colour = "Age"),show_legend = False)+
       labs(x = "Age",y = "Value",title = " 不同年龄足球运动员的价值分布情况 ")+
        scale_x_continuous(breaks = range(16,42),
                           labels = [str(x) for x in range(16,42)])+
        scale_y_continuous(breaks = ylabels,
                           labels = ["€"+str(x / 1000000)+"M" for x in ylabels])
       )
```

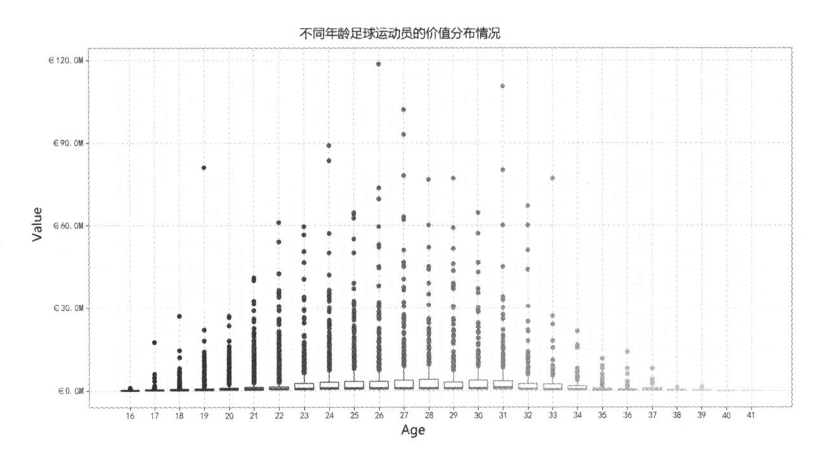

图 8-7 使用分组箱线图可视化不同年龄足球运动员的价值分布情况

针对图 8-7 所示的可视化图像，还可以使用 plotly 等库获得可交互图像。例如，下面的程序利用 plotly 可视化出可交互箱线图。运行该程序后可获得如图 8-8 所示的可视化结果。

```
In[14]:# 使用可交互箱线图可视化不同年龄足球运动员的价值分布情况
       fig = px.box(FIFA19, x="Age", y="Value", notched = True,color = "Age",
                    hover_name = "Name",width=1200,height=600,
                    title = " 不同年龄足球运动员的价值分布情况 ")
       fig.update_layout(title={"x":0.5,"y":0.9},showlegend=False,
                         xaxis = dict(tickvals = np.arange(16,42),
                                      ticktext = np.arange(16,42)))
       fig.show()
```

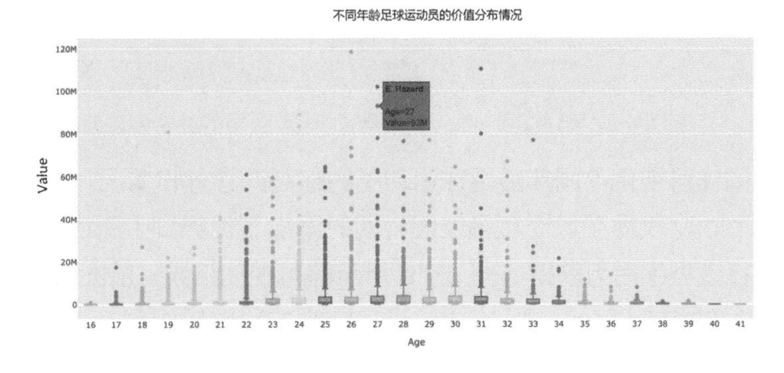

图 8-8 使用可交互箱线图可视化不同年龄足球运动员的价值分布情况

针对足球运动员年龄和价值之间的关系就分析到这里。通过前面的可视化图像，我们可以得出以下几点结论。

（1）随着足球运动员年龄的增加，其对应的潜力有下降趋势。

（2）随着足球运动员年龄的增加，其对应的综合评分有先增加后减少趋势。

（3）足球运动员综合评分在 75 之后，其对应的价值增加速率有很大的差异。

（4）价值较高的足球运动员年龄普遍分布在 22 ~ 32 这个年龄阶段。

8.2.2 可视化分析足球运动员年龄和综合评分之间的关系

本节将可视化分析足球运动员年龄和综合评分之间的关系。下面的程序使用分组箱线图可视化不同年龄足球运动员的综合评分分布情况。运行该程序后可获得如图 8-9 所示的可视化结果。从图 8-9 中可以发现，大部分足球运动员的综合评分在 27 岁之前随着年龄的增加先增加，然后在 27 岁之后随着年龄的增加逐渐保持平稳。

```
In[15]:# 可视化不同年龄足球运动员的综合评分分布情况
       (ggplot(aes(x = "Age",y = "Overall"),data = FIFA19)+
        theme_light(base_family = "Kaiti")+theme(figure_size=(12,6))+
        geom_boxplot(aes(group = "Age",colour = "Age"),show_legend = False)+
        labs(x = "Age",y = "Overall",
             title = " 不同年龄足球运动员的综合评分分布情况 ")+
        scale_x_continuous(breaks = range(16,42),
                           labels = [str(x) for x in range(16,42)])
       )
```

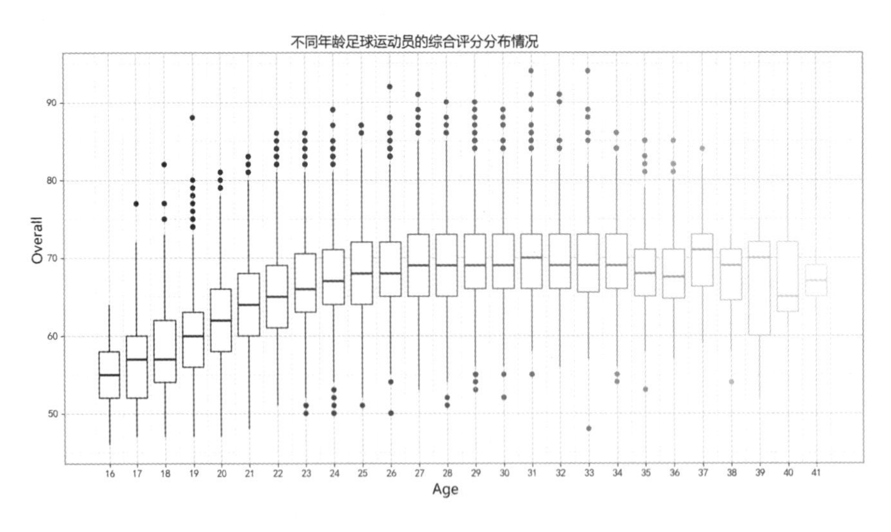

图 8-9　使用分组箱线图可视化不同年龄足球运动员的综合评分分布情况

下面的程序同样可视化不同年龄足球运动员的综合评分分布情况，与前面的程序不同的是该程序利用 plotly 获得了可交互箱线图，同时添加了优势脚（Preferred Foot 变量）的分组数据。运行该程序后可获得如图 8-10 所示的可视化结果。从图 8-10 中可以发现，大部分足球运动员的综合评分在 25 岁之前受优势脚的影响较明显，而在 25 岁之后受优势脚的影响不明显。

```
In[16]:# 使用可交互箱线图可视化不同年龄足球运动员的综合评分分布情况
       fig = px.box(FIFA19, x="Age", y="Overall",
                    color = "Preferred Foot",hover_name = "Name", width=1000,
                    height=600,title = " 不同年龄足球运动员的综合评分分布情况 ")
       fig.update_layout(title={"x":0.5,"y":0.9},legend = {"x":0.85},
                         xaxis = dict(tickvals = np.arange(16,42),
                                      ticktext = np.arange(16,42)))
       fig.show()
```

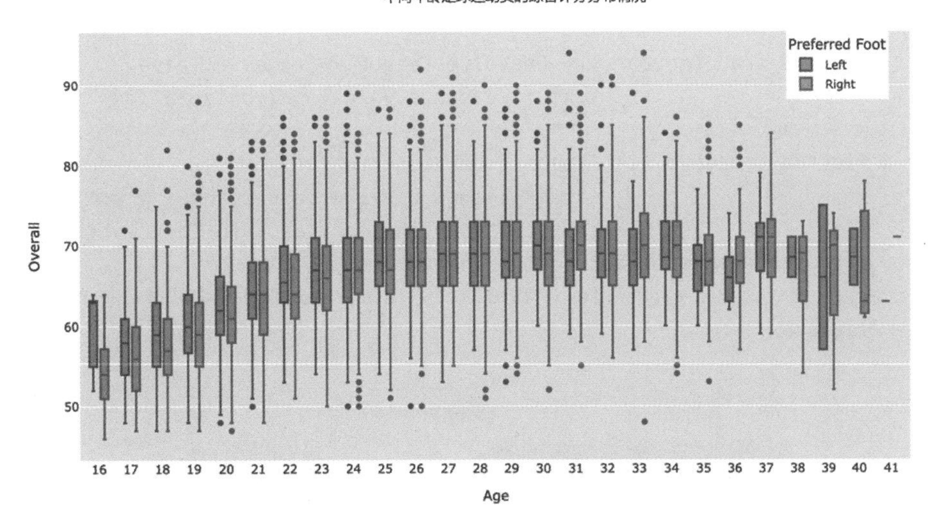

图 8-10　使用可交互箱线图可视化不同年龄足球运动员的综合评分分布情况

通过前面的可视化图像，我们可以知道以下几点。

（1）足球运动员的综合评分在 27 岁之前随着年龄的增加先增加，然后在 27 岁之后随着年龄的增加逐渐保持平稳。

（2）足球运动员的综合评分在 25 岁之前受优势脚的影响较明显，而在 25 岁之后受优势脚的影响不明显。

8.2.3　可视化分析联盟和俱乐部的足球运动员信息

本节将可视化分析不同联盟或者俱乐部足球运动员的相关信息。在下面的程序中，程序片段 In[17] 计算出每个联盟的总价值（该联盟中每个运动员的价值总和），并根据这个总价值进行排序；程序片段 In[18] 利用 plotly 可视化出可交互图像——可交互水平条形图与甜甜圈图，以表示总价值，并且通过 make_subplots 函数将这两幅图像以子图的方式进行布局。运行该程序后可获得如图 8-11 所示的可视化结果。

```
In[17]:# 可视化每个联盟的总价值
       LeaValue=FIFA19[FIFA19.League!="Other"].groupby("League")["Value"].sum()
       LeaValue = LeaValue.reset_index().sort_values(by = "Value")
       LeaValue["Valuelabel"] = ["€"+str(np.round(ii / 1000000,2))+"M" for ii
       in LeaValue.Value]
```

```
        print(LeaValue)
Out[17]:           League        Value Valuelabel
        1      Eredivisie  1.025885e+09  €1025.88M
        7       Süper Lig  1.204745e+09  €1204.74M
        3        Liga Nos  1.782120e+09  €1782.12M
        4         Ligue 1  2.871820e+09  €2871.82M
        0      Bundesliga  3.723560e+09  €3723.56M
        6         Serie A  4.241370e+09  €4241.37M
        2        La Liga   5.298660e+09  €5298.66M
        5  Premier League  5.684005e+09   €5684.0M
In[18]:fig = make_subplots(rows=1, cols=3)      #将图像切分为 3 列
        # 水平条形图
        fig.add_trace(go.Bar(y = LeaValue.League,x=LeaValue.Value,
                             text = LeaValue.Valuelabel,orientation="h"))
        # 甜甜圈图
        fig.add_trace(go.Pie(labels = LeaValue.League,
                             values=LeaValue.Value.values, hole = 0.4,
                             textposition="inside",textinfo="percent+label"))
        fig.update_layout(width = 1600,height=600,
                          title={"x":0.3,"y":0.9,"text":" 每个联盟的总价值 "})
        fig.show()
```

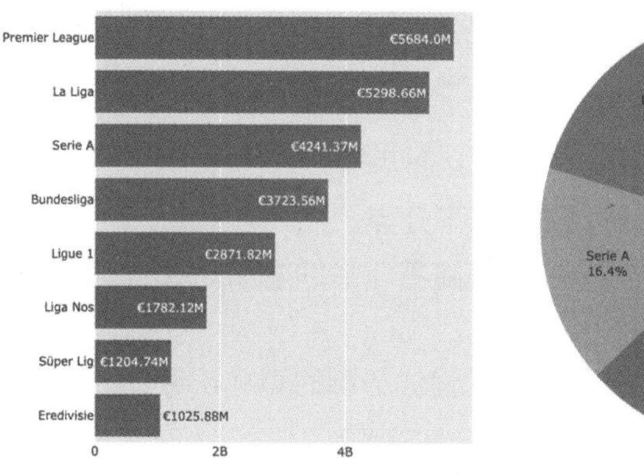

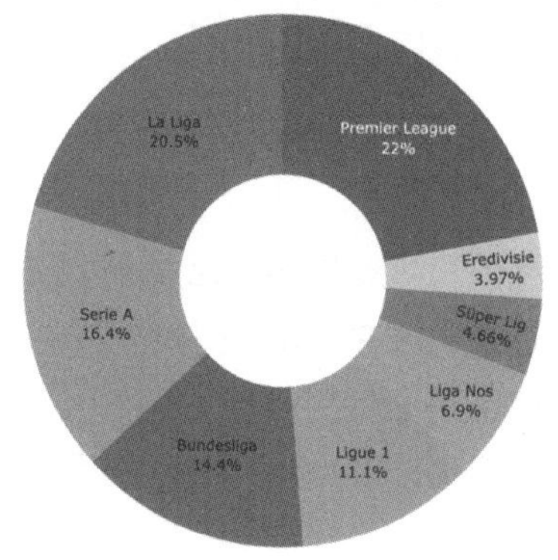

图 8-11　每个联盟的总价值

在图 8-11 中，水平条形图可以对比分析每个联盟的总价值大小；甜甜圈图更容易分析每个联盟的总价值所占比例。

可以认为价值大于 2000 万欧元的足球运动员，属于高价值足球运动员。下面的程序可视化分析球场不同位置的高价值足球运动员所对应的价值大小。运行该程序后可获得如图 8-12 所示的可交互图像。

```
In[19]:# 球场不同位置的高价值足球运动员价值
        fig = px.box(FIFA19[FIFA19.Value > 20000000], x="Position", y="Value",
                     points="all",color = "Position",width=1000,height=600,
                     hover_name = "Name",hover_data=["Preferred Foot","League"],
                     title = " 球场不同位置的高价值足球运动员价值 ")
        fig.update_layout(showlegend=False,title=dict(x=0.5,y=0.9))
        fig.show()
```

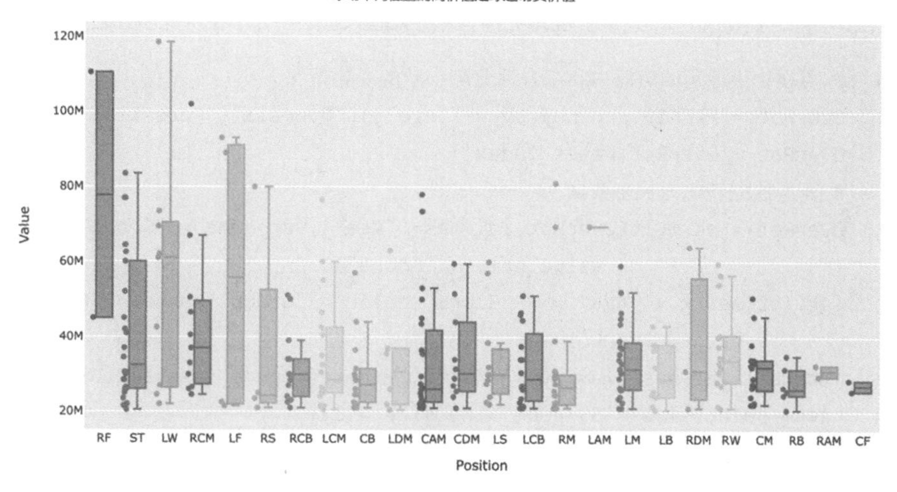

图 8-12　球场不同位置的高价值足球运动员价值

下面的程序针对高价值足球运动员，根据优势脚进行分组后，对高价值足球运动员所对应的价值进行了可视化，且为了合理布局可视化图像，只对价值大于 5000 万欧元的足球运动员数据进行了可视化。运行该程序后可获得如图 8-13 所示的条形图。

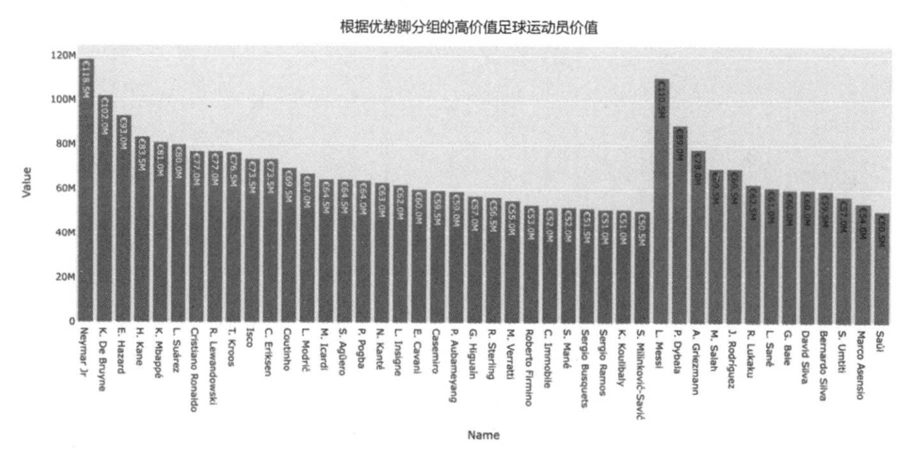

图 8-13　根据优势脚分组的高价值足球运动员价值

```
In[20]:# 数据准备
        NameValue = FIFA19[FIFA19.Value > 50000000][["Name","Value","Preferred Foot"]]
        NameValue = NameValue.reset_index().sort_values(by = "Value",ascending=False)
        NameValue["Valuelabel"] = ["€"+str(np.round(ii / 1000000,2))+"M" for ii in
NameValue.Value]
        # 使用条形图可视化高价值足球运动员的相关信息
        fig1 = px.bar(NameValue, y ="Value",x="Name",text = "Valuelabel",
                      color = "Preferred Foot", width=1200,
                      height=600, title = " 根据优势脚分组的高价值足球运动员价值 ")
        fig1.update_layout(title={"x":0.5,"y":0.9},showlegend = False)
        fig1.show()
```

下面的程序使用了分组折线图可视化足球运动员潜力和综合评分随年龄的变化情况。

为了方便分析足球运动员潜力和综合评分随年龄的变化趋势，使用不同年龄分组下潜力和综合评分的均值进行分析。运行该程序后可获得如图 8-14 所示的可视化结果。

```
In[21]:# 可视化足球运动员潜力和综合评分随年龄的变化情况
       OverPot = FIFA19.groupby(by = ["Age"])["Overall","Potential"].mean()
       OverPot = OverPot.reset_index()
       # 宽型数据转化为长型数据
       OverPot = pd.melt(OverPot,id_vars=["Age"],var_name = "Group",
                         value_name = "Score")
       (ggplot(aes(x = "Age",y = "Score",color = "Group",shape = "Group"),
               data = OverPot)+
        theme_light(base_family = "Kaiti")+theme(figure_size=(12,6))+
        geom_point(size = 3)+geom_line(size = 1)+
        theme(legend_position=(0.82,0.78))+
        geom_vline(aes(xintercept = 30),color = "green",size = 1)+
        labs(x = "Age",y = "Potential/Overall",
             title = " 足球运动员潜力和综合评分随年龄的变化情况 ")
    )
```

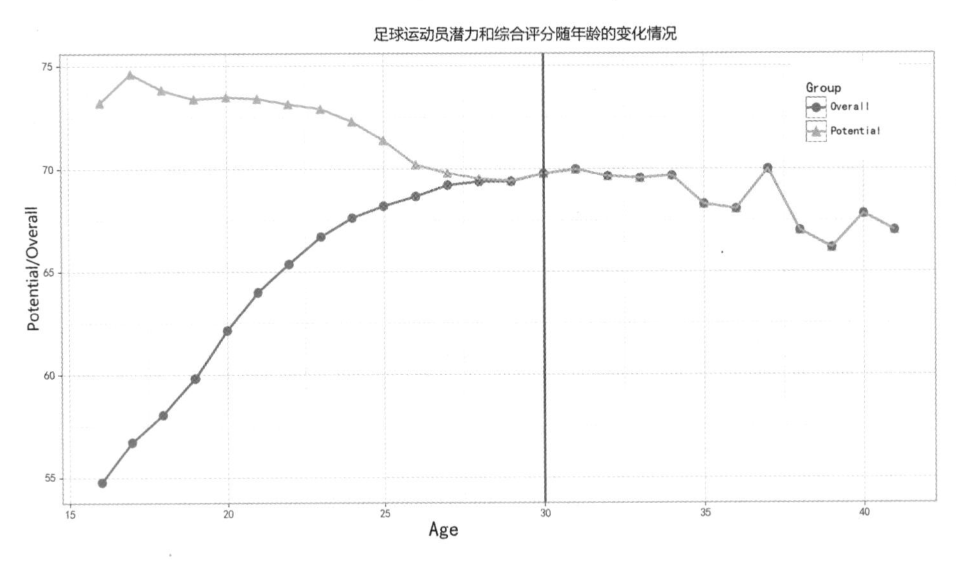

图 8-14　足球运动员潜力和综合评分随年龄的变化情况

从图 8-14 中可以发现，在 30 岁及之后，足球运动员潜力和综合评分会保持平衡；在 30 岁之前，足球运动员潜力随着年龄的增加有减少趋势，而足球运动员的综合评分是随着年龄的增加有增加趋势。

下面的程序对每个联盟的足球运动员数量进行可视化。其中，程序片段 In[22] 进行数据准备；程序片段 In[23] 同时使用水平条形图和甜甜圈图进行数据可视化。运行该程序后可获得如图 8-15 所示的可视化图像。通过该图像可以分析每个联盟的足球运动员数量及其占比。

```
In[22]:# 数据准备
       league,count=np.unique(FIFA19[FIFA19.League!="Other"].League,
```

```
                                   return_counts=True)
       league = league[np.argsort(count)]
       count = np.sort(count)
       print(league,count)
Out[23]: ['Liga Nos' 'Eredivisie' 'Süper Lig' 'Bundesliga' 'Serie A' 'Ligue 1'
 'La Liga' 'Premier League'] [432 445 448 482 484 500 547 581]
In[23]:fig = make_subplots(rows=1, cols=3)
       # 水平条形图
       fig.add_trace(go.Bar(y = league,x=count,text = count,orientation="h"))
       # 甜甜圈图
       fig.add_trace(go.Pie(labels = league, values=count,hole = 0.4,
                     textposition="inside",textinfo="percent+label"))
       fig.update_layout(width = 1600,height=600,
                     title={"x":0.3,"y":0.9,"text":" 每个联盟的运动员数量及其占比 "})
       fig.show()
```

每个联盟的运动员数量及其占比

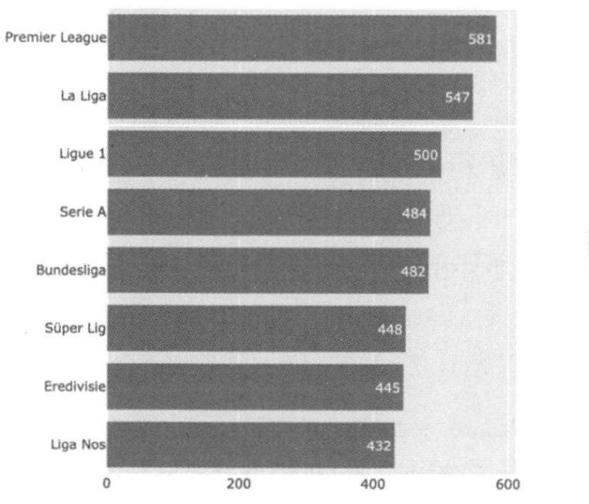

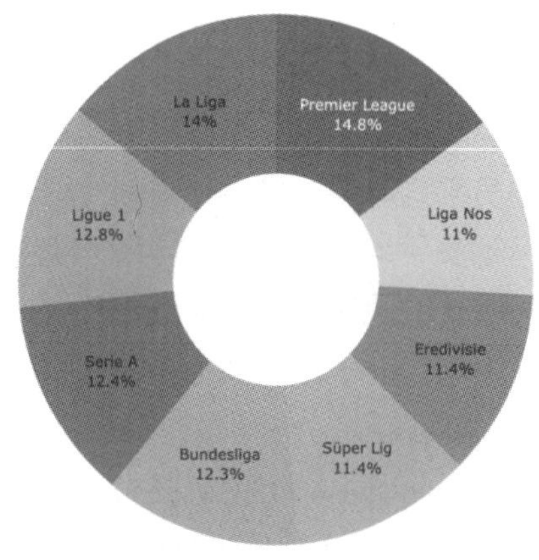

图 8-15　每个联盟的足球运动员数量及其占比

下面的程序则是使用分组条形图可视化不同优势脚下每个国家的足球运动员数量，并且只可视化了足球运动员数量较多的国家。运行该程序后可获得如图 8-16 所示的可视化图像。从图 8-16 中可以发现，在不同国家的足球运动员中，右脚为优势脚的足球运动员占比较大。

```
In[24]:# 可视化每个国家的足球运动员数量
       NCount=FIFA19.groupby(["Nationality",
              "Preferred Foot"])["Name"].count().reset_index(name = "Valcount")
       NCount = NCount.sort_values(by = "Valcount",ascending=False)
       # 使用分组条形图可视化足球运动员数量较多的国家
       fig = px.bar(NCount[0:50], x="Nationality",
                    y="Valcount", color="Preferred Foot",
                    pattern_shape="Preferred Foot",
                    pattern_shape_sequence=["x", "+"],
                    width=1000,height=600,title = " 足球运动员数量较多的国家 ")
       fig.update_layout(legend=dict(y=1,x=0.85),title=dict(x=0.5,y=0.9))
       fig.show()
```

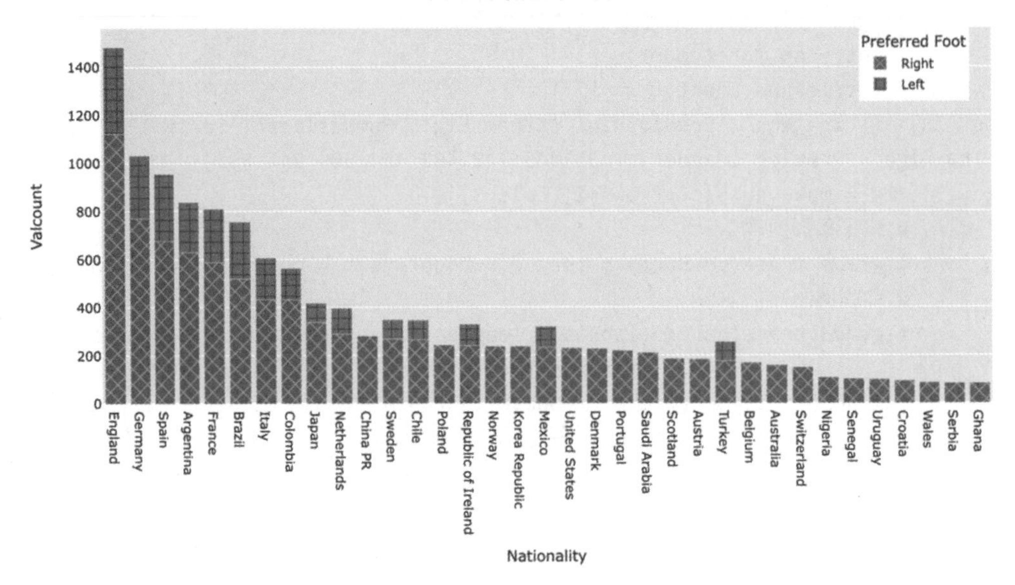

图 8-16　足球运动员数量较多的国家

下面的程序使用可交互条形图可视化每个联盟中足球运动员平均价值较高的俱乐部的足球运动员平均年龄。其中，程序片段 In[25] 进行数据准备，计算每个联盟的每个俱乐部的足球运动员平均价值和平均年龄；程序片段 In[26] 则是使用可交互条形图对准备好的数据进行可视化。运行该程序可获得如图 8-17 所示的可视化图像，其中柱子的高低表示俱乐部足球运动员的平均年龄。

```
In[25]:# 数据准备
       ClubAge = FIFA19.groupby(by = ["Club","League"])["Age","Value"].mean()
       ClubAge = ClubAge.sort_values(by = "Value",ascending=False).reset_index()
       ClubAge["Age"] = np.round(ClubAge["Age"],2)
       print(ClubAge.head())
Out[25]:                 Club          League    Age          Value
       0             Juventus         Serie A  27.18   2.912614e+07
       1          Real Madrid         La Liga  23.62   2.698534e+07
       2         FC Barcelona         La Liga  23.86   2.674569e+07
       3      Manchester City  Premier League  23.83   2.558914e+07
       4    FC Bayern München      Bundesliga  24.28   2.519460e+07
In[26]:# 使用可交互条形图可视化每个联盟中足球运动员平均价值较高的俱乐部的足球运动员平均年龄
       fig = px.bar(ClubAge[0:30], x="Club", y="Age", color="League",
                    text = "Age",hover_data=["Value"],
                    width=1000,height=600,title = " 足球运动员平均价值较高的俱乐部 ")
       fig.update_layout(title=dict(x=0.5,y=0.9))
       fig.show()
```

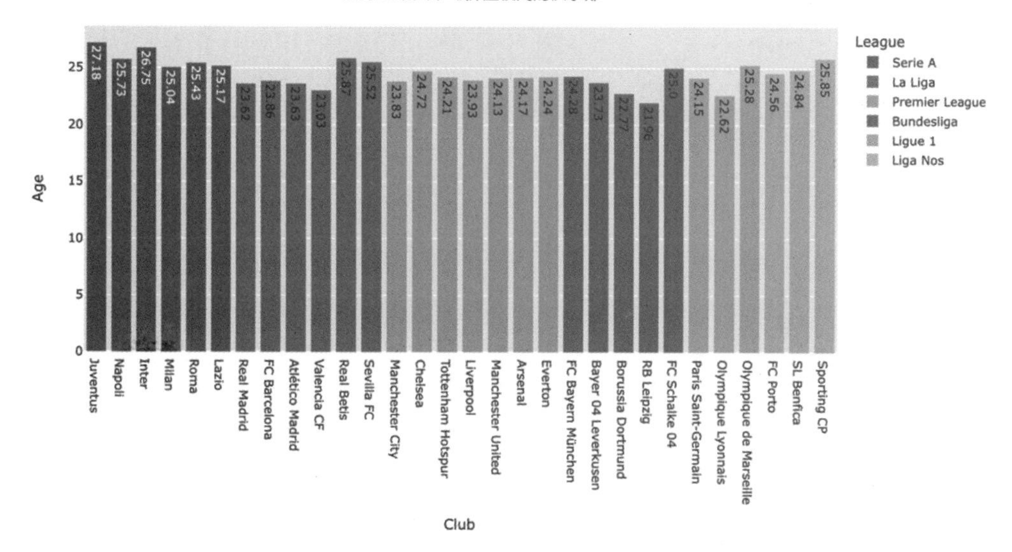

图 8-17　足球运动员平均价值较高的俱乐部的足球运动员平均年龄

通过上面的数据可视化分析，我们可以知道以下几点。

（1）每个联盟的总价值及其占比。

（2）球场不同位置的高价值足球运动员价值分布情况。

（3）每个联盟的足球运动员数量及其占比。

（4）不同优势脚下每个国家的足球运动员数量。

（5）足球运动员潜力和综合评分随年龄的变化趋势。

（6）不同联盟中足球运动员平均价值较高的俱乐部的足球运动员平均年龄。

8.2.4 可视化分析多个变量之间的关系

本节将使用矩阵散点图、平行坐标图等进行多个变量数据可视化分析。

下面的程序使用矩阵散点图可视化多个变量之间的关系，且待分析的变量有综合评分（Overall 变量）、潜力（Potential 变量）、价值（Value 变量）、目前工资（Wage 变量）、身高（Height 变量）及体重（Weight 变量）等信息。运行该程序可获得如图 8-18 所示的可视化图像。通过该图像可以分析不同俱乐部下任意两个变量之间的关系。

```
In[27]:# 使用分组矩阵散点图可视化多个变量之间的关系
       dimensions = ["Overall", "Potential","Value","Wage","Height", "Weight"]
       fig = px.scatter_matrix(data_frame=FIFA19,dimensions = dimensions,
                               color = "League",
                               symbol="League", hover_name="Name",
                               width=1000,height=800,title = " 分组矩阵散点图 ")
       fig.update_traces(diagonal_visible=False,marker=dict(size = 6))
       fig.update_layout(title={"x":0.5,"y":0.96},
                         legend=dict(orientation="h",yanchor="bottom",
                                     y = 1,xanchor="right",x = 1))
       fig.show()
```

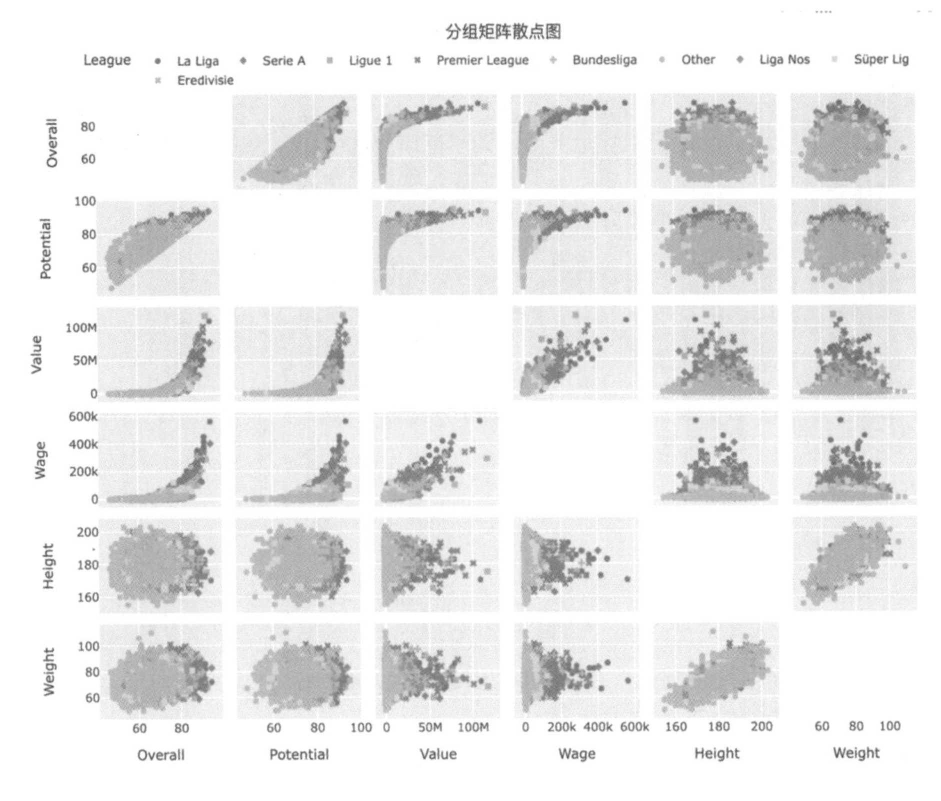

图 8-18　分组矩阵散点图

下面的程序使用 px.parallel_categories 函数将多个离散变量数据可视化为平行坐标图。运行该程序后可获得如图 8-19 所示的可交互图像。该图像便于分析数据变量取值的变化趋势及数量等信息。

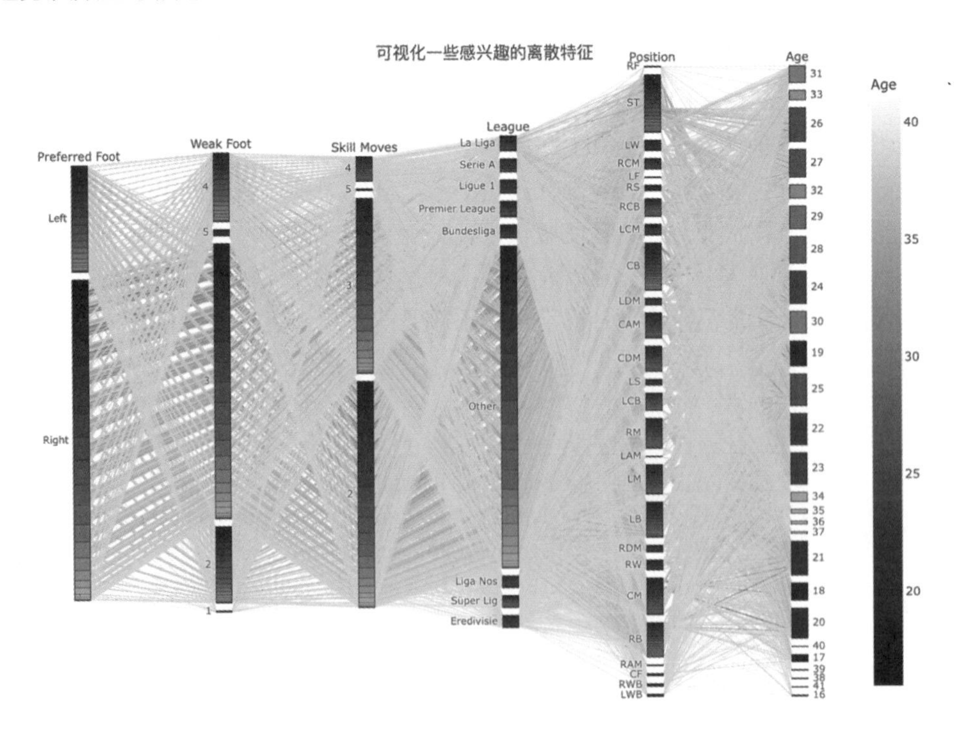

图 8-19　多个离散变量的平行坐标图

```
In[28]:# 使用平行坐标图可视化多个离散变量数据
       dimensions = ["Preferred Foot", "Weak Foot", "Skill Moves",
                     "League", "Position", "Age"]
       fig = px.parallel_categories(FIFA19, dimensions=dimensions,color="Age",
                           color_continuous_scale=px.colors.sequential.Inferno,
                           width=1000,height=800,
                           title = " 可视化一些感兴趣的离散特征 ")
       fig.update_layout(title={"x":0.5,"y":0.9})
       fig.show()
```

8.2.5 与球场位置相关的数据可视化分析

为了方便和球场相结合进行数据可视化分析，下面的程序定义一个可以可视化出球场的函数——draw_pitch 函数。

```
In[29]:# 该函数用于可视化出球场
       def draw_pitch(line, pitch,):
           line = line                       # 线的颜色
           pitch = pitch                     # 草地的颜色
           # 可视化出球场窗口
           fig,ax = plt.subplots(figsize=(20.8, 13.6))
           plt.ylim(-2, 138);plt.xlim(-2, 210);ax.axis("off")
           # 可视化出全场边线
           lx1 = [0, 208, 208, 0, 0]
           ly1 = [0, 0, 136, 136, 0]
           plt.plot(lx1,ly1,color=line,zorder=5)
           # 可视化出两个大禁区线
           lx2 = [208, 175, 175, 208]
           ly2 = [27.68, 27.68, 108.32, 108.32]
           plt.plot(lx2,ly2,color=line,zorder=5)
           lx3 = [0, 33, 33, 0]
           ly3 = [27.68, 27.68, 108.32, 108.32]
           plt.plot(lx3,ly3,color=line,zorder=5)
           # 可视化出两个球门线
           lx4 = [208, 208.4, 208.4, 208]
           ly4 = [60.68, 60.68, 75.32, 75.32]
           plt.plot(lx4,ly4,color=line,zorder=5)
           lx5 = [0, -0.4, -0.4, 0]
           ly5 = [60.68, 60.68, 75.32, 75.32]
           plt.plot(lx5,ly5,color=line,zorder=5)
           # 可视化出两个小禁区线
           lx6 = [208, 199, 199, 208]
           ly6 = [49.68, 49.68, 86.32, 86.32]
           plt.plot(lx6,ly6,color=line,zorder=5)
           lx7 = [0, 9, 9, 0]
           ly7 = [49.68, 49.68, 86.32, 86.32]
```

```
        plt.plot(lx7,ly7,color=line,zorder=5)
        # 可视化出中线、罚球点、圆弧
        lx8 = [104, 104]
        ly8 = [0, 136]
        plt.plot(lx8,ly8,color=line,zorder=5)
        plt.scatter(186, 68, color=line, zorder=5)
        plt.scatter(22, 68, color=line, zorder=5)
        plt.scatter(104, 68, color=line, zorder=5)
        circle1 = plt.Circle((187,68), 18.30, ls="-", lw=2, color=line,
                             fill=False, zorder=1, alpha=1)
        circle2 = plt.Circle((31,68), 18.30, ls="-", lw=2, color=line,
                             fill=False, zorder=1, alpha=1)
        circle3 = plt.Circle((104,68), 18.30, ls="-", lw=2,color=line,
                             fill=False, zorder=2, alpha=1)
        # 颜色填充
        rec1 = plt.Rectangle((175,40), 33,60, ls="-", color=pitch,
                             zorder=1, alpha=1)
        rec2 = plt.Rectangle((0,40), 33,60, ls="-", color=pitch,
                             zorder=1, alpha=1)
        rec3 = plt.Rectangle((-1, -1), 312,140, ls="-", color=pitch,
                             zorder=1, alpha=1)
        ax.add_artist(rec3)
        ax.add_artist(circle1)
        ax.add_artist(circle2)
        ax.add_artist(rec1)
        ax.add_artist(rec2)
        ax.add_artist(circle3)
```

在定义好 draw_pitch 函数之后，可以通过指定参数 line（球场中相关线的颜色）与参数 pitch（球场中草地的颜色）可视化出球场。下面的程序在可视化出球场的同时，指定球场的每个关键位置的坐标并且将其可视化。运行该程序后可获得如图 8-20 所示的可视化结果。

```
In[30]:# 球场的每个关键位置坐标
      Posx = [186, 150, 1, 150, 150, 112, 114, 114, 14, 16, 16, 24, 24, 50, 50,
              50,74, 74, 74, 130, 130, 74, 74, 186, 186, 50, 50]
      Posy = [68, 68, 68, 32, 104, 68, 32, 104, 68, 44, 88, 20, 116, 12, 124,
              68,68, 16, 120, 16, 120, 40, 96, 32, 104, 32, 104]
      Posname = ['ST', 'CF', 'GK', 'RF', 'LF', 'CAM', 'RAM', 'LAM', 'CB', 'RCB',
                 'LCB','RB', 'LB', 'RWB', 'LWB', 'CDM', 'CM', 'RM', 'LM', 'RW',
                 'LW', 'RCM','LCM', 'RS', 'LS', 'RDM', 'LDM']
      Posdf = pd.DataFrame({"Posx":Posx,"Posy":Posy,"Posname":Posname})
      draw_pitch(line = "white",pitch = "lightgreen") # 可视化出球场
      for ii in Posdf.index:                          # 可视化出球场的每个关键位置
          plt.text(Posdf.Posx[ii], Posdf.Posy[ii],
                   Posdf.Posname[ii], fontsize=20,
                   bbox = dict(boxstyle = "round",facecolor = "blue",
                               alpha = 0.2))
```

```
plt.title(" 球场的每个足球运动员位置 ", fontsize=20)
plt.show()
```

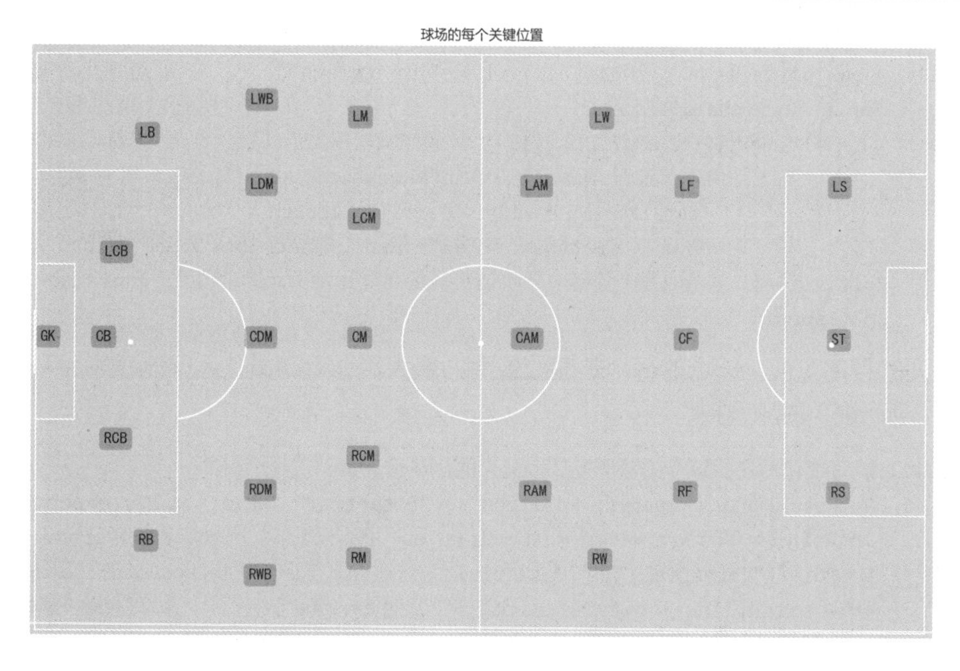

图 8-20　球场的每个关键位置

下面对球场的每个关键位置（Position 变量）的最有价值（Value 变量）足球运动员（Name 变量）进行数据可视化分析。下面的程序先计算出球场的每个关键位置足球运动员的价值，再和球场的每个关键位置的坐标点数据表拼接，然后针对准备好的数据，在球场的每个关键位置可视化价值最高的足球运动员（Name 变量）及其价值。运行该程序后可获得如图 8-21 所示的可视化图像。

图 8-21　球场的每个关键位置价值最高的足球运动员及其价值

```
In[31]:# 可视化球场的每个关键位置价值最高的足球运动员及其价值
       PosVal = FIFA19.groupby(["Position"])["Value","Name"].max().reset_index()
       PosValdf = PosVal.merge(Posdf,left_on="Position",right_on="Posname")
       PosValdf["Value2"] = ["€"+str(ii)+"M" for ii in  (PosValdf.Value / 1000000) ]
       draw_pitch(line = "white",pitch = "lightgreen")         # 可视化出球场
       for ii in PosValdf.index:                             # 可视化出球场的每个关键位置
           plt.text(PosValdf.Posx[ii], PosValdf.Posy[ii],      # 坐标
                    PosValdf.Name[ii]+"\n"+PosValdf.Value2[ii],      # 文本
                    fontsize=16, family = "serif", zorder = 10,  # 大小和字体
                    bbox = dict(boxstyle="round",facecolor="blue",alpha = 0.2))
       plt.title(" 球场的每个关键位置价值最高的足球运动员及其价值 ", fontsize=20)
       plt.show()
```

下面的程序可视化球场的每个关键位置潜力最大足球运动员。运行该程序后可获得如图 8-22 所示的可视化图像。

```
In[32]:# 可视化球场的每个关键位置潜力最大的足球运动员
       PosPot=FIFA19.groupby(["Position"])["Potential","Name"].max().reset_index()
       PosPotdf = PosPot.merge(Posdf,left_on="Position",right_on="Posname")
       PosPotdf["Potential2"]=["Potential:"+str(ii) for ii in PosPotdf.Potential]
       draw_pitch(line = "white",pitch = "lightgreen")         # 可视化出球场
       for ii in PosPotdf.index:                             # 可视化出球场的每个关键位置
           plt.text(PosPotdf.Posx[ii], PosPotdf.Posy[ii],      # 坐标
                    PosPotdf.Name[ii]+"\n"+PosPotdf.Potential2[ii],  # 文本
                    fontsize=16, family = "serif", zorder = 10, # 大小和字体
                    bbox = dict(boxstyle="round",facecolor= "blue",alpha = 0.2))
       plt.title(" 球场的每个关键位置潜力最大的足球运动员 ", fontsize=20)
       plt.show()
```

图 8-22　球场的每个关键位置潜力最大的足球运动员

下面的程序可视化球场的每个关键位置潜力最大的足球运动员所在的联盟。运行该程

序后可获得如图 8-23 所示的可视化图像。

```
In[33]:# 可视化球场的每个关键位置潜力最大的足球运动员所在的联盟
       PosPot=FIFA19.groupby(["Position"])["Potential","Name","League"].max().
reset_index()
       PosPotdf = PosPot.merge(Posdf,left_on="Position",right_on="Posname")
       PosPotdf["Potential2"]=["Potential:"+str(ii) for ii in PosPotdf.Potential]
       draw_pitch(line = "white",pitch = "lightgreen")          # 可视化出球场
       for ii in PosPotdf.index:                               # 可视化出球场的每个关键位置
           plt.text(PosPotdf.Posx[ii], PosPotdf.Posy[ii],      # 坐标
           PosPotdf.Name[ii]+"\n"+PosPotdf.Potential2[ii]+"\n"+ PosPotdf.League[ii],
                    fontsize=16, family = "serif", zorder = 10,  # 大小和字体
                    bbox=dict(boxstyle ="round",facecolor = "blue",alpha = 0.2))
       plt.title(" 球场的每个关键位置潜力最大的足球运动员所在的联盟 ", fontsize=20)
       plt.show()
```

图 8-23　球场的每个关键位置潜力最大的足球运动员所在的联盟

下面的程序可视化球场的每个关键位置价值最高的足球运动员所在的俱乐部（Club 变量）。运行该程序后可获得如图 8-24 所示的可视化图像。

```
In[34]:# 可视化球场的每个关键位置价值最高的足球运动员所在的俱乐部
       PosPot=FIFA19.groupby(["Position","Club"])["Value"].mean().reset_index()
       PosPot = PosPot.groupby(["Position"])["Club","Value"].max().reset_index()
       PosPotdf = PosPot.merge(Posdf,left_on="Position",right_on="Posname")
       PosPotdf["Value2"] = ["€"+str(ii)+"M" for ii in np.round(PosPotdf.Value / 1000000,2) ]
       draw_pitch(line = "white",pitch = "lightgreen")          # 可视化出球场
       for ii in PosPotdf.index:                               # 可视化出球场的每个关键位置
           plt.text(PosPotdf.Posx[ii], PosPotdf.Posy[ii],      # 坐标
                    PosPotdf.Club[ii]+"\n"+PosPotdf.Value2[ii],
                    fontsize=16, family = "serif", zorder = 10,  # 大小和字体
```

```
                 bbox=dict(boxstyle ="round",facecolor = "blue",alpha = 0.2))
    plt.title(" 球场的每个关键位置价值最高的足球运动员所在的俱乐部 ", fontsize=20)
    plt.show()
```

图 8-24　球场的每个关键位置价值最高的足球运动员所在的俱乐部

8.3 数据降维可视化分析

当数据维度非常高，各类数据可视化方法都无法完美呈现所有的数据细节时，常将高维数据降维后再对其进行可视化。数据降维通常是通过线性或者非线性的变换，将多元的数据投影到低维空间（二维或者三维的），同时在低维空间保持数据在多元空间中的关系或特征。数据降维的方法有很多种。下面将主要介绍如何使用主成分降维的方法。

8.3.1 主成分降维

预处理好的数据包含很多针对足球运动员的打分变量数据。下面的程序对足球运动员的各项打分变量（超过 40 个变量）数据进行主成分降维，提取数据的主要成分，并进行相应的数据可视化。该程序在通过主成分降维之前，先对数据进行了标准化处理，并且可视化了主成分得分的变化情况。运行该程序后可获得如图 8-25 所示的可视化图像。

```
In[35]:# 数据准备，获取用于降维的特征
       usecolname = ['Overall', 'Potential','Height', 'Weight','LS', 'ST', 'RS',
                     'LW', 'LF', 'CF','RF', 'RW', 'LAM', 'CAM', 'RAM',
                     'LM', 'LCM', 'CM', 'RCM', 'RM', 'LWB','LDM', 'CDM',
                     'RDM', 'RWB', 'LB', 'LCB', 'CB', 'RCB', 'RB', 'Crossing',
                     'Finishing', 'HeadingAccuracy', 'ShortPassing',
                     'Volleys', 'Dribbling', 'Curve', 'FKAccuracy',
                     'LongPassing', 'BallControl', 'Acceleration',
                     'SprintSpeed','Agility','Reactions','Balance','ShotPower',
                     'Jumping', 'Stamina', 'Strength', 'LongShots', 'Aggression',
                     'Interceptions','Positioning','Vision','Penalties','Composure',
                     'Marking', 'StandingTackle', 'SlidingTackle', 'GKDiving',
                     'GKHandling', 'GKKicking', 'GKPositioning', 'GKReflexes',]
       FIFA19df2 = FIFA19[usecolname]
       # 对数据标准化预处理
       FIFA19df2[usecolname] = MinMaxScaler().fit_transform(FIFA19df2.values)
       # 对数据进行主成分降维
       pca = PCA(n_components = 20,random_state = 123)
       pca.fit(FIFA19df2)
       # 可视化主成分得分
       exvar = pca.explained_variance_
       plt.figure(figsize=(10,5))
       plt.plot(range(1,len(exvar)+1),exvar,"r-o")
       plt.vlines(x = 5,ymin = 0, ymax = 0.7)
       plt.xlabel(" 特征数量 ")
       plt.ylabel(" 主成分得分 ")
       plt.title(" 确定需要的主成分数量 ")
       plt.show()
```

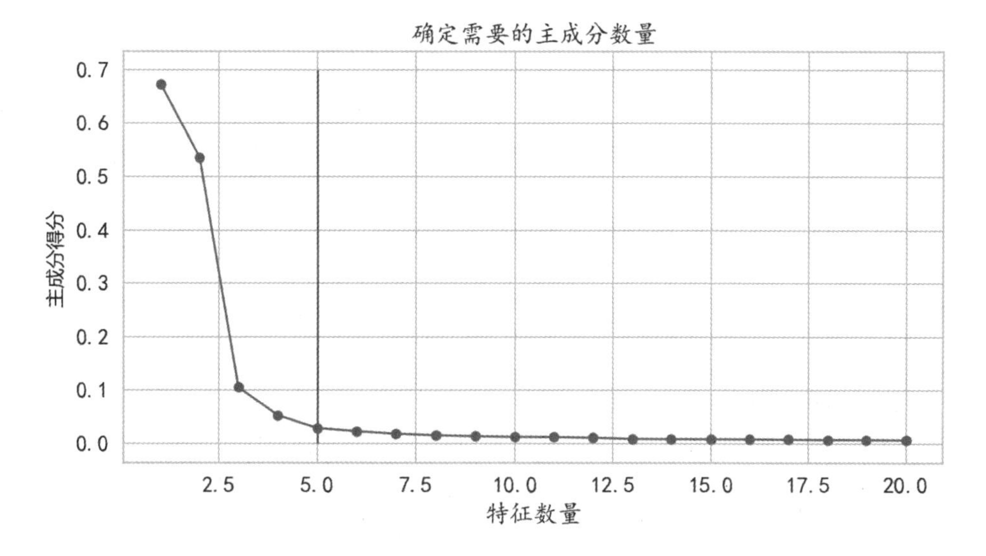

图 8-25 主成分得分的变化趋势

从图 8-25 中可以发现，数据的前 5 个主成分就能表示出数据的主要信息。

8.3.2 可视化主成分得分

下面的程序对数据进行变换，获取数据的前 5 个主成分，并且将获得的主成分得分转化数据表 PcaScoredf。

```
In[36]:# 获取数据的前 5 个主成分
       pca = PCA(n_components = 5,random_state = 123)
       PcaScore = pca.fit_transform(FIFA19df2)
       # 可视化主成分得分
       PcaScoredf=pd.DataFrame(data=PcaScore,
                               columns=["PC1","PC2","PC3","PC4","PC5"])
       PcaScoredf = pd.concat([FIFA19[["League","Name"]],PcaScoredf],axis=1)
       PcaScoredf
Out[36]:
```

	League	Name	PC1	PC2	PC3	PC4	PC5
0	La Liga	L. Messi	2.732378	-0.891683	0.088404	-0.030593	0.105531
1	Serie A	Cristiano Ronaldo	2.591990	-0.595553	0.677120	-0.579162	0.062200
2	Ligue 1	Neymar Jr	2.504363	-0.770473	-0.029700	-0.105265	0.201435
3	Premier League	K. De Bruyne	2.707594	0.405485	0.157044	0.094960	0.146844
4	Premier League	E. Hazard	2.500443	-0.666379	-0.007786	-0.103152	0.269439
...	...	...	...	...	...	...	...
15921	Other	J. Lundstram	-1.401673	-0.424540	-0.362910	0.385583	-0.142987
15922	Other	N. Christoffersson	-1.995441	-1.258510	0.500191	0.355343	0.024401
15923	Other	B. Worman	-1.605308	-1.470589	-0.157502	0.075142	-0.083287
15924	Other	D. Walker-Rice	-1.471906	-1.325250	-0.140278	0.374491	0.033962
15925	Other	G. Nugent	-1.365434	-0.290951	-0.127582	0.239511	-0.077662

15926 rows × 7 columns

针对数据的主成分降维过程，每个主成分得分都是数据中每个变量的线性组合，并可以利用热力图可视化数据和主成分得分之间的关系。下面的程序先计算数据和主成分得分之间的关系，然后通过 sns.heatmap 函数可视化出热力图。运行该程序后可获得如图 8-26 所示的可视化图像。其中，每个颜色块还添加了表示数据和主成分得分之间的关系强弱的系数。

```
In[37]:# 使用热力图可视化数据和主成分得分之间的关系
       PCALoad = pca.components_.T * np.sqrt(pca.explained_variance_)
       plt.figure(figsize=(15,7))
       sns.heatmap(PCALoad.T, cmap="YlGnBu",annot=True, fmt=".2f",
                   annot_kws={"fontsize":10,"rotation":-90})
       plt.xticks(np.arange(PCALoad.shape[0])+0.5,usecolname,
                  rotation = -90,fontsize = 10)
       plt.yticks(np.arange(PCALoad.shape[1])+0.5,
                  ["PC1","PC2","PC3","PC4","PC5"])
       plt.title(" 数据和主成分得分之间的关系 ")
       plt.show()
```

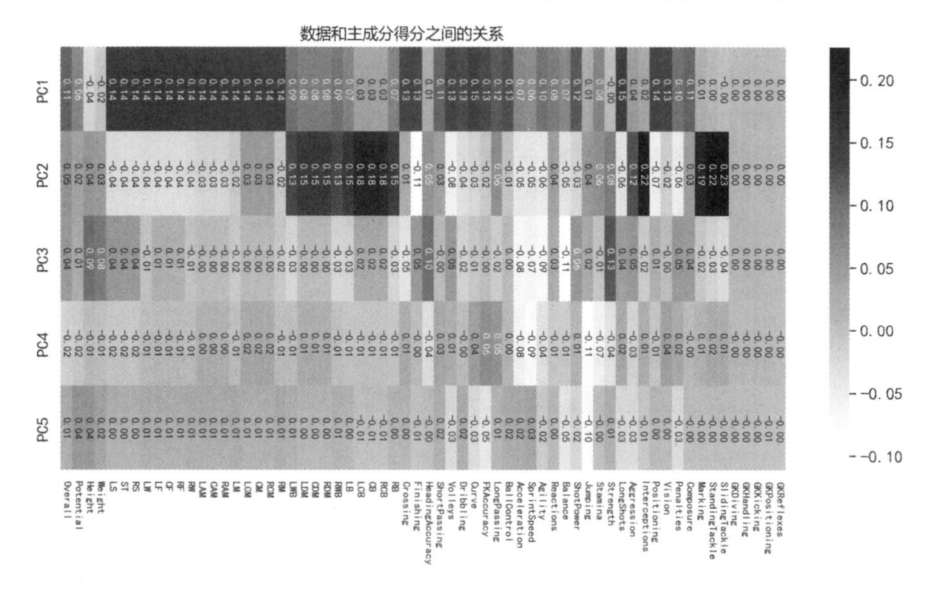

图 8-26　数据和主成分得分之间的关系

程序片段 In[38] 通过 plotly，利用矩阵散点图可视化主成分得分情况。运行该程序后可获得如图 8-27 所示的可视化图像。

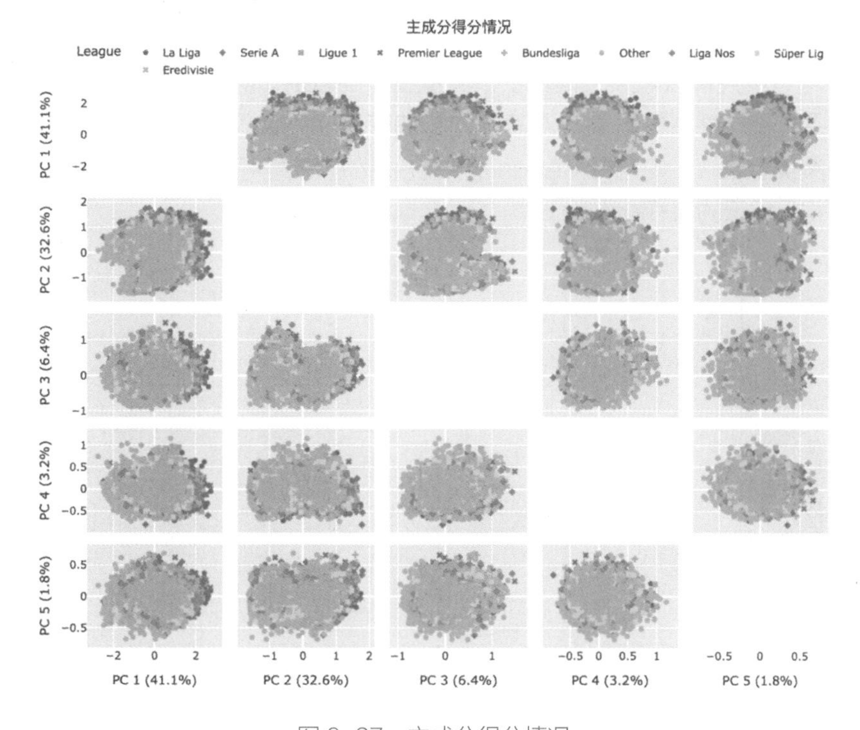

图 8-27　主成分得分情况

```
In[38]:# 利用矩阵散点图可视化主成分得分情况
       dimensions = ["PC1", "PC2","PC3","PC4","PC5"]
       labels = {"PC"+str(i+1):  f"PC  {i+1}  ({var:.1f}%)"  for  i,  var  in
               enumerate(pca.explained_variance_ratio_ * 100)}
       fig = px.scatter_matrix(data_frame=PcaScoredf,dimensions = dimensions,
                              labels=labels, color = "League",
```

```
                                    symbol="League", hover_name="Name",
                                    width=1000,height=800,title = " 主成分得分情况 ")
fig.update_traces(diagonal_visible=False,marker=dict(size = 6))
fig.update_layout(title={"x":0.5,"y":0.96},
                  legend=dict(orientation="h",yanchor="bottom",
                              y = 1,xanchor="right",x = 1))
fig.show()
```

8.4 数据聚类可视化分析

数据聚类分析是一种将数据所对应的研究对象进行分类的统计方法，即将若干个个体集合，按照某种标准分成若干个簇，并且希望簇内的样本尽可能相似，而簇和簇之间要尽可能不相似。本节将介绍如何借助聚类算法对数据进行可视化分析。聚类算法有很多，下面将使用最常用的 K 均值（K-means）聚类算法。

8.4.1 寻找合适的聚类数目

针对 K 均值聚类算法，其关键在于聚类数量 k 的取值，其方法是通过计算出不同 k 值下类的误差平方和，然后根据类的误差平方和的变化曲线合理分析 k 的取值。下面的程序基于不同的聚类数目 k，使用 KMeans 函数进行数据聚类可视化分析。运行该程序后可获得如图 8-28 所示的可视化图像。

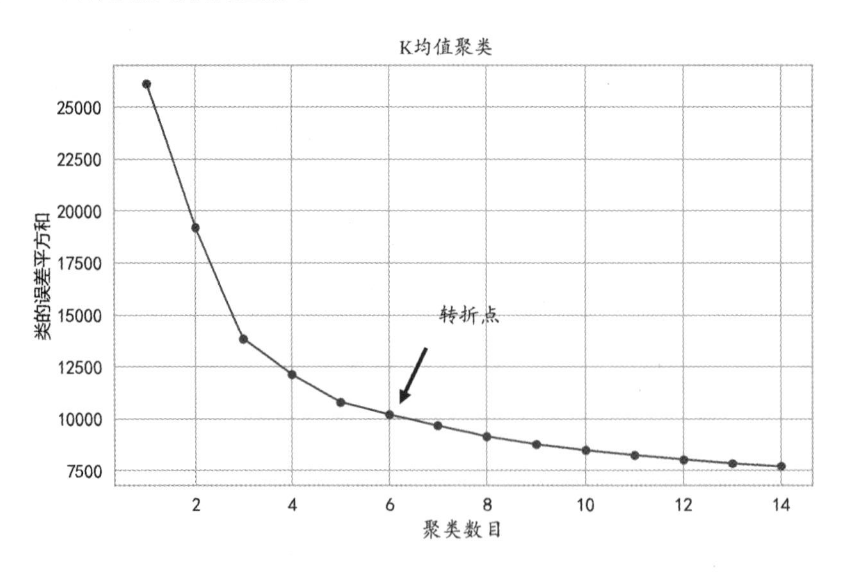

图 8-28　类的误差平方和的变化情况

```
In[39]:# 搜索 K 均值聚类时合适的聚类数目
       kmax = 15
       K = np.arange(1,kmax)
       iner = []
```

```
for ii in K:
    kmean = KMeans(n_clusters=ii,random_state=1)
    kmean.fit(FIFA19df2)
    # 计算类的误差平方和
    iner.append(kmean.inertia_)
# 可视化类的误差平方和的变化情况
plt.figure(figsize=(10,6))
plt.plot(K,iner,"r-o")
plt.xlabel(" 聚类数目 ")
plt.ylabel(" 类的误差平方和 ")
plt.title("K 均值聚类 ")
# 在图像中添加一个箭头
plt.annotate(" 转折点 ", xy=(6,iner[6]),xytext=(7,iner[6] + 5000),
             arrowprops=dict(facecolor="blue", shrink=0.2))
plt.show()
```

从图 8-28 中可以发现，当簇的数量为 6 之后，类的误差平方和减少较缓慢，说明 k 为 6 较合理（该点可以作为类的误差平方和的转折点），表示将数据聚类为 6 个簇较合适。

8.4.2 K 均值聚类可视化

下面的程序将数据中的足球运动员聚类成 6 簇，并且输出每簇包含的样本量。

```
In[40]:# 将足球运动员聚类成 6 簇，并可视化每簇包含的样本量
       kmean = KMeans(n_clusters=6,random_state=1)
       k_pre = kmean.fit_predict(FIFA19df2)
       print(" 每簇包含的样本量 :",np.unique(k_pre,return_counts = True))
Out[40]: 每簇包含的样本量 : (array([0, 1, 2, 3, 4, 5], dtype=int32), array([1972,
3069, 2878, 2590, 1851, 3566]))
```

可以将数据聚类结果作为数据的分组变量，并使用主成分得分的矩阵散点图进行可视化。下面的程序使用数据的前 3 个主成分，利用聚类的簇标签进行分组，可视化出矩阵散点图。运行该程序后可获得如图 8-29 所示的可视化图像。通过该图像可以发现，同一簇的样本较聚集，聚类效果较理想。

```
In[41]:# 通过 plotly 利用主成分得分可视化聚类后每簇的样本分布情况
       k_prelab = [str(ii) for ii in k_pre]
       dimensions = ["PC1", "PC2","PC3",]
       labels = {"PC"+str(i+1): f"PC {i+1} ({var:.1f}%)" for i, var in enumerate(pca.
explained_variance_ratio_ * 100)}
       fig = px.scatter_matrix(data_frame=PcaScoredf,dimensions = dimensions,
                               labels=labels, color = k_prelab,
                               symbol=k_prelab, hover_name="Name",
                               width=1000,height=800,title = "K 均值聚类结果 ")
       fig.update_traces(diagonal_visible=False,marker=dict(size = 6))
       fig.update_layout(title={"x":0.5,"y":0.96},
                         legend=dict(orientation="h",yanchor="bottom",
                                     y = 1,xanchor="right",x = 1))
       fig.show()
```

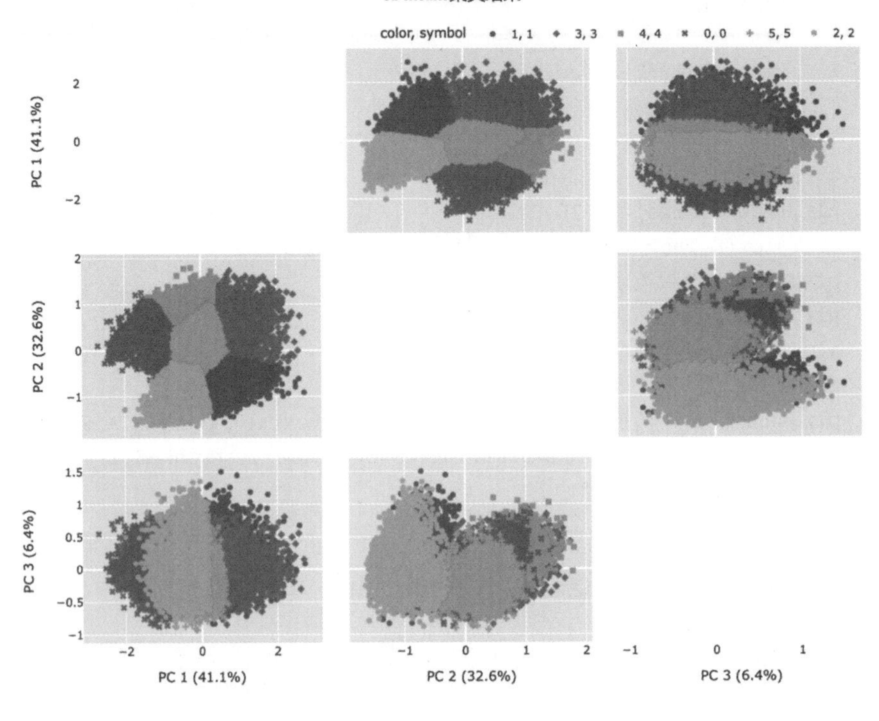

图 8-29　K 均值聚类结果（一）

8.4.3 利用主成分特征进行聚类分析

前面的 K 均值聚类使用的是原始的数据，本节则使用数据的主成分特征进行数据聚类，并只提取数据中的 Other 联盟足球运动员进行聚类分析。下面的程序在主成分数据提取后，使用前 5 个主成分将数据聚类成 6 簇，并输出每簇包含的样本量。

```
In[42]:# 使用主成分降维的数据对 Other 联盟足球运动员进行分析
       FIFOther = PcaScoredf[PcaScoredf.League == "Other"]
       # 同样将数据聚类成 6 簇
       usecol = ["PC1", "PC2","PC3","PC4","PC5"]
       kmean = KMeans(n_clusters=6,random_state=1)
       k_pre = kmean.fit_predict(FIFOther[usecol])
       print(" 每簇包含的样本量 :",np.unique(k_pre,return_counts = True))
Out[42]: 每簇包含的样本量 : (array([0, 1, 2, 3, 4, 5], dtype=int32), array([2460,
1438, 1636, 2389, 2261, 1823]))
```

下面的程序通过 plotly，利用前 3 个主成分将数据聚类结果使用矩阵散点图进行可视化。运行该程序后可获得如图 8-30 所示的可视化图像。通过该图像可以发现，其聚类结果和原始的数据聚类结果相似。

```
In[43]:# 通过 plotly，利用主成分可视化聚类后每簇的样本分布情况
```

```
        k_prelab = [str(ii) for ii in k_pre]
        dimensions = ["PC1", "PC2","PC3",]
        labels = {"PC"+str(i+1): f"PC {i+1} ({var:.1f}%)" for i, var in enumerate(pca.
explained_variance_ratio_ * 100)}
        fig = px.scatter_matrix(data_frame=FIFOther,dimensions = dimensions,
                                labels=labels, color = k_prelab,
                                symbol=k_prelab, hover_name="Name",
                               width=1000,height=800,title = "K 均值聚类结果 ")
        fig.update_traces(diagonal_visible=False,marker=dict(size = 6))
        fig.update_layout(title={"x":0.5,"y":0.96},
                          legend=dict(orientation="h",yanchor="bottom",
                                      y = 1,xanchor="right",x = 1))
        fig.show()
```

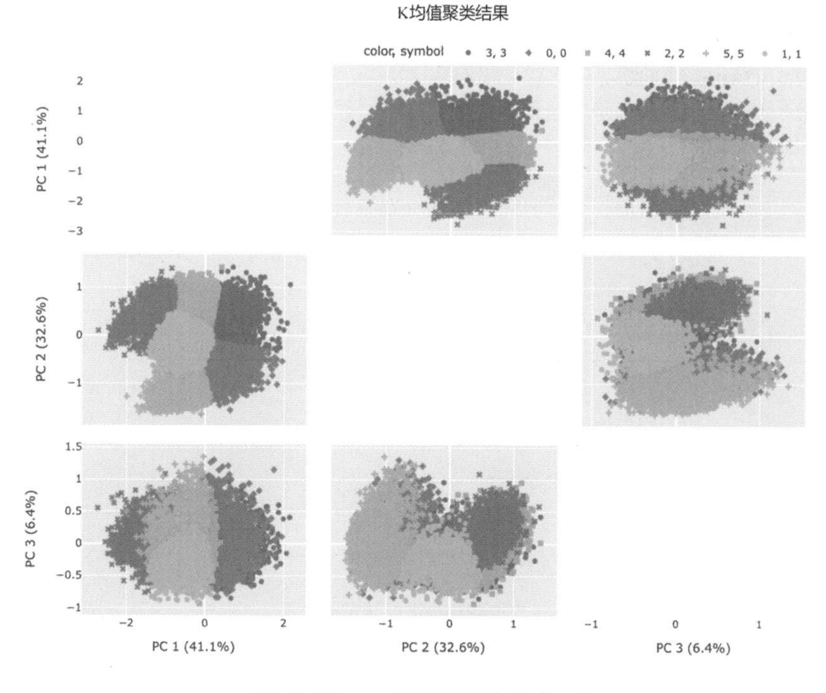

图 8-30 K 均值聚类结果（二）

此外，可以通过轮廓系数评价数据聚类效果的好坏。下面的程序对每个样本的轮廓系数及数据聚类结果轮廓系数平均值进行可视化。运行该程序后可获得如图 8-31 所示的可视化图像。

```
In[44]:# 计算整体的轮廓系数平均值
       sil_score = silhouette_score(FIFOther[usecol],k_pre)
       # 计算每个样本的轮廓系数
       sil_samp_val = silhouette_samples(FIFOther[usecol],k_pre)
       # 可视化 K 均值聚类结果轮廓图，
       plt.figure(figsize=(10,10))
       y_lower = 10
       n_clu = len(np.unique(k_pre))
       for ii in np.arange(n_clu):                    # 聚类成 6 簇
           # 将样本的轮廓系数放在一块排序
```

```
        iiclu_sil_samp_sort = np.sort(sil_samp_val[k_pre == ii])
        # 计算样本量
        iisize = len(iiclu_sil_samp_sort)
        y_upper = y_lower + iisize
        # 设置图像的颜色
        color = plt.cm.Spectral(ii / n_clu)
        plt.fill_betweenx(np.arange(y_lower,y_upper),0,iiclu_sil_samp_sort,
                          facecolor = color,alpha = 0.7)
        # 在簇对应的 y 轴中间添加标签
        plt.text(-0.08,y_lower + 0.5*iisize," 簇 "+str(ii+1))
        # 更新 y_lower
        y_lower = y_upper + 5
    # 添加轮廓系数均值的直线
    plt.axvline(x=sil_score,color="red",
                label = " 均值 :"+str(np.round(sil_score,3)))
    plt.xlim([-0.1,0.8]);plt.yticks([]);plt.legend(loc = 1)
    plt.xlabel(" 轮廓系数 ")
    plt.title("K 均值聚类结果轮廓图 ")
    plt.show()
```

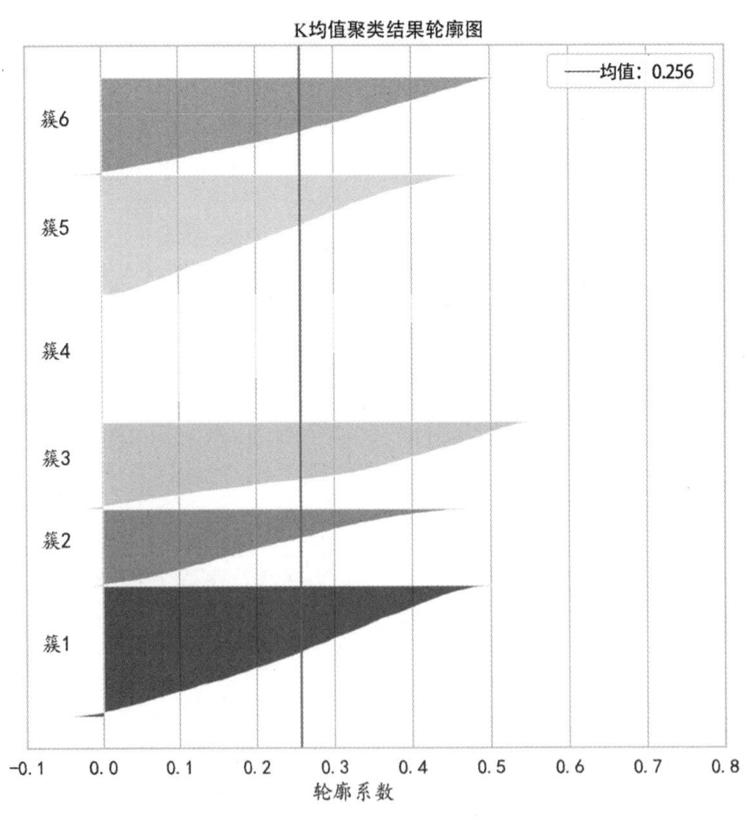

图 8-31　K 均值聚类结果轮廓图

轮廓系数的取值范围为 -1~1，而且越接近于 1 说明聚类效果越好。从图 8-31 中的可视化结果可知，该数据聚类成 6 簇的轮廓系数均值为 0.256，并且大部分的样本轮廓系数均大于 0，说明聚类效果较好。

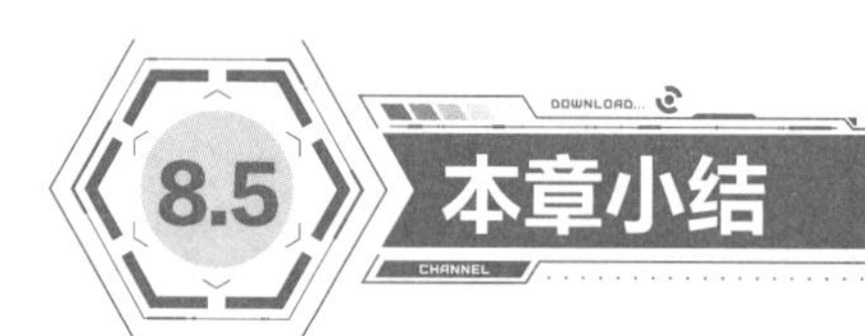

8.5 本章小结

本章使用一个具体的《FIFA 19》数据，进行了一个完整的数据可视化分析流程。该流程主要包含数据获取、数据清洗与预处理、数据探索性可视化分析、数据建模可视化分析等（注意：针对不同的情况，该流程可能会有一些差异）。其中，数据探索性可视化分析主要为了获取数据中更多有用的信息，从而方便后面的数据建模过程。在对《FIFA 19》数据建模可视化分析中，主要介绍了主成分降维可视化分析与 K 均值聚类可视化分析。

第 9 章　抗乳腺癌候选药物可视化分析

本章将数据分析与数据可视化相结合，完成抗乳腺癌候选药物可视化分析。本章将尽可能使用简单的数据可视化分析方法，从数据分析与挖掘的视角，对其中的几个问题进行求解和分析，从而避免较复杂的数据建模流程。本章使用的数据来自医学和药物相关的实验。

1. 问题背景介绍

乳腺癌是目前世界上致死率较高的癌症之一。乳腺癌的发展与雌激素受体密切相关。有研究发现，雌激素受体 α 亚型（Estrogen receptors alpha, ERα）在不超过 10% 的正常乳腺上皮细胞中表达，但在 50% ~ 80% 的乳腺肿瘤细胞中表达。对 ERα 基因缺失小鼠的实验结果表明，ERα 确实在乳腺发育过程中扮演了十分重要的角色。目前，抗激素治疗通过调节雌激素受体活性来控制体内雌激素水平，常用于 ERα 表达的乳腺癌患者。因此，ERα 被认为是治疗乳腺癌的重要靶标。能够拮抗 ERα 活性的化合物可能是治疗乳腺癌候选药物。比如，临床治疗乳腺癌经典药物——他莫昔芬和雷诺昔芬，就是 ERα 拮抗剂。

目前，在药物研发中，为了节约时间和成本，通常采用建立化合物活性预测模型的方法来筛选潜在活性化合物。其具体做法：针对与疾病相关的某个靶标（此处为 ERα），收集一系列作用于该靶标的化合物及其生物活性数据，然后以一系列分子结构描述符作为自变量，以化合物的生物活性值作为因变量，构建化合物的定量结构 - 活性关系（Quantitative Structure-Activity Relationship, QSAR）模型，最后使用该模型预测具有更好生物活性的新化合物分子，或者指导已有活性化合物的结构优化。

一个化合物想要成为候选药物，除了要具备良好的生物活性（此处指抗乳腺癌活性）外，还要在人体内具备良好的药代动力学性质和安全性，合称为 ADMET* 性质。其中，ADME 主要指化合物的药代动力学性质，描述了化合物在生物体内的浓度随时间变化的规律；T 主要指化合物可能在人体内产生的毒副作用。一个化合物的活性再好，如果其 ADMET 性质不佳，比如很难被人体吸收，或者体内代谢速度太快，或者具有某种毒性，那么其仍然难以成为药物，因而要对其进行 ADMET 性质优化。为了方便建模，这里仅考虑化合物的以下 5 种 ADMET 性质。

（1）小肠上皮细胞渗透性（Caco-2）：可度量化合物被人体吸收的能力。

（2）人体内主要代谢酶——细胞色素 P450 酶（Cytochrome P450, CYP）3A4 亚

*ADMET 为 Absorption（吸收）、Distriibution（分布）、Metabolism（代谢）、Excretion（排泄）、Toxicity（毒性）首字母缩写形式。

型（CYP3A4）含量：可度量化合物的代谢稳定性。

（3）化合物心脏安全性评价（human Ether-a-go-go Related Gene, hERG）：可度量化合物的心脏毒性。

（4）人体口服生物利用度（Human Oral Bioavailability, HOB）：可度量药物进入人体后被吸收进入人体血液循环的药量比例。

（5）微核试验（Micronucleus，MN）结果：可检测化合物是否具有遗传毒性。

2. 数据介绍及建模目标

这里针对乳腺癌治疗靶标 ERα，提供了 1974 个化合物对 ERα 的生物活性数据，且这些数据包含在“ERα_activity.xlsx”文件的 training 表（训练数据集）中。training 表包含 3 列：第一列提供了 1974 个化合物的结构式，用一维线性表达式——SMILES（Simplified Molecular Input Line Entry System）式表示；第二列是化合物对 ERα 的生物活性值，用 IC50 表示，为实验测定值，单位是 nM，其值越小代表生物活性越大，对抑制 ERα 活性越有效；第三列是由第二列 IC50 转化而得的 pIC50（IC50 的负对数，该值通常与生物活性具有正相关性，即 pIC50 越大表明生物活性越高；在实际 QSAR 建模中，一般采用 pIC50 来表示生物活性值）。“ERα_activity.xlsx”文件还有一个 test 表（测试数据集），其中提供了 50 个化合物的 SMILES 式。

“Molecular_Descriptor.xlsx”文件的 training 表给出了上述 1974 个化合物的 729 个分子描述符（变量）。其中，第一列也是化合物的 SMILES 式，其后共有 729 列，每列代表化合物的一个分子描述符。化合物的分子描述符是一系列用于描述化合物的结构和性质特征的参数，包括物理化学性质（如分子量、LogP 等）、拓扑结构特征（如氢键供体数量、氢键受体数量等）等。每个分子描述符的具体含义参见“分子描述符含义解释 .xlsx”文件。同样地，该文件也有一个 test 表，且它的里面给出了上述 50 个化合物的 729 个分子描述符。

在关注化合物生物活性的同时，还要考虑其 ADMET 性质。因此，“ADMET.xlsx”文件的 training 表提供了上述 1974 个化合物的 5 种 ADMET 性质的数据。其中，第一列也是化合物的 SMILES 式；其后 5 列分别对应每个化合物的 ADMET 性质，并采用二分类法提供相应的取值（Caco-2：“1”代表化合物的小肠上皮细胞渗透性较好，“0”代表化合物的小肠上皮细胞渗透性较差；CYP3A4：“1”代表化合物能够被 CYP3A4 代谢，“0”代表化合物不能被 CYP3A4 代谢；hERG：“1”代表化合物具有心脏毒性，“0”代表化合物不具有心脏毒性；HOB：“1”代表化合物的口服生物利用度较好，“0”代表化合物的口服生物利用度较差；MN：“1”代表化合物具有遗传毒性，“0”代表化合物不具有遗传毒性）。同样地，“ADMET.xlsx”文件也有一个 test 表，且它的里面提供了上述 50 个化合物的 SMILES 式。

建模目标：根据提供的 ERα 拮抗剂信息（1974 个化合物样本，每个样本都有 729 个分子描述符，1 个生物活性数据，5 个 ADMET 性质数据），构建化合物生物活性的定量预测模型和 ADMET 性质的分类预测模型，从而为同时优化 ERα 拮抗剂的生物活性和 ADMET 性质提供预测服务。

针对上面的数据，我们主要会探索性分析以下几个目标。

目标 1：根据“Molecular_Descriptor.xlsx”和“ERα_activity.xlsx”文件提供的数据，

针对 1974 个化合物的 729 个分子描述符进行变量选择；根据变量对生物活性影响的重要性对分子描述符进行排序，并给出前 20 个对生物活性最具有显著影响的分子描述符。

目标 2：结合目标 1，选择不超过 20 个分子描述符，构建化合物对 ERα 生物活性的定量预测模型；使用构建的预测模型，对“ERα_activity.xlsx”文件的 test 表中的 50 个化合物进行 IC50 和对应的 pIC50 预测，并将结果分别填入“ERα_activity.xlsx”的 test 表中的 IC50_nM 列及对应的 pIC50 列。

目标 3: 利用“Molecular_Descriptor.xlsx”文件提供的 729 个分子描述符，针对“ADMET.xlsx”文件提供的 1974 个化合物的 ADMET 数据，分别构建化合物的 Caco-2、CYP3A4、hERG、HOB、MN 的分类预测模型；使用所构建的 5 个分类预测模型，对“ADMET.xlsx”文件的 test 表中的 50 个化合物进行相应的预测，并将结果填入“ADMET.xlsx”的 test 表中对应的 Caco-2、CYP3A4、hERG、HOB、MN 列。

针对上面的数据，将以纯粹的数据可视化分析方法进行建模分析，且不会涉及相关的药物相关的知识。鉴于上述有些目标的子问题具有一定的相似性，因此后面将会只提供一些有代表性的数据可视化分析方法。

综上所述，本章主要包含以下内容。

（1）在分析每个目标前，先对数据特征进行探索性可视化分析，从而对数据进行更全面的理解。

（2）针对目标 1，介绍几种特征提取与选择的方法，对数据进行可视化分析。

（3）针对目标 2，介绍几种回归模型，用于数值变量的预测。

（4）针对目标 3，介绍分类模型，用于二分类变量的预测。

本章将围绕上面 4 个主要内容进行数据可视化分析，如图 9-1 所示。

下面导入本章会使用到的库和函数，程序如下。

```
In[1]:%config InlineBackend.figure_format = 'retina'
      %matplotlib inline
      import seaborn as sns
      sns.set(font= "Kaiti",style="ticks",font_scale=1.4)
      import matplotlib
      matplotlib.rcParams['axes.unicode_minus']=False
      # 导入需要的库
      import numpy as np
      import pandas as pd
      import matplotlib.pyplot as plt
      import plotly.express as px
      import plotly.graph_objects as go
      import plotly.figure_factory as ff
      from sklearn.feature_selection import SelectKBest, mutual_info_regression, RFE,
mutual_info_classif
      from sklearn.preprocessing import StandardScaler
      from sklearn.model_selection import train_test_split,GridSearchCV
      from sklearn.metrics import *
      from sklearn.ensemble import RandomForestClassifier, RandomForestRegressor,Grad
ientBoostingRegressor,
      from sklearn.svm import SVR,SVC
      from sklearn.neural_network import MLPClassifier
```

```
from sklearn.decomposition import PCA
from mlxtend.plotting import *
import statsmodels.api as sm
```

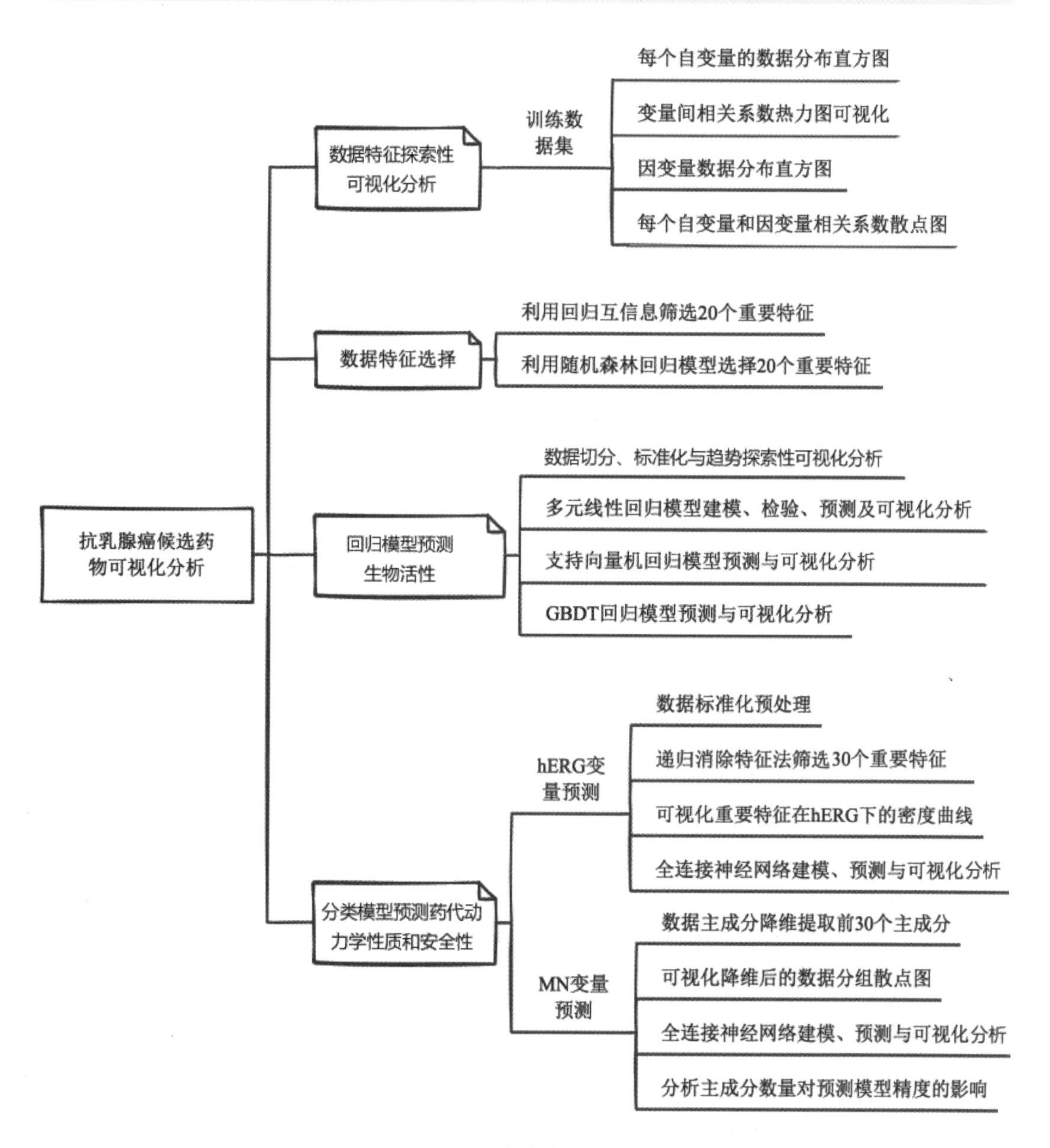

图 9-1　本章主要内容

9.1 数据特征探索性可视化分析

由于待分析的数据已经是经过预处理的数据，所以不用再对其进行缺失值清洗等准备工作，可以直接对其进行探索性可视化分析。

9.1.1 药物的性质特征探索性可视化分析

“Molecular_Descriptor.xlsx”文件的 training 表给出了 1974 个化合物的 729 个分子描述符信息。先从 training 表中提取数据，并且输出数据的前几行，程序如下。

```
In[2]:# 导入数据
      MDdf=pd.read_excel("data/chap9/Molecular_Descriptor.xlsx",
                         sheet_name="training")
      # 提取要使用的特征数据
      train_x = MDdf.iloc[:,1:]
      train_x.head()
```

	nAcid	ALogP	ALogp2	AMR	apol	naAromAtom	nAromBond	nAtom	nHeavyAtom	nH	...	MW
0	0	-0.2860	0.081796	126.1188	74.170169	12	12	64	31	33	...	439.218115
1	0	-0.8620	0.743044	131.9420	80.357341	12	12	70	33	37	...	467.249415
2	0	0.7296	0.532316	139.9304	74.064997	18	18	62	33	29	...	463.181729
3	0	-0.3184	0.101379	133.4822	80.357341	12	12	70	33	37	...	467.249415
4	0	1.3551	1.836296	143.1903	76.356583	18	18	64	33	31	...	461.202465

5 rows × 729 columns

需要注意的是，由于数据的变量（特征）较多，在进行变量数据可视化时会存在一幅图像中无法可视化较多变量数据的情况，所以下面会尽可能地使用较简单的数据可视化方法，对变量数据进行可视化分析。

1. 可视化每个变量数据的分布情况

通过直方图可视化每个变量数据的分布，由于变量较多，所以会随机抽取一些变量进行数据可视化，从而推断数据的整体情况。运行下面的程序可获得如图 9-2 所示的可视化结果。

```
In[3]:# 由于变量较多，这里随机抽取一些变量进行数据可视化
      np.random.seed(123)        # 设置随机数种子
      varindexnum = 80           # 随机抽取变量
      varindex = np.random.permutation(train_x.columns.values)[0:varindexnum]
      plt.figure(figsize=(20,15))
      for ii,varname in enumerate(varindex):
          plt.subplot(8,10,ii+1)
          sns.histplot(data=train_x, x=varname,bins = 20)
          plt.xlabel("");plt.ylabel("")
          plt.gca().axes.get_yaxis().set_visible(False)
          plt.title(varname)
      plt.subplots_adjust(hspace=0.8,wspace = 0.2)
      plt.show()
```

从图 9-2 中可以发现，有些变量数据分布直方图只有一个条块，说明这些变量的取值很可能是单一的。在后续的处理中需要注意的是，单一取值的变量往往不能传递有判别能力的信息。

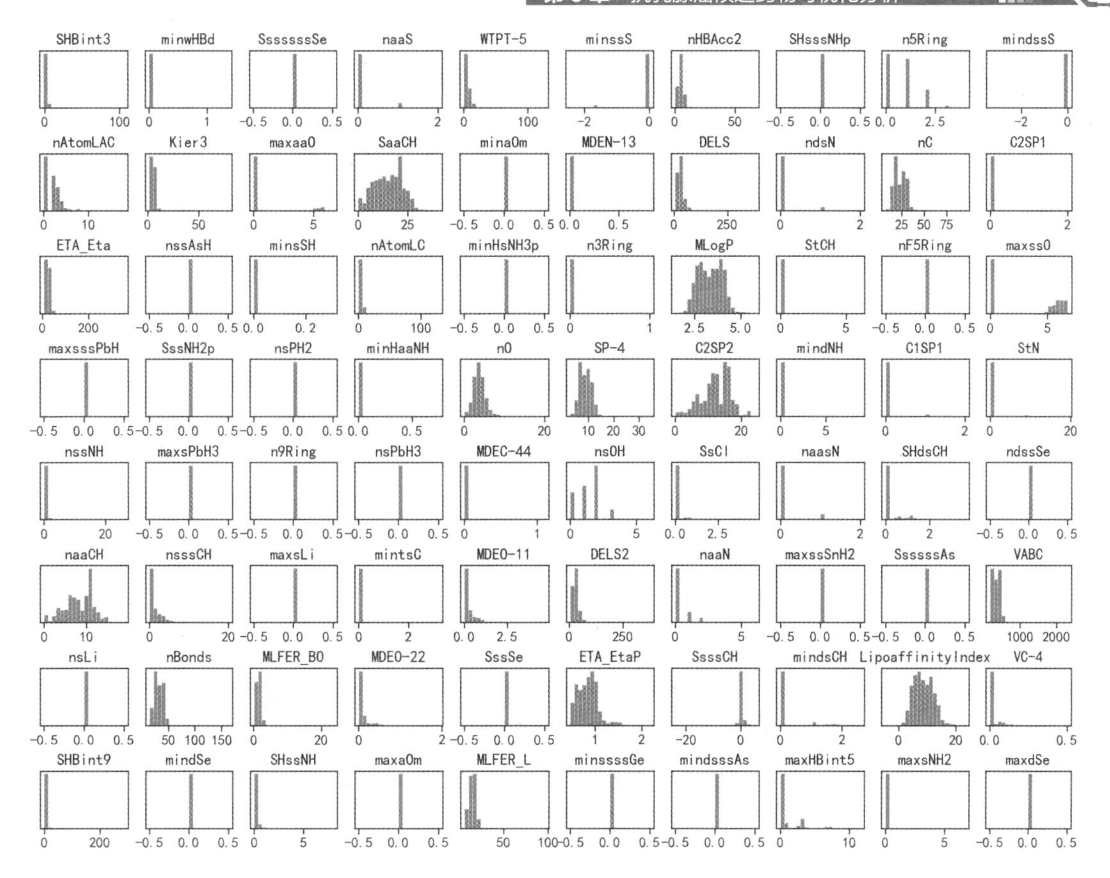

图 9-2　变量数据分布直方图

2. 使用相关系数热力图可视化变量之间的相关性

下面使用相关系数热力图可视化变量之间的关系。在可视化之前，可以先剔除数据中取值较为单一的变量，从而减少数据中无用的信息。可以通过程序片段 In[4] 剔除这些取值单一的变量，剔除后还剩下 504 个变量。通过程序片段 In[5] 计算数据中变量的相关系数矩阵，并通过热力图进行可视化。运行该程序后可获得如图 9-3 所示的可视化图像。

```
In[4]:# 计算每个变量的取值情况
      train_x_val = train_x.apply(func = lambda x:len(np.unique(x)))
      # 只保留取值数量大于 1 的变量
      usevar_name = train_x_val[train_x_val.values > 1].index.values
      train_x = train_x[usevar_name]
      print(train_x.shape)                  # 数据中还剩余 504 个变量
Out[4]:(1974, 504)
In[5]:# 可视化出变量相关系数热力图
      seedcorr = train_x.corr()
      fig = px.imshow(seedcorr,width=900,height=800,
                      title = " 变量相关系数热力图 ",
                      color_continuous_scale = px.colors.sequential.Viridis)
      fig.update_layout(title={"x":0.5})
      fig.show()
```

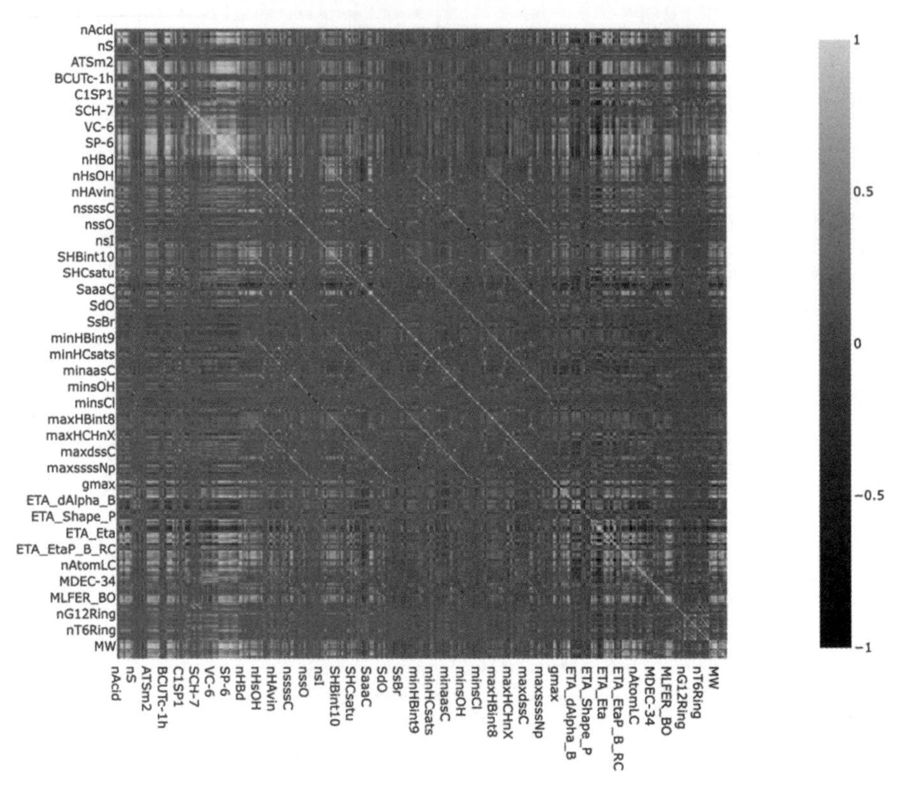

图 9-3　变量相关系数热力图

从图 9-3 中可以发现，变量之间有些高亮的块，说明变量之间有较强的自相关性，进而表明变量数据有冗余信息。在建模使用时，这些相关性较高的数据只要取其中的一个变量即可。

9.1.2 药物的生物活性探索性可视化分析

下面对“ERα_activity.xlsx”文件的 training 表进行可视化分析，且主要分析与待预测变量 pIC50 相关的内容。

首先，使用下面的程序导入数据。

```
In[6]:# 导入待预测数据
      MDdfy=pd.read_excel("data/chap9/ERα_activity.xlsx",sheet_name="training")
      MDdfy.head()
Out[6]:
```

	SMILES	IC50_nM	pIC50
0	Oc1ccc2O[C@H]([C@H](Sc2c1)C3CCCC3)c4ccc(OCCN5C...	2.5	8.602060
1	Oc1ccc2O[C@H]([C@H](Sc2c1)C3CCCCCC3)c4ccc(OCCN...	7.5	8.124939
2	Oc1ccc(cc1)[C@H]2Sc3cc(O)ccc3O[C@H]2c4ccc(OCCN...	3.1	8.508638
3	Oc1ccc2O[C@H]([C@@H](CC3CCCCC3)Sc2c1)c4ccc(OCC...	3.9	8.408935
4	Oc1ccc2O[C@H]([C@@H](Cc3ccccc3)Sc2c1)c4ccc(OCC...	7.4	8.130768

然后，使用直方图查看待预测数据的分布情况。运行下面的程序可获得如图 9-4 所示的可视化结果。从图 9-4 中可以发现，待预测数据的分布接近于正态分布，而且取值范围合适，不用再进一步进行数据变换。

```
In[7]:# 提取要分析的生物活性数据，查看其分布情况
      train_y = MDdfy.iloc[:,2]
      train_y.plot(kind = "hist",bins = 50,figsize = (10,6))
      plt.grid()
      plt.title("pIC50 数据的分布情况 ")
      plt.show()
```

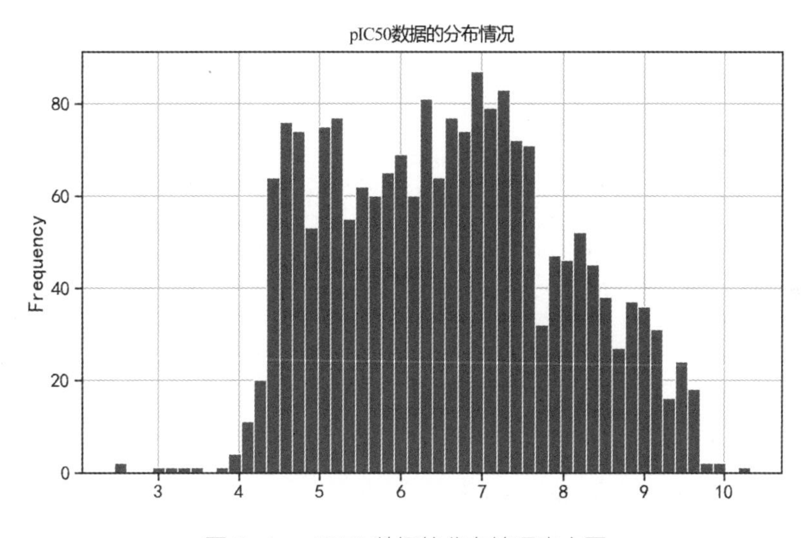

图 9-4　pIC50 数据的分布情况直方图

接着，继续可视化每个自变量和因变量（待预测变量 pIC50）的相关性，并可以在计算出它们的相关系数之后，同样使用直方图查看该相关系数取值的分布情况。运行下面的程序可获得如图 9-5 所示的可视化结果。从图 9-5 中可以发现，大部分的自变量和因变量的相关性很弱，且它们的相关系数在 0 附近。

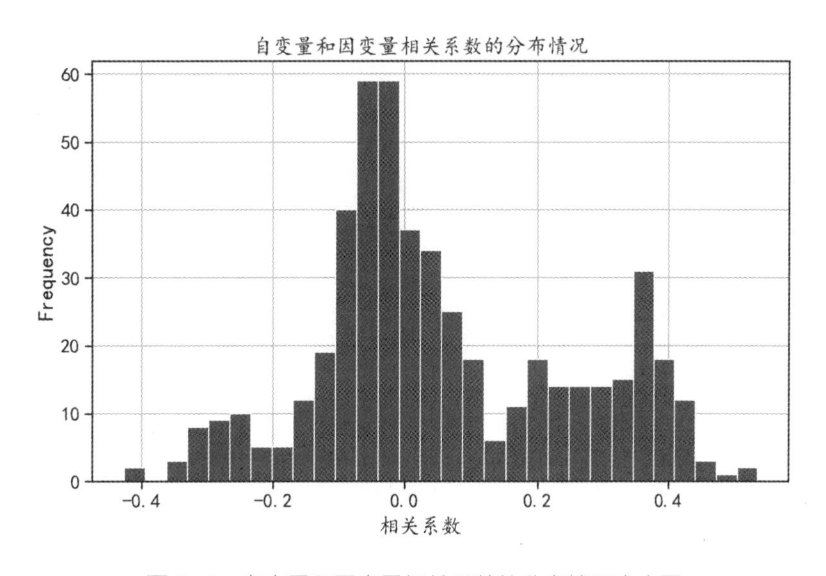

图 9-5　自变量和因变量相关系数的分布情况直方图

```
In[8]:# 计算自变量和因变量相关系数
      varcorr = []
      for ii in train_x.columns.values:
          corrii = np.corrcoef(train_x[ii],train_y.values)
          varcorr.append(corrii[0,1])
      varcorrdf = pd.DataFrame({"varname": train_x.columns.values,"varcorr":varcorr})
      # 可视化自变量和因变量相关系数取值的分布情况
      varcorrdf.varcorr.plot(kind = "hist",bins = 30,figsize = (10,6))
      plt.grid();plt.xlabel(" 相关系数 ")
      plt.title(" 自变量和因变量相关系数的分布情况 ")
      plt.show()
```

下面通过散点图可视化自变量和因变量的关系。由于自变量较多，所以仍然随机抽取一些自变量对数据进行简单的可视化分析。运行程序片段 In[9] 后，可获得如图 9-6 所示的可视化结果。从图 9-6 中可以发现，有很多自变量可能属于因子变量（取值只有几种），后面应用时可能需要对这些变量数据进行相应的标准化预处理。

```
In[9]:# 由于自变量较多，这里随机抽取一些自变量进行数据可视化
      np.random.seed(123)          # 设置随机数种子
      varindexnum = 80             # 随机抽取变量
      varindex = np.random.permutation(train_x.columns.values)[0:varindexnum]
      plt.figure(figsize=(20,15))
      for ii,varname in enumerate(varindex):
          plt.subplot(8,10,ii+1)
          plt.scatter(train_x[varname],train_y,marker = ".")
          plt.title(varname)
      plt.subplots_adjust(hspace=0.8,wspace = 0.2)
      plt.show()
```

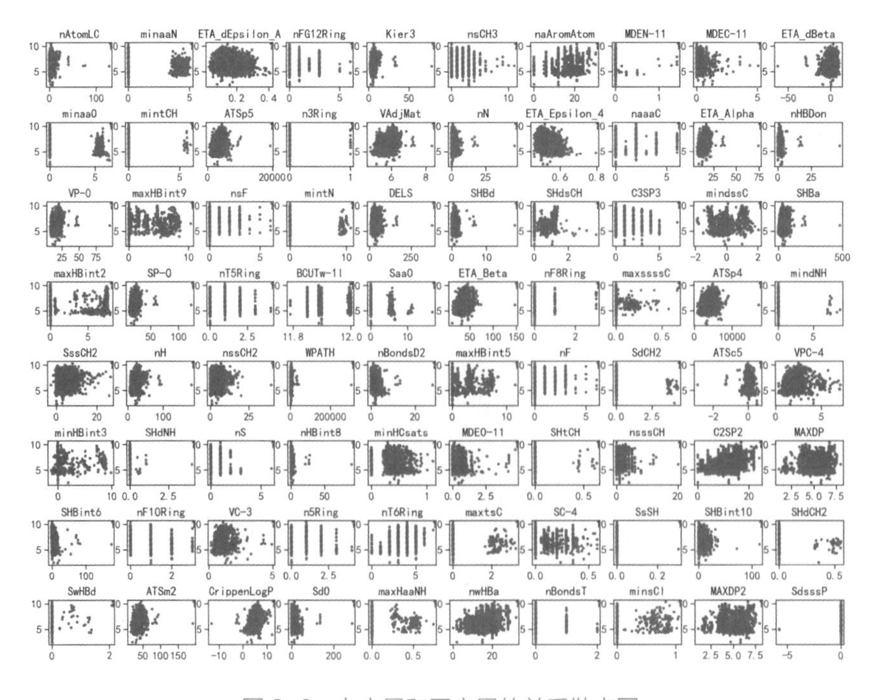

图 9-6　自变量和因变量的关系散点图

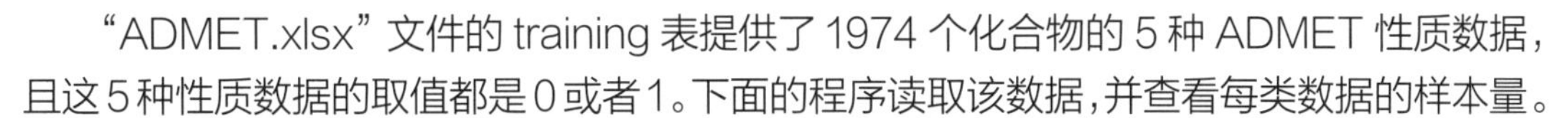

9.1.3 药代动力学性质和安全性探索性可视化分析

“ADMET.xlsx” 文件的 training 表提供了 1974 个化合物的 5 种 ADMET 性质数据，且这 5 种性质数据的取值都是 0 或者 1。下面的程序读取该数据，并查看每类数据的样本量。

```
In[10]:# 提取数据
       admetdf = pd.read_excel("data/chap9/ADMET.xlsx",sheet_name="training")
       admetdf = admetdf.iloc[:,1:6]
       print(admetdf.head())
Out[10]:   Caco-2  CYP3A4  hERG  HOB  MN
       0        0       1     1    0   0
       1        0       1     1    0   0
       2        0       1     1    0   1
       3        0       1     1    0   0
       4        0       1     1    0   0
In[11]:# 查看每类数据的样本量
       print(admetdf.apply(pd.value_counts)) # 某些数据类别有一定的不平衡性
Out[11]:   Caco-2  CYP3A4  hERG   HOB    MN
       0     1215     513   875  1465   460
       1      759    1461  1099   509  1514
```

从上面的程序输出结果中可以发现，某些 ADMET 性质的取值并不平衡，例如，MN 变量中，取值为 1 的样本量大约是取值为 0 样本量的 3 倍。

在数据特征分析结束后，下面的程序对训练数据进行标准化预处理，以方便后面的数据建模与分析。

```
In[12]:# 训练数据的标准化预处理
       train_xs = StandardScaler().fit_transform(train_x)
       print(train_xs.shape)
Out[12]:(1974, 504)
```

9.2 数据特征选择

目标 1 的目的是筛选出对生物活性影响较重要的特征，并可以将其看成一个特征选择的问题。特征选择的方法有很多种，下面将主要介绍两种特征选择的方法，分别为根据回归互信息筛选特征与通过随机森林回归模型选择特征。

9.2.1 根据回归互信息筛选特征

根据回归互信息筛选特征就是根据数据中每个自变量和因变量（变量 pIC50）之间的互信息大小选择出互信息较大的 k 个特征（这里可以指定 k 等于 20）。可以通过 Sklearn 中的 SelectKBest 函数实现特征选择，并可以使用 mutual_info_regression 函数（回归互信息函数）计算互信息大小。程序片段 In[13] 对标准化预处理好后的训练数据（标准化预处理后的 504 个变量数据）进行特征筛选。运行程序片段 In[13] 后可以输出筛选出的 20 个特征自变量名称，以及包含 20 个特征的数据。

```
In[13]:# 根据回归互信息筛选特征
       KbestF = SelectKBest(mutual_info_regression, k=20)
       KbestF_train_xs = KbestF.fit_transform(train_xs,train_y.values)
       print(" 选择出较重要的特征 :\n",train_x.columns[KbestF.get_support()] )
       print(" 数据筛选后的维度 :",KbestF_train_xs.shape)
Out[13]：选择出较重要的特征：
      Index(['BCUTc-1l', 'BCUTc-1h', 'SHBd', 'SHsOH', 'SaaCH', 'SsOH', 'SssO',
             'minHBa', 'minwHBa', 'minHsOH', 'minaasC', 'minsOH', 'maxHBa',
             'maxHsOH', 'maxsOH', 'maxssO', 'MDEC-23', 'MLFER_A', 'WTPT-3',
             'WTPT-5'],
            dtype='object')
     数据筛选后的维度： (1974, 20)
```

当使用 SelectKBest 函数进行特征选择时，可通过其 scores_ 属性获取每个自变量与因变量之间的互信息大小（重要性得分）并使用条形图进行可视化，以便更直观地分析每个特征对生物活性影响的重要性。运行程序片段 In[14] 可获得如图 9-6 所示的可视化结果。

```
In[14]:# 可视化每个特征的重要性得分情况
       KbestFdf = pd.DataFrame({"varname":train_x.columns.values,
                                "score":KbestF.scores_})
       KbestFdf = KbestFdf.sort_values( by = "score",
                  ascending = False ).reset_index( drop=True)
       KbestFdf["score"] = np.round(KbestFdf["score"],4)
       # 可视化前 60 个特征的重要性得分情况
       KbestFdf.iloc[0:60,:].plot(kind="bar",figsize=(14,7),x = "varname",
                                  y = "score",legend = False,width = 0.8)
       plt.vlines(x=19.5,ymin=0,ymax=0.35,colors="r",lw = 2)
       plt.text(x = 10,y = 0.32,s = " 前 20 个特征 ")
       plt.xlabel(" 特征 ");plt.ylabel(" 重要性得分 ")
       plt.title(" 互信息筛选结果 ")
       plt.show()
```

从图 9-7 中可以发现，根据回归互信息筛选出的前 20 个特征和后面特征的重要性得分差异并不是很大，因此这 20 个特征可能并不是最优的。下面将介绍通过随机森林回归模型选择特征的方法。

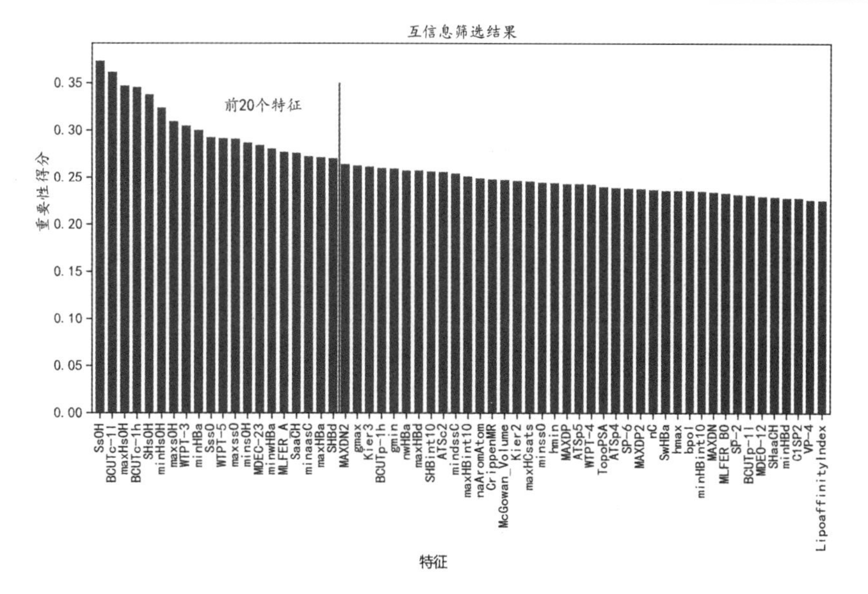

图 9-7　根据回归互信息筛选特征时每个特征的重要性得分

9.2.2 通过随机森林回归模型选择特征

随机森林就是通过集成学习的思想将多棵树集成的一种算法。它的基本单元是决策树。它的优势在于它既可用于分类问题，也可用于回归问题，因此它的应用十分广泛。当通过随机森林建模结束后，所建模型可以给出每个特征的重要性得分。根据该重要性得分可以进行特征选择。

下面使用随机森林回归模型对数据进行特征选择。程序片段 In[15] 针对训练数据集，使用 RandomForestRegressor 函数建立包含 200 棵数的随机森林回归模型，并输出该模型预测结果的均方根误差。程序片段 In[15] 及输出结果如下。

```
In[15]:# 随机森林回归模型的建立
       rfr1 = RandomForestRegressor(n_estimators=200,random_state = 1)
       rfr1 = rfr1.fit(train_xs,train_y)
       # 计算在训练数据集上预测的均方根误差
       rfr1_pre = rfr1.predict(train_xs)
       print(" 通过随机森林进行回归的均方根误差 :",
             mean_squared_error(train_y,rfr1_pre))
Out[15]: 通过随机森林进行回归的均方根误差 : 0.0753319324707487
```

针对训练好的随机森林回归模型，可以通过 feature_importances_ 属性获取训练数据集中每个特征的重要性得分。程序片段 In[16] 获取了前 20 个特征的重要性得分。程序片段 In[17] 可视化出前 40 个特征的重要性得分按大小排序后的条形图。运行程序片段 In[16]、In[17] 后可获得如图 9-8 所示的可视化结果。

```
In[16]:# 使用条形图可视化每个特征的重要性得分
       importances = pd.DataFrame({"feature":train_x.columns,
                                   "importance":rfr1.feature_importances_})
       importances = importances.sort_values("importance",ascending = False)
       importances = importances.reset_index(drop=True)
```

```
        importances["importance"] = np.round(importances["importance"],4)
        print(" 前 20 个特征是 :\n",importances.feature.values[0:20])
Out[16]: 前 20 个特征是 :
       ['MDEC-23' 'LipoaffinityIndex' 'minsssN' 'C1SP2' 'maxssO' 'maxHsOH'
       'minHsOH' 'BCUTc-1l' 'minsOH' 'nHBAcc' 'minHBint5' 'MLFER_A' 'VC-5' 'nC'
       'MLogP' 'TopoPSA' 'ATSc3' 'SHBint10' 'MDEO-12' 'SHsOH']
In[17]:importances.iloc[0:40,:].plot(kind = "bar",figsize=(14,7),x = "feature",
                                    y = "importance",legend = False,width = 0.8)
        plt.vlines(x=19.5,ymin=0,ymax=0.2,colors="r",lw = 2)
        plt.text(x = 10,y = 0.17,s = " 前 20 个特征 ")
        plt.xlabel(" 特征 ");plt.ylabel(" 重要性得分 ")
        plt.title(" 随机森林回归模型特征重要性 ")
        plt.show()
```

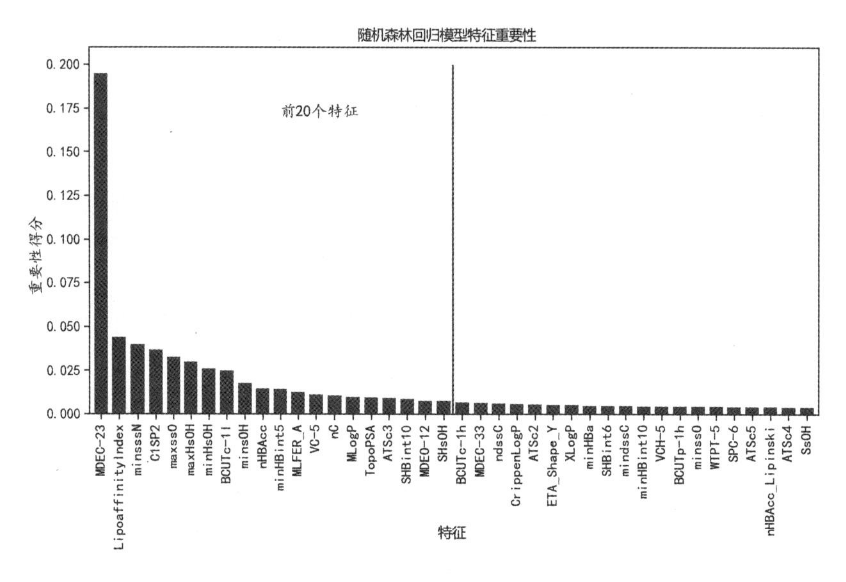

图 9-8　通过随机森林回归模型选择特征时每个特征的重要性得分

从图 9-8 中可以发现，通过随机森林算法提取的前 20 个特征的重要性得分比后面特征的重要性得分更高，尤其是前几个特征的重要性得分很高，其中 MDEC-23 的重要性得分最高。

9.3 回归模型预测生物活性

本节将针对目标 2 进行数据可视化分析。针对目标 2，下面将以利用随机森林回归模型选择出的前 20 个重要特征（自变量）为例，将数据切分为训练数据集和测试数据集，并进行标准化预处理，建立多种常用的回归预测模型，并对这些模型的预测结果进行对比分析。

在 1974 个样本中，将 25% 的样本作为测试数据集，将 75% 的样本作为训练数据集。数据准备程序如下。

```
In[18]:# 获取重要特征
       featname = importances.feature.values[0:20]
       train_x20 = train_x[featname]
       # 数据切分为训练数据集和测试数据集
       X_train,X_val,y_train,y_val = train_test_split(
           train_x20.values,train_y.values,test_size = 0.25,random_state = 1)
       # 数据标准化预处理
       Std = StandardScaler()
       X_train = Std.fit_transform(X_train)
       X_val = Std.transform(X_val)
       print(X_train.shape)
       print(X_val.shape)
Out[18]:(1480, 20)
         (494, 20)
```

数据准备好后，对选择的 20 个自变量（特征）和因变量（待预测变量）进行可视化分析，探索数据之间的相关关系。程序片段 In[19] 通过相关系数热力图可视化了 20 个自变量和因变量的关系强弱。运行程序片段 In[19] 后可获得如图 9-9 所示的可视化图像。

```
In[19]:# 可视化出 20 个自变量和因变量之间的相关系数热力图
       train_x20["pIC50"] = train_y.values
       xyname = list(train_x20.columns.values)
       seedcorr = train_x20.corr()
       z_text = np.around(seedcorr.values, decimals=2)
       fig = ff.create_annotated_heatmap(z = seedcorr.values,x = xyname,
                                          y = xyname,annotation_text = z_text)
       fig.update_layout(width=900,height=700,title={"x":0.5})
       fig.show()
```

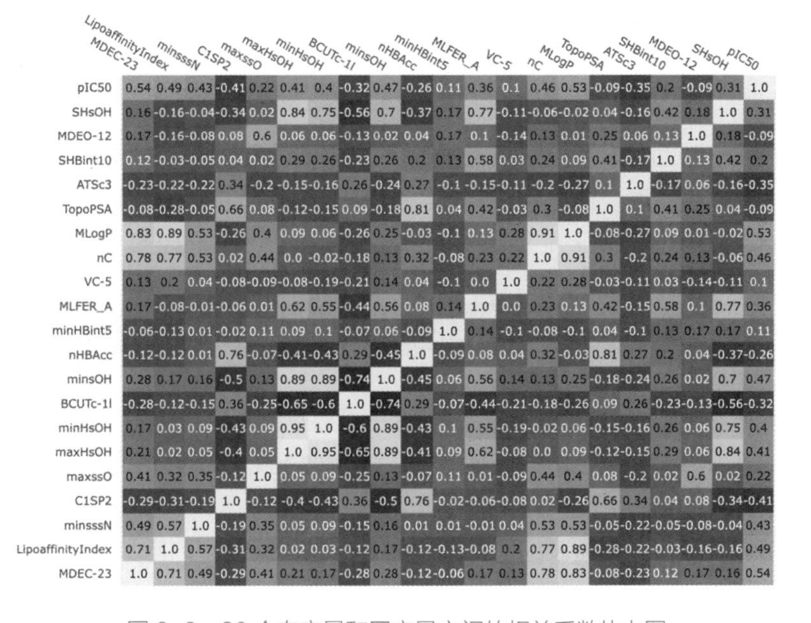

图 9-9　20 个自变量和因变量之间的相关系数热力图

下面使用散点图可视化每个自变量和因变量之间的分布情况，并在图像中添加一元回归拟合曲线，以便观察两者之间的变化趋势。运行程序片段 In[20] 可获得如图 9-10 所示的可视化图像。

```
In[20]:# 可视化 20 个自变量和因变量的散点图
       plt.figure(figsize=(16,10))
       for ii,name in enumerate(featname):
           ax = plt.subplot(4,5,ii+1)
           plotdf = pd.DataFrame({"x":X_train[:,ii],"y":y_train})
           sns.regplot(x="x", y = "y",data = plotdf, marker=".",ax = ax)
           plt.xlabel(name);plt.ylabel("pIC50");plt.grid()
       plt.suptitle(" 各个自变量和因变量的散点图 ")
       plt.tight_layout()
       plt.show()
```

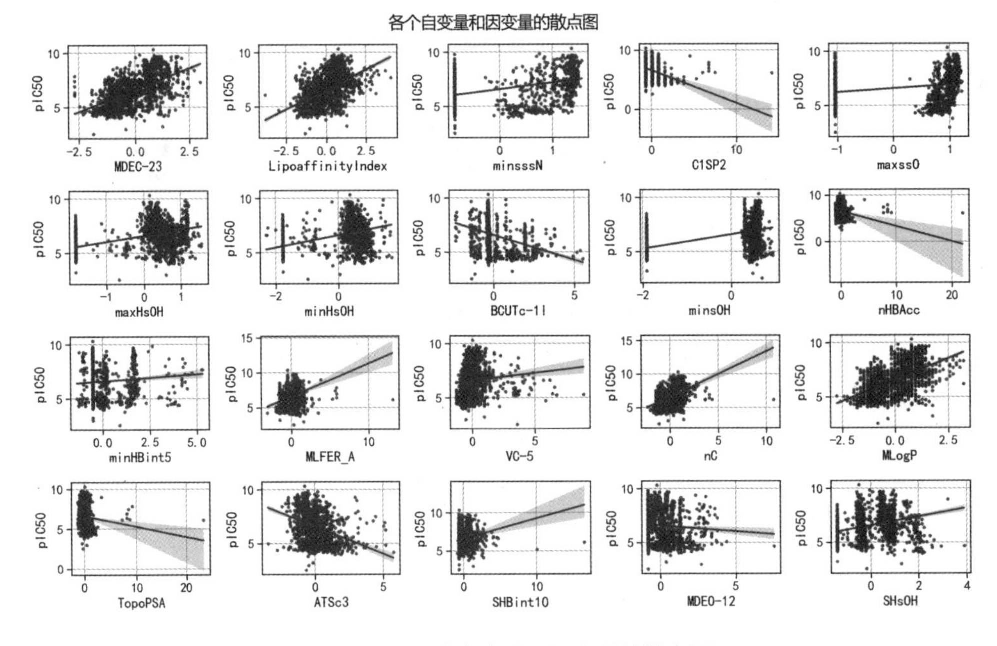

图 9-10　20 个自变量和因变量的散点图

下面将介绍三种回归模型，对准备好的数据进行回归分析，并对比这三种回归模型在测试数据集上的预测精度。这三种回归模型分别为多元线性回归模型、支持向量机回归模型及梯度提升决策树（Gradient Boosting Decision Tree，GBDT）回归模型。

9.3.1 建立多元线性回归模型

建立多元线性回归模型就是建立一个线性回归方程来刻画一个因变量和多个自变量之间的关系。在 Python 中，可以使用 statsmodels 进行多元线性回归分析。为了方便，下面使用 statsmodels 进行建模。

首先，将数据准备为数据表的形式，并且为数据表添加一列常数项，程序如下。

```
In[21]:# 数据准备为数据表的形式
       X_traindf = pd.DataFrame(data=X_train,columns=featname)
       X_traindf = sm.add_constant(X_traindf)
       X_valdf = pd.DataFrame(data=X_val,columns=featname)
```

```
        X_valdf = sm.add_constant(X_valdf)
        y_traindf = pd.DataFrame(data = y_train,columns=["pIC50"])
        y_valdf = pd.DataFrame(data = y_val,columns=["pIC50"])
        X_traindf.head()
Out[21]:
```

	const	MDEC-23	LipoaffinityIndex	minsssN	C1SP2	maxssO	maxHsOH	minHsOH	BCUTc-1l	minsOH	...	minHBint5
0	1.0	0.200241	0.272563	1.387820	0.076487	-1.042439	1.124953	0.470621	-0.297618	0.308661	...	-0.516743
1	1.0	0.059968	0.486643	1.403824	0.076487	1.157637	0.210476	0.438441	-0.298575	0.609116	...	1.659819
2	1.0	-1.184012	-0.888857	-0.864503	0.821230	0.668543	-1.795480	-1.767875	0.101612	-1.913518	...	-0.516743
3	1.0	-1.422799	-0.619973	-0.864503	-0.668256	1.011248	0.262537	0.372287	-0.317334	0.588050	...	1.454075
4	1.0	-0.479383	-0.402111	-0.864503	0.076487	-1.042439	0.697798	0.974438	-0.293314	0.492239	...	-0.516743

5 rows × 21 columns

然后，使用 statsmodels 的 OLS 函数建立多元线性回归模型并输出结果。其中，参数 endog 指定因变量数据；参数 exog 指定自变量数据。

最后，通过 summary 函数输出多元线性回归模型的总结信息，程序如下。

```
In[22]:# 建立多元线性回归模型并输出结果
        lm = sm.OLS(endog = y_traindf,exog = X_traindf).fit()
        print(lm.summary())
Out[22]:
                            OLS Regression Results
==============================================================================
Dep. Variable:                  pIC50   R-squared:                       0.587
Model:                            OLS   Adj. R-squared:                  0.581
Method:                 Least Squares   F-statistic:                     103.5
Date:                Tue, 30 Nov 2021   Prob (F-statistic):         1.87e-262
Time:                        20:19:18   Log-Likelihood:                -1968.3
No. Observations:                1480   AIC:                             3979.
Df Residuals:                    1459   BIC:                             4090.
Df Model:                          20
Covariance Type:            nonrobust
=====================================================================================
                        coef    std err          t      P>|t|      [0.025      0.975]
-------------------------------------------------------------------------------------
const                 6.5980      0.024    275.480      0.000       6.551       6.645
MDEC-23               0.3479      0.057      6.143      0.000       0.237       0.459
LipoaffinityIndex     0.0701      0.105      0.667      0.505      -0.136       0.276
minsssN               0.1840      0.034      5.372      0.000       0.117       0.251
C1SP2                -0.2294      0.045     -5.125      0.000      -0.317      -0.142
maxssO                0.0136      0.041      0.332      0.740      -0.067       0.094
maxHsOH               0.4514      0.118      3.829      0.000       0.220       0.683
minHsOH               0.2353      0.111      2.125      0.034       0.018       0.453
BCUTc-1l              0.0794      0.040      1.976      0.048       0.001       0.158
minsOH               -0.2876      0.090     -3.206      0.001      -0.464      -0.112
nHBAcc               -0.8194      0.083     -9.880      0.000      -0.982      -0.657
minHBint5             0.1428      0.026      5.542      0.000       0.092       0.193
MLFER_A               0.4872      0.058      8.453      0.000       0.374       0.600
VC-5                  0.0918      0.035      2.615      0.009       0.023       0.161
nC                    0.7540      0.267      2.828      0.005       0.231       1.277
MLogP                -0.4516      0.177     -2.545      0.011      -0.800      -0.103
TopoPSA               0.3628      0.110      3.305      0.001       0.147       0.578
ATSc3                -0.0519      0.029     -1.787      0.074      -0.109       0.005
SHBint10              0.0177      0.033      0.536      0.592      -0.047       0.083
MDEO-12              -0.2514      0.042     -6.005      0.000      -0.333      -0.169
SHsOH                -0.5998      0.075     -8.028      0.000      -0.746      -0.453
==============================================================================
Omnibus:                        6.383   Durbin-Watson:                   2.083
Prob(Omnibus):                  0.041   Jarque-Bera (JB):                8.021
Skew:                          -0.006   Prob(JB):                       0.0181
Kurtosis:                       3.360   Cond. No.                         32.9
==============================================================================
```

从程序片段 [22] 的输出结果中可知，多元线性回归模型的 R^2 大约为 0.58，说明该模型的预测结果并不是很好；有些自变量的 P 值大于 0.05（如 LipoaffinityIndex、maxss0

等），说明这些变量并不显著。

下面的程序通过计算在训练数据集和测试数据集上的均方根误差，获得该模型对数据的预测结果。

从程序片段 In[23] 的输出结果可知，在训练数据集和测试数据集上，该模型的预测值和真实值之间的均方根误差均较小，预测精度较好。

```
In[23]:# 计算线性回归模型在训练数据集和测试数据集上的均方根误差
       lm_lab = lm.predict(X_traindf)
       lm_pre = lm.predict(X_valdf)
       print(" 训练数据集上的均方根误差 :",mean_squared_error(y_traindf,lm_lab))
       print(" 测试数据集上的均方根误差 :",mean_squared_error(y_valdf,lm_pre))
Out[23]: 训练数据集上的均方根误差 : 0.8369519132701646
         测试数据集上的均方根误差 : 0.9233149069720331
```

针对获得的多元线性回归模型，可以通过可视化的方式，更方便地分析每个自变量的回归系数情况。下面的程序将多元线性回归模型中每个自变量的回归系数、回归系数的置信区间等内容整理为数据表，以方便可视化时数据的使用。该程序的输出结果如下。

```
In[24]:# 可视化时的数据准备
       lmconfdf = pd.DataFrame(lm.conf_int()).reset_index() # 回归系数的上、下界
       lmconfdf.columns = ["varname","coef_lower","coef_upper"]
       lmconfdf["coef"] = lmconfdf.iloc[:,1:3].apply(np.mean,axis = 1)
       lmconfdf["coef_err"] = lmconfdf["coef"] - lmconfdf["coef_lower"]
       lmconfdf["pvalue"] = lm.pvalues.values
       lmconfdf["Significant"] = lmconfdf["pvalue"] < 0.05
       lmconfdf[1:]
Out[24]:
```

	varname	coef_lower	coef_upper	coef	coef_err	pvalue	Significant
1	MDEC-23	0.236811	0.459019	0.347915	0.111104	1.044997e-09	True
2	LipoaffinityIndex	-0.136121	0.276256	0.070067	0.206188	5.051374e-01	False
3	minsssN	0.116802	0.251151	0.183976	0.067174	9.032284e-08	True
4	C1SP2	-0.317138	-0.141577	-0.229357	0.087780	3.367303e-07	True
5	maxssO	-0.066653	0.093840	0.013594	0.080246	7.397162e-01	False
6	maxHsOH	0.220155	0.682600	0.451377	0.231223	1.339594e-04	True
7	minHsOH	0.018050	0.452566	0.235308	0.217258	3.379088e-02	True
8	BCUTc-1l	0.000597	0.158138	0.079368	0.078771	4.829234e-02	True
9	minsOH	-0.463535	-0.111600	-0.287567	0.175968	1.376797e-03	True
10	nHBAcc	-0.982056	-0.656685	-0.819371	0.162686	2.516210e-22	True
11	minHBint5	0.092277	0.193380	0.142828	0.050552	3.538510e-08	True
12	MLFER_A	0.374153	0.600292	0.487222	0.113069	6.805146e-17	True
13	VC-5	0.022932	0.160690	0.091811	0.068879	9.023458e-03	True
14	nC	0.231089	1.276965	0.754027	0.522938	4.741662e-03	True
15	MLogP	-0.799782	-0.103483	-0.451632	0.348150	1.104114e-02	True
16	TopoPSA	0.147436	0.578127	0.362781	0.215345	9.742153e-04	True
17	ATSc3	-0.108946	0.005079	-0.051933	0.057013	7.417318e-02	False
18	SHBint10	-0.047082	0.082527	0.017722	0.064805	5.917318e-01	False
19	MDEO-12	-0.333476	-0.169249	-0.251363	0.082113	2.414771e-09	True
20	SHsOH	-0.746340	-0.453221	-0.599781	0.146559	2.026839e-15	True

下面的程序使用误差棒散点图可视化每个自变量的回归系数大小、置信区间。运行该程序后可获得如图 9-11 所示的可视化图像。通过该图像更容易对比分析自变量回归系数的大小，以及判断回归系数是否显著。从图 9-11 中可知，有 4 个自变量的回归系数是不显著的。

```
In[25]:# 可视化多元线性回归模型中每个自变量的回归系数大小
       xdata = lmconfdf.coef.values[1:]
       ydata = lmconfdf["varname"].values[1:]
       # 指定取值和对应的上下界误差
       lmconferr = lmconfdf["coef_err"].values[1:]
       Sign = lmconfdf["Significant"].values[1:]
       plt.figure(figsize=(10,7))
       plt.errorbar(x = xdata[Sign],y = ydata[Sign],xerr = lmconferr[Sign],
                    fmt='bo',linewidth = 4,markersize = 10,label = " 回归系数显著 ")
       plt.errorbar(x = xdata[~Sign],y = ydata[~Sign],xerr = lmconferr[~Sign],
                    fmt='rD',linewidth = 4,markersize =10,label= " 回归系数不显著 ")
       plt.grid();plt.legend()
       plt.title(" 多元线性回归模型中每个自变量的回归系数大小 ")
       plt.show()
```

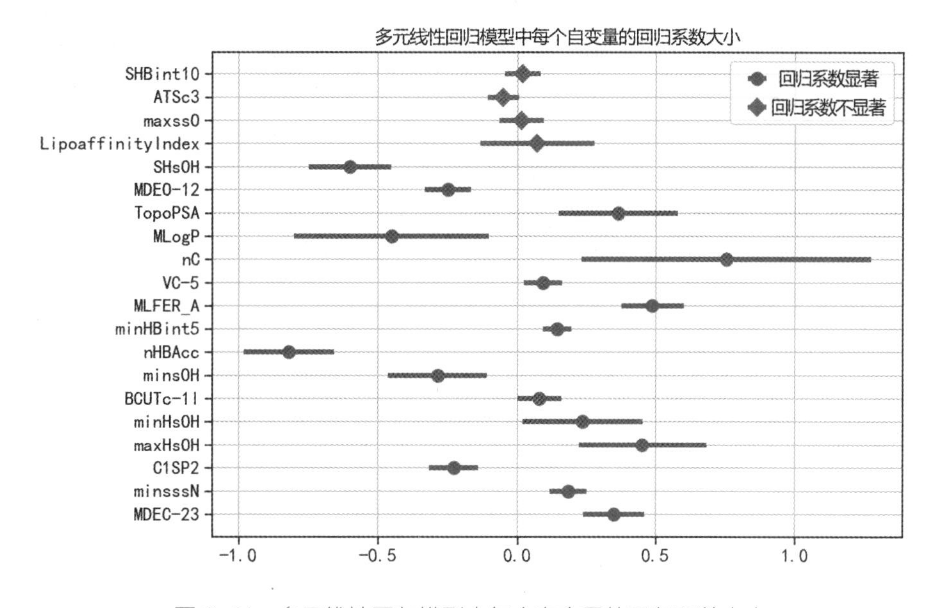

图 9-11　多元线性回归模型中每个自变量的回归系数大小

针对多元线性回归模型，可以通过气泡图可视化分析每个样本对该模型的影响程度，以及哪些样本可能是数据中的异常值（通常对该模型影响程度越大的样本成为异常值的可能性越大）。下面的程序使用 sm.graphics.influence_plot 函数进行可视化。运行该程序可以获得如图 9-12 所示的气泡图。

```
In[26]:# 可视化每个样本对模型的影响大小
       plt.figure(figsize=(14,8))
       ax1 = plt.subplot(1,1,1)
       fig = sm.graphics.influence_plot(lm, criterion="cooks",size=30,ax = ax1)
       plt.grid()
       plt.show()
```

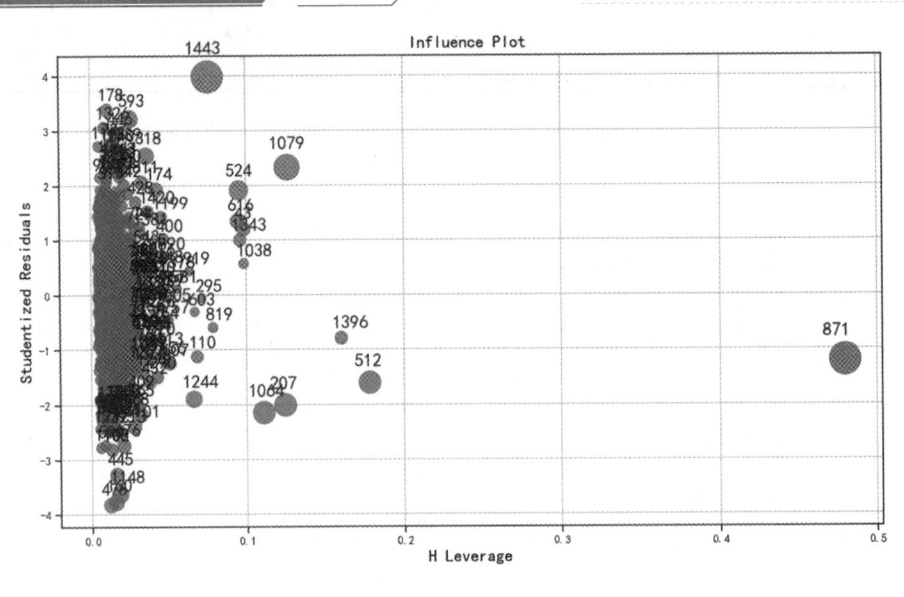

图 9-12　气泡图

从图 9-12 中可以发现，有较多的异常样本在影响多元线性回归模型的预测结果，例如，第 1443、871、1079 等行的样本属于异常值的概率很高。

通过前面的分析结果可以发现，数据中有些样本可能是异常值（或者称为强影响点）。这些样本会增加模型的不稳定性，所以可以对这些样本剔除后建立新的多元线性回归模型，而且针对不显著的自变量也可以通过剔除的方式建立新的多元线性回归模型。这里就不再重新将数据进行相应的剔除，重新建立新的多元线性回归模型了。读者可以参考前面的内容，自行尝试对多元线性回归模型进行优化。

下面的程序在测试数据集上可视化多元线性回归模型的预测结果和真实值的差异情况。运行该程序可获得如图 9-13 所示的可视化结果。

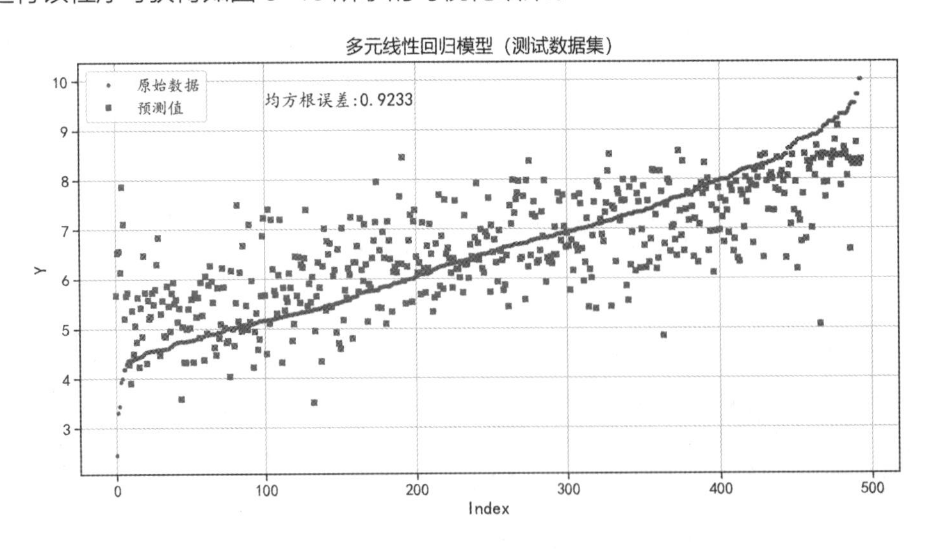

图 9-13　多元线性回归模型的预测结果

```
In[27]:# 可视化多元线性回归模型的预测结果
       plt.figure(figsize=(14,7))
       rmse = round(mean_squared_error(y_valdf,lm_pre),4)
```

```
        index = np.argsort(y_valdf.pIC50.values)
        plt.plot(np.arange(len(index)),y_valdf.pIC50.values[index],"b.",
                 label = " 原始数据 ")
        plt.plot(np.arange(len(index)),lm_pre.values[index],"rs",
                 markersize=5,label = " 预测值 ")
        plt.text(100,9.5,s = " 均方根误差 :"+str(rmse))
        plt.legend();plt.grid();plt.xlabel("Index");plt.ylabel("Y")
        plt.title(" 多元线性回归模型 ( 测试数据集 )")
        plt.show()
```

从图 9-13 中可以发现，使用多元线性回归模型很好地预测了原始数据的趋势，但是数据的拟合效果和原始数据还有一定的差距。

9.3.2 建立支持向量机回归模型

本节将利用训练数据集训练一个用于数据预测的支持向量机的回归模型。支持向量机是一种有监督的学习模型，常用于数据的分类和回归问题，是深度学习流行前的常用机器学习算法之一。

下面的程序使用 SVR 函数建立了一个 RBF 核支持向量机模型，并且计算出了在训练数据集和测试数据集上的预测误差。从该程序的输出结果可知，在训练数据集和测试数据集上的预测精度和前面的多元回归模型相比有了很大的提升。

```
In[28]:# 建立一个 RBF 核支持向量机回归模型，探索回归模型的预测效果
       rbfsvr = SVR(kernel = "rbf",C=2,gamma = 0.05)
       rbfsvr.fit(X_train,y_train)
       # 计算在训练数据集和测试数据集上的均方根误差
       rbfsvr_lab = rbfsvr.predict(X_train)
       rbfsvr_pre = rbfsvr.predict(X_val)
       print(" 训练数据集上的均方根误差 :",mean_squared_error(y_train,rbfsvr_lab))
       print(" 测试数据集上的均方根误差 :",mean_squared_error(y_val,rbfsvr_pre))
Out[28]:训练数据集上的均方根误差 : 0.43760200359922613
        测试数据集上的均方根误差 : 0.6452769688093093
```

针对支持向量机回归模型在测试数据集上的预测结果，同样可以使用可视化散点图的方式，展示该预测结果和真实值的差异情况。运行程序片段 In[28]，可获得如图 9-14 所示的可视化结果。

```
In[29]:# 可视化支持向量机回归模型在测试数据集上的预测结果
       plt.figure(figsize=(14,7))
       rmse = round(mean_squared_error(y_val,rbfsvr_pre),4)
       index = np.argsort(y_val)
       plt.plot(np.arange(len(index)),y_val[index],"b.",label = " 原始数据 ")
       plt.plot(np.arange(len(index)),rbfsvr_pre[index],"rs",markersize=5,
                label = " 预测值 ")
       plt.text(100,9.5,s = " 均方根误差 :"+str(rmse))
       plt.legend();plt.grid();plt.xlabel("Index");plt.ylabel("Y")
       plt.title(" 支持向量机回归 ( 测试数据集 )")
       plt.show()
```

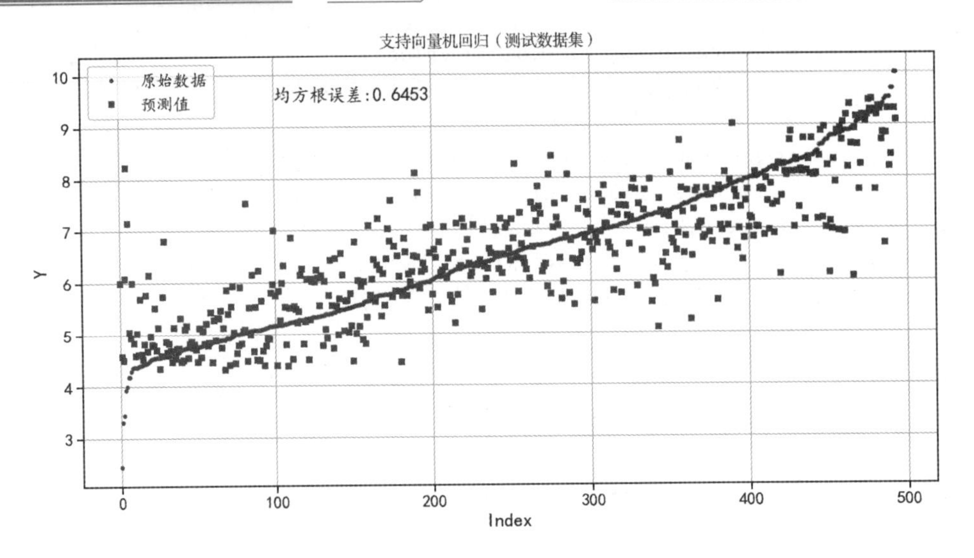

图 9-14　支持向量机回归模型在测试数据集上的预测结果

9.3.3 建立 GBDT 回归模型

利用训练数据集训练一个 GBDT 回归模型，用于数据预测。GBDT 也是一种常用的集成学习算法，可以应用于数据的分类和回归问题。

下面的程序首先通过网格搜索的方式，在训练数据集上找到合适的 GBDT 回归模型参数，其中待搜索的参数有学习速率、基础学习器的数量、基础学习器的最大深度等，然后通过 GridSearchCV 函数对训练数据集进行 5 折交叉验证搜索，最后针对搜索的结果，利用找到的最好模型对训练数据集和测试数据集进行预测并计算均方根误差。

```
In[30]:# 网格搜索找到合适的 GBDT 回归模型参数
       gbdt_r = GradientBoostingRegressor(random_state=1)       # 定义模型
       # 定义需要搜索的参数（这些参数可以根据需求自行增减）
       learning_rate = [0.001,0.005,0.01,0.05,0.1]              # 学习速率
       n_estimators = [200,500]                                 # 基础学习器的数量
       max_depth = [2,3,5,7,10]                                 # 最大深度
       para_grid = [{"learning_rate":learning_rate,"n_estimators":n_estimators,
                     "max_depth":max_depth}]
       # 进行 5 折交叉验证搜索
       gs_gbdt_r=GridSearchCV(estimator=gbdt_r,param_grid=para_grid,cv=5,
                              n_jobs=4)
       gs_gbdt_r.fit(X_train, y_train)                  # 使用训练数据集进行训练
       # 输出最好的模型参数
       print(" 搜索到的最好模型参数为 :\n",gs_gbdt_r.best_params_)
Out[30]: 搜索到的最好模型参数为 :
        {'learning_rate': 0.1, 'max_depth': 5, 'n_estimators': 200}
In[31]:# 计算在训练数据集和测试数据集上的预测均方根误差
       gbdtr_lab = gs_gbdt_r.best_estimator_.predict(X_train)
       gbdtr_pre = gs_gbdt_r.best_estimator_.predict(X_val)
       print(" 训练数据集上的均方根误差 :",mean_squared_error(y_train,gbdtr_lab))
       print(" 测试数据集上的均方根误差 :",mean_squared_error(y_val,gbdtr_pre))
```

```
Out[31]: 训练数据集上的均方根误差 : 0.06801553194100811
         测试数据集上的均方根误差 : 0.5566840107415031
```

从上面的程序输出结果中可以发现，搜索到的最好的 GBDT 回归模型在测试数据集上的预测误差比在训练数据集上的预测误差大了好几倍，说明该模型在训练数据集上有一定的过拟合。

下面将 GBDT 回归模型在测试数据集上的预测结果进行可视化。运行该程序后可获得如图 9-15 所示的可视化结果。

```
In[32]:# 可视化 GBDT 回归模型在测试数据集上的预测结果
       plt.figure(figsize=(14,7))
       rmse = round(mean_squared_error(y_val,gbdtr_pre),4)
       index = np.argsort(y_val)
       plt.plot(np.arange(len(index)),y_val[index],"b.",label = " 原始数据 ")
       plt.plot(np.arange(len(index)),gbdtr_pre[index],"rs",markersize=5,
                label = " 预测值 ")
       plt.text(100,9.5,s = " 均方根误差 :"+str(rmse))
       plt.legend();plt.grid();plt.xlabel("Index");plt.ylabel("Y")
       plt.title("GBDT 回归 ( 测试数据集 )")
       plt.show()
```

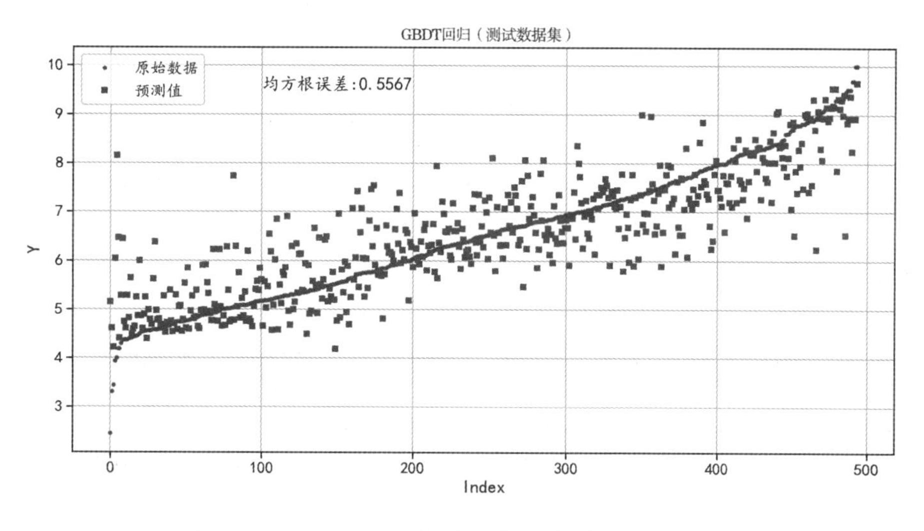

图 9-15　GBDT 回归模型在测试数据集上的预测结果

通过前面的分析我们可以发现，在上述的三种回归模型中，GBDT 回归模型对测试数据集的预结果最好。

9.4 分类模型预测药代动力学性质和安全性

本节将针对目标 3 进行数据可视化分析。针对目标 3，待预测目标有 5 列（即 5 个因变量），而每列都是一个二分类变量，因此每列的分析方法大致相同（可以通过建立分类模型进行分析）。下面以其中的两列待预测变量（一列为两类样本所占比例差不多的

hERG 变量，另一列为两类样本所占比例差异较大的 MN 变量）为例，进行数据可视化建模与分析。

针对下面建立的分类模型，不再使用前面利用随机森林回归模型找出的 20 个重要特征，而是重新对 729 个特征选择或变换，且在特征选择时使用基于递归消除特征法，在特征变换与降维时使用主成分降维等降维方法。

对于两个待预测变量，使用全连接神经网络进行数据的分类。全连接神经网络又称多层感知器(Multilayer Perceptron,MLP),是一种连接方式较为简单的人工神经网络结构，属于前馈神经网络的一种，主要由输入层、隐藏层和输出层构成。在机器学习中，MLP 较为常用，可用于分类和回归问题。

9.4.1 心脏毒性预测

下面对心脏毒性（hERG 变量）进行预测。在前面的数据特征探索性可视化分析中已经知道，如果数据中该变量的两种取值的样本量接近，可以认为该目标不存在数据分布不平衡的问题。在建立分类模型之前，对数据特征进行选择，这里以随机森林分类器为基模型，利用递归消除特征法，在包含 504 个特征的数据集 train_xs 上选择 30 个较重要特征，并将其输出，程序如下。

```
In[33]:# 获取 hERG 变量
       hERG = admetdf["hERG"]
       # 基于递归消除特征法，选择 30 个较重要特征（变量）
       model = RandomForestClassifier(random_state=0) # 设置基模型为随机森林分类器
       rfe = RFE(estimator = model,n_features_to_select = 30,step = 10)
       rfe.fit_transform(train_xs, hERG.values) # 进行递归消除特征
       print(" 选择出的较重要特征 :\n",train_x.columns[rfe.support_])
Out[33]: 选择出的较重要特征 :
 Index(['apol', 'ATSc2', 'BCUTc-1l', 'bpol', 'SP-1', 'VP-0', 'VP-1',
       'CrippenMR', 'ECCEN', 'SsOH', 'minHBd', 'minaasC', 'minsssN',
       'maxHBint8', 'maxHsOH', 'maxaaCH', 'hmin', 'LipoaffinityIndex',
       'ETA_Alpha', 'ETA_dEpsilon_B', 'ETA_Shape_Y', 'ETA_Beta_s',
       'ETA_EtaP_F', 'ETA_Eta_R_L', 'Kier2', 'McGowan_Volume', 'MDEO-11',
       'VABC', 'WTPT-4', 'WPATH'],
      dtype='object')
```

从数据集 train_xs 上获取的较重要特征后，将较重要特征数据切分为训练数据集（1480 个样本）和测试数据集（494 个样本），并对其进行标准化预处理，程序如下。

```
In[34]:# 获取通过递归消除特征法得到的较重要特征
       featname = train_x.columns[rfe.support_]
       # 对获取的较重要特征数据
       rfe_train_x = train_x[featname]
       # 将新的数据切分为训练数据集和测试数据集
       X_train,X_val,y_train,y_val = train_test_split(
           rfe_train_x.values,hERG.values,test_size = 0.25,random_state = 1)
       # 对数据进行标准化预处理
       Std = StandardScaler()
```

```
        X_train = Std.fit_transform(X_train)
        X_val = Std.transform(X_val)
        print(X_train.shape)
        print(X_val.shape)
Out[34]:(1480, 30)
         (494, 30)
```

针对前面筛选出的 30 个较重要特征，可以通过密度曲线图，可视化在不同类别数据下，每个特征数据的分布情况。运行程序片段 In[35] 后可获得如图 9-16 所示的可视化图像。从该图像中可以发现，在不同类别下大部分特征数据的分布有较明显差异。

```
In[35]:# 可视化出每个特征数据的密度曲线
        plt.figure(figsize=(18,12))
        for ii in np.arange(30):
            plt.subplot(5,6,ii+1)
            plotdata = X_train[:,ii]                # 对应的特征
            sns.kdeplot(plotdata[y_train == 0],color="b",lw = 3,ls = "-")
            sns.kdeplot(plotdata[y_train == 1],color="r",lw = 3,ls = "--")
            plt.title(featname[ii])
        plt.tight_layout()
        plt.show()
```

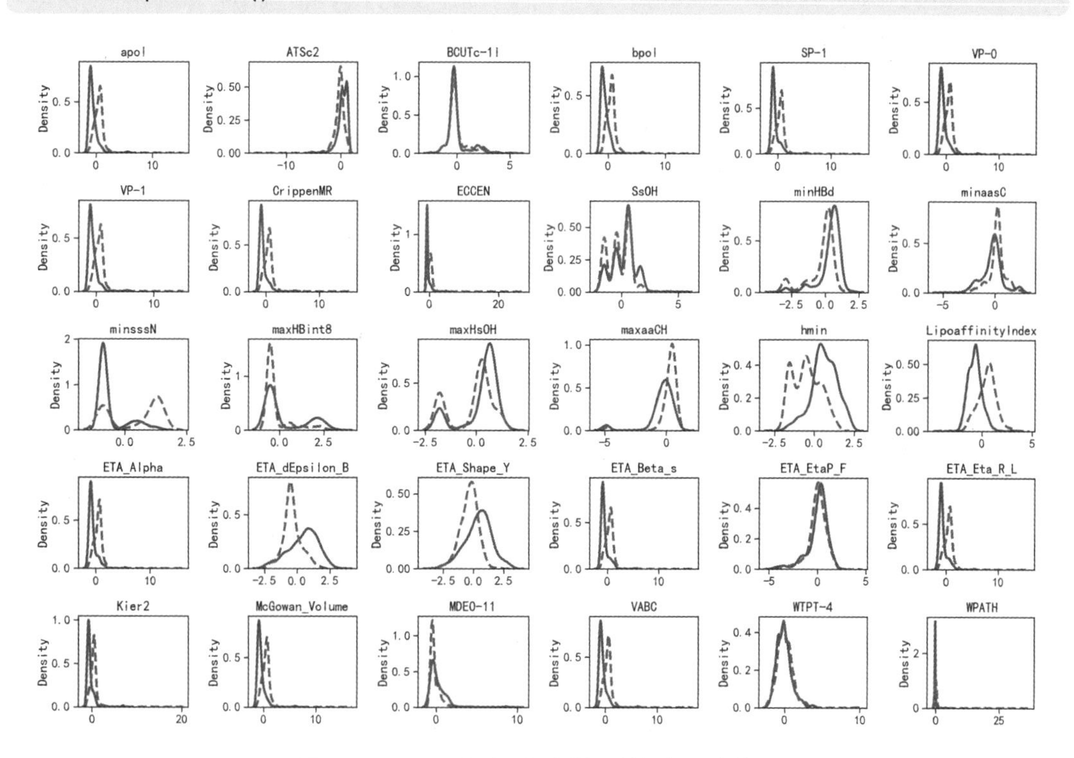

图 9-16　不同类别下每个特征数据的分布情况

通过准备好的训练数据集，使用 MLPClassifier 函数建立一个 MLP 分类模型，并且该网络有 4 个隐藏层，每个隐藏层分别包含 50 个、100 个、50 个、100 个神经元。从程序片段 In[36] 的输出结果中可以发现，该 MLP 分类模型在训练数据集上的预测精度达到 0.9898，在测试数据集上的预测精度也达到了 0.9068，说明该模型的预测结果较好。

```
In[36]:# 利用 MLP 进行分类
       mlpcla = MLPClassifier(hidden_layer_sizes = (50,100,50,100),
                              activation = "relu",batch_size = 128,
                              learning_rate = "adaptive",random_state = 12,
                              max_iter = 1000)
       mlpcla.fit(X_train,y_train)
       # 计算在训练数据集和测试数据集上的预测精度
       mlpcla_lab = mlpcla.predict(X_train)
       mlpcla_pre = mlpcla.predict(X_val)
       print(" 训练数据集上的预测精度 :",accuracy_score(y_train,mlpcla_lab))
       print(" 测试数据集上的预测精度 :",accuracy_score(y_val,mlpcla_pre))
Out[36]:训练数据集上的预测精度 : 0.9898648648648649
        测试数据集上的预测精度 : 0.9068825910931174
```

针对 MLP 在训练过程中的损失函数值，可以通过 mlpcla.loss_curve_ 属性获取。下面的程序在获取损失函数值变化情况的同时，使用折线图可视化其波动情况。运行该程序后可获得如图 9-17 所示的可视化图像。从该图像中可以发现，损失函数值在训练过程中先迅速变小，然后在小的范围内波动。

```
In[37]:# 在训练过程中损失函数值变化情况
       plt.figure(figsize=(10,6))
       plt.plot(mlpcla.loss_curve_,"r-",linewidth = 3)
       plt.grid();plt.xlabel(" 迭代次数 ")
       plt.ylabel(" 损失函数值 ")
       plt.show()
```

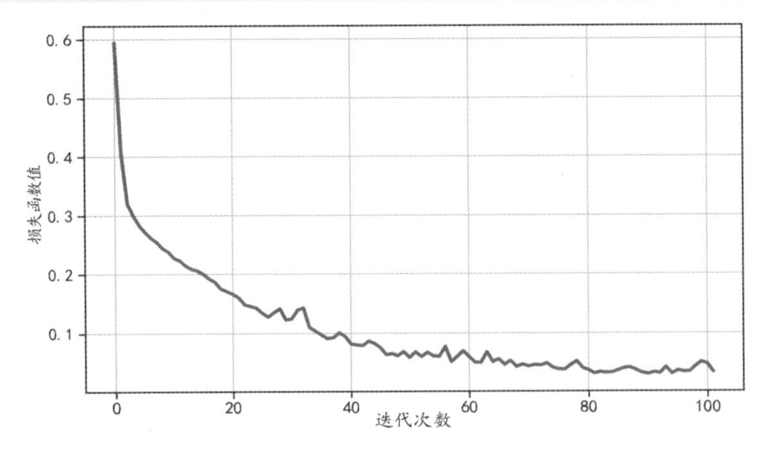

图 9-17　损失函数值变化情况

评估分类模型的性能，除了可以使用预测精度外，还可以使用受试者工作特征（Receiver Operating Characteristic，ROC）曲线来分析机器学习算法的泛化性能。在 ROC 曲线中，纵轴是真正率，横轴是假正率。ROC 曲线与横轴围成的面积称为 AUC（Area Under Curve）。AUC 值越接近于 1，说明机器学习算法模型越好，可以使用 Sklearn 中的 metrics 模块 roc_curve 函数可视化出 ROC 曲线，并可使用 auc 函数计算 AUC 值。

下面的程序在测试数据集上可视化出 ROC 曲线并计算 AUC 值。运行该程序后可获得如图 9-18 所示的可视化图像。

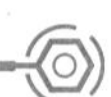

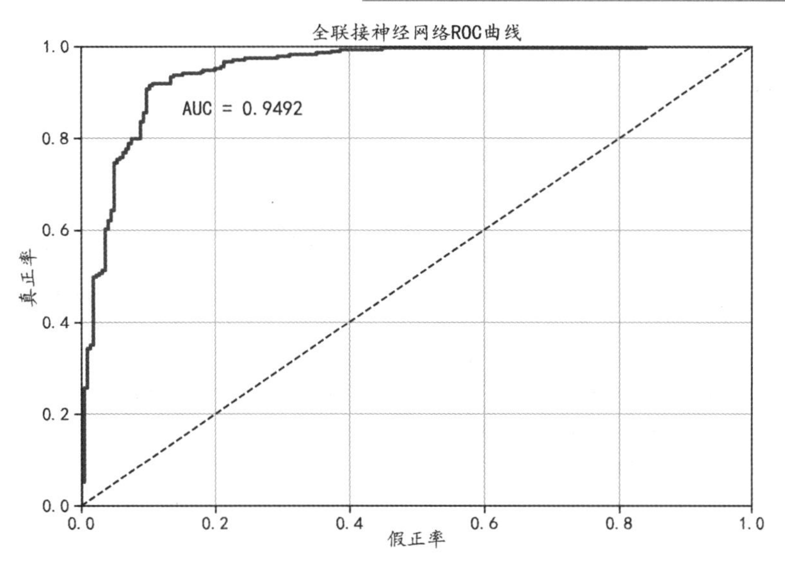

图 9-18　在测试数据集上的 ROC 曲线

```
In[38]:# 可视化出 ROC 曲线
       pre_y = mlpcla.predict_proba(X_val)[:, 1]
       fpr_Nb, tpr_Nb, _ = roc_curve(y_val, pre_y)
       aucval = auc(fpr_Nb, tpr_Nb)              # 计算 AUC 值
       plt.figure(figsize=(10,7))
       plt.plot([0, 1], [0, 1], 'k--')
       plt.plot(fpr_Nb, tpr_Nb,"r",linewidth = 3)
       plt.xlim(0, 1);plt.ylim(0, 1);plt.grid()
       plt.xlabel(" 假正率 ");plt.ylabel(" 真正率 ")
       plt.title(" 全连接神经网络 ROC 曲线 ")
       plt.text(0.15,0.85,"AUC = "+str(round(aucval,4)))
       plt.show()
```

9.4.2 遗传毒性预测

下面建立遗传毒性（MN 变量）分类模型并对其进行预测。建立 MLP 分类器之前，先使用主成分分析从数据中提取主要成分，达到数据降维的目的。下面的程序先将数据降维到 50 维，其中前 30 个主成分用于模型，然后将降维后的数据切分为训练数据集和测试数据集。训练数据集有 1480 个样本，测试数据集有 494 个样本，且每个样本有 30 个特征。

```
In[39]:# 获取 MN 变量
       MN = admetdf["MN"]
       # 进行数据降维，使用主成分分析算法，保留前 30 个特征
       pca = PCA(n_components = 50,random_state=123)
       # 获取降维后的数据
       pca_train_xs = pca.fit_transform(train_xs)
       print(pca_train_xs.shape)
       # 将数据切分为训练数据集和测试数据集
       X_train,X_val,y_train,y_val = train_test_split(
           pca_train_xs[:,0:30],MN.values,test_size = 0.25,random_state = 1)
       print(X_train.shape)
```

```
        print(X_val.shape)
Out[39]:(1974, 50)
         (1480, 30)
         (494, 30)
```

针对主成分分析的结果，可以使用下面的程序进行可视化分析。运行该程序后可获得如图 9-19 所示的可视化图像。其中，第一个子图可视化了主成分分析的解释方差的变化情况；第二个子图可视化了前两个特征数据的分布情况。从图 9-19 中可知，使用 30 个主成分进行分类模型的建立是合适的。

```
In[40]:# 可视化主成分分析的解释方差得分和前两个特征数据的分布情况
        exvar = pca.explained_variance_
        plt.figure(figsize=(14,6))
        plt.subplot(1,2,1)
        plt.plot(exvar,"r-o")
        plt.grid()
        plt.xlabel(" 特征数量 ");plt.ylabel(" 解释方差 ")
        plt.title(" 主成分分析 ")
        plt.subplot(1,2,2)
        plt.plot(X_train[y_train == 0,0],X_train[y_train == 0,1],
                 "ro",alpha = 0.5,label = "0")
        plt.plot(X_train[y_train == 1,0],X_train[y_train == 1,1],
                 "bs",alpha = 0.5,label = "1")
        plt.grid();plt.legend()
        plt.xlabel(" 第 1 主成分 ");plt.ylabel(" 第 2 主成分 ")
        plt.title(" 主成分可视化 ")
        plt.tight_layout()
        plt.show()
```

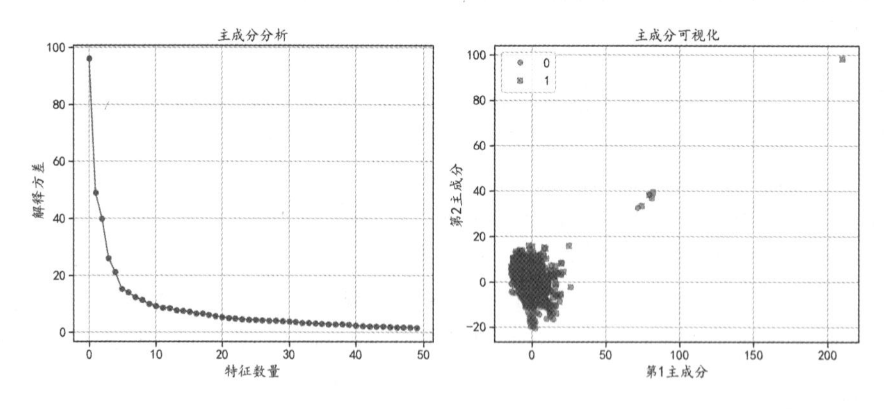

图 9-19　主成分降维可视化结果

下面的程序使用准备好的数据建立 MLP 分类模型，同样使用具有 4 个隐藏层的神经网络，使用 relu 激活函数。从该程序的输出结果可知，训练好的模型在训练数据集上的预测精度达到了 0.9952，在测试数据集上的预测精度达到了 0.9453，说明该模型对数据的预测结果较好。

```
In[41]:# 利用 MLP 进行分类
        mlpcla = MLPClassifier(hidden_layer_sizes = (50,100,50,100),
```

```
                          activation = "relu",batch_size = 128,
                          learning_rate = "adaptive",random_state = 12,
                          max_iter = 1000)
      mlpcla.fit(X_train,y_train)
      # 计算在训练数据集和测试数据集上的预测精度
      mlpcla_lab = mlpcla.predict(X_train)
      mlpcla_pre = mlpcla.predict(X_val)
      print(" 训练数据集上的预测精度 :",accuracy_score(y_train,mlpcla_lab))
      print(" 测试数据集上的预测精度 :",accuracy_score(y_val,mlpcla_pre))
Out[41]:训练数据集上的预测精度 : 0.9952702702702703
        测试数据集上的预测精度 : 0.9453441295546559
```

针对前面 MLP 对遗传毒性（MN 变量）的预测结果，通过下面的程序可视化出在测试数据集上的 ROC 曲线和混淆矩阵热力图，运行该程序后可获得如图 9-20 所示的可视化图像。其中，第一幅子图为 ROC 曲线图；第二幅子图为混淆矩阵热力图。从图 9-20 中也可以看出，训练得到的模型对数据的预测结果较好。

```
In[42]:# 可视化出 ROC 曲线和混淆矩阵热力图
      pre_y = mlpcla.predict_proba(X_val)[:, 1]
      fpr_Nb, tpr_Nb, _ = roc_curve(y_val, pre_y)
      aucval = auc(fpr_Nb, tpr_Nb)     # 计算 AUC 值
      fig = plt.figure(figsize=(14,7))
      ax = fig.add_subplot(1,2,1)
      plt.plot([0, 1], [0, 1], 'k--')
      plt.plot(fpr_Nb, tpr_Nb,"r",linewidth = 3)
      plt.xlim(0, 1);plt.ylim(0, 1);plt.grid()
      plt.xlabel(" 假正率 ");plt.ylabel(" 真正率 ")
      plt.title(" 全连接神经网络 ROC 曲线 ")
      plt.text(0.15,0.85,"AUC = "+str(round(aucval,4)))
      ax = fig.add_subplot(1,2,2)
      plot_confusion_matrix(conf_mat=confusion_matrix(y_val,mlpcla_pre),
                            axis=ax)
      plt.title(" 全连接神经网络混淆矩阵 ")
      plt.tight_layout()
      plt.show()
```

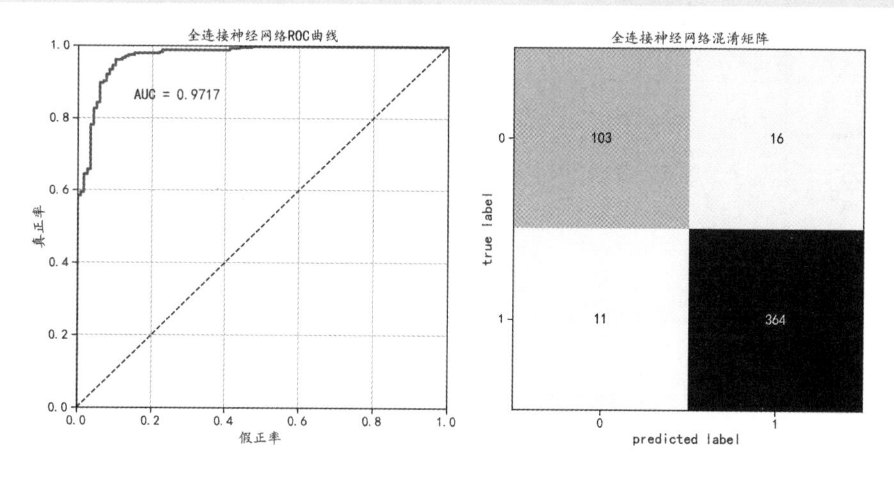

图 9-20　测试数据集上的 ROC 曲线和混淆矩阵热力图

前面的模型是利用 30 个主成分进行建模。下面的程序分析在不同的主成分数量下模型的预测精度变化情况。该程序先通过 for 循环语句分别计算在不同主成分数量下，MLP 在训练数据集与测试数据集上的预测精度，再将预测精度的变化情况使用折线图进行可视化。运行该程序后可获得如图 9-21 所示的可视化图像。

```
In[43]:# 分析在不同的主成分数量下模型的预测精度变化情况
    pca_n =np.arange(2,51)
    train_acc = []
    val_acc = []
    for n in pca_n:
        # 将数据切分为训练数据集和测试数据集
        X_train,X_val,y_train,y_val = train_test_split(pca_train_xs[:,0:n],
                MN.values,test_size = 0.25,random_state = 1)
        mlpcla = MLPClassifier(hidden_layer_sizes = (50,100,50,100),
                           activation = "relu",batch_size = 128,
                           learning_rate = "adaptive",random_state = 12,
                           max_iter = 1000)
        mlpcla.fit(X_train,y_train)
        # 计算在训练数据集和测试数据集上的预测精度
        mlpcla_lab = mlpcla.predict(X_train)
        mlpcla_pre = mlpcla.predict(X_val)
        train_acc.append(accuracy_score(y_train,mlpcla_lab))
        val_acc.append(accuracy_score(y_val,mlpcla_pre))
    # 可视化模型的预测精度变化情况
    plt.figure(figsize=(12,7))
    plt.plot(pca_n,train_acc,"r-o",label = " 训练数据集上的预测精度 ")
    plt.plot(pca_n,val_acc,"b-s",label = " 测试数据集上的预测精度 ")
    plt.grid();plt.legend()
    plt.xlabel(" 使用的主成分数量 ")
    plt.ylabel(" 预测精度 ")
    plt.title(" 全连接神经网络 ")
    plt.show()
```

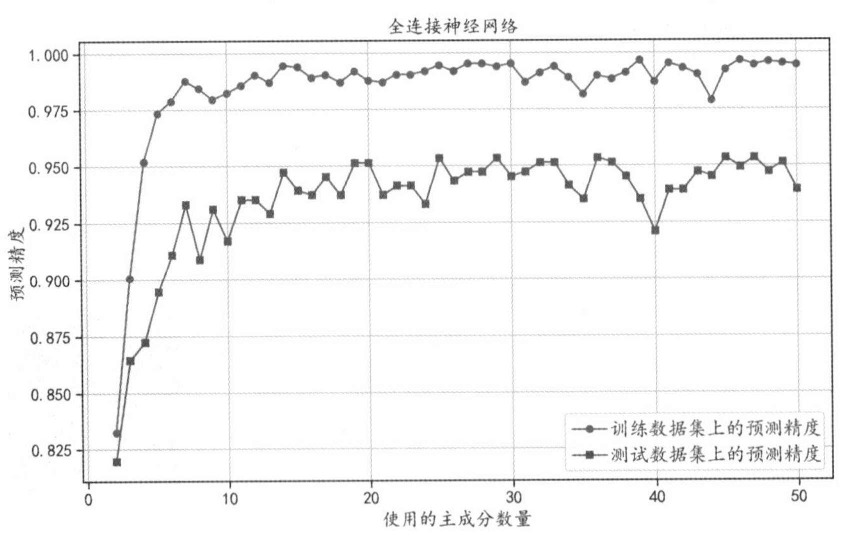

图 9-21　不同主成分数量下的预测精度变化

从图 9-21 中可以发现，当使用的主成分数量超过 20 个之后，模型的预测精度在一定的范围内波动，再增加使用的主成分数量并不能继续提升模型的预测精度。

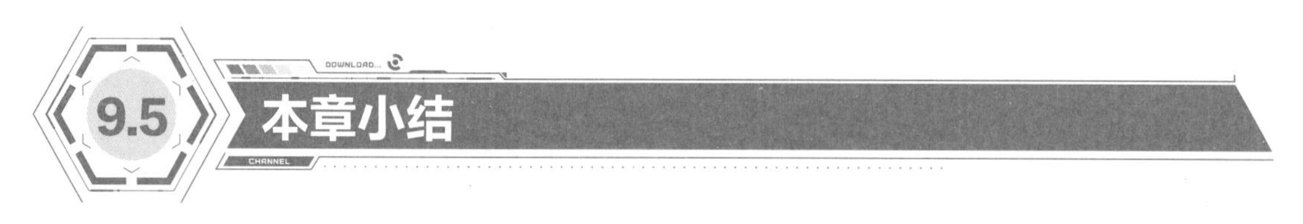

9.5 本章小结

本章使用一个抗乳腺癌候选药物可视化分析案例，介绍了针对具体数据和分析目标，所进行的数据可视化分析与建模过程。针对该数据及目标，主要介绍了以下几点内容。

（1）对待使用的数据进行探索性可视化分析，并对数据进行了简单的标准化预处理操作。

（2）介绍了如何通过相关算法选择出对生物活性最具有显著影响的分子变量，并对结果进行可视化分析。

（3）建立了三种回归模型，以预测生物活性。

（4）针对二分类变量的预测，以两个分类变量为例，介绍了两种对变量的特征提取与预测方法。

第 10 章　时序数据的异常值检测和预测

时序（时间序列）数据主要是指根据时间先后，对同样的对象按照等时间间隔收集的数据，是最常见的数据类型之一。时序分析是一种基于随机过程理论和数理统计学方法，研究时序数据所遵从的统计规律，常用于系统描述、系统分析、预测未来等。

本章将数据可视化分析与时序分析相结合，完成时序数据的异常值检测和预测。2021 年中国高校大数据挑战赛 A 题——智能运维中的异常值检测与趋势预测，是一个时序类的大数据题目。该题目中的数据来自运营商收集的相关指标。下面先对该题目进行简单的介绍。

1. 背景介绍

不同场景的运维分析的指标种类差异较大，但都具备时序性特点。在不同场景的关键绩效指标（Key Performance Index，KPI）中，以毫秒、秒、分钟、时、天为时间间隔的数据都会出现，而在有些复杂场景的关键绩效指标中，往往会混合出现多个时间间隔的数据，且这些数据均为随时间变化而变化的时序数据。

2. 数据描述

本次赛题以运营商基站关键绩效指标为研究数据。该数据是从 2021 年 8 月 28 日 0 时至 9 月 25 日 24 时（共 29 天）5 个基站覆盖的 58 个小区对应的 67 个关键绩效指标。其中，选取 3 个核心指标进行分析。该数据包含每个基站的平均用户数量和基站流量。针对该数据期望解决下面的问题。

3. 待解决问题

问题 1——异常值检测：利用运营商基站的相关指标数据，检测出所有基站的平均用户数量和基站流量在这 29 天内共有多少个异常值，主要目标是检测出每个基站中每个指标的异常孤立点。

问题 2——异常值预测：针对问题 1 检测出的异常值数据，建立预测模型，预测未来的数据是否为异常值。

问题 3——趋势预测：利用 2021 年 8 月 28 日 0 时至 9 月 25 日 24 时已有的数据，预测未来 3 天（即 2021 年 9 月 26 日 0 时至 9 月 28 日 24 时）每个基站的平均用户数量和基站流量。

注意：为了简化分析，本章对原始的题目进行了适当的修改，主要是将对小区的分析调整为对基站的分析，但是使用的整体分析方法是相似的，并无太大的差异。

综上所述，本章将包含以下几个主要内容。

（1）在对每个目标分析前，先对数据特征进行探索性可视化分析，从而对数据进行更全面的理解。

（2）针对问题 1，介绍几种时序异常值检测方法，并对检测结果进行可视化分析。

（3）针对问题 2，介绍在机器学习中异常值预测方法的应用。

（4）针对问题 3，介绍几种时序数据的预测模型，对未来的数据进行预测。

先导入用到的库和函数，程序如下。

```
In[1]: %config InlineBackend.figure_format = "retina"
       %matplotlib inline
       import seaborn as sns
       sns.set(font= "Kaiti",style="ticks",font_scale=1.4)
       import matplotlib
       matplotlib.rcParams['axes.unicode_minus']=False
       # 导入需要的库
       import numpy as np
       import pandas as pd
       import matplotlib.pyplot as plt
       import matplotlib.dates as dates
       import plotly.express as px
       from prophet import Prophet
       from adtk.detector import SeasonalAD
       from adtk.transformer import ClassicSeasonalDecomposition,CustomizedTransformerHD
       from adtk.data import split_train_test
       from adtk.visualization import plot
       from kats.detectors.outlier import MultivariateAnomalyDetector,Multivariate
AnomalyDetectorType
       from kats.models.var import VARModel,VARParams
       from kats.consts import TimeSeriesData
       from kats.utils.decomposition import TimeSeriesDecomposition
       from sklearn.model_selection import train_test_split
       from sklearn.metrics import *
       from sklearn.linear_model import LogisticRegression
       from sklearn.svm import SVC
       from sklearn.manifold import TSNE
       from imblearn.over_sampling import KMeansSMOTE,SVMSMOTE
       from statsmodels.graphics.tsaplots import plot_acf,plot_pacf
       import pmdarima as pm
       import warnings
       warnings.filterwarnings("ignore")
```

在导入的库中，fbprophet 与 katst 主要用于时序数据的预测，adtk 主要用于时序数据的异常值检测。

10.1 时序数据探索性可视化分析

本节对待分析的时序数据进行探索性可视化分析，观察时序数据的波动情况。首先从文件夹中读取“基站信号时序数据 .csv”数据。该数据中有时间、基站编号、number、

PDCP 一共 4 列数据。其中，number 表示平均用户数量；PDCP 表示基站流量。该数据读取程序如下。

```
In[2]:# 从文件夹中读取数据
      usedf = pd.read_csv("data/chap10/ 基站信号时序数据 .csv",
                          parse_dates=[" 时间 "])
      # 由于 PDCP 的数量级较大，为了后面更好的分析，对其进行数据缩放预处理
      usedf.PDCP = usedf.PDCP / 1e9
      print(usedf.head())
Out[2]:          时间      基站编号     number        PDCP
        0  2021-08-28    1200071   133.8262  147.376988
        1  2021-08-28    1200072   179.2633  188.548349
        2  2021-08-28    1200073   146.6287  156.136545
        3  2021-08-28    1200074    83.4019   74.634361
        4  2021-08-28    1200075    42.7493   37.592086
```

10.1.1 时序数据的分布情况可视化分析

下面通过密度曲线可视化待分析数据的分布情况。由于待分析数据是多个基站的数据，因此可视化时根据基站进行分组。下面的程序分别可视化了不同基站下平均用户数量和基站流量的分布情况。运行该程序后可获得如图 10-1 所示的可视化图像。在该图像中，第一幅子图为平均用户数量（number）的分组密度曲线；第二幅子图为基站流量（PDCP）的分组密度曲线。从图 10-1 中可以发现，不同基站这两种指标的数据分布有较大的差异，但是相同基站下这两种指标的数据分布具有一定的相似性。

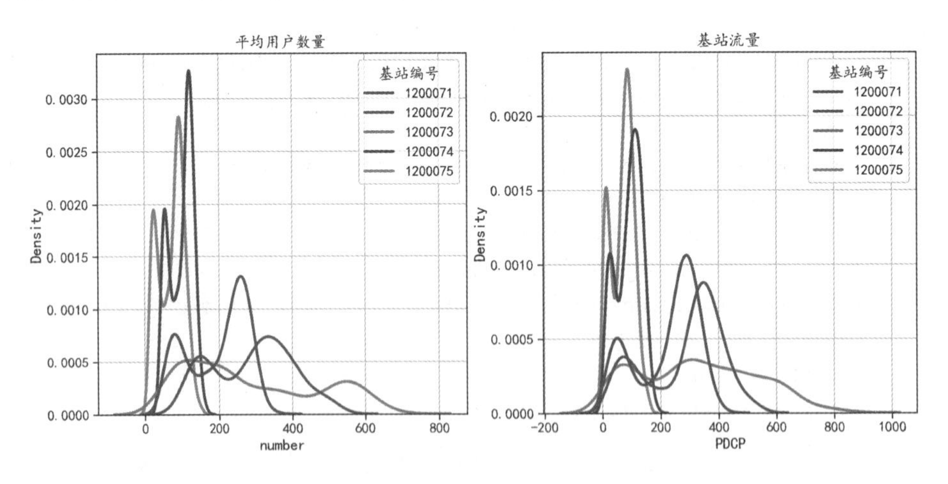

图 10-1　不同基站下用户数量和基站流量的分布情况

```
In[3]:# 使用密度曲线可视化不同基站下平均用户数量和基站流量的分布情况
      plt.figure(figsize=(16,7))
      plt.subplot(1,2,1)
      sns.kdeplot(data=usedf,x="number",lw = 3,hue=" 基站编号 ",palette = "Set1")
      plt.grid()
      plt.title(" 平均用户数量 ")
      plt.subplot(1,2,2)
```

```
sns.kdeplot(data=usedf,x="PDCP",lw = 3,hue=" 基站编号 ",palette = "Set1")
plt.title(" 基站流量 ")
plt.grid()
plt.subplots_adjust()
plt.show()
```

10.1.2 时序数据的波动情况可视化分析

下面继续通过可视化方式，观察每个基站的指标数据随时间的波动情况。下面的程序利用 plotly，分别可视化不同基站下指标数据随时间的波动情况。运行该程序后可获得如图 10-2 和图 10-3 所示的可视化图像。

```
In[4]:# 可视化不同基站下指标数据随时间的波动情况
      fig = px.line(usedf,x = " 时间 ",y = "number",width=1000, height=600,
                    title = " 平均用户数量 ",color = " 基站编号 ",
                    facet_row = " 基站编号 ")
      fig.update_traces(mode="markers+lines",line=dict(width=2))
      fig.update_yaxes(matches=None, showticklabels=True) # 调整 y 轴坐标的情况
      fig.update_layout(title={"x":0.5,"y":0.9})
      # 调整每个子图的名称
      fig.for_each_annotation(lambda a: a.update(text=a.text.split("=")[-1]))
      fig.show()
      fig = px.line(usedf,x = " 时间 ",y = "PDCP",width=1000, height=600,
                    title = " 基站流量 ",color = " 基站编号 ",
                    facet_row = " 基站编号 ")
      fig.update_traces(mode="markers+lines",line=dict(width=2))
      fig.update_yaxes(matches=None, showticklabels=True)
      fig.update_layout(title={"x":0.5,"y":0.9})
      fig.for_each_annotation(lambda a: a.update(text=a.text.split("=")[-1]))
      fig.show()
```

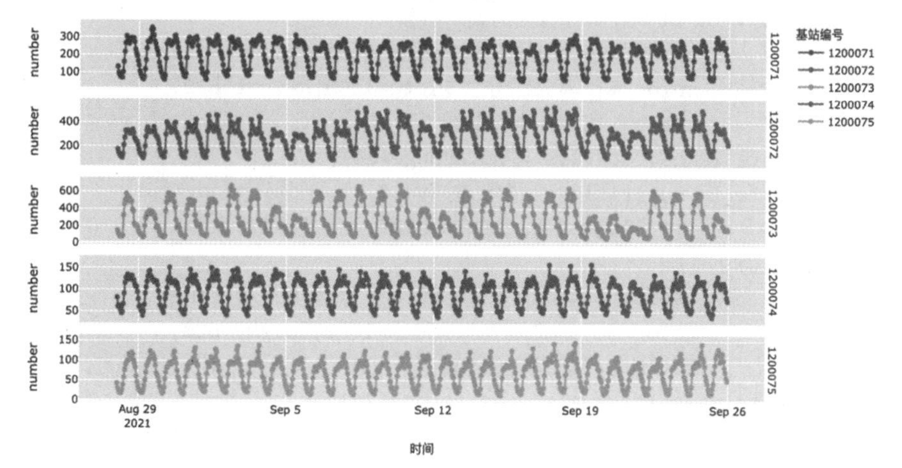

图 10-2　不同基站下用户数量随时间的波动情况

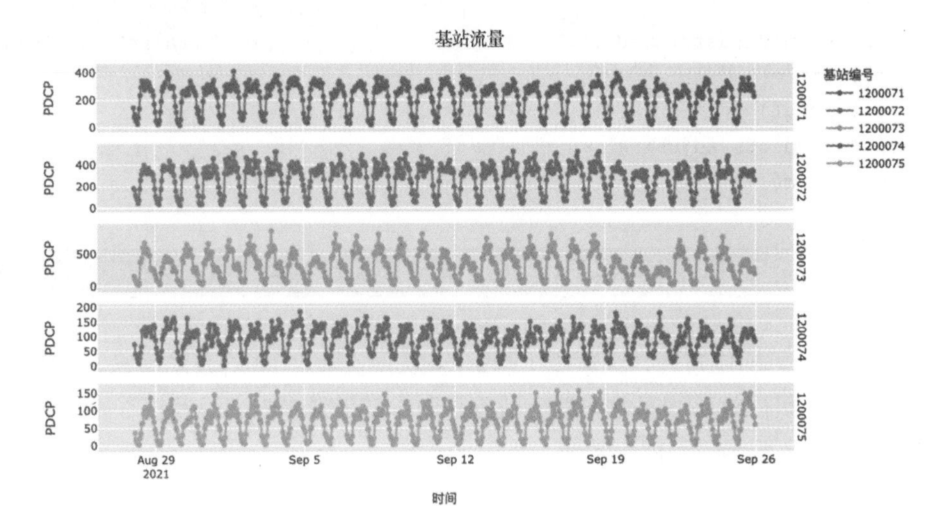

图 10-3　不同基站下基站流量随时间的波动情况

从图 10-2 和图 10-3 中可以发现，不同基站下每种指标数据的波动情况有很强的周期性。

针对时序数据，除了上面的可视化方式，还可以根据时间段将数据分组后进行可视化。例如，针对该数据，可以可视化每小时的数据波动情况。下面的程序首先获取时序数据中的小时，将其作为一列分组变量，然后通过分组箱线图对数据波动进行可视化分析。运行该程序后可获得如图 10-4 和图 10-5 所示的可视化图像。

```
In[5]:# 数据准备，获取小时变量
      usedf["hour"] = usedf[" 时间 "].dt.hour
      print(usedf.head())
Out[5]:            时间      基站编号      number        PDCP   hour
      0  2021-08-28      1200071  133.8262  147.376988     0
      1  2021-08-28      1200072  179.2633  188.548349     0
      2  2021-08-28      1200073  146.6287  156.136545     0
      3  2021-08-28      1200074   83.4019   74.634361     0
      4  2021-08-28      1200075   42.7493   37.592086     0
In[6]:# 通过分组箱线图可视化指标数据的波动情况
      fig = px.box(usedf, x="hour", y="number", notched = True,
                   color = " 基站编号 ",width=1000,height=600,
                   title = " 平均用户数量 ")
      fig.update_xaxes(tickvals = np.arange(24))
      fig.update_layout(title={"x":0.5,"y":0.9},showlegend=True,
                        legend=dict(x = 0.05,y = 0.95))
      fig.show()
      fig = px.box(usedf, x="hour", y="PDCP", notched = True,
                   color = " 基站编号 ",width=1000,height=600,
                   title = " 基站流量 ")
      fig.update_xaxes(tickvals = np.arange(24))
      fig.update_layout(title={"x":0.5,"y":0.9},showlegend=True,
                        legend=dict(x = 0.05,y = 0.95))
      fig.show()
```

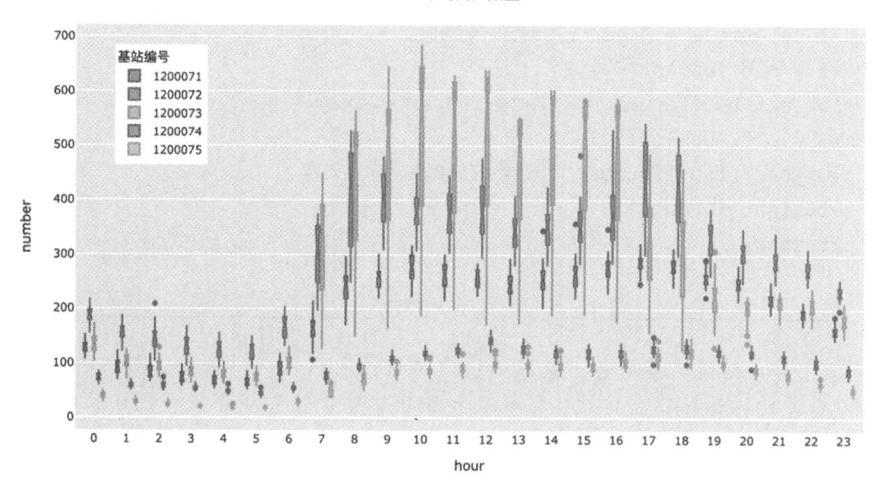

图 10-4 一天中不同时间段平均用户数量的波动情况

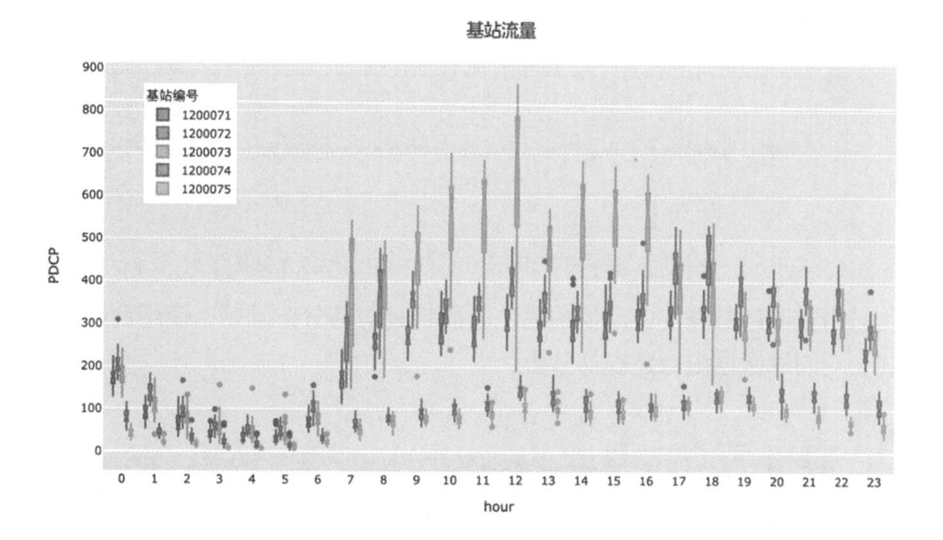

图 10-5 一天中不同时间段基站流量的波动情况

从图 10-4 和图 10-5 中可以发现，针对不同的基站，每种指标数据的波动情况在不同的时间段有很大差异。

针对时序数据，还可以可视化其自相关系数和偏自相关系数，通过观察自相关系数和偏自相关系数的截尾情况，来确定 ARMA(p,q) 模型中两个参数 p 和 q 的取值。下面的程序通过可视化的方式，观察一个基站平均用户数量的自相关系数和偏自相关系数的波动情况。运行该程序后可获得如图 10-6 所示的可视化图像。该图像有 3 幅子图，分别反映了原始时序数据的波动情况、自相关系数的波动情况与偏自相关系数的波动情况。

```
In[7]:# 可视化时序数据的自相关系数和偏自相关系数
      tsdf = usedf.loc[usedf["基站编号"] == 1200072,["时间","number"]]
      plt.figure(figsize=(14,8))
      ax1 = plt.subplot(3,1,1)
      ax1.plot_date(x = tsdf["时间"], y = tsdf["number"],fmt = ".-")
```

```
ax1.xaxis.set_major_formatter(dates.DateFormatter('%m-%d'))
ax1.set(title = " 基站 120072",ylabel = "number")
ax2 = plt.subplot(3,1,2)
plot_acf(tsdf["number"],lags=100,ax = ax2)
ax3 = plt.subplot(3,1,3)
plot_pacf(tsdf["number"],lags=100,ax = ax3)
plt.tight_layout()
plt.show()
```

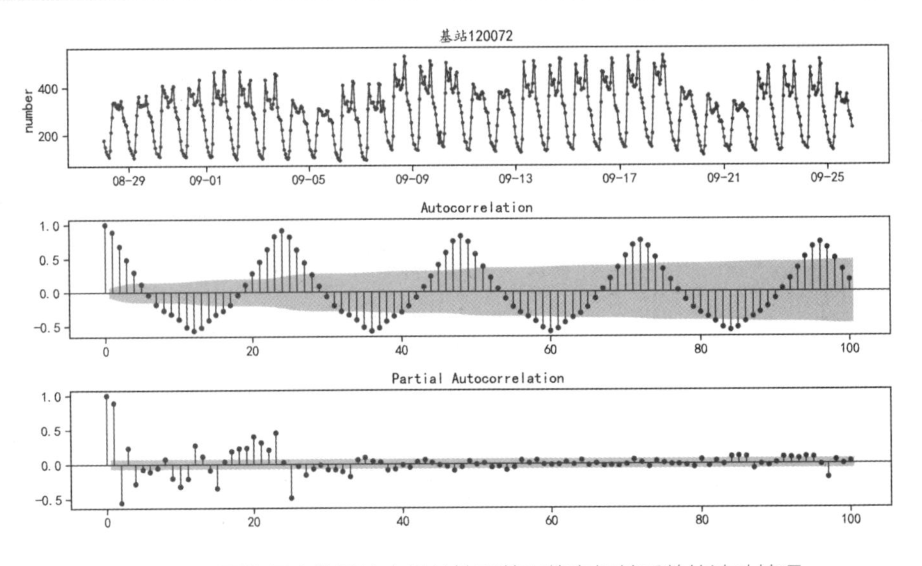

图 10-6　平均用户数量的自相关性系数和偏自相关系数的波动情况

可视化分析完时序数据的波动情况后，下面将针对待分析问题，使用合适的数据可视化分析方式，对时序数据进行建模与分析。

10.2 异常值检测

异常值数据是一个很广的概念，针对时序数据，也有许多不同类型的事件可以成为异常值数据。例如，取值的突变、波动性转变、违反季节性模式等都可能导致异常值数据出现。本节将分别以基站的时序数据为例，以 4 种不同的方式，从不同的角度进行时序数据异常值检测。

10.2.1 ADTK 检测单列时序数据的异常值

ADTK 提供了一组通用组件，可以针对不同场景组合成各种类型的异常值检测模型。下面的程序首先建立时序数据的异常值检测模型。然后可视化出待检测数据的波动情况，其中 plot 函数来自 ADTK，可方便地可视化时序数据。运行该程序后可获得如图 10-7 所示的可视化图像。

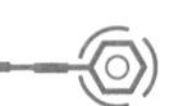

```
In[8]:# 以一个基站的时序数据为例，建立时序数据的异常值检测模型
       tsdf = usedf.loc[usedf[" 基站编号 "] == 1200072,[" 时间 ","number"]]
       # 将时间设置为时序数据的索引
       tsdf = tsdf.set_index(" 时间 ")
       # 可视化时序数据的波动情况
       plot(tsdf,ts_linewidth=2,ts_color="blue",ts_marker="o",
            ts_markersize=4,figsize=(16,7))
```

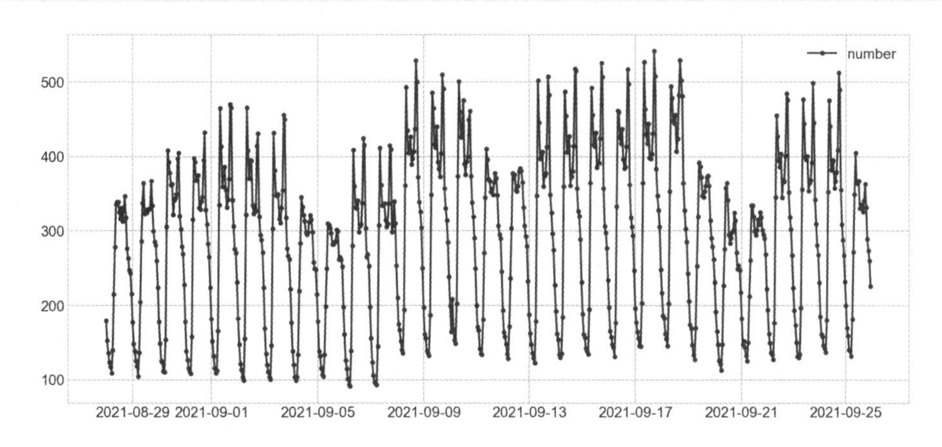

图 10-7　单个基站的用户数量波动情况

从图 10-7 中可知，该时序数据具有很强的周期性，因此针对该数据可以通过 ADTK 中的 SeasonalAD 函数检测时序数据的异常值，使用的参数 freq = 24 表示时序数据的周期。下面的程序首先进行时序数据的异常值检测，并从中找到了 27 个异常值，然后进行数据可视化。运行该程序后可获得如图 10-8 所示的可视化结果。

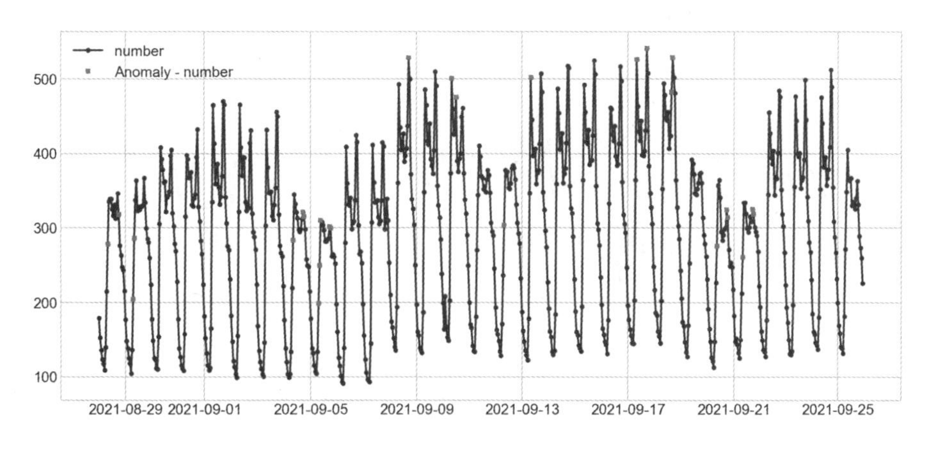

图 10-8　时序数据的异常值检测结果

```
In[9]:# 定义异常值检测器
       seasonal_ad = SeasonalAD(freq = 24,c = 1.5, side="both")
       tsdfad = seasonal_ad.fit_detect(tsdf)
       print(" 异常值数量 :",tsdfad.number.sum())
Out[9]: 异常值数量 : 27
In[10]:# 可视化时序数据的异常值
       plot(tsdf, anomaly=tsdfad, ts_linewidth=2,ts_color="blue",ts_marker="o",
            ts_markersize=4,anomaly_marker="s",anomaly_markersize="4",
```

```
                anomaly_color="red",anomaly_tag="marker",figsize=(16,7))
```

从图 10-8 中可以发现，检测出的很多异常值分布在时序数据一个周期的中间位置。

对于周期性时序数据，可以使用 ClassicSeasonalDecomposition 函数对其进行分解，并分解该时序数据的残差；根据该时序数据的残差分布情况，可以对该时序数据进行异常值检测。下面的程序对前面的时序数据进行分解，并将分解出的残差和检测出的异常值一起进行可视化。运行该程序后可获得如图 10-9 所示的可视化结果。从图 10-9 中可以发现，检测出的异常值所在位置是移除季节性趋势后残差绝对值较大的位置。

```
In[11]:# 分解出时序数据的残差
       tsdf_res = ClassicSeasonalDecomposition(freq=24).fit_transform(tsdf)
       tsplot = pd.concat([tsdf,tsdf_res],axis=1)
       tsplot.columns = ["number", "number_residual"]
       # 同时可视化残差和异常值
       plot(tsplot, anomaly=tsdfad,
            ts_linewidth=2,ts_color="blue",ts_marker="o",
            ts_markersize=4,anomaly_marker="s",anomaly_markersize="4",
            anomaly_color="red",anomaly_tag="marker",figsize=(16,10))
```

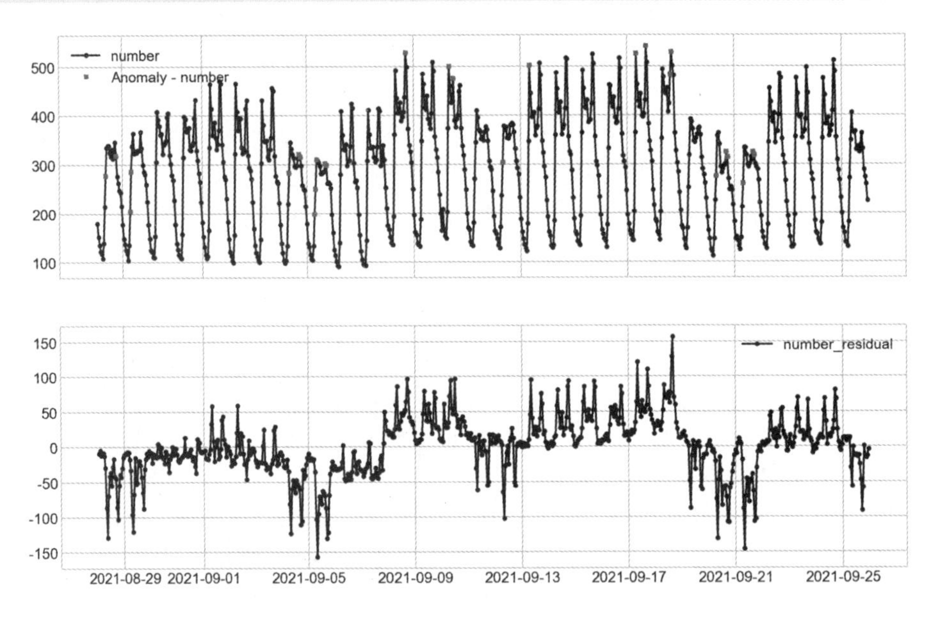

图 10-9　时序数据分解后的残差情况

下面的程序单独可视化时序数据分解后识别出的异常值所在位置。运行该程序后可获得如图 10-10 所示的可视化结果。

```
In[12]:# 单独可视化时序数据分解后识别出的异常值所在位置
       plot(tsdf, anomaly=tsdfad, ts_linewidth=2,ts_color="blue",ts_marker="o",
            ts_markersize=4,anomaly_marker="s",anomaly_markersize="4",
            anomaly_color="red",anomaly_tag="marker",figsize=(16,5))
       plot(tsdf_res,anomaly=tsdfad,ts_linewidth=2,ts_color="blue",ts_marker="o",
            ts_markersize=4,anomaly_marker="s",anomaly_markersize="4",
            anomaly_color="red",anomaly_tag="marker",figsize=(16,5))
```

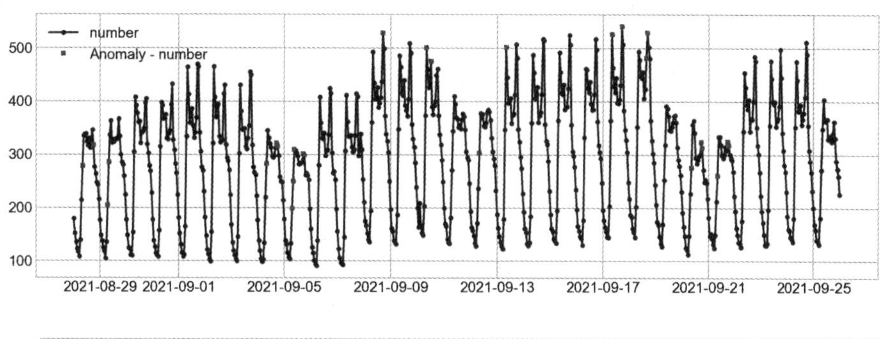

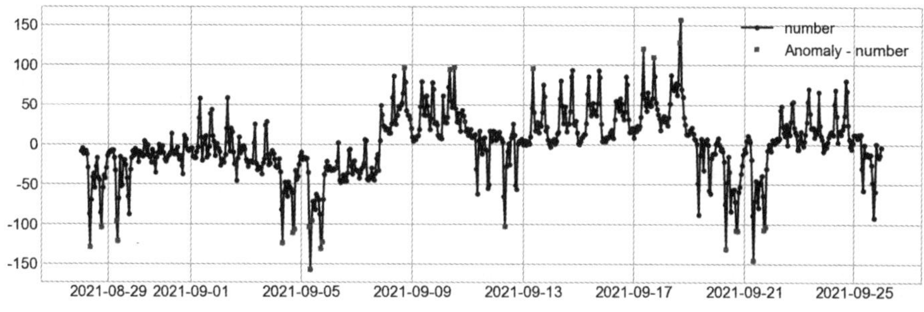

图 10-10　时序数据分解后识别出的异常值所在位置

虽然异常值所在的位置是移除季节性趋势后残差绝对值较大的位置，但是该方法识别出的异常值结果和我们直观感受是不一致的。例如，一列周期性时序数据的上升段的中间部分数据是异常值的可能性较小，但是有些样本点却被识别成了异常值。下面将继续探索其他异常值检测方法。

10.2.2 ADTK 检测多列时序数据的异常值

在前面时序数据探索性可视化分析时，已经知道每个基站的两个指标数据的波动情况很相似，因此可以考虑将两个指标数据同时考虑，对多列时序数据进行异常值检测。ADTK 中的异常值检测器（SeasonalAD）可以对多列时序数据进行异常值检测。需要注意的是，该方法并没有综合考虑时序数据之间的相互影响，而是单独为时序数据的多个变量分别定义异常值检测器，但是该方法的优势是可以同时对多列时序数据进行检测，且使用时更加方便。

下面使用一个基站的两列时序数据为例，建立时序数据的异常值检测模型。下面的程序首先对待检测的时序数据进行可视化，查看其波动情况。运行该程序可获得如图 10-11 所示的可视化结果。从图 10-11 中可以发现，两列时序数据的波动趋势有很强的相关性。

```
In[13]:# 使用一个基站的两列时序数据为例，建立时序数据的异常值检测模型
       tsdf = usedf.loc[usedf[" 基站编号 "] == 1200073,[" 时间 ","number","PDCP"]]
       # 将时间设置为时序数据的索引
       tsdf = tsdf.set_index(" 时间 ")
       # 可视化时序数据的波动情况
       plot(tsdf,ts_linewidth=2,ts_color="blue",ts_marker="o",
            ts_markersize=4,figsize=(16,7))
```

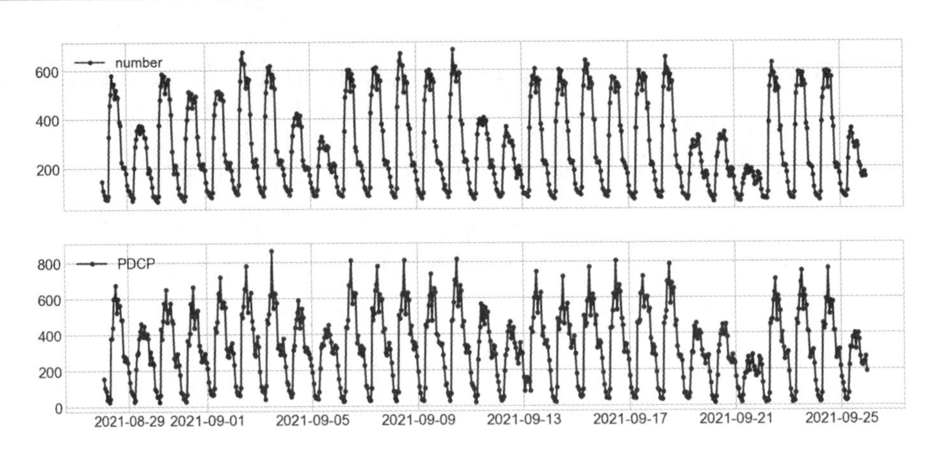

图 10-11　同一基站的两列时序数据可视化结果

程序片段 In[14] 通过 SeasonalAD 函数为两列时序数据同时进行异常值检测，从检测的且在这两个时序数据中分别获得 18 和 32 个异常值。程序片段 In[15] 对这两列时序数据的检测结果进行可视化，并获得如图 10-12 所示的检测结果。从图 10-12 中可以发现，这两列时序数据的异常值分布较为集中。

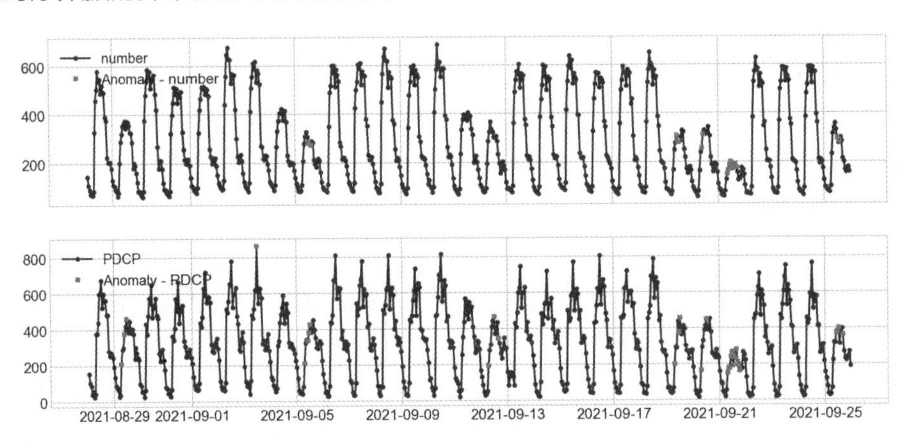

图 10-12　两列时序数据的异常值检测结果

```
In[14]:# 在默认情况下，SeasonalAD 函数会单独为数据中的两个变量分别定义异常值检测器
       seasonal_ad = SeasonalAD(freq = 24,c=1.5, side="both")
       tsdfad = seasonal_ad.fit_detect(tsdf)
       print("number 的异常值数量 :",tsdfad.number.sum())
       print("PDCP 的异常值数量 :",tsdfad.PDCP.sum())
Out[14]:number 的异常值数量 : 18
        PDCP 的异常值数量 : 32
In[15]:# 可视化检测出的异常值
       plot(tsdf, anomaly=tsdfad, ts_linewidth=2,ts_color="blue",ts_marker="o",
            ts_markersize=4,anomaly_marker="s",anomaly_markersize="4",
            anomaly_color="red",anomaly_tag="marker",figsize=(16,7))
```

10.2.3 Prophet 检测单列时序数据的异常值

Prophet 是 Facebook 一个预测时序数据的开源库，并可供 Python 调用。Prophet 主要用于时序数据的预测。针对 Prophet 的预测结果，也可以进行一定的异常值检测，而最直接的方式是通过数据波动情况拟合值的置信区间判断异常值的上、下界。下面使用 Prophet 对一个基站的 number 指标数据进行异常值检测。

下面的程序首先获取需要的数据，然后将变量名进行修改，并可视化时序数据的波动情况。运行该程序后可获得如图 10-13 所示的可视化图像。

```
In[16]:# 使用一个基站的时序数据为例，建立时序数据的异常值检测模型
       tsdf = usedf.loc[usedf[" 基站编号 "] == 1200073,[" 时间 ","number"]]
       tsdf.columns = ["ds","y"]
       # 可视化时序数据的变化情况
       tsdf.plot(x = "ds",y = "y",style = "b-o",figsize=(16,7))
       plt.grid()
       plt.title(" 时序数据的波动情况 ")
       plt.show()
```

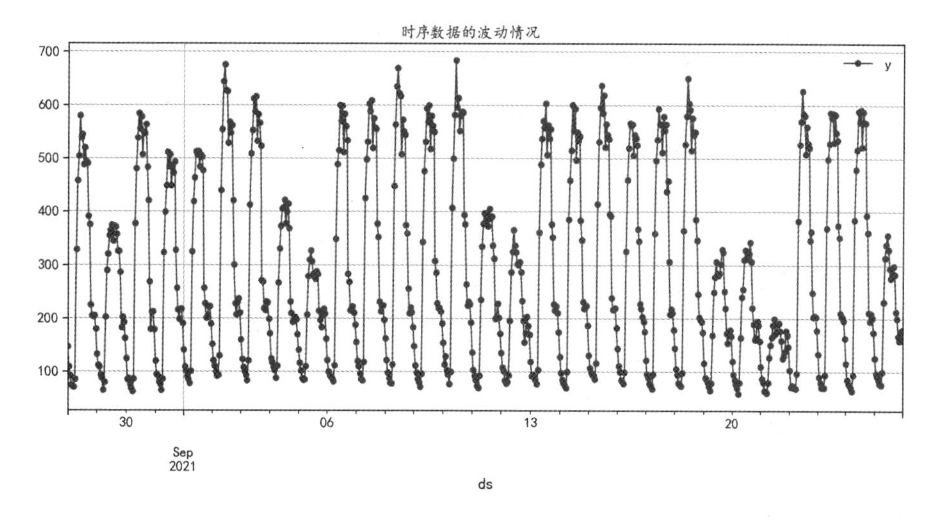

图 10-13　单个基站时序数据的波动情况

在异常值检测之前，要先使用 Prophet 函数建立一列时序数据拟合模型，并且获取对训练数据预测值的 95% 置信区间。下面的程序可以获得时序数据拟合模型，并对时序数据进行预测，对预测值的上界和下界进行简单调整。运行下面的程序，输出了预测结果的前几行如下。

```
In[17]:# 建立一列时序数据拟合模型
       np.random.seed(1234)                # 设置随机数种子
       model = Prophet(growth="linear",daily_seasonality = True,
                       weekly_seasonality=True,yearly_seasonality=False,
                       seasonality_mode = 'multiplicative',
                       seasonality_prior_scale = 24,
                       interval_width = 0.95,          # 获取 95% 的置信区间
```

```
           )
    model = model.fit(tsdf)                  # 获得时序数据拟合模型
    forecast = model.predict(tsdf)           # 使用该模型对时序数据进行预测
    forecast["y"] = tsdf["y"].reset_index(drop = True)
    # 根据实际情况如果预测值小于等于 0 则修改为 0.5
    forecast["yhat"] = np.where(forecast["yhat"]<=0,0.5,forecast["yhat"])
    forecast["yhat_lower"] = np.where(forecast["yhat_lower"]<=0,0.5,
                                      forecast["yhat_lower"])
    print(forecast[["ds","y","yhat","yhat_lower","yhat_upper"]].head())
Out[17]:              ds          y        yhat  yhat_lower  yhat_upper
    0 2021-08-28  00:00:00  146.6287  182.365565   41.596886  313.781990
    1 2021-08-28  01:00:00  109.5818  153.331668   25.263950  294.734892
    2 2021-08-28  02:00:00   92.2745  130.879160    0.500000  267.081143
    3 2021-08-28  03:00:00   74.6970  107.535621    0.500000  250.522516
    4 2021-08-28  04:00:00   71.9004   89.422851    0.500000  231.337317
```

上面的程序对时序数据变化趋势和波动情况进行了拟合，并且在该模型的预测结果中包含预测值的上界和下界。下面的程序定义了一个用于检测异常值的函数——outlier_detection 函数。该函数会使用预测值的上界和下界，来判断样本是否为异常值。从该程序输出结果中可以发现，该函数检测出了 29 个异常值。

```
In[18]:# 根据预测值的上界和下界判断样本是否为异常值
       def outlier_detection(forecast):
           index = np.where((forecast["y"] <= forecast["yhat_lower"])|
                            (forecast["y"]>=forecast["yhat_upper"]),True,False)
           return index
In[19]:# 查看异常值预测情况
       outlier_index = outlier_detection(forecast)
       outlier_df = tsdf[outlier_index]
       print(" 异常值的数量为 :",np.sum(outlier_index))
Out[19]: 异常值的数量为 : 29
```

针对前面的异常值检测结果，使用下面的程序可以将异常值的位置等数据信息可视化。运行该程序后可获得如图 10-14 所示的可视化图像。

```
In[20]:# 可视化检测出的异常值
       fig, ax = plt.subplots()
       # 可视化预测值
       forecast.plot(x = "ds",y = "yhat",style = "b-",label = " 预测值 ",
                     figsize=(16,7),ax=ax)
       # 可视化置信区间
       ax.fill_between(forecast["ds"].values, forecast["yhat_lower"],
                       forecast["yhat_upper"],color='b',alpha=.2,
                       label = "95% 置信区间 ")
       forecast.plot(kind = "scatter",x = "ds",y = "y",c = "k",
                     s = 15,label = " 原始数据 ",ax = ax)
       # 可视化异常值
       outlier_df.plot(x = "ds",y = "y",style = "rs",ax = ax,
                       label = " 异常值 ")
       plt.legend(ncol=4, bbox_to_anchor=(0.5, 0.92),loc="lower center",
```

```
                fontsize="small")
    plt.grid()
    plt.title(" 时序数据的异常值检测结果 ")
    plt.show()
```

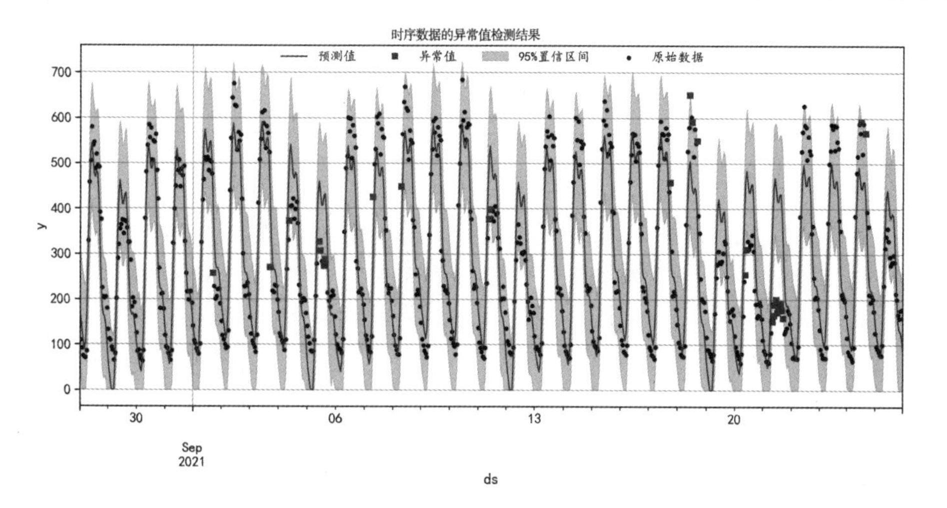

图 10-14　单列时序数据的异常值检测结果

从图 10-14 中可以发现，一些取值较高和较低的异常值都识别了出来。

10.2.4 基于 VAR 模型检测多列时序数据的异常值

多列时序数据的异常值检测可以通过 Kats 中的 MultivariateAnomalyDetector 函数来完成。Kats 是一个分析时序数据的工具包，可用于构建时序数据分析的轻量级、易于使用的通用框架。使用 MultivariateAnomalyDetector 函数进行多列时序数据的异常值检测有两种方式：一是在进行多列时序数据的异常值检测之前先去除时序数据的季节趋势；二是直接对多列时序数据进行异常值检测。下面将分别介绍这两种异常值检测方式。

1. 在进行多列时序数据的异常值检测之前去除时序数据的季节性趋势

去除时序数据的季节性趋势可以通过 ClassicSeasonalDecomposition 函数来完成。下面的程序在去除季节性趋势后，输出了待使用数据的前几行，然后可视化出如图 10-15 所示的两列时序数据的变化趋势。从图 10-15 中可以发现，两列时序数据具有很强的相似性。

```
In[21]:# 数据准备
       tsdf1 = usedf.loc[usedf[" 基站编号 "] == 1200073,[" 时间 ","number","PDCP"]]
       tsdf1.columns = ["time","number","PDCP"]
       tsdf1 = tsdf1.set_index("time")
       # 剔除数据中的季节性趋势并输出数据的残差
       tsdf_res = ClassicSeasonalDecomposition(freq=24).fit_transform(tsdf1)
       tsdf_res["time"] = tsdf_res.index.values
       tsdf_res = TimeSeriesData(tsdf_res)
       print(tsdf_res[0:5])
Out[21]:                    time      number        PDCP
```

```
      0 2021-08-28  00:00:00  11.458110 -28.159446
      1 2021-08-28  01:00:00   5.989817  -1.569489
      2 2021-08-28  02:00:00  -3.769241  10.107679
      3 2021-08-28  03:00:00 -11.012369 -15.958179
      4 2021-08-28  04:00:00  -8.565352  10.366925
In[22]:# 可视化出去除季节性趋势后两个时序数据的变化趋势
      tsdf_res.plot(cols=tsdf_res.value.columns.tolist())
```

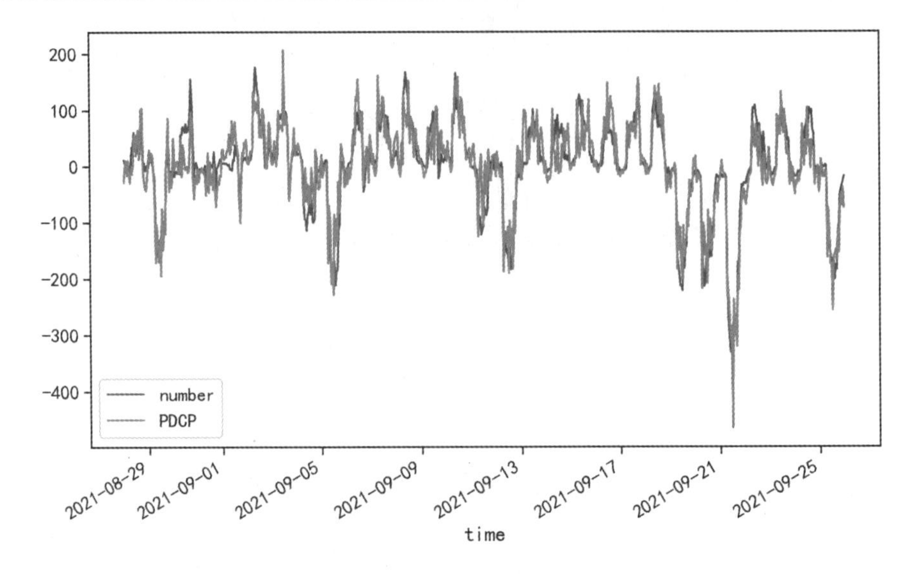

图 10-15　通过 ClassicSeasonalDecomposition 函数去除时序数据的季节性趋势

下面的程序建立了基于向量自回归模型（Vector Autoregressive Model，简称 VAR 模型）的多列时序数据的异常值检测模型，其中使用参数 training_days 指定用于训练该模型的时长。通过模型可以获得每个时间点的异常值得分。

```
In[23]:# 建立基于 VAR 模型的多列时序数据的异常值检测模型
       np.random.seed(10)
       params1 = VARParams(maxlags=30)
       mvtsad1 = MultivariateAnomalyDetector(tsdf_res, params1, training_days=5)
       # 输出异常值得分
       anomaly_score_df1 = mvtsad1.detector()
       print(anomaly_score_df1.head())
Out[23]:                     number      PDCP  overall_anomaly_score   p_value
      2021-09-02 01:00:00  0.239379  0.934828               1.268033  0.530457
      2021-09-02 02:00:00  0.301909  1.994382               2.504490  0.285862
      2021-09-02 03:00:00  3.172150  0.625069               2.731088  0.255242
      2021-09-02 04:00:00  0.676131  0.028826               0.706543  0.702387
      2021-09-02 05:00:00  5.108233  2.975790               3.199251  0.201972
```

下面的程序对该模型的检测结果进行可视化，并在可视化图像中分别展示出了原始数据的波动情况、每个时间点的异常值得分大小，以及异常值得分大小直方图和 P 值大小直方图。运行该程序后可获得如图 10-16 所示的可视化图像，其中竖线表示异常值所在的位置。

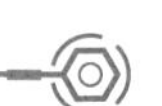

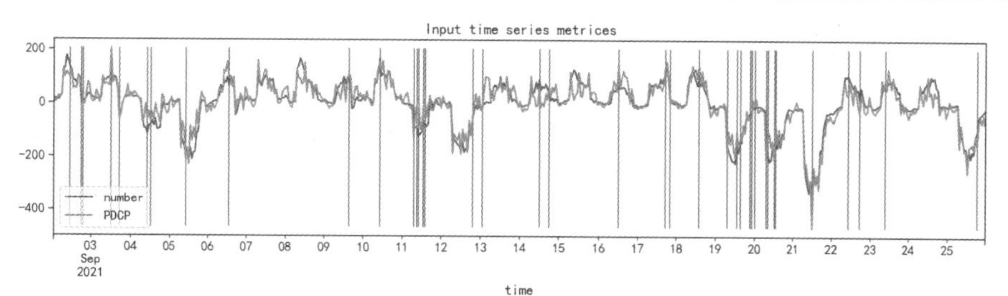

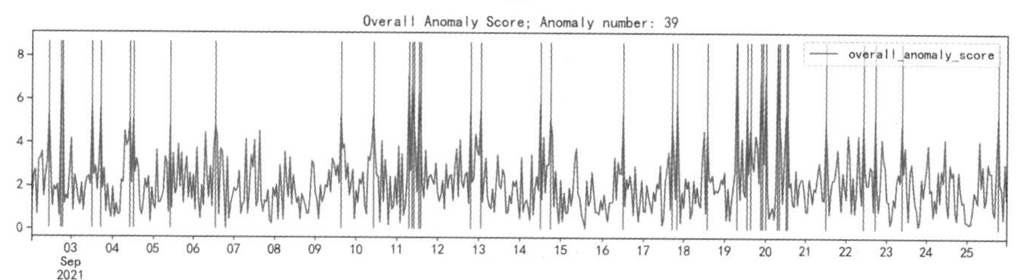

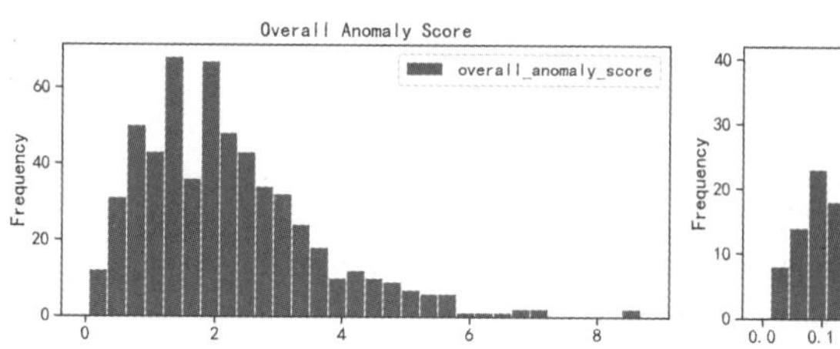

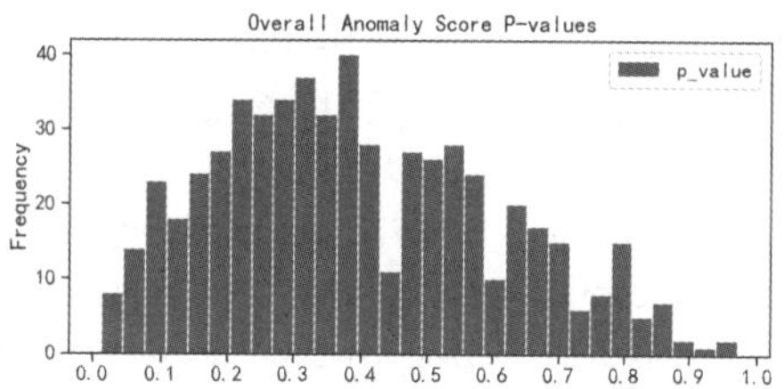

图 10-16　多列时序数据的异常值检测结果（一）

```
In[24]:# 可视化异常值检测结果
    adalpha = 0.1                                  # 控制异常值的数量
    anomaly_timepoints = mvtsad1.get_anomaly_timepoints(alpha = adalpha)
    plt.figure(figsize = (16,13))
    ax = plt.subplot(3,1,1)
    # 获取进行预测的异常值数据，只可视化被预测数据的情况
    index = np.where(tsdf_res.time == anomaly_score_df1.index[0])[0][0]
    plotdata  = tsdf_res[index:].to_dataframe()   # 转化为数据表格
    plotdata.plot(x = "time",y = ["number","PDCP"],ax = ax,lw = 2,title ="Input
             time series metrices")
    # 可视化检测出的异常值所在位置
    ymax,ymin=(plotdata[["number","PDCP"]].values.max(),plotdata[["number","
            PDCP"]].values.min())
    plt.vlines(x = anomaly_timepoints,ymin = ymin,ymax = ymax,colors="red")
    # 可视化异常值得分的大小
    ax = plt.subplot(3,1,2)
    anomaly_score_df1.plot(kind = "line",y = "overall_anomaly_score",ax = ax,
                    title = "Overall Anomaly Score;"+" Anomaly number:
                    "+str(len(anomaly_timepoints)))
    ymax,ymin = (anomaly_score_df1.overall_anomaly_score.values.max(),
             anomaly_score_df1.overall_anomaly_score.values.min())
    plt.vlines(x = anomaly_timepoints,ymin = ymin,ymax = ymax,colors="red")
    # 可视化异常值得分的分布情况和 P 值的分布情况
    ax = plt.subplot(3,2,5)
     anomaly_score_df1.plot(kind ="hist",bins =30,y= "overall_anomaly_score",
                    ax = ax, title = "Overall Anomaly Score")
```

```
        ax = plt.subplot(3,2,6)
        anomaly_score_df1.plot(kind = "hist",bins = 30,ax = ax,y = "p_value",
                               title = "Overall Anomaly Score P-values")
        plt.xticks(ticks=np.arange(0,1.1,0.1))
        plt.tight_layout()
        plt.show()
```

2. 直接对多列时序数据进行异常值检测

下面的程序使用原始的时序数据，基于 VAR 模型通过 MultivariateAnomaly Detector 函数进行多列时序数据的异常值检测，并且输出检测结果。

```
In[25]:# 使用一个基站的两列时序数据为例，建立时序数据的异常值检测模型
       tsdf2 = usedf.loc[usedf["基站编号"] == 1200073,["时间","number","PDCP"]]
       # 将数据转化为 Kats 可识别的时序数据
       tsdf2.columns = ["time","number","PDCP"]
       tsdf2 = TimeSeriesData(tsdf2)
       # 建立基于 VAR 模型的多变量异常值检测模型
       np.random.seed(10)
       params2 = VARParams(maxlags=30)
       mvtsad2 = MultivariateAnomalyDetector(tsdf2, params2, training_days=5)
       anomaly_score_df2 = mvtsad2.detector()
       print(anomaly_score_df2.head())
Out[25]:                   number      PDCP   overall_anomaly_score   p_value
     2021-09-02 01:00:00  1.598527  0.636564               3.052698  0.217328
     2021-09-02 02:00:00  1.763872  1.737301               1.036878  0.595449
     2021-09-02 03:00:00  1.004676  0.040059               1.262799  0.531847
     2021-09-02 04:00:00  1.905305  0.938619               1.532098  0.464846
     2021-09-02 05:00:00  1.006229  0.404032               0.892365  0.640067
```

下面的程序对上面的异常值检测结果进行可视化，并在可视化图像中分别可视化原始数据的波动情况、每个时间点的异常值得分大小，以及异常值得分大小直方图和 P 值大小直方图。运行该程序后可获得如图 10-17 所示的可视化图像，其中的竖线表示异常值所在的位置。

```
In[26]:# 可视化异常值检测结果
       adalpha = 0.05                                   # 控制异常值的数量
       anomaly_timepoints = mvtsad2.get_anomaly_timepoints(alpha = adalpha)
       plt.figure(figsize = (16,13))
       ax = plt.subplot(3,1,1)
       # 获取进行预测异常值的数据，只可视化被预测数据的情况
       index = np.where(tsdf2.time == anomaly_score_df2.index[0])[0][0]
       plotdata  = tsdf2[index:].to_dataframe()          # 转化为数据表格
       plotdata.plot(x = "time",y = ["number","PDCP"],ax = ax,lw = 2,title ="Input
time series metrices")
       # 可视化检测出的异常值所在位置
        ymax,ymin=(plotdata[["number","PDCP"]].values.max(),plotdata[["number","
PDCP"]].values.min())
       plt.vlines(x = anomaly_timepoints,ymin = ymin,ymax = ymax,colors="red")
       # 可视化异常值得分大小
       ax = plt.subplot(3,1,2)
```

```
        anomaly_score_df2.plot(kind = "line",y = "overall_anomaly_score",ax = ax,
                               title = "Overall Anomaly Score;"+" Anomalynumber:
"+str(len(anomaly_timepoints)))
        ymax,ymin = (anomaly_score_df2.overall_anomaly_score.values.max(),
                     anomaly_score_df2.overall_anomaly_score.values.min())
        plt.vlines(x = anomaly_timepoints,ymin = ymin,ymax = ymax,colors="red")
        # 可视化异常值得分的分布情况和 P 值的分布情况
        ax = plt.subplot(3,2,5)
        anomaly_score_df2.plot(kind="hist",bins = 30,y = "overall_anomaly_score",
                               ax = ax,title = "Overall Anomaly Score")
        ax = plt.subplot(3,2,6)
        anomaly_score_df2.plot(kind = "hist",bins = 30,ax = ax,y = "p_value",
                               title = "Overall Anomaly Score P-values")
        plt.xticks(ticks=np.arange(0,1.1,0.1))
        plt.tight_layout()
        plt.show()
```

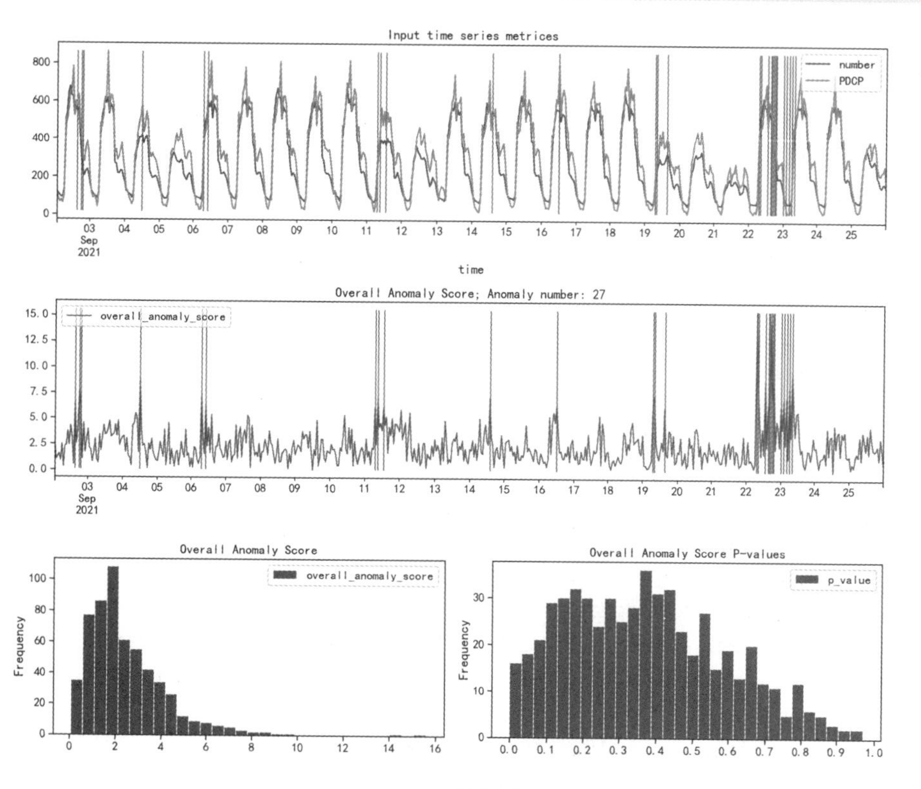

图 10-17　多列时序数据的异常值检测结果（二）

通过对前面的两种方式的分析可知，经过预处理和不经过预处理的异常值识别结果是有较大差异的，建议优先剔除数据的季节性和线性趋势。

针对上述方式，虽然考虑了两列时序数据之间的影响，但要使用开始的部分数据进行模型训练，而且使用训练数据的多少对预测结果有影响，并且不会输出训练数据的异常值情况。下面分析训练数据的多少对异常值情况的影响。下面的程序在数据准备好后，通过 for 循环语句分别训练不同训练数据时长下的模型，并输出预测结果，最后对预测结果利用折线图进行可视化。运行该程序后可获得如图 10-18 所示的可视化结果。需要注意的是，异常值数量的减少还与被检测的样本量减少有关。

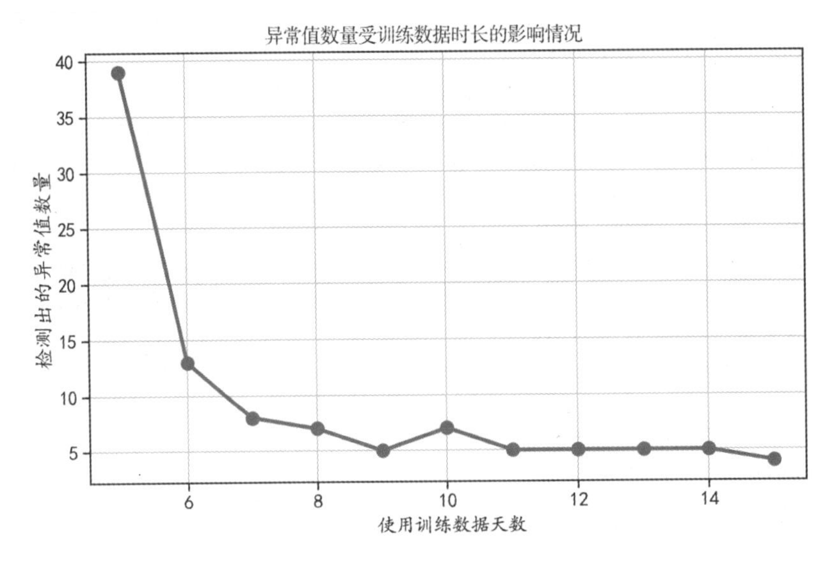

图 10-18　训练数据时长对异常值检测结果的影响

```
In[27]:# 数据准备
       tsdf1 = usedf.loc[usedf[" 基站编号 "] == 1200073,[" 时间 ","number","PDCP"]]
       tsdf1.columns = ["time","number","PDCP"]
       tsdf1 = tsdf1.set_index("time")
       # 剔除数据中的季节性趋势并输出数据的残差
       tsdf_res = ClassicSeasonalDecomposition(freq=24).fit_transform(tsdf1)
       tsdf_res["time"] = tsdf_res.index.values
       tsdf_res = TimeSeriesData(tsdf_res)
       # 建立基于 VAR 模型的多变量异常值检测模型
       np.random.seed(10)
       params1 = VARParams(maxlags=30)
       adalpha = 0.1                        # 控制异常值的数量
       trainingdays = [5,6,7,8,9,10,11,12,13,14,15]
       anomaly_num = []
       for ii in trainingdays:
           mvtsad1 = MultivariateAnomalyDetector(tsdf_res, params1,
                                                 training_days=ii)
           # 输出异常值得分
           anomaly_score_df1 = mvtsad1.detector()
           anomaly_timepoints = mvtsad1.get_anomaly_timepoints(alpha = adalpha)
           anomaly_num.append(len(anomaly_timepoints))
       # 可视化异常值数量的变化情况
       plt.figure(figsize = (10,6))
       plt.plot(trainingdays,anomaly_num,"r-o",lw = 3,markersize = 10)
       plt.xlabel(" 使用训练数据天数 ")
       plt.ylabel(" 检测出的异常值数量 ")
       plt.title(" 异常值数量受训练数据时长的影响情况 ")
       plt.grid()
       plt.show()
```

10.3 异常值预测

异常值预测要针对问题 1（异常值检测）检测出的异常值数据，建立预测模型，预测未来的数据是否为异常值。注意，问题 2（异常值预测）只能使用前面的特征预测未来的数据是否为异常值。

问题 2 的解决思路如下：以 number 变量的取值为例，通过问题 1 中 Prophet 算法检测异常值，再利用其中前 n 个时刻的数据特征，预测后一个时刻的数据是否为异常值，最后检测结果作为数据的类别监督标签，建立一个分类模型。

需要解决的问题如下。

（1）检测数据中的异常值（通过 Prophet 算法）。

（2）获得异常值数据后，提取数据特征。

（3）建立更合适的分类模型。

（4）对数据进行平衡处理后是否对分类模型的分类效果有所提升。

需要注意的是，问题 2 还有很多种解决方法，本节的方法是其中较简单的一种解决方法。

10.3.1 Prophet 算法检测数据中的异常值

下面以一个基站的时序数据为例，进行数据可视化分析。使用的时序数据波动情况如图 10-19 所示。下面的程序对待使用的数据进行预处理，并可视化其波动情况。

```
In[28]:# 使用一个基站的时序数据，建立异常值检测模型
       tsdf = usedf.loc[usedf[" 基站编号 "] == 1200075,[" 时间 ","number"]]
       tsdf.columns = ["ds","y"]
       print(tsdf.head())
       # 可视化时序数据的波动情况
       tsdf.plot(x = "ds",y = "y",style = "b-o",figsize=(16,7))
       plt.grid()
       plt.title(" 时序数据的波动情况 ")
       plt.show()
Out[28]:                  ds        y
       4  2021-08-28  00:00:00  42.7493
       9  2021-08-28  01:00:00  29.9626
       14 2021-08-28  02:00:00  23.9400
       19 2021-08-28  03:00:00  18.4172
       24 2021-08-28  04:00:00  17.8448
```

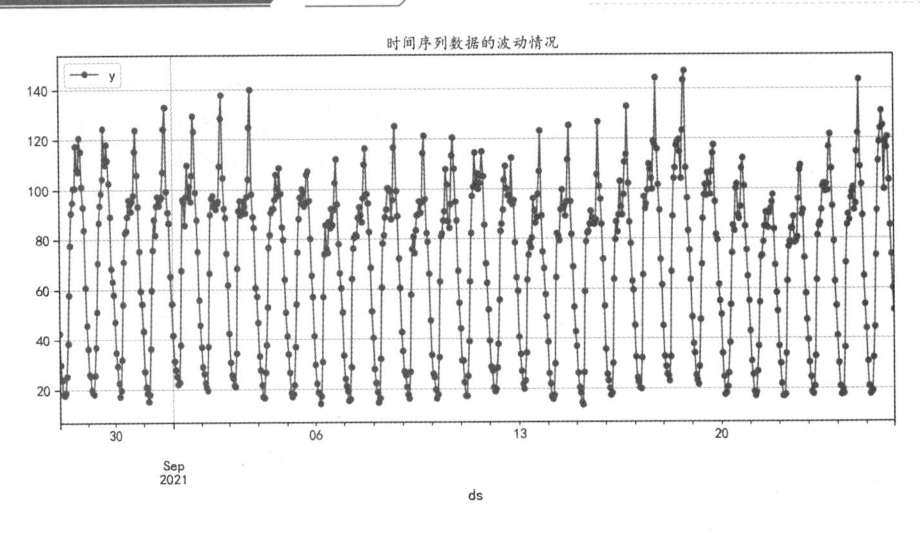

图 10-19　使用的时序数据波动情况

数据准备好后，通过 Prophet 算法检测数据中的异常值。下面的程序首先建立预测模型，并计算出每个时刻预测值的上界和下界，然后定义 outlier_detection 函数以检测数据中的异常值，最后检测异常值数量，并将异常值所在的位置可视化出来。运行该程序后可获得如图 10-20 所示的可视化结果。

```
In[29]:# 建立预测模型
       np.random.seed(123)                                       # 设置随机数种子
       model = Prophet(growth="linear",daily_seasonality = True,
                       weekly_seasonality=True,yearly_seasonality=False,
                       seasonality_mode = 'multiplicative',
                       seasonality_prior_scale = 24,
                       interval_width = 0.95,                    # 获取 95% 的置信区间
                       )
       model = model.fit(tsdf)                                   # 使用数据拟合模型
       forecast = model.predict(tsdf)                            # 使用模型对数据进行预测
       forecast["y"] = tsdf["y"].reset_index(drop = True)
In[30]:# 根据预测值的上界和下界判断数据是否为异常值
       def outlier_detection(forecast):
           index = np.where((forecast["y"] <= forecast["yhat_lower"])|
                            (forecast["y"]>=forecast["yhat_upper"]),True,False)
           return index
In[31]:tsdf["outlier"] = outlier_detection(forecast)
       print(" 检测出的异常值数量为 :",tsdf["outlier"].sum())
       print(tsdf.head())
       fig, ax = plt.subplots()
       # 可视化预测值
       forecast.plot(x = "ds",y = "yhat",style = "b-",figsize=(16,7),
                     label = " 预测值 ",ax=ax)
       # 可视化置信区间
       ax.fill_between(forecast["ds"].values, forecast["yhat_lower"],
                       forecast["yhat_upper"],color='b',alpha=.2,
                       label = "95% 置信区间 ")
       forecast.plot(kind = "scatter",x = "ds",y = "y",c = "k",
```

```
                s = 20,label = "原始数据",ax = ax)
        # 可视化异常值
        outlier_df = tsdf.loc[tsdf["outlier"].values,:]
        outlier_df.plot(x = "ds",y = "y",style = "rs",ax = ax,
                        label = "异常值")
        plt.legend(loc = 2)
        plt.grid()
        plt.title("异常值检测结果")
        plt.show()
Out[31]: 检测出的异常值数量为：45
                         ds        y  outlier
     4  2021-08-28 00:00:00  42.7493    False
     9  2021-08-28 01:00:00  29.9626    False
    14  2021-08-28 02:00:00  23.9400    False
    19  2021-08-28 03:00:00  18.4172    False
    24  2021-08-28 04:00:00  17.8448    False
```

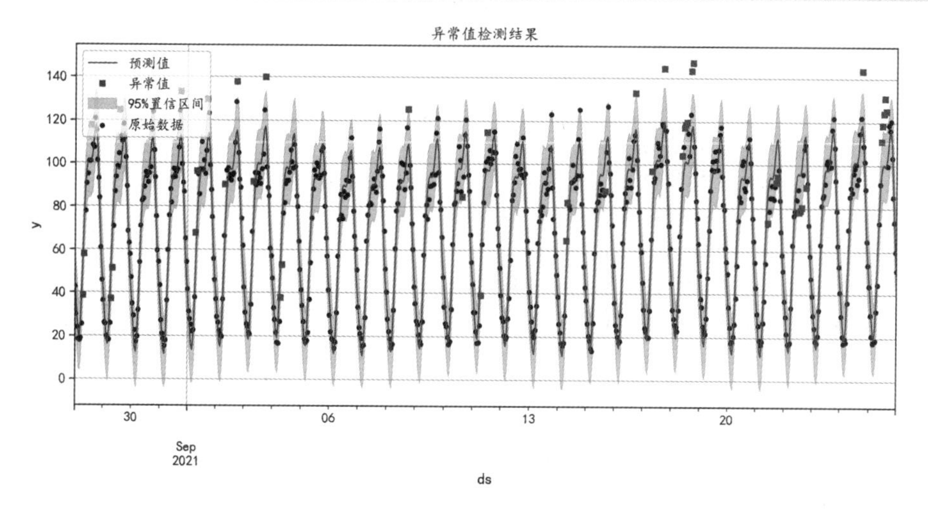

图 10-20　异常值检测结果

10.3.2 提取异常值数据特征

经过前面的异常值检测可视化分析，已经知道一组数据何时为异常值，何时为正常值，此时可以对数据进行特征工程处理，使用前面的数据特征预测后一个时刻的数据是否为异常值。下面的程序首先对数据进行预处理，然后获取数据特征，其中将异常值的前 36 个样本作为数据特征，并且针对这 36 个数据特征，计算它们的均值、方差、最大值与最小值，一起作为数据特征，此时可使用的数据特征一共有 40 个。运行下面的程序即可获得要使用的数据，数据特征为 40 个，其中异常值样本有 40 个，正常值样本有 620 个，这说明该数据具有很大的样本不平衡性。

```
In[32]:# 数据准备，将异常值的前 36 个样本作为数据特征
        featurelen = 36
        X = []
        Y = []
```

```
    # 通过 for 循环语句获取数据特征
    for ii in np.arange(featurelen,len(tsdf)):
        X.append(tsdf.y.values[(ii-featurelen):ii])
        Y.append(tsdf.outlier.values[ii])
    X = np.array(X)
    Y = np.int64(np.array(Y))                    # 取值转化为 0 和 1
    # 添加均值、方差、最大值与最小值数据特征
    Xadd = np.vstack((X.mean(axis = 1),X.var(axis = 1),X.min(axis = 1),
                      X.max(axis = 1)))
    X = np.hstack((X,Xadd.T))
    print(X.shape)
    print(np.unique(Y,return_counts=True))
Out[32]:(660, 40)
     (array([0, 1]), array([620, 40]))
```

针对获得的 40 个数据特征，下面的程序可视化出每个数据特征下两种类别数据样本分布的箱线图，以比较数据分布的差异情况。运行该程序后可获得如图 10-21 所示的可视化图像。从图 10-21 中可以发现，有些数据特征下，两种类别数据的分布有较大的差异。

```
In[33]:# 可视化不同类别数据在不同特征下的分布情况
     plt.figure(figsize=(24,15))
     for ii in np.arange(40):
         plt.subplot(5,8,ii+1)
         sns.boxplot(x =Y, y = X[:,ii],palette = "Set1")
     plt.subplots_adjust()
     plt.show()
```

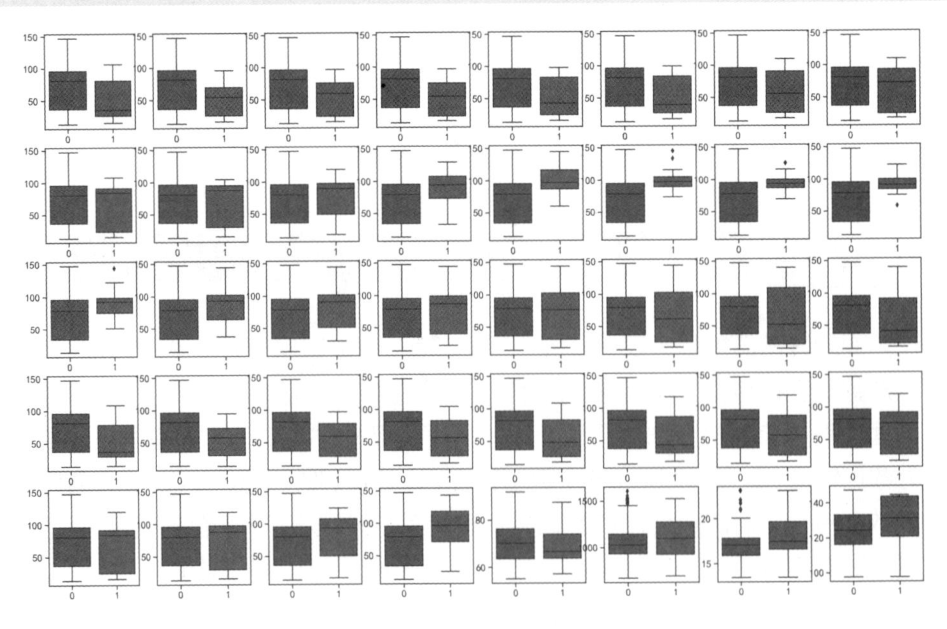

图 10-21　不同类别数据在不同特征下的分布情况

下面的程序将准备好的数据切分为训练数据集和测试数据集，其中训练数据集中有 495 个样本，测试数据集中有 165 个样本。

```
In[38]:# 将准备好的数据切分为训练数据集和测试数据集
       X_train, X_test, y_train, y_test = train_test_split(X, Y,test_size=0.25,
                                                            random_state=2)
       print(" 训练数据集 :",X_train.shape)
       print(" 训练数据集中异常值数量 :",np.unique(y_train,return_counts = True))
       print(" 测试数据集 :",X_test.shape)
       print(" 测试数据集中异常值数量 :",np.unique(y_test,return_counts = True))
Out[38]:训练数据集 : (495, 40)
        训练数据集中异常值数量 : (array([0, 1]), array([469,  26]))
        测试数据集 : (165, 40)
        测试数据集中异常值数量 : (array([0, 1]), array([151,  14]))
```

10.3.3 异常值预测分类模型

经过前面的数据预处理后，本节将介绍如何在训练数据集上训练机器学习模型，并在测试数据集上测试该模型。由于机器学习模型有很多种，因此主要介绍逻辑回归分类模型与支持向量机分类模型。

1. 逻辑回归分类模型

下面的程序通过 LogisticRegression 函数建立逻辑回归分类模型，并输出该模型在训练数据集和测试数据集上的预测精度等。

```
In[39]:# (1) 建立逻辑回归分类模型
       logclf = LogisticRegression(penalty = "l1",C =10,class_weight = "blance",
                                   solver="saga",random_state=12,l1_ratio = 0.5)
       logclf.fit(X_train,y_train)                       # 训练该模型
       # 计算该模型在训练数据集和测试数据集上的预测精度
       logclf_lab = logclf.predict(X_train)
       logclf_pre = logclf.predict(X_test)
       print(" 在训练数据集上的预测精度 :",accuracy_score(y_train,logclf_lab))
       print(" 在测试数据集上的预测精度 :",accuracy_score(y_test,logclf_pre))
       print(" 在训练数据集上的 f1 得分 :",f1_score(y_train,logclf_lab))
       print(" 在测试数据集上的 f1 得分 :",f1_score(y_test,logclf_pre))
       print(" 在训练数据集上的分类报告 :\n",classification_report(y_train,logclf_lab))
       print(" 在测试数据集上的分类报告 :\n",classification_report(y_test,logclf_pre))
Out[39]: 在训练数据集上的预测精度 : 0.9474747474747475
       在测试数据集上的预测精度 : 0.9151515151515152
       在训练数据集上的 f1 得分 : 0.0
       在测试数据集上的 f1 得分 : 0.0
       在训练数据集上的分类报告 :
                     precision    recall  f1-score   support
                 0       0.95      1.00      0.97       469
                 1       0.00      0.00      0.00        26
          accuracy                           0.95       495
         macro avg       0.47      0.50      0.49       495
      weighted avg       0.90      0.95      0.92       495
       在测试数据集上的分类报告 :
                     precision    recall  f1-score   support
```

```
            0       0.92      1.00      0.96       151
            1       0.00      0.00      0.00        14

     accuracy                           0.92       165
    macro avg       0.46      0.50      0.48       165
 weighted avg       0.84      0.92      0.87       165
```

从上面的程序输出结果中可以发现：该模型在训练数据集和测试数据集上的预测精度均超过 90%，但是其 f1 得分却为 0，且标签为 1（异常值）的预测精度也为 0，说明该模型的分类效果并不好，其原因可能有以下两种。

（1）可能逻辑回归模型并不适合对该数据进行分类。

（2）由于数据集具有很强的样本不平衡性，影响了逻辑回归分类模型的预测精度。

2. 支持向量机分类模型

下面使用支持向量机分类模型，对同样的数据进行分类。下面的程序使用 SVC 函数在训练数据集上训练支持向量机分类模型，并输出该模型在训练数据集与测试数据集上的预测精度、f1 得分、分类报告等。

```
In[40]:# (2) 建立支持向量机分类模型
       rbfsvm = SVC(kernel  = "rbf",gamma=0.0001,
                    random_state= 1,C=5)
       rbfsvm.fit(X_train,y_train)                   # 训练支持向量机分类模型
       # 计算该模型在训练数据集和测试数据集上的预测精度
       rbfsvm_lab = rbfsvm.predict(X_train)
       rbfsvm_pre = rbfsvm.predict(X_test)
       print(" 在训练数据集上的预测精度 :",accuracy_score(y_train,rbfsvm_lab))
       print(" 在测试数据集上的预测精度 :",accuracy_score(y_test,rbfsvm_pre))
       print(" 在训练数据集上的 f1 得分 :",f1_score(y_train,rbfsvm_lab))
       print(" 在测试数据集上的 f1 得分 :",f1_score(y_test,rbfsvm_pre))
       print(" 在训练数据集上的分类报告 :\n",classification_report(y_train,rbfsvm_lab))
       print(" 在测试数据集上的分类报告 :\n",classification_report(y_test,rbfsvm_pre))
Out[41]: 在训练数据集上的预测精度 : 0.98989898989899
        在测试数据集上的预测精度 : 0.9333333333333333
        在训练数据集上的 f1 得分 : 0.8979591836734695
        在测试数据集上的 f1 得分 : 0.4210526315789473
        在训练数据集上的分类报告 :
                     precision    recall  f1-score   support
                  0       0.99      1.00      0.99       469
                  1       0.96      0.85      0.90        26
           accuracy                           0.99       495
          macro avg       0.97      0.92      0.95       495
       weighted avg       0.99      0.99      0.99       495
        在测试数据集上的分类报告 :
                     precision    recall  f1-score   support
                  0       0.94      0.99      0.96       151
                  1       0.80      0.29      0.42        14
           accuracy                           0.93       165
          macro avg       0.87      0.64      0.69       165
       weighted avg       0.93      0.93      0.92       165
```

从上面的程序输出结果中可以发现：该模型在训练数据集和测试数据集上的预测精度均超过 90%，但是其 f1 得分差异较大，而且在测试数据集上的 f1 得分较低；较好的是在测试数据集上标签为 1（异常值）的预测精度提高到了 0.8，而且标签为 0（正常值）的预测精度也达到了 0.94，没有过分的倾向于正常值和异常值。从模型在数据上的表现可知，支持向量机分类模型的预测效果整体比逻辑回归分类模型的预测效果更好，支持向量机分类模型更适合该数据集。

10.3.4 数据平衡后建立分类模型

本节将讨论对数据进行平衡处理后，使用相同的机器学习分类模型能否进一步提升其分类精度。

下面的程序使用 SVMSMOTE 函数对训练数据集进行平衡处理（数据的一种过采样方式，会对较少的类别数据进行扩充）。从上面的程序输出结果中可以发现，原来出现次数较少的类别 1 的数据数量扩充到了 289，缓解了数据的不平衡性。

```
In[41]:# 对训练数据集进行平衡处理，数据过采样
       svmsmote = SVMSMOTE(random_state=12,k_neighbors=5)
       X_train_sm,y_train_sm = svmsmote.fit_resample(X_train,y_train)
       print("SVMSMOTE: ",np.unique(y_train_sm,return_counts=True))
Out[41]:SVMSMOTE:  (array([0, 1]), array([469, 289]))
```

下面的程序可视化了数据平衡前后的分布情况。为了在二维空间中进行数据可视化，会先使用 TSNE 函数对数据进行降维，然后使用散点图进行可视化。运行该程序后可获得如图 10-22 所示的可视化图像。从该图像中很容易看出，针对扩充后的数据更容易建立分类模型来进行数据分类。

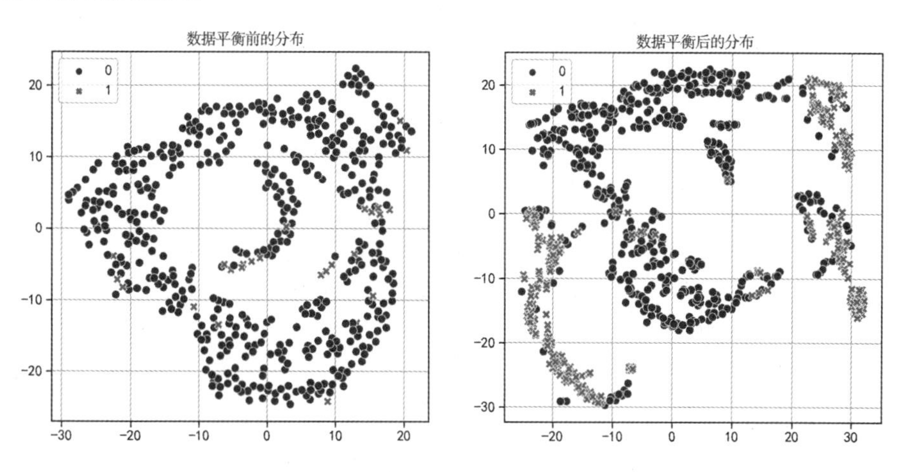

图 10-22　数据平衡前后的分布情况

```
In[42]:# 将数据降维到二维空间
       tsne = TSNE(n_components = 2,random_state=123)
       # 获取降维后的数据
       tsne_train = tsne.fit_transform(X_train)
       tsne_train_sm = tsne.fit_transform(X_train_sm)
       # 可视化数据在二维空间中的分布
       plt.figure(figsize=(16,7))
```

```
        plt.subplot(1,2,1)
        sns.scatterplot(x=tsne_train[:,0], y=tsne_train[:,1],
                        style = y_train,hue = y_train,s = 80)
        plt.grid()
        plt.title("数据平衡前的分布")
        plt.subplot(1,2,2)
        sns.scatterplot(x=tsne_train_sm[:,0], y=tsne_train_sm[:,1],
                       style = y_train_sm,hue = y_train_sm,s = 80)
        plt.grid()
        plt.title("数据平衡后的分布")
        plt.subplots_adjust()
        plt.show()
```

下面的程序使用平衡后的数据建立逻辑回归分类模型，并且输出该模型在训练数据集和测试数据集上的预测效果。

```
In[43]:#（1）使用平衡后的数据建立逻辑回归分类模型
        logclf = LogisticRegression(penalty = "l1",C =10,class_weight = "blance",
                                    solver="saga",random_state=12,l1_ratio=0.05)
        logclf.fit(X_train_sm,y_train_sm)              # 训练该模型
        # 计算该模型在训练数据集和测试数据集上的预测精度
        logclf_lab = logclf.predict(X_train_sm)
        logclf_pre = logclf.predict(X_test)
        print("在训练数据集上的预测精度:",accuracy_score(y_train_sm,logclf_lab))
        print("在测试数据集上的预测精度:",accuracy_score(y_test,logclf_pre))
        print("在训练数据集上的f1得分:",f1_score(y_train_sm,logclf_lab))
        print("在测试数据集上的f1得分:",f1_score(y_test,logclf_pre))
        print("在训练数据集上的分类报告:\n",classification_report(y_train_sm,logclf_lab))
        print("在测试数据集上的分类报告:\n",classification_report(y_test,logclf_pre))
Out[43]:在训练数据集上的预测精度: 0.8007915567282322
         在测试数据集上的预测精度: 0.8
         在训练数据集上的f1得分: 0.7487520798668885
         在测试数据集上的f1得分: 0.32653061224489793
         在训练数据集上的分类报告:
                       precision    recall  f1-score   support
                    0       0.86      0.81      0.83       469
                    1       0.72      0.78      0.75       289
             accuracy                           0.80       758
            macro avg       0.79      0.80      0.79       758
         weighted avg       0.80      0.80      0.80       758
         在测试数据集上的分类报告:
                       precision    recall  f1-score   support
                    0       0.95      0.82      0.88       151
                    1       0.23      0.57      0.33        14
             accuracy                           0.80       165
            macro avg       0.59      0.70      0.60       165
         weighted avg       0.89      0.80      0.84       165
```

从上面的程序输出结果中可以发现：此时的逻辑回归模型的分类效果有所提升，虽然预测精度下降了，但是在测试数据集上的正常值和异常值的预测精度都有所提升，f1 得分

的大小也有很大提升。

下面的程序使用平衡后的数据建立支持向量机分类模型，并且输出该模型在训练数据集和测试数据集上的预测效果。

```
In[44]:#（1）使用平衡后的数据建立逻辑回归分类模型
       rbfsvm = SVC(kernel  = "rbf",gamma=0.0003,
                    random_state= 1,C=5)
       rbfsvm.fit(X_train_sm,y_train_sm)                  # 训练该模型
       # 计算该模型在训练数据集和测试数据集上的预测精度
       rbfsvm_lab = rbfsvm.predict(X_train_sm)
       rbfsvm_pre = rbfsvm.predict(X_test)
       print(" 在训练数据集上的预测精度 :",accuracy_score(y_train_sm,rbfsvm_lab))
       print(" 在测试数据集上的预测精度 :",accuracy_score(y_test,rbfsvm_pre))
       print(" 在训练数据集上的 f1 得分 :",f1_score(y_train_sm,rbfsvm_lab))
       print(" 在测试数据集上的 f1 得分 :",f1_score(y_test,rbfsvm_pre))
       print(" 在训练数据集上的分类报告 :\n",classification_report(y_train_sm,rbfsvm_lab))
       print(" 在测试数据集上的分类报告 :\n",classification_report(y_test,rbfsvm_pre))
Out[44]: 在训练数据集上的预测精度 : 1.0
         在测试数据集上的预测精度 : 0.9454545454545454
         在训练数据集上的 f1 得分 : 1.0
         在测试数据集上的 f1 得分 : 0.5263157894736842
         在训练数据集上的分类报告 :
                       precision    recall  f1-score   support
                   0       1.00      1.00      1.00       469
                   1       1.00      1.00      1.00       289
            accuracy                           1.00       758
           macro avg       1.00      1.00      1.00       758
        weighted avg       1.00      1.00      1.00       758
        在测试数据集上的分类报告 :
                       precision    recall  f1-score   support
                   0       0.94      1.00      0.97       151
                   1       1.00      0.36      0.53        14
            accuracy                           0.95       165
           macro avg       0.97      0.68      0.75       165
        weighted avg       0.95      0.95      0.93       165
```

从上面的程序输出结果中可以发现，该模型在训练数据集和测试数据集上的预测精度均超过 90%，其 f1 得分虽然在训练数据集和测试数据集上差异较大，但均有所提升；在测试数据集上，异常值预测精度提高到 100%，同时正常值预测精度也达到 0.94，没有过分倾向于正常值或者异常值。所以，经过数据平衡的支持向量机分类模型的预测效果整体上比不经过数据平衡的支持向量机分类模型的预测效果更好。可见，针对该数据集，进行数据平衡处理能够提升分类模型的分类精度。

10.4 趋势预测

本节将针对趋势预测（问题 3）进行数据可视化分析。问题 3 需要使用时序数据模型

预测未来的数据。下面针对问题 3，结合前面的数据可视化分析结果，使用其中的某个基站数据，主要介绍以下三种解决方法。

（1）利用单变量 SARIMA 模型，预测未来的数据。

（2）利用单变量 Prophet 模型，预测未来的数据。

（3）利用多变量 VAR 模型，预测未来的数据。

注意：问题 3 要预测未来 3 天的未知数据，由于数据未知，因此并不好判断建立预测模型的预测效果，因此在建立的模型预测数据时，会将已知的数据切分为训练数据集和测试数据集，其中使用后 3 天的已知数据作为测试数据集，检验建立的模型整体预测效果。

10.4.1 单变量预测的 SARIMA 模型

本节以其中的一个基站的时序数据为例，通过单变量预测的 SARIMA 模型，预测未来的数据。下面的程序首先准备待使用的数据集，然后将数据的波动情况进行可视化。运行该程序后可获得如图 10-23 所示的可视化结果。从图 10-23 中可以发现，数据被切分为训练数据集和测试数据集。

```
In[45]:# 数据准备，使用一个基站的时序数据为例，建立异常值检测模型
       tsdf = usedf.loc[usedf[" 基站编号 "] == 1200075,[" 时间 ","number"]]
       tsdf.columns = ["ds","y"]
       # 将数据切分为训练数据集和测试数据集
       train = tsdf[0:len(tsdf) - 72]
       test = tsdf[len(tsdf) - 72:]
       # 可视化切分后的数据
       fig = plt.figure()
       ax = fig.add_subplot(111)
       train.plot(figsize=(14,6), x = "ds",y = "y",label = "train",ax = ax)
       test.plot(x = "ds",y = "y",label = "test",ax = ax)
       plt.legend(loc = 1);plt.grid()
       plt.title(" 基站 1200075 的数据波动情况 ")
       plt.show()
```

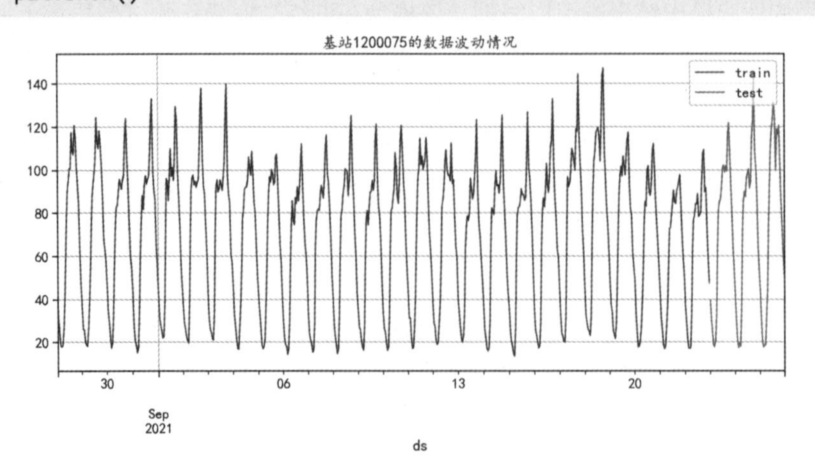

图 10-23　切分后的数据波动情况

下面的程序首先通过 pm.auto_arima 函数针对训练数据集自动搜索合适的 SARIMA 模型参数，并且对训练好的 SARIMA 模型，使用 model.predict 函数预测未来 3 天的数据，然后将 SARIMA 模型对数据的预测结果进行可视化，并和真实的数据进行比较。运行该程序后可获得如图 10-24 所示的可视化结果。

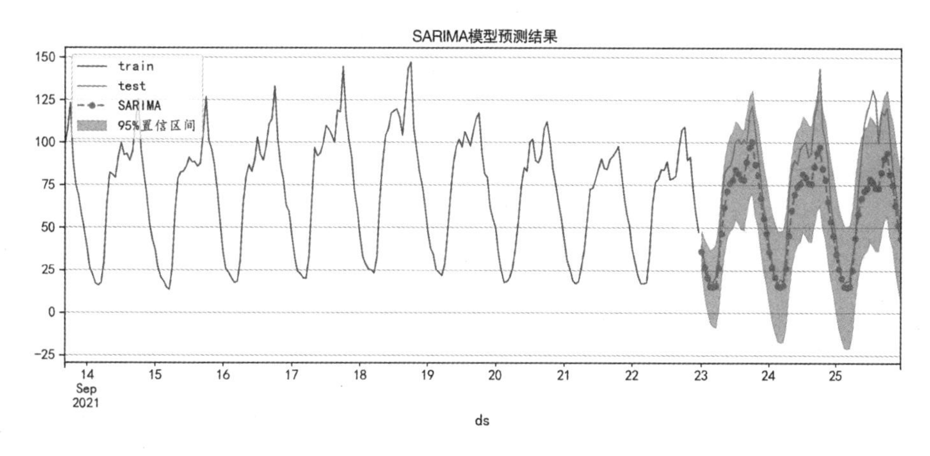

图 10-24　SARIMA 模型预测结果

```
In[46]:# (1) 针对 SARIMA 模型自动寻找合适的参数
       model = pm.auto_arima(train["y"].values,
                             start_p= 0,start_q = 0,
                             max_p=5, max_q=5,          # 最大的 p 和 q
                             d = 0, D = 0, m=24,        # 时序数据的周期
                             seasonal=True,             # 有季节性趋势
                             max_P=5, max_Q=5,          # 最大的 P 和 Q
                             trace=True,error_action="ignore",
                             method="nm",maxiter = 50,
                             suppress_warnings=True, stepwise=True)
       # SARIMA 模型对测试数据集进行预测
       pre, conf = model.predict(n_periods=72, alpha=0.05,
                                 return_conf_int=True)
       # 整理数据
       y_hat = test.copy(deep = False)
       y_hat["sarima_pre"] = pre
       y_hat["yhat_lower"] = conf[:,0]
       y_hat["yhat_upper"] = conf[:,1]
       # 可视化预测结果
       fig = plt.figure(figsize=(16,6))
       ax = fig.add_subplot(111)
       train[400:].plot(x = "ds",y = "y",ax = ax,label = "train")
       test.plot(x = "ds",y = "y",ax = ax,label = "test")
       y_hat.plot(x = "ds",y = "sarima_pre",ax = ax, style="g--o",
                  lw=2,label="SARIMA")
       # 可视化置信区间
       ax.fill_between(test["ds"].values, y_hat["yhat_lower"],
                       y_hat["yhat_upper"], color='k',
                       alpha=.2,label = "95% 置信区间 ")
       plt.legend(loc = 2)
```

```
        plt.grid()
        plt.title("SARIMA 模型预测结果 ")
        plt.show()
In[47]:# 计算 SARIMA 模型预测的绝对误差
        print("SARIMA 模型预测的绝对误差 :",
              mean_absolute_error(test["y"],y_hat["sarima_pre"]))
Out[47]:SARIMA 模型预测的绝对误差 : 16.15324693116884
```

从上面的程序输出结果中可以发现，SARIMA 模型很好地预测了数据的变化趋势，而且对测试数据集预测得到的绝对误差约为 16.1532，预测效果较好。

10.4.2 单变量预测的 Prophet 模型

下面的程序首先通过 Prophet 函数，针对训练数据集建立 Prophet 模型，并且对训练好的 Prophet 模型，使用 model2.make_future_dataframe 函数生成预测未来 3 天数据时需要的数据表，然后使用 model2.predict 函数对数据进行预测，并计算该模型在测试数据集上预测的绝对值误差。

```
In[48]:# 利用 Prophet 模型预测未来 3 天数据
        model2 = Prophet(growth = "linear",                     # 线性变化趋势
                         yearly_seasonality = False,    # 以年为周期的趋势
                         weekly_seasonality = True,     # 以周为周期的趋势
                         daily_seasonality = True,      # 以天为周期的趋势
                         seasonality_mode = "multiplicative",  # 季节性模式
                         seasonality_prior_scale = 24,         # 季节性长度
                        )
        model2.fit(train)
        # 使用该模型对测试数据集进行预测
        future = model2.make_future_dataframe(periods=72,freq = "H")
        forecast = model2.predict(future)
        # 计算 Prophet 模型预测的绝对误差
        pltdata = forecast[-72:]
        print("Prophet 模型预测的绝对误差 :",
              mean_absolute_error(test["y"],pltdata["yhat"]))
Out[48]:Prophet 模型预测的绝对误差 : 12.522781560694845
```

从上面的程序输出结果中可以发现，Prophet 模型很好地预测了数据的变化趋势，而且对测试数据集预测得到的绝对误差约为 12.5228，预测效果比前面的 SARIMA 模型预测效果更好。

下面的程序对 Prophet 模型的预测结果进行可视化，并和真实的数据进行比较。运行该程序后可获得如图 10-25 所示的可视化结果。

```
In[49]:# 可视化预测结果
        fig = plt.figure(figsize=(16,6))
        ax = fig.add_subplot(111)
        train[400:].plot(x = "ds",y = "y",ax = ax,label = "train")
        test.plot(x = "ds",y = "y",ax = ax,label = "test")
        pltdata = forecast[-72:]
```

```
pltdata.plot(x = "ds",y = "yhat",ax = ax,style="g--o",
                 lw=2,label="Prophet")
# 可视化置信区间
ax.fill_between(pltdata["ds"].values, pltdata["yhat_lower"],
                pltdata["yhat_upper"],
                color='k',alpha=.2,label = "95% 置信区间 ")
plt.legend(loc = 2);plt.grid()
plt.title("Prophet 模型预测结果 ")
plt.show()
```

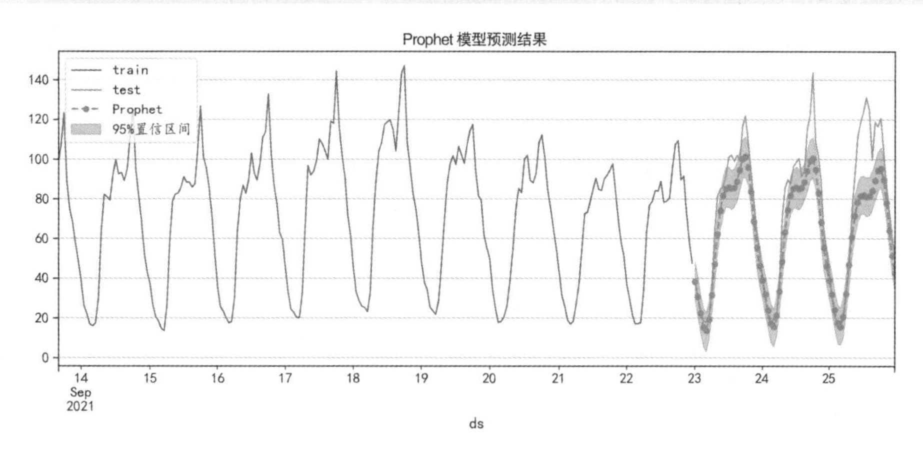

图 10-25　Prophet 模型预测结果

Prophet 还包含一个 prophet_plot_components 函数。该函数可以可视化 Prophet 模型的组成部分。下面的程序通过 model2.plot_components 函数将 Prophet 模型的组成部分可视化。运行该程序后可获得如图 10-26 所示的可视化图像。

```
In[50]:# 可视化 Prophet 模型的组成部分
       model2.plot_components(forecast,figsize=(12,7))
       plt.show()
```

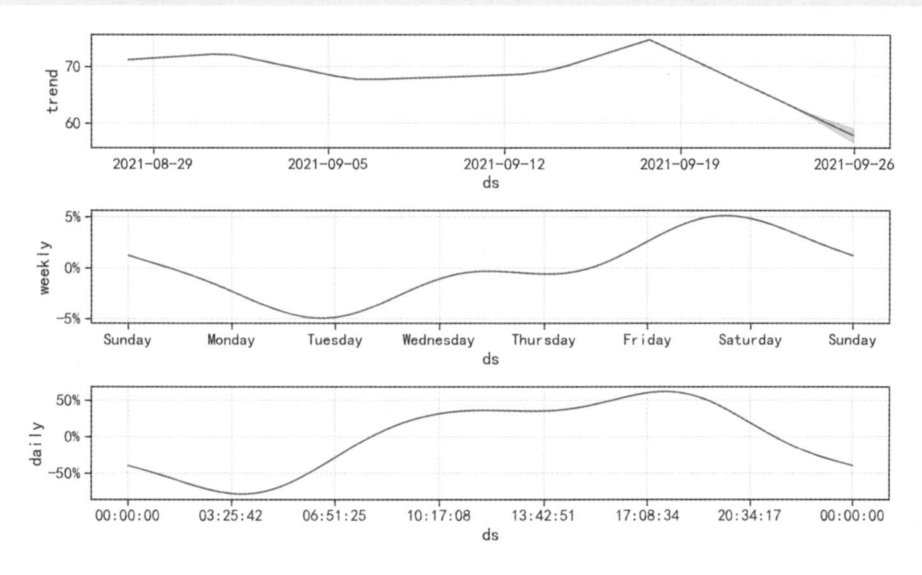

图 10-26　Prophet 模型的组成部分

在图 10-26 中，第一幅图表示时序数据数量的线性变化趋势；第二幅图表示在一周内时序数据数量的增长或减小的变化情况；第三幅图表示在一天内时序数据数量的增长或减小的变化情况。

10.4.3 多变量预测的 VAR 模型

因为每个基站的两个指标数据的波动趋势是有关系的，因此同时预测两个指标数据的波动趋势会更好。下面使用 VAR 模型对基站的两个指标数据进行同时预测。

通过程序片段 In[51] 将数据切分为训练数据集和测试数据集，其中使用后 3 天的数据作为测试数据集。训练数据集和测试数据集均需要使用 TimeSeriesData 函数进行转换。

```
In[51]:# 数据准备
       tsdf2 = usedf.loc[usedf["基站编号"] == 1200075,["时间","number","PDCP"]]
       tsdf2.columns = ["time","number","PDCP"]
       # 数据切分为训练数据集和测试数据集
       train =tsdf2[0:len(tsdf2) - 72]
       test = tsdf2[len(tsdf2) - 72:]
       train = TimeSeriesData(train)
       test = TimeSeriesData(test)
       train
Out[51]:
```

	time	number	PDCP
0	2021-08-28 00:00:00	42.7493	37.592086
1	2021-08-28 01:00:00	29.9626	18.993834
2	2021-08-28 02:00:00	23.9400	11.349098
3	2021-08-28 03:00:00	18.4172	5.598269
4	2021-08-28 04:00:00	17.8448	11.058124
...	...	...	...
619	2021-09-22 19:00:00	89.6499	99.469843
620	2021-09-22 20:00:00	91.5205	90.835922
621	2021-09-22 21:00:00	72.3252	68.338117
622	2021-09-22 22:00:00	58.0557	49.415750
623	2021-09-22 23:00:00	47.5029	49.173549

624 rows × 3 columns

利用准备好的数据，通过程序片段 In[52] 建立 VAR 模型，再在训练数据集上训练该模型，然后使用 varmodel.predict 函数预测未来 3 天的数据，并和真实的数据差异进行比较，计算 VAR 模型预测的绝对误差。从下面的程序输出结果中可以发现，同时考虑两个指标数据并对它们进行预测，指标数据的预测效果进一步变好。

```
In[52]:# 建立 VAR 模型
       params = VARParams(maxlags = 120)
       varmodel = VARModel(train, params)
```

```
        varmodel.fit()                                              # VAR 模型的训练
        forecast = varmodel.predict(steps=72,freq = "H")            # VAR 模型的预测
        # 计算 VAR 模型预测的绝对误差
        pre = forecast["number"].to_dataframe()["fcst"]
        lab = test.to_dataframe()["number"]
        print("VAR 模型预测的绝对误差 :",mean_absolute_error(lab,pre))
        pre = forecast["PDCP"].to_dataframe()["fcst"]
        lab = test.to_dataframe()["PDCP"]
        print("VAR 模型预测的绝对误差 :",mean_absolute_error(lab,pre))
Out[52]:VAR 模型预测的绝对误差 : 8.528926534497366
         VAR 模型预测的绝对误差 : 13.237950248562505
```

针对 VAR 模型的预测效果，使用下面的程序进行数据可视化，并对 VAR 模型的预测值和原始数据的真实值进行对比分析。运行该程序后可获得如图 10-27 所示的可视化结果。

```
In[53]:# 可视化 VAR 模型的预测效果
        fig = plt.figure(figsize = (14,8))
        ax = fig.add_subplot(2,1,1)
        plottrain = train.to_dataframe()
        plottest = test.to_dataframe()
        plotdata2 = forecast["number"].to_dataframe()
        plottrain[500:].plot(x= "time",y = "number",style = "b.-",ax = ax,
                             label = " 训练数据 ")
        plottest.plot(x= "time",y = "number",style = "g.-",ax = ax,
                      label = " 测试数据 ")
        plotdata2.plot(x= "time",y = "fcst",style = "r-s",ax = ax,
                       label = " 预测值 ")
        plt.legend(loc = 2)
        plt.ylabel("number")
        plt.title("VAR 模型预测未来的 72 个数据 ")
        ax = fig.add_subplot(2,1,2)
        plotdata2 = forecast["PDCP"].to_dataframe()
        plottrain[500:].plot(x= "time",y = "PDCP",style = "b.-",ax = ax,
                             label = " 训练数据 ")
        plottest.plot(x= "time",y = "PDCP",style = "g.-",ax = ax,
                      label = " 测试数据 ")
        plotdata2.plot(x= "time",y = "fcst",style = "r-s",ax = ax,
                       label = " 预测值 ")
        plt.legend(loc = 2)
        plt.ylabel("PDCP")
        plt.subplots_adjust()
        plt.show()
```

从图 10-27 中可以发现，通过 VAR 模型对两个指标数据的预测结果与真实值之间的误差很小，VAR 模型的预测效果较好。

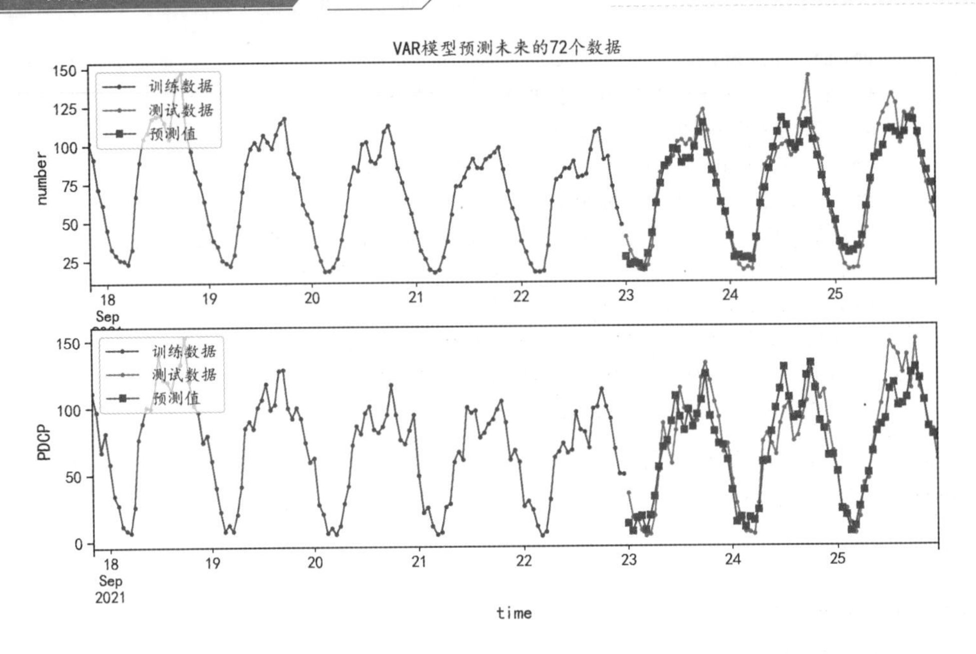

图 10-27　VAR 模型预测结果

10.5 本章小结

本章是一个真实的时序数据应用案例，在对时序数据问题进行可视化分析时，涉及了多方面的应用。例如，针对时序数据的异常值进行异常值检测，针对时序数据的异常值情况建立分类模型进行预测，对时序数据建立预测模型，对未来的数据进行预测等。

第 11 章　中药材鉴别数据可视化分析

本章利用数据可视化分析方法来完成中药材的鉴别。该问题来自 2021 年高教社杯全国大学生数学建模竞赛题目 E。本章将尽可能使用简单的数据分析方法，从数据分析与挖掘的视角，对其中的几个问题进行求解与分析，以避免较复杂的数据建模流程。下面先对问题进行简单的介绍。

1. 问题描述

不同中药材表现的光谱特征差异较大，即使来自不同产地的同一种中药材，因其无机元素的化学成分、有机物等存在的差异性，在近红外、中红外光谱的照射下也会表现出不同的光谱特征，因此可以利用这些特征来鉴别中药材的种类及产地。

中药材的地道性以产地为主要指标。产地的鉴别对于中药材品质鉴别尤为重要。不同产地的同一种中药材在同一波段内的光谱比较接近，因此对其进行光谱鉴别的误差较大。另外，有些中药材在短波红外区的光谱区别比较明显，而有些中药材在中波红外区的光谱区别比较明显。当样本量不够充足时，我们可以通过短波红外区和中波红外区的光谱数据相互验证来对中药材产地进行综合鉴别。

2. 数据描述

本章的中药材鉴别数据是一些中药材的短波红外区或中波红外区的光谱数据。其中，No 列为中药材编号；Class 列表示中药材类别；OP 列表示中药材产地；其余各列第一行的数据为光谱的波长，第二行以后的数据表示该行编号的中药材在对应波段光谱照射下的吸光度（该吸光度为仪器矫正后的值，可能存在负值）。本章将使用给定的数据集，以数据可视化分析的方式，对以下几个问题进行分析和研究。

3. 待解决问题

问题 1：根据几种中药材的光谱数据，研究不同种类中药材的特征和差异性，并鉴别中药材类别。

问题 2：根据某种中药材的光谱数据，分析不同产地中药材的特征和差异性，鉴别药材产地，并将下表中所给出编号的中药材产地的鉴别结果填入下表中。

No	3	14	38	48	58	71	79	86	89	110	134	152	227	331	618
OP															

问题 3：根据几种中药材的光谱数据，鉴别中药材类别与产地，并将下表中所给出编号的中药材类别与产地的鉴别结果填入下表中（本问题将主要以预测中药材的类别为例）。

No	94	109	140	278	308	330	347
Class							
OP							

针对上面的问题和提供的数据，会以纯粹的数据可视化分析的形式进行建模分析，不会涉及药物相关的知识。鉴于有些问题的相似性，因此本章将只提供一些有代表性的分析方式，尤其对于问题 3 中中药材产地将不再预测。

综上所述，本章将主要包含以下几个主要的内容。

（1）针对问题 1，利用无监督学习算法，鉴别中药材类别。

（2）针对问题 2，利用有监督学习算法，鉴别中药材产地。

（3）针对问题 3，利用半监督学习算法，鉴别中药材类别。

在分析之前，先导入本章会使用到的库和函数，程序如下。

```
In[1]:%config InlineBackend.figure_format = 'retina'
      %matplotlib inline
      import seaborn as sns
      sns.set(font= "Kaiti",style="whitegrid",font_scale=1.4)
      import matplotlib
      matplotlib.rcParams['axes.unicode_minus']=False
      # 导入需要的库
      import numpy as np
      import pandas as pd
      import matplotlib.pyplot as plt
      from mpl_toolkits.mplot3d import Axes3D
      from pandas.plotting import andrews_curves,parallel_coordinates
      from sklearn.manifold import TSNE
      from sklearn.cluster import KMeans,DBSCAN
      from sklearn.metrics import silhouette_samples, silhouette_score,accuracy_score
      import plotly.express as px
      from sklearn.feature_selection import SelectFromModel
      from sklearn.svm import SVC,LinearSVC
      from sklearn.model_selection import  train_test_split
      from sklearn.neural_network import MLPClassifier
      from sklearn.gaussian_process import GaussianProcessClassifier
      from sklearn.gaussian_process.kernels import RBF
      from sklearn.model_selection import GridSearchCV
      from sklearn.decomposition import PCA
      from sklearn.semi_supervised import LabelPropagation,SelfTrainingClassifier
      from sklearn.preprocessing import LabelEncoder
      from mlxtend.plotting import plot_decision_regions
```

11.1 无监督学习算法鉴别中药材类别

本章将主要介绍如何使用无监督学习算法，对中药材类别进行鉴别。使用的数据为“附件 1.xlsx”，在该数据中有 325 个样本，3000 多个特征，结合数据和问题的目标，可以知道这是一个无监督的学习问题，可以使用聚类分析鉴别数据类别。下面的程序读取数据并对数据的内容进行展示。

```
In[2]:# 读取数据
      df1 = pd.read_excel("data/chap11/ 附件 1.xlsx")
      df1
Out[2]:
```

	No	652	653	654	655	656	657	658	659	660	...	3990	3991	3992	3993	3994	399
0	1	0.094196	0.094057	0.094057	0.093992	0.093992	0.093986	0.093986	0.094197	0.094197	...	0.009897	0.009897	0.009897	0.009896	0.009896	0.00989
1	2	0.106043	0.105832	0.105832	0.105599	0.105599	0.105454	0.105454	0.105452	0.105452	...	0.017432	0.017448	0.017448	0.017450	0.017450	0.01744
2	3	0.272430	0.272049	0.272049	0.271811	0.271811	0.271008	0.271008	0.270318	0.270318	...	0.005559	0.005553	0.005553	0.005531	0.005531	0.00565
3	4	0.074814	0.074756	0.074756	0.074743	0.074743	0.074878	0.074878	0.075135	0.075135	...	0.003315	0.003315	0.003315	0.003303	0.003303	0.00329
4	5	0.322213	0.319839	0.319839	0.317635	0.317635	0.316115	0.316115	0.315650	0.315650	...	0.001080	0.001064	0.001064	0.001054	0.001054	0.00104
...	...	...	...	...	...	...	...	...	...	...	...	...	...	...	...	...	.
420	421	0.029944	0.029967	0.029967	0.029987	0.029987	0.030026	0.030026	0.030081	0.030081	...	0.027870	0.027900	0.027900	0.027939	0.027939	0.02795
421	422	0.235829	0.234129	0.234129	0.232729	0.232729	0.231800	0.231800	0.231128	0.231128	...	0.002048	0.002031	0.002031	0.001999	0.001999	0.00199
422	423	0.198967	0.197919	0.197919	0.197320	0.197320	0.196442	0.196442	0.195784	0.195784	...	0.000848	0.000836	0.000836	0.000801	0.000801	0.00078
423	424	0.055631	0.055615	0.055615	0.055606	0.055606	0.055587	0.055587	0.055564	0.055564	...	0.011664	0.011672	0.011672	0.011678	0.011678	0.01169
424	425	0.029445	0.029449	0.029449	0.029468	0.029468	0.029484	0.029484	0.029474	0.029474	...	0.036477	0.036484	0.036484	0.036501	0.036501	0.03649

425 rows × 3349 columns

针对该数据集和待分析的问题，将会采用下面几个步骤对数据进行可视化分析。

（1）数据特征探索性可视化分析：通过数据的可视化探索分析，对数据进行准备与预处理操作。

（2）使用数据原始的特征进行聚类分析：利用数据原始的 3000 多个特征，采用聚类算法对数据进行聚类。

（3）使用数据降维后的特征进行聚类：为了方便观察聚类结果在空间中的分布情况，先使用数据降维算法对数据降维，然后利用降维后的特征进行聚类。

11.1.1 数据特征探索性可视化分析

前面我们已经知道该数据有 3000 多个特征，数据维度很高。在分析数据的特征差异时，逐个分析每个特征是不现实的，因此可以对数据进行降维或者特征的提取，然后比较所提取特征的差异等。另外，该数据可能存在异常值，因此在数据聚类之前，需要先对数据进行异常值检测和剔除等操作。

在进行高维数据特征探索性可视化分析时，通过平行坐标图对其进行可视化分析，更容易观察数据的变化趋势及分布情况。下面的程序利用 parallel_coordinates 函数可视化出平行坐标图。运行该程序后可获得如图 11-1 所示的可视化图像。从该图像中可以发现，有 3 个样本的特征和其他样本的特征差异很大，因此可以将这 3 个样本作为异常值剔除。需要注意的是，由于可视化样本的特征较多，因此在横坐标上并没有显示每个样本的特征名称。

```
In[3]:# 利用平行坐标图可视化一些样本的特征波动情况
      fig = plt.figure(figsize=(14,7))
      ax = fig.add_subplot(1,1,1)
      parallel_coordinates(df1,class_column = "No",ax = ax,axvlines = False)
      ax.get_legend().remove()
```

```
ax.set_xticks([])
plt.title(" 每个样本的中波红外区光谱特征 ")
plt.xlabel(" 中药材的中波红外区光谱特征 ")
plt.show()
```

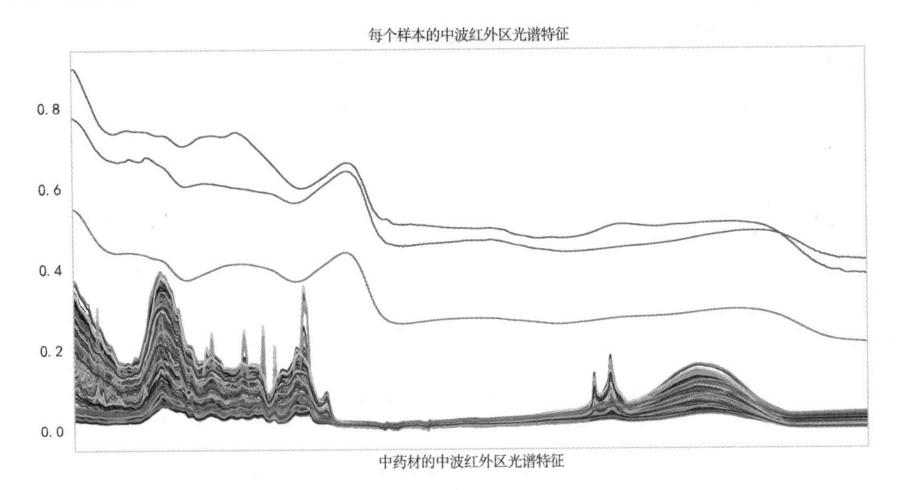

图 11-1　中药材特征平行坐标图

下面的程序针对预处理后的数据，再次可视化出平行坐标图。运行该程序后可获得如图 11-2 所示的可视化图像。

```
In[4]:# 剔除异常值后，再次利用平行坐标图可视化样本的特征
      df2 = df1[~(df1.iloc[:,1] > 0.5)].reset_index(drop=True)
      fig = plt.figure(figsize=(14,7))
      ax = fig.add_subplot(1,1,1)
      parallel_coordinates(df2,class_column = "No",ax = ax,axvlines = False)
      ax.get_legend().remove()
      ax.set_xticks([])
      plt.title(" 每个样本的中波红外区光谱特征 ( 剔除异常样本后 )")
      plt.xlabel(" 中药材的中波红外区光谱特征 ")
      plt.show()
```

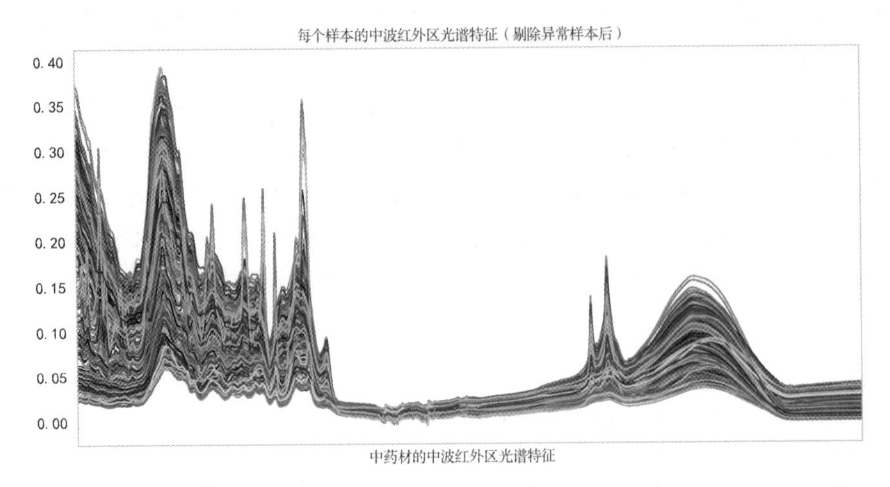

图 11-2　剔除异常样本后中药材特征平行坐标图

从图 11-2 中可以发现，剔除异常值后，样本的特征在不同波长的光谱位置，对应的取值有较大的差异，其中该图像中间位置处对应的特征取值范围较小。虽然有些特征的波动幅度较大，有些特征的波动幅度较小，但是特征的整体取值在一定的范围内，因此可以不进行数据标准化预处理操作。

11.1.2 使用数据原始的特征进行聚类

无监督学习算法有很多种，本节将使用最常用的一种无监督学习算法——K 均值聚类算法，对数据所有原始的特征进行聚类。下面的程序通过肘方法搜索合适的聚类数目。运行该程序后可获得如图 11-3 所示的可视化图像。从该图像中可以发现，将数据聚类为 3 个簇较合适。

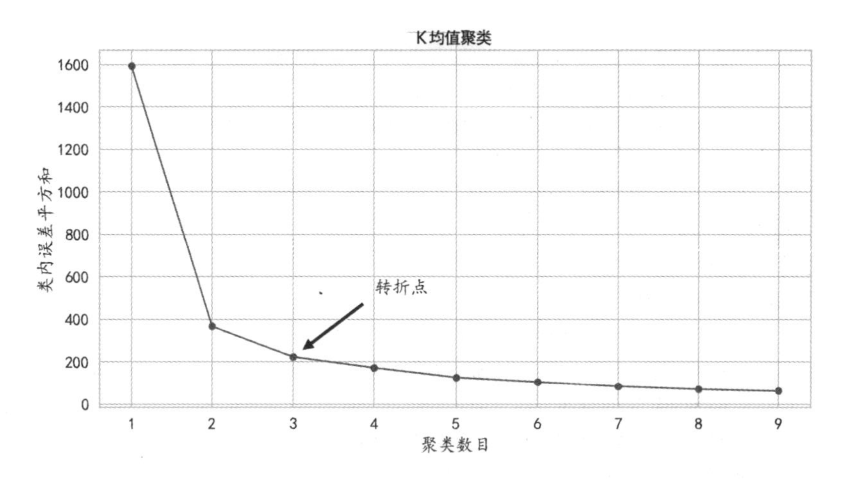

图 11-3　K 均值聚类类内误差平方和

```
In[5]:# 使用 K 均值对不降维的数据进行聚类分析
      cludata1 = df2.iloc[:,1:].values
      # 使用肘方法搜索合适的聚类数目
      kmax = 10
      K = np.arange(1,kmax)
      iner = []
      for ii in K:
          kmean = KMeans(n_clusters=ii,random_state=1)
          kmean.fit(cludata1)
          # 计算类内误差平方和
          iner.append(kmean.inertia_)
      # 可视化类内误差平方和的变化情况
      plt.figure(figsize=(12,6))
      plt.plot(K,iner,"r-o")
      plt.xlabel(" 聚类数目 ")
      plt.ylabel(" 类内误差平方和 ")
      plt.title("K 均值聚类 ")
      # 在图像中添加一个箭头
      plt.annotate(" 转折点 ", xy=(3,iner[2]),xytext=(4,iner[2] + 300),
                   arrowprops=dict(facecolor='blue', shrink=0.1))
      plt.show()
```

确定好对数据的聚类数目后，使用下面的程序将数据聚类为 3 个簇。从该程序的输出结果中可以发现，每个簇分别有 189、139、94 个样本。

```
In[6]:# 将数据聚类为 3 个簇并可视化聚类的结果
      kmean = KMeans(n_clusters=3,random_state=1)
      k_pre = kmean.fit_predict(cludata1)
      print(" 每簇包含的样本量 :",np.unique(k_pre,return_counts = True))
Out[6]: 每簇包含的样本量 : (array([0, 1, 2], dtype=int32), array([189, 139,  94]))
```

由于没有数据集的类别标签，所以将数据聚类为 3 个簇后，可以通过轮廓系数评价聚类效果的好坏。下面的程序在计算轮廓系数后，可视化出轮廓系数图。运行该程序后可获得如图 11-4 所示的可视化图像。从该图像中可以发现，通过 K 均值聚类算法对数据聚类的效果较好。

```
In[7]:# 计算整体的平均轮廓系数 ,K 均值
      sil_score = silhouette_score(cludata1,k_pre)
      # 计算每个样本的 silhouette 值，K 均值
      sil_samp_val = silhouette_samples(cludata1,k_pre)
      # 可视化聚类分析轮廓图，K 均值
      plt.figure(figsize=(10,6))
      y_lower = 10
      n_clu = len(np.unique(k_pre))
      for ii in np.arange(n_clu):
          # 将第 ii 类样本的 silhouette 值放在一块排序
          iiclu_sil_samp_sort = np.sort(sil_samp_val[k_pre == ii])
          # 计算第 ii 类的数量
          iisize = len(iiclu_sil_samp_sort)
          y_upper = y_lower + iisize
          # 设置第 ii 类图像的颜色
           color = plt.cm.Spectral(ii / n_clu)
          plt.fill_betweenx(np.arange(y_lower,y_upper),0,iiclu_sil_samp_sort,
                            facecolor = color,alpha = 1)
          # 簇对应的 y 轴中间添加标签
          plt.text(-0.08,y_lower + 0.5*iisize," 簇 "+str(ii+1))
          # 更新 y_lower
          y_lower = y_upper + 5
      # 添加平均轮廓系数得分直线
      plt.axvline(x=sil_score,color="red",
                  label = "mean:"+str(np.round(sil_score,3)))
      plt.xlim([-0.1,1])
      plt.yticks([])
      plt.legend(loc = 1)
      plt.xlabel(" 轮廓系数得分 ")
      plt.ylabel(" 聚类标签 ")
      plt.title("K 均值聚类轮廓图 ")
      plt.show()
```

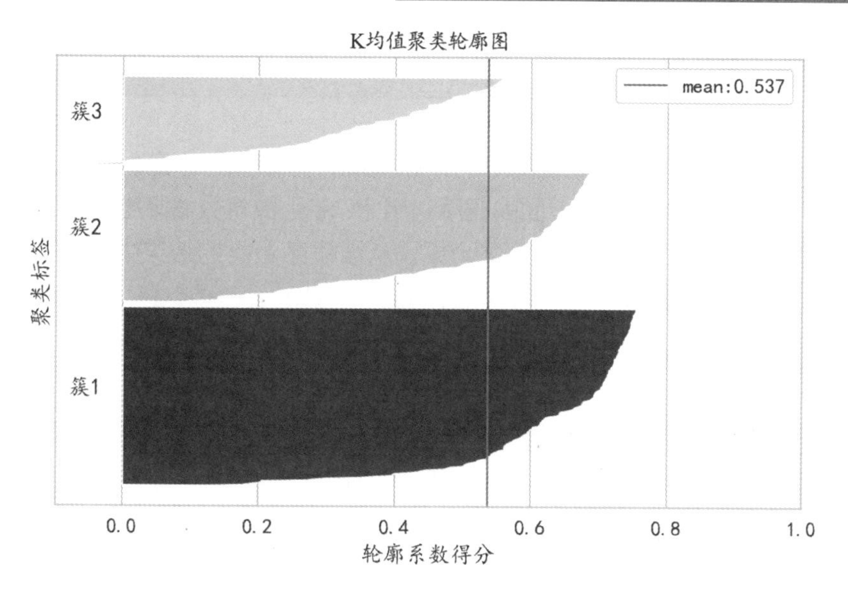

图 11-4　K 均值聚类轮廓系数

获得数据的聚类结果后，使用下面的程序继续通过平行坐标图，可视化数据在聚类标签分组下的分布情况。运行该程序后可获得如图 11-5 所示的可视化图像。从该图像中可以发现，不同类别的样本分布在空间中的不同位置；根据样本特征的取值情况，将样本进行了有效的区分，K 均值聚类效果较好。

```
In[8]:# 可视化样本特征聚类后的分布情况
      df2["No"] = [str(ii) for ii in k_pre]     # 将聚类的结果添加到数据中
      fig = plt.figure(figsize=(14,7))
      ax = fig.add_subplot(1,1,1)
      parallel_coordinates(df2,class_column = "No",ax = ax,axvlines = False,
                           color=("red","blue","green"),alpha = 0.5)
      ax.set_xticks([])
      plt.title("K 均值聚类后的样本特征分布情况 ")
      plt.xlabel(" 中药材的中波红外区光谱特征 ")
      plt.show()
```

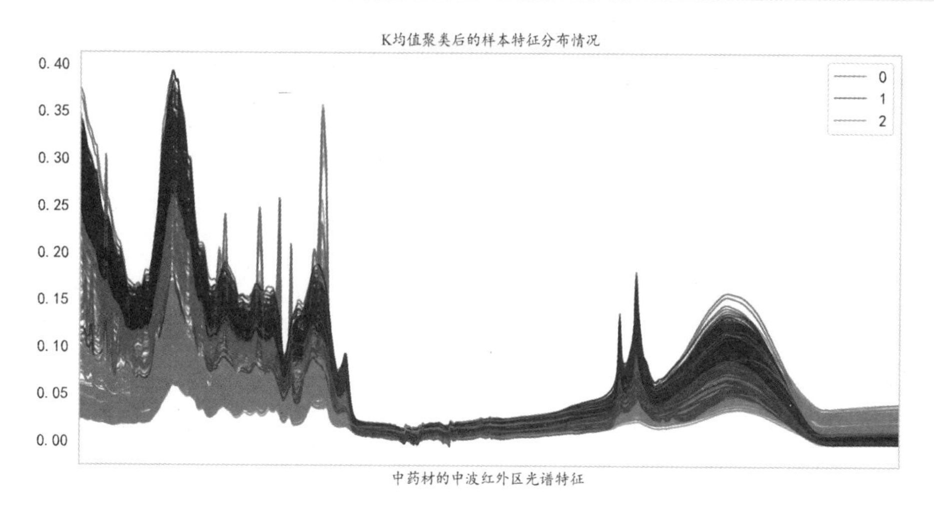

图 11-5　K 均值聚类分组下的样本特征平行坐标图

11.1.3 使用数据降维后的特征进行聚类

为了更好地观察每个样本在空间中的分布情况，可以先对中药材数据降维到三维空间，然后对样本进行聚类分析。下面的程序利用 PCA 函数将数据降维后，使用 K 均值聚类算法将数据的前 4 个主成分聚类为 3 个簇。从该程序聚类的结果中可知，每个簇分别有 189、139、94 个样本。

```
In[9]: # 使用主成分降维分析
       n_components = 20
       pca = PCA(n_components = n_components,random_state = 123)
       # 获取降维后的数据
       df2_x = df2.iloc[:,1:].values
       cludata2 = pca.fit_transform(df2_x)
       print(cludata2.shape)
Out[9]:(422, 20)
In[10]: # 使用前 4 个主成分将数据聚类为 3 个簇并可视化聚类的结果
        kmean = KMeans(n_clusters=3,random_state=1)
        k_pre = kmean.fit_predict(cludata2[:,0:4])
        print(" 每簇包含的样本量 :",np.unique(k_pre,return_counts = True))
Out[10]: 每簇包含的样本量 : (array([0, 1, 2], dtype=int32), array([189, 139,  94]))
```

针对聚类的结果，可以通过下面的程序使用三维散点图进行可视化，并且不同的簇使用不同的颜色与形状进行表示。运行该程序后可获得如图 11-6 所示的可视化图像。从该图像中可以发现，聚类的结果并不能完全符合预期，如星星和圆点聚类准确性不好。

```
In[11]: # 可视化聚类的结果
        colors = ["red","blue","green","yellow","black","lightblue"]
        shapes = ["o","s","*",">","+",".","o","s","*"]
        fig = plt.figure(figsize=(16,10))
        # 将坐标系设置为三维的
        ax1 = fig.add_subplot(111, projection="3d")
        for ii,y in enumerate(k_pre):
            ax1.scatter(cludata2[ii,0],cludata2[ii,1],cludata2[ii,2],
                        s = 40,c = colors[y],marker = shapes[y])
        ax1.set_title("K 均值聚类的结果 ")
        ax1.set_xlabel("PCA 特征 1",rotation=-20)
        ax1.set_ylabel("PCA 特征 2",rotation=45)
        ax1.set_zlabel("PCA 特征 3",rotation=90)
        plt.tight_layout()
        plt.show()
```

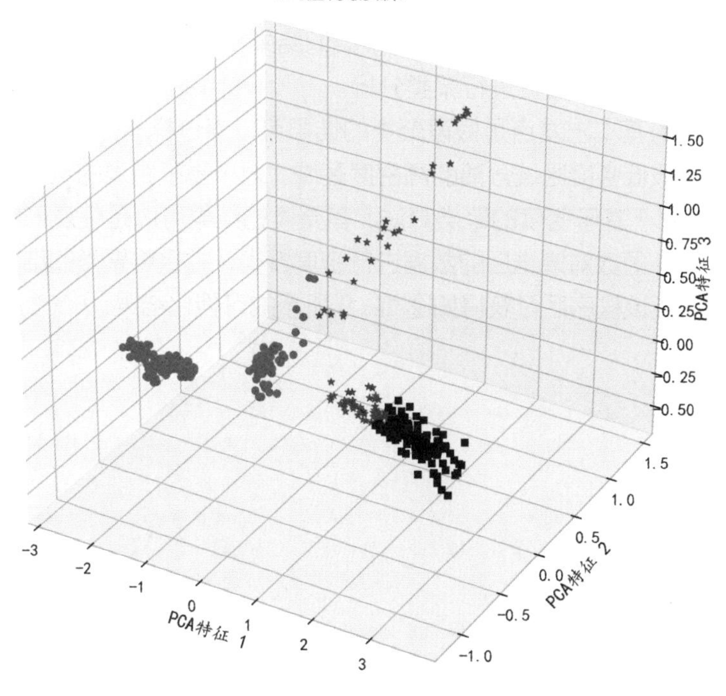

图 11-6　数据降维后 K 均值聚类的结果

下面的程序将数据降维后 K 均值聚类的结果为分组标签，可视化出分组平行坐标图。运行该程序后可获得如图 11-7 所示的可视化结果。

```
In[12]:# 使用平行坐标图可视化聚类后的数据分布情况
       df2["No"] = [str(ii) for ii in k_pre]    # 将 K 均值聚类的结果添加到数据中
       fig = plt.figure(figsize=(14,7))
       ax = fig.add_subplot(1,1,1)
       parallel_coordinates(df2,class_column = "No",ax = ax,axvlines = False,
                            color=("red","blue","green"),alpha = 0.5)
       ax.set_xticks([])
       plt.title("PCA 特征聚类的结果 ")
       plt.xlabel(" 中药材的中波红外区光谱特征 ")
       plt.show()
```

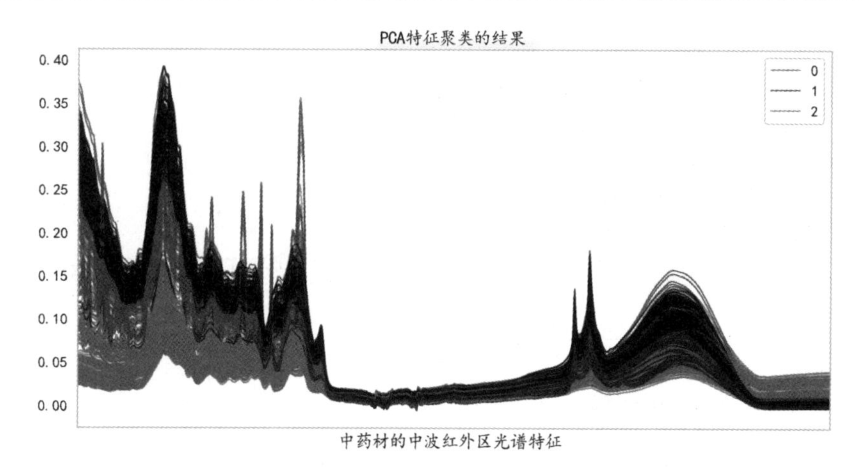

图 11-7　数据降维后 K 均值聚类的结果平行坐标图

通过上面的分析可以发现，在数据降维前和降维后 K 均值聚类的结果很像，但是通过散点图可以知道，在数据降维后 K 均值聚类的结果并不完全符合预期，因此下面使用密度聚类算法，对降维后的数据进行聚类分析。

密度聚类算法的基本出发点是假设聚类的结果可以通过样本分布的稠密程度来确定，其主要目标是寻找被低密度区域分离的高密度区域。对于基于距离的聚类算法，其聚类的结果是球状的簇；对于基于密度的聚类算法，其聚类的结果可以是任意形状的簇。下面的程序通过 DBSCAN 函数对降维后的数据进行密度聚类，并且将聚类的结果使用分组散点图进行可视化。运行该程序后可获得如图 11-8 所示的可视化结果。

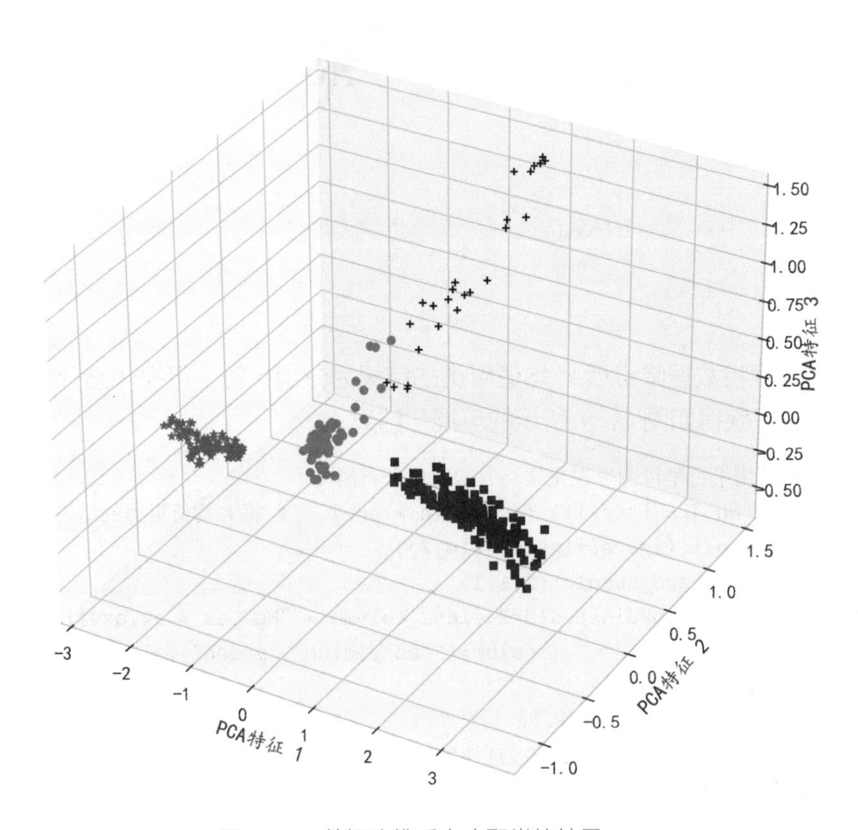

图 11-8 数据降维后密度聚类的结果

```
In[13]: # 使用前 4 个主成分进行密度聚类（更适合数据非球形分布的数据）
        db = DBSCAN(eps=0.55,min_samples = 15)
        db.fit(cludata2[:,0:4])
        # 获取聚类后的类别标签
        db_pre_lab = db.labels_
        print(" 每簇包含的样本量 :",np.unique(db_pre_lab,return_counts = True))
        # 可视化聚类的结果
        colors = ["red","blue","green","yellow","lightblue","black"]
        shapes = ["o","s","*",">",".","o","s","+"]
        fig = plt.figure(figsize=(14,10))
        # 将坐标系设置为三维的
        ax1 = fig.add_subplot(111, projection="3d")
```

```
        for ii,y in enumerate(db_pre_lab):
            ax1.scatter(cludata2[ii,0],cludata2[ii,1],cludata2[ii,2],
                        s = 40,c = colors[y],marker = shapes[y])
        ax1.set_title(" 密度聚类的结果 ")
        ax1.set_xlabel("PCA 特征 1",rotation=-20)
        ax1.set_ylabel("PCA 特征 2",rotation=45)
        ax1.set_zlabel("PCA 特征 3",rotation=90)
        plt.tight_layout()
        plt.show()
Out[13]: 每簇包含的样本量：(array([-1,  0,  1,  2]), array([ 25,  57, 206, 134]))
```

从图 11-8 所示的可视化结果可以知道，密度聚类的结果相对于 K 均值聚类的结果，更符合数据在空间中的分布情况。但是，此时也有较多的样本被识别为噪声数据（加号表示样本点，并可以认为和圆点属于同一类数据）。

下面的程序将数据降维后密度聚类的结果作为分组标签，使用平行坐标图可视化聚类后数据的分布情况。运行该程序后可获得如图 11-9 所示的可视化结果。

```
In[14]:# 使用平行坐标图可视化聚类后数据的分布情况
       df2["No"] = [str(ii) for ii in db_pre_lab]  # 将聚类的结果添加到数据中
       fig = plt.figure(figsize=(14,7))
       ax = fig.add_subplot(1,1,1)
       parallel_coordinates(df2,class_column = "No",ax = ax,axvlines = False,
                            color=("red","blue","green","black"),alpha = 0.5)
       ax.set_xticks([])
       plt.title("PCA 特征聚类的结果 ")
       plt.xlabel(" 中药材的中波红外区光谱特征 ")
       plt.show()
```

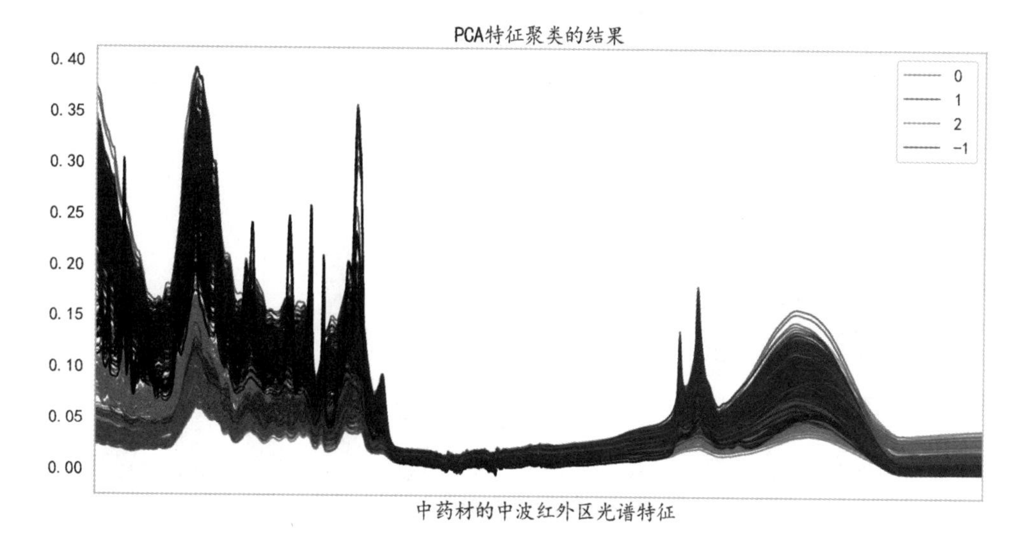

图 11-9　数据降维后密度聚类的结果平行坐标图

从图 11-9 中可以发现，这两种聚类算法聚类的结果是不一样的，但是该问题是一个无监督问题，因此这两种聚类算法聚类的结果都是有道理的。

11.2 有监督学习算法鉴别中药材产地

本节将针对问题 2 使用有监督学习算法来鉴别中药材产地。下面的程序读取待使用的数据“附件 2.xlsx”。从该程序的输出结果中可知，待使用的数据有 673 个样本，每个样本有 3400 多个特征。

```
In[15]:# 读取数据
       df2 = pd.read_excel("data/chap11/ 附件 2.xlsx")
       df2
Out[15]:
```

	No	OP	551	552	553	554	555	556	557	558	...	3989	3990	3991	3992	3993	3994
0	1	11.0	0.338459	0.338459	0.339733	0.339733	0.340814	0.340814	0.342109	0.342109	...	0.054573	0.054455	0.054455	0.054330	0.054330	0.054211
1	2	1.0	0.311826	0.311826	0.312213	0.312213	0.312997	0.312997	0.313481	0.313481	...	0.063536	0.063486	0.063486	0.063424	0.063424	0.063339
2	3	NaN	0.375583	0.375583	0.376209	0.376209	0.377075	0.377075	0.378287	0.378287	...	0.060569	0.060437	0.060437	0.060298	0.060298	0.060219
3	4	6.0	0.356877	0.356877	0.357393	0.357393	0.358166	0.358166	0.358863	0.358863	...	0.047585	0.047509	0.047509	0.047443	0.047443	0.047361
4	5	7.0	0.358230	0.358230	0.358626	0.358626	0.359566	0.359566	0.360332	0.360332	...	0.067547	0.067472	0.067472	0.067394	0.067394	0.067290
...	...	...	...	...	...	...	...	...	...	...	...	...	...	...	...	...	...
668	669	9.0	0.194670	0.194670	0.195488	0.195488	0.195606	0.195606	0.196071	0.196071	...	0.041918	0.041917	0.041917	0.041898	0.041898	0.041886
669	670	6.0	0.283110	0.283110	0.283448	0.283448	0.282941	0.282941	0.282654	0.282654	...	0.012009	0.011951	0.011951	0.011881	0.011881	0.011841
670	671	4.0	0.214554	0.214554	0.214234	0.214234	0.213810	0.213810	0.213618	0.213618	...	0.052636	0.052602	0.052602	0.052565	0.052565	0.052541
671	672	5.0	0.315602	0.315602	0.316312	0.316312	0.317400	0.317400	0.317002	0.317002	...	0.005925	0.005809	0.005809	0.005696	0.005696	0.005616
672	673	1.0	0.372290	0.372290	0.372586	0.372586	0.372848	0.372848	0.372551	0.372551	...	0.072481	0.072360	0.072360	0.072226	0.072226	0.072072

673 rows × 3450 columns

从上面的数据中可以发现，有些样本的中药材产地（OP）并没有给出（待预测的样本）。下面的程序 In[16] 将未给出中药材产地的数据作为测试数据集，其他数据作为训练数据集，针对中药材的每个产地的出现情况，使用条形图进行可视化。运行该程序后可获得如图 11-10 所示的可视化结果。

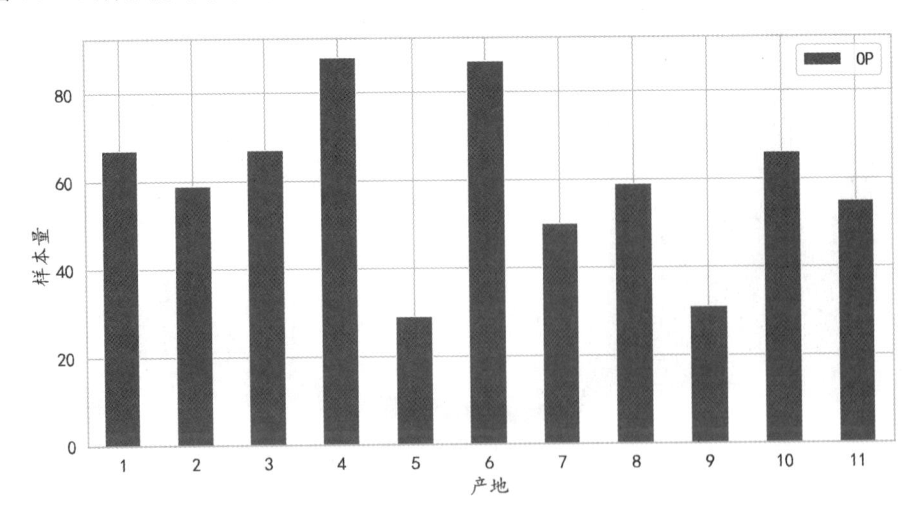

图 11-10　每个产地的样本量

```
In[16]:# 将数据切分为训练数据集和测试数据集
       df2_test = df2[df2.OP.isna()]
       df2_train = df2[~df2.OP.isna()]
```

```
df2_train["OP"] = np.int8(df2_train["OP"])
# 可视化每个产地的样本量
OPcount = df2_train.OP.value_counts().reset_index().sort_values(by = "index")
OPcount.plot(x = "index",y = "OP" ,kind = "bar",figsize = (12,6))
plt.xlabel(" 产地 ")
plt.ylabel(" 样本量 ")
plt.xticks(rotation = 0)
plt.show()
```

从图 11-10 中可以知道，数据中一共有 11 个产地，每个产地的样本量不同，有些产地的样本量较多，有些产地的样本量较少。

11.2.1 不同产地的中药材特征可视化分析

建立有监督的数据分类模型之前，针对不同产地的中药材特征情况，使用分组的平行坐标图进行可视化分析。运行下面的程序可获得如图 11-11 所示的可视化图像。从图 11-11 中可以看出，通过该图像不能很好分析出不同产地的中药材特征差异。

```
In[17]:# 使用平行坐标图可视化训练数据集中不同产地的中药材特征
       fig = plt.figure(figsize=(14,7))
       ax = fig.add_subplot(1,1,1)
       parallel_coordinates(df2_train.iloc[:,1:],class_column = "OP",ax = ax,
                            axvlines = False,colormap="tab20")
       ax.set_xticks([])
       plt.title(" 不同产地的中药材中波红外区光谱特征变化情况 ")
       plt.xlabel(" 中药材的中波红外区光谱特征 ")
       plt.show()
```

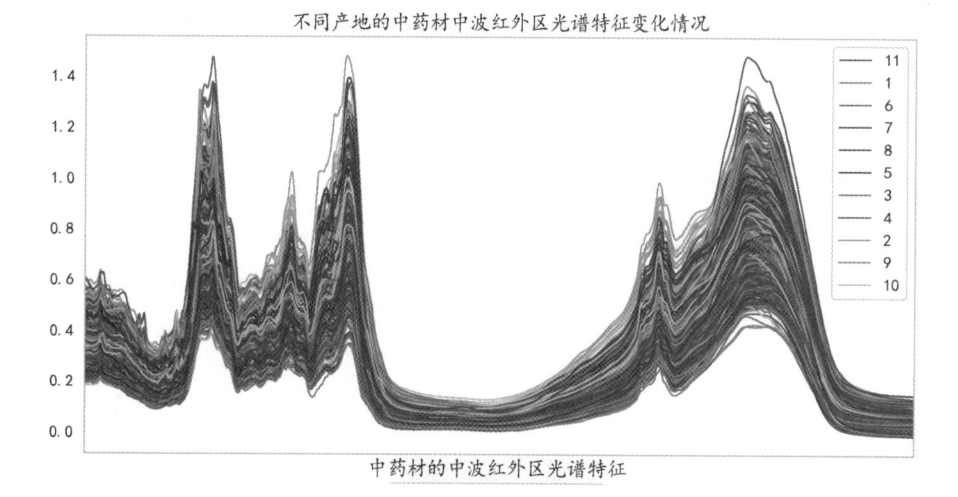

图 11-11　不同产地的中药材特征平行坐标图

11.2.2 利用选择的特征进行分类

由于数据的特征太多，因此可以先使用特征选择的方法，抽取一定数据的特征后，对提取的特征建立分类模型。下面的程序以支持向量机分类模型为基础，先通过特征选择的方式从数据中抽取分类效果好的 50 个特征，再使用平行坐标图可视化数据的分布情况。运行该程序后可获得如图 11-12 所示的可视化图像。此时，由于可视化的特征较少，因此在该图像的横坐标轴上显示出了每个特征的名称。

```
In[18]:# 抽取分类效果好的 50 个特征
       svc = LinearSVC(penalty="l1",dual=False,random_state = 12)
       svc = svc.fit(df2_train.iloc[:,2:],df2_train.OP)
       sfm = SelectFromModel(estimator=svc, # 建立特征选择的模型
                             prefit = True, # 对模型进行预训练
                             max_features = 50,# 选择的最大特征数量
                             )
       # 将该模型作用于数据特征
       sfm_df2_train = sfm.transform(df2_train.iloc[:,2:])
       print(sfm_df2_train.shape)
Out[18]: (658, 50)
In[19]:# 可视化抽取的特征分布情况
       sfmcol = df2_train.iloc[:,2:].columns[sfm.get_support()]
       sfmtraindf = pd.DataFrame(data=sfm_df2_train,columns=sfmcol)
       sfmtraindf["OP"] = df2_train.OP.values
       fig = plt.figure(figsize=(14,7))
       ax = fig.add_subplot(1,1,1)
       parallel_coordinates(sfmtraindf,class_column = "OP",ax = ax,
                            axvlines = False,colormap="tab20")
       plt.xticks(rotation = 90,fontsize = 12)
       plt.title(" 选择出的特征变化情况 ")
       plt.xlabel(" 中药材的中波红外区光谱特征 ")
       plt.legend(loc = 1)
       plt.show()
```

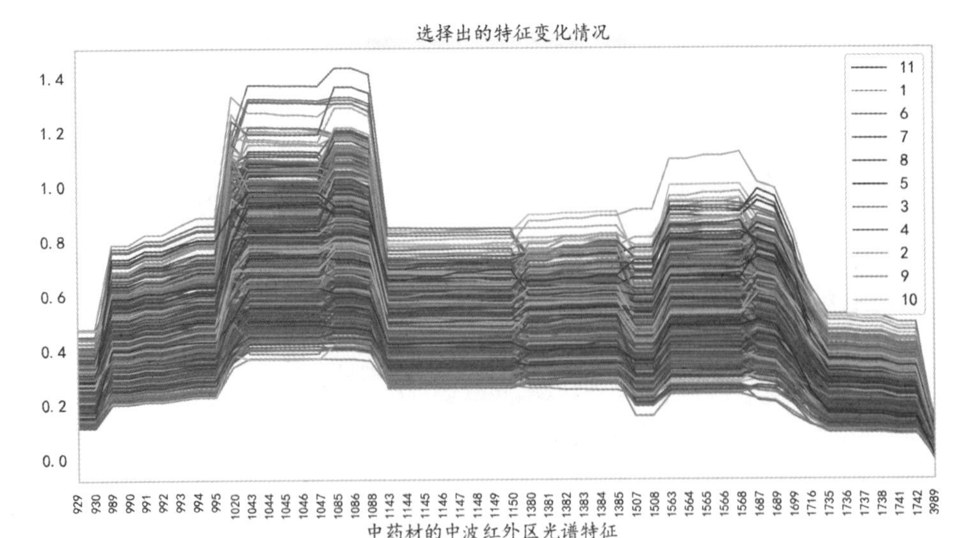

图 11-12　选择出的特征平行坐标图

选择出有用的特征后，通过下面程序将数据切分为训练数据集和测试数据集，其中 20% 的数据作为测试数据集。从该程序的输出结果中可知，训练数据集有 526 个样本，

测试数据集有 132 个样本。

```
In[20]:# 将数据切分为训练数据集和测试数据集
       X_train,X_val,y_train,y_val = train_test_split(sfm_df2_train,
              df2_train.OP.values, test_size = 0.2, random_state = 1)
       print("X_train.shape :",X_train.shape)
       print("X_val.shape :",X_val.shape)
       print("y_train.shape :",y_train.shape)
Out[20]:X_train.shape : (526, 50)
        X_val.shape : (132, 50)
        y_train.shape : (526,)
```

切分好数据后，通过下面的程序使用 SVC 函数建立线性支持向量机分类模型，再通过训练数据集训练该模型，并计算该模型在训练数据集和测试数据集上的预测精度。从该程序的输出结果中可知，该模型在训练数据集上的预测精度较高，但是在测试数据集上的预测精度较低，只达到了 0.7575。

```
In[21]:# 建立支持向量机分类模型
       svm = SVC(kernel  = "linear",C = 2000,random_state= 1)
       # 训练该模型
       svm.fit(X_train,y_train)
       # 计算该模型在训练数据集和测试数据集上的预测精度
       svm_lab = svm.predict(X_train)
       svm_pre = svm.predict(X_val)
       print(" 在训练数据集上的预测精度 :",accuracy_score(y_train,svm_lab))
       print(" 在测试数据集上的预测精度 :",accuracy_score(y_val,svm_pre))
Out[21]: 在训练数据集上的预测精度 : 0.9277566539923955
        在测试数据集上的预测精度 : 0.7575757575757576
```

在建立支持向量机分类模型时，只使用了 50 个重要的特征。接下来，将分析抽取的特征数量是否会对该模型的预测精度有较大的影响。下面的程序将抽取的特征从 10 个逐渐增加到 2000 个，并分析不同特征数量下，支持向量机分类模型的预测精度变化情况。运行该程序后，会输出不同特征数量下，该模型在训练数据集与测试数据集上的预测精度。

```
In[22]:max_features = [10,20,50,100,150,200,350,500,750,850,1000,
                       1200,1500,1700,2000]
       train_acc = []
       val_acc = []
       for max_fea in max_features:
           # 特征提取
           svc = LinearSVC(penalty='l1',dual=False,random_state = 12)
           svc = svc.fit(df2_train.iloc[:,2:],df2_train.OP)
           sfm = SelectFromModel(estimator=svc, prefit = True,
                                 max_features = max_fea)
           sfm_df2_train = sfm.transform(df2_train.iloc[:,2:])
           # 将训练数据集切分为训练数据集和测试数据集
           X_train,X_val,y_train,y_val = train_test_split(sfm_df2_train,
               df2_train.OP.values,test_size = 0.2,random_state = 1)
           # 建立支持向量机分类模型
           svm = SVC(kernel  = "linear",C = 2000,random_state= 1)
           svm.fit(X_train,y_train)
```

```
        svm_lab = svm.predict(X_train)
        svm_pre = svm.predict(X_val)
        train_acc.append(accuracy_score(y_train,svm_lab))
        val_acc.append(accuracy_score(y_val,svm_pre))
        print("max_features=",max_fea, " train_acc=", train_acc[-1],"
              val_acc_acc=", val_acc[-1])
Out[22]:max_features= 10  train_acc= 0.4904942965  val_acc_acc= 0.4318181
        max_features= 20  train_acc= 0.6596958174  val_acc_acc= 0.5075757
        max_features= 50  train_acc= 0.9277566539  val_acc_acc= 0.75757575
        max_features= 100  train_acc= 0.975285171102  val_acc_acc= 0.7651515
        max_features= 150  train_acc= 0.992395437262  val_acc_acc= 0.7348484
        max_features= 200  train_acc= 0.998098859315  val_acc_acc= 0.7651515
        max_features= 350  train_acc= 1.0  val_acc_acc= 0.7727272727272727
        max_features= 500  train_acc= 1.0  val_acc_acc= 0.7575757575757576
        max_features= 750  train_acc= 1.0  val_acc_acc= 0.8181818181818182
        max_features= 850  train_acc= 1.0  val_acc_acc= 0.8257575757575758
        max_features= 1000  train_acc= 1.0  val_acc_acc= 0.8257575757575758
        max_features= 1200  train_acc= 1.0  val_acc_acc= 0.8257575757575758
        max_features= 1500  train_acc= 1.0  val_acc_acc= 0.8257575757575758
        max_features= 1700  train_acc= 1.0  val_acc_acc= 0.8257575757575758
        max_features= 2000  train_acc= 1.0  val_acc_acc= 0.8257575757575758
```

下面的程序使用折线图将不同特征数量下，支持向量机分类模型在训练数据集与测试数据集上的预测精度进行可视化分析。运行该程序可获得如图 11-13 所示的可视化图像。

```
In[23]:# 可视化支持向量机分类模型的预测精度
       plt.figure(figsize = (12,6))
       plt.plot(max_features,train_acc,"r-o",label = " 训练集精度 ")
       plt.plot(max_features,val_acc,"b-s",label = " 测试集精度 ")
       plt.xlabel(" 提取的特征数量 ")
       plt.ylabel(" 预测精度 ")
       plt.xticks(max_features[1:],rotation = -45,fontsize = 13)
       plt.legend()
       plt.show()
```

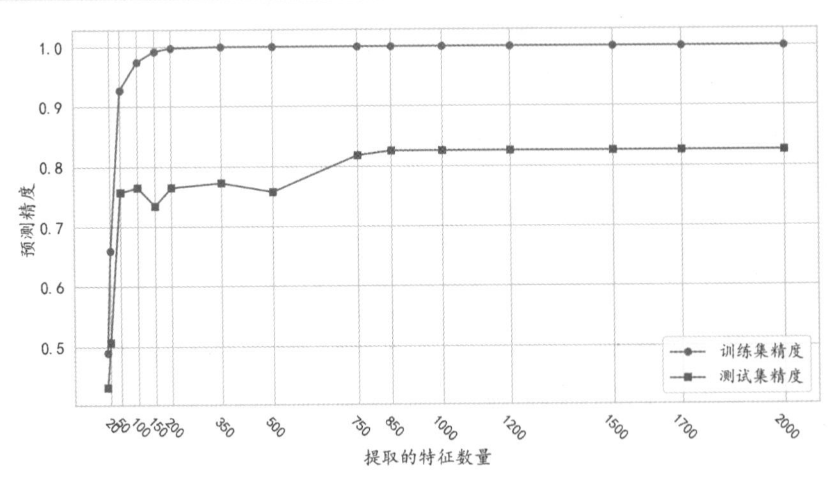

图 11-13　不同特征数量下支持向量机分类模型的预测精度

从图 11-13 中可以发现，当特征数量达到 850 之后，支持向量机分类模型在训练数据集和测试数据集上的预测精度就不再增加了（由于没有搜索 750 与 800 之间的参数，所以不清楚具体在 750 与 800 之间的哪个值之后该预测精度就不增加了，这里认为 850 为最优的特征数量。）

经过前面的分析可以确定，使用 850 个特征即可获得较好的预测结果。下面的程序先从数据中抽取 850 个重要特征，再使用全部的带标签数据训练支持向量机分类模型，然后将训练好的支持向量机分类模型在测试数据集上进行预测，并输出每个待预测样本的标签。

```
In[24]:# 特征提取
       svc = LinearSVC(penalty='l1',dual=False,random_state = 12)
       svc = svc.fit(df2_train.iloc[:,2:],df2_train.OP)
       sfm = SelectFromModel(estimator=svc, prefit = True, max_features = 850)
       sfm_df2_train = sfm.transform(df2_train.iloc[:,2:])
       sfm_df2_test = sfm.transform(df2_test.iloc[:,2:])
       # 建立支持向量机分类模型
       svm = SVC(kernel  = "linear",C = 2000,random_state= 1)
       svm.fit(sfm_df2_train,df2_train.OP.values)
       svm_lab = svm.predict(sfm_df2_train)
       svm_pre = svm.predict(sfm_df2_test)
       print(" 在训练数据集上的预测精度 :",accuracy_score(df2_train.OP.values,svm_lab))
       print(" 在测试数据上的预测结果为 :",svm_pre)
Out[24]: 在训练数据集上的预测精度 : 1.0
         在测试数据上的预测结果为 : [ 6  1  4  7 10  6  9 11  3  4  9  2  5  8  3]
```

针对抽取的重要特征所对应的光谱波长，可以使用直方图可视化分析。运行下面的程序后可获得如图 11-14 所示的可视化结果。

```
In[25]:# 可视化重要特征所对应的光谱波长
       sfmcol = df2_train.iloc[:,2:].columns.values[sfm.get_support()]
       plt.figure(figsize=(12,6))
       plt.hist(sfmcol,bins = 150)
       plt.xlabel(" 红外区光谱波长 ")
       plt.title(" 重要特征所对应的光谱波长 ")
       plt.xticks(np.arange(500,4100,100),rotation = -90)
       plt.show()
```

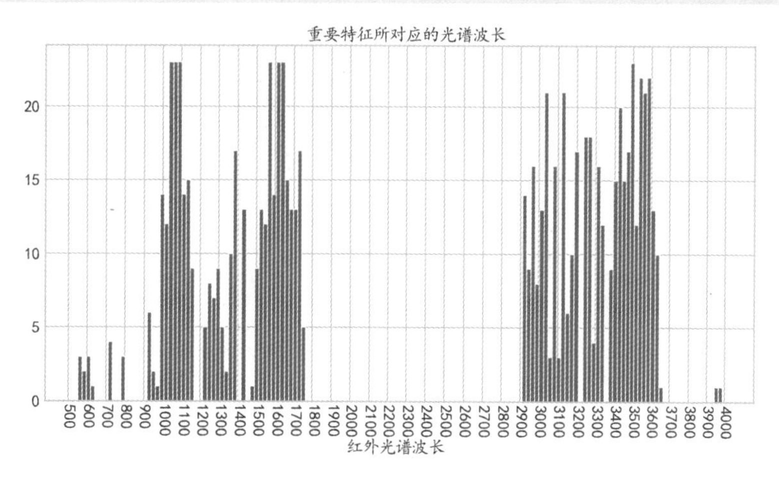

图 11-14　重要特征所对应的光谱波长

从图 11-14 中可以发现，重要特征的光谱波长为 550 ~ 600、700、800、900 ~ 1100、1200 ~ 1400、1500 ~ 1700、2900 ~ 3600 等。

11.3 半监督学习算法鉴别中药材类别

本节将使用半监督学习算法解决问题 3，对中药材类别进行鉴别。因为在数据中针对中药材的类别标签，有标签的样本量和无标签的样本量差异并不是很大，而且带标签的样本量较少，所以这里采用半监督学习算法更合适。本节将包含以下主要内容。

（1）数据预处理和可视化算法进行分类。

（2）数据主成分降维。

（3）使用标签传播算法进行分类。

（4）使用 SelfTrainingClassifier 算法进行分类。

11.3.1 数据预处理和可视化分析

下面的程序读取数据“附件 4.xlsx”，并对其进行预处理，根据数据是否提供 Class 变量的取值，将数据切分为训练数据集和测试数据集。从该程序的输出结果中可知，有标签的训练数据集包含 256 个样本，无标签的测试数据集有 143 个样本。

```
In[26]:# 数据读取
       df4 = pd.read_excel("data/chap11/ 附件 4.xlsx")
       # 为方便处理将列名中的小数处理为整数
       df4col = [str(int(ii))for ii in df4.columns[3:]]
       df4col = ["No", "Class", "OP"] + df4col
       df4.columns = df4col
       df4 = df4.drop(["OP"],axis=1)
       # 将数据切分为训练数据集和测试数据集
       df4_train = df4[~df4["Class"].isna()].reset_index(drop = True)
       df4_test = df4[df4["Class"].isna()].reset_index(drop = True)
       df4_train
       df4_test
Out[26]:
```

	No	Class	4004	4005	4006	4007	4008	4009
0	1	B	0.741947	0.741854	0.741854	0.741783	0.741783	0.741477
1	2	B	0.750204	0.749996	0.749996	0.749809	0.749809	0.749672
2	4	C	0.837420	0.837420	0.837833	0.837833	0.837833	0.837833
3	7	B	0.802411	0.802232	0.802232	0.801999	0.801999	0.801771
4	8	C	0.848519	0.848519	0.848664	0.848664	0.848664	0.848664
...	...	...	...	...	...	...	...	...
251	393	A	0.654859	0.654751	0.654751	0.654751	0.654751	0.654345
252	394	A	0.554593	0.554557	0.554557	0.554557	0.554557	0.554270
253	395	A	0.545641	0.545600	0.545600	0.545600	0.545600	0.545318
254	397	A	0.620349	0.620235	0.620235	0.620235	0.620235	0.619855
255	398	B	0.799026	0.798987	0.798987	0.798938	0.798938	0.798772

256 rows × 5998 columns

	No	Class	4004	4005	4006	4007	4008	4009
0	3	NaN	0.696341	0.696134	0.696134	0.695766	0.695766	0.695440
1	5	NaN	0.810875	0.810875	0.810956	0.810956	0.810956	0.810956
2	6	NaN	0.765117	0.764857	0.764857	0.764790	0.764790	0.764818
3	11	NaN	0.723135	0.723169	0.723169	0.723377	0.723377	0.723396
4	16	NaN	0.523690	0.523746	0.523746	0.523746	0.523746	0.523520
...	...	...	...	...	...	...	...	...
138	388	NaN	0.548662	0.548546	0.548546	0.548546	0.548546	0.548164
139	390	NaN	0.562019	0.561918	0.561918	0.561918	0.561918	0.561539
140	392	NaN	0.550108	0.550024	0.550024	0.550024	0.550024	0.549700
141	396	NaN	0.708448	0.708236	0.708236	0.708122	0.708122	0.708078
142	399	NaN	0.783710	0.783611	0.783611	0.783626	0.783626	0.783486

143 rows × 5998 columns

下面的程序使用分组平行坐标图可视化训练数据集中的特征分布情况。运行该程序后可获得如图 11-15 所示的可视化图像。从该图像中可以发现，3 种不同类别的数据分布差异较明显，尤其是 A 类数据和其他两类数据的差异很明显。

```
In[27]:# 查看训练数据集中的特征分布情况
       fig = plt.figure(figsize=(14,7))
       ax = fig.add_subplot(1,1,1)
       parallel_coordinates(df4_train.iloc[:,1:],class_column = "Class",ax = ax,
                            axvlines = False,colormap="tab10")
       ax.set_xticks([])
       plt.title(" 不同类别中药材每个样本的短波红外区光谱特征变化情况 ")
       plt.xlabel(" 中药材的短波红外区光谱特征 ")
       plt.legend(loc = 1)
       plt.show()
```

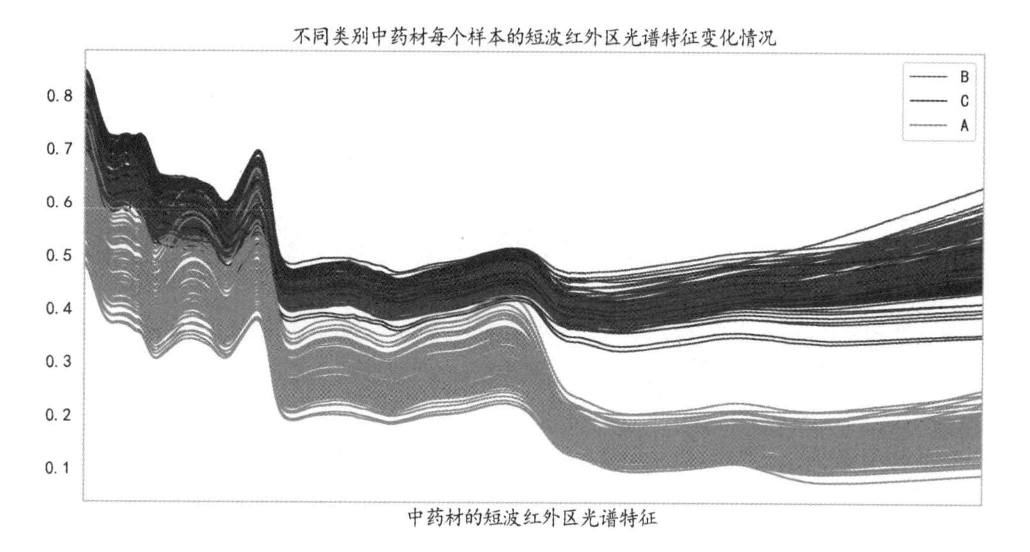

图 11-15　训练数据集中的特征分布情况

下面的程序使用分组平行坐标图可视化测试数据集中的特征分布情况。运行该程序后可获得如图 11-16 所示的可视化图像。从该图像中可以发现，测试数据集和训练数据集中的特征分布情况几乎是一样的。

```
In[28]:# 查看测试数据集中的特征分布情况
       fig = plt.figure(figsize=(14,7))
       ax = fig.add_subplot(1,1,1)
       parallel_coordinates(df4_test.iloc[:,1:],class_column = "Class",ax = ax,
                            axvlines = False,colormap="tab10")
       ax.set_xticks([])
       plt.title(" 不同类别中药材每个样本的短波红外区光谱特征变化情况 ( 无标签样本 )")
       plt.xlabel(" 中药材的短波红外区光谱特征 ")
       plt.legend(loc = 1)
       plt.show()
```

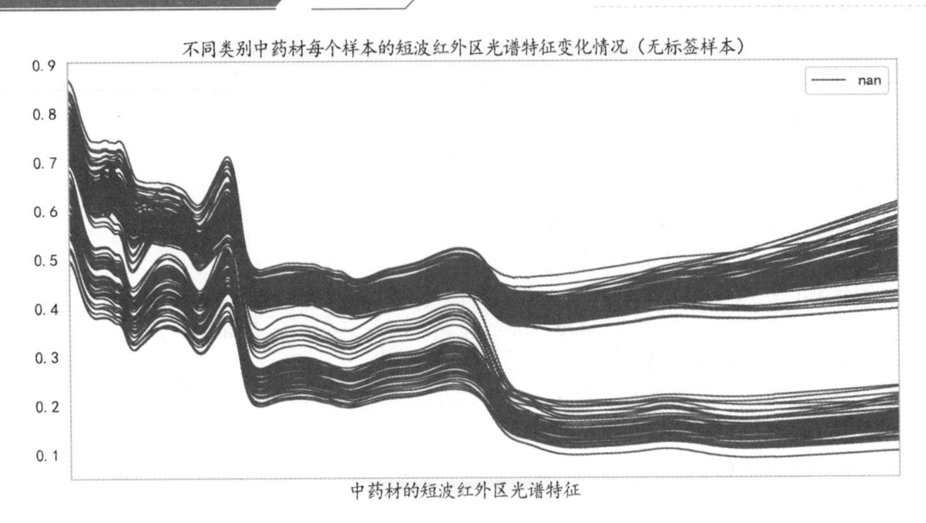

图 11-16　测试数据集的特征分布情况

针对测试数据集，虽然样本量较少，但是数据特征的差异性较大，所以使用有监督学习算法也能获得较好的预测精度。有监督学习算法的使用方式前面已经详细介绍过了，因此本节将主要介绍半监督学习算法的使用。

11.3.2 数据主成分降维

在建立数据的半监督学习模型之前，为了更好地理解数据的建模分析过程，先利用主成分降维算法对数据进行降维。下面的程序使用 PCA 函数保留数据的 10 个主成分，并可视化每个主成分得分。从图 11-17 中可以发现，只要使用数据的前两个主成分，即保留了数据的主要信息。

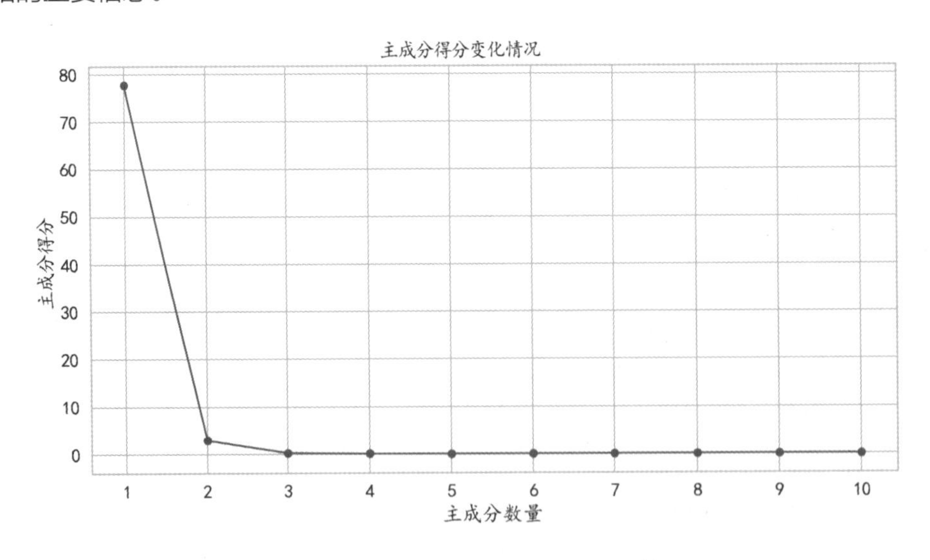

图 11-17　主成分降维中解释方差变化情况

```
In[29]:# 进行数据降维
       n_components = 10
       pca = PCA(n_components = n_components,random_state = 123)
       pca.fit(df4_train.iloc[:,2:])
```

```
        # 可视化主成分得分
        exvar = pca.explained_variance_
        plt.figure(figsize=(12,6))
        plt.plot(np.arange(1,n_components+1),exvar,"r-o")
        plt.xlabel(" 主成分数量 ")
        plt.ylabel(" 主成分得分 ")
        plt.title(" 主成分得分变化情况 ")
        plt.xticks(np.arange(1,n_components+1))
        plt.show()
```

由于只使用前两个主成分就表达了数据的大部分信息，因此在后面建立半监督学习模型时，只使用数据的前两个主成分。下面的程序获取训练数据集和测试数据集的前两个主成分，并且针对训练数据集获得的主成分，使用矩阵散点图进行可视化，以分析数据的分布情况。运行该程序后可获得如图 11-18 所示的可视化结果。

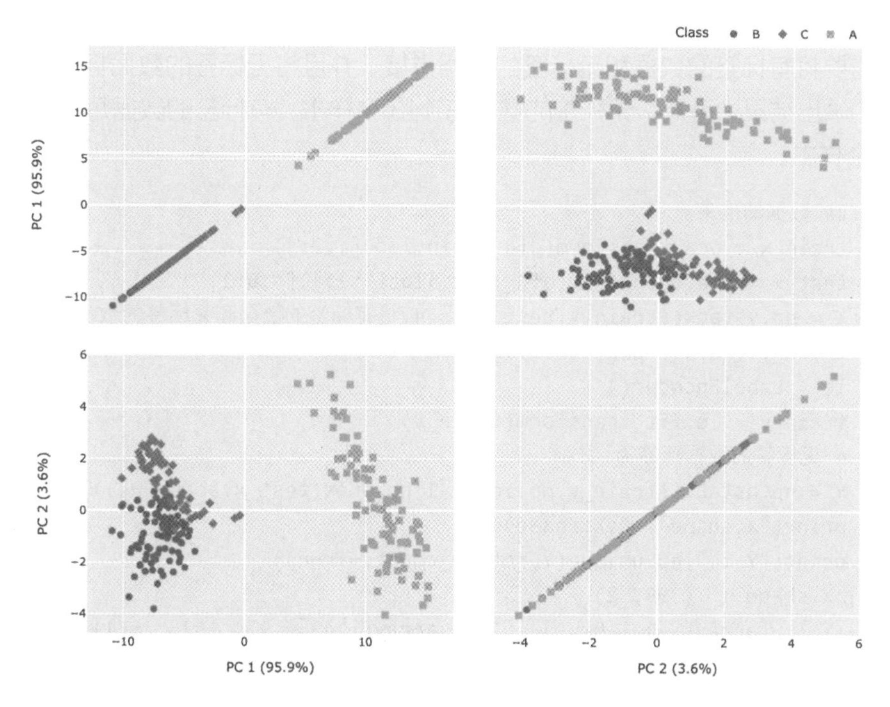

图 11-18　前两个主成分下的数据分布情况

```
In[30]:# 提取数据中的前两个主成分
        use_components = 2   # 要使用的主成分个数
        df4_train_pca = pca.transform(df4_train.iloc[:,2:])
        df4_train_pca = df4_train_pca[:,0:use_components]
        df4_train_pca = pd.DataFrame(data=df4_train_pca,columns=["PC1","PC2",])
        df4_train_pca = pd.concat([df4_train["Class"],df4_train_pca],axis=1)
        # 使用矩阵散点图可视化主成分得分情况
         dimensions = ["PC1", "PC2"]
        labels = {"PC"+str(i+1): f"PC {i+1} ({var:.1f}%)" for i, var in enumerate(
pca.explained_variance_ratio_[0:use_components] * 100) }
        fig = px.scatter_matrix(data_frame=df4_train_pca,
```

```
                    dimensions = dimensions,labels=labels,
                    color="Class",symbol="Class",hover_name="Class",
                    width=1000,height=800,title = " 主成分得分情况 ")
        fig.update_traces(diagonal_visible=True,marker=dict(size = 8))
        fig.update_layout(title={"x":0.5,"y":0.96},
                          legend=dict(orientation="h",yanchor="bottom",
                                      y = 1,xanchor="right",x = 1))
        fig.show()
```

从图 11-18 中可以发现，使用两个主成分就可以表达数据中的主要信息，而且使训练数据集的区分度很高。

11.3.3 使用标签传播算法进行分类

下面使用半监督学习算法中的标签传播算法对数据进行分类。在使用 sklearn 中的半监督学习算法之前，需要先进行数据预处理。下面的程序是建模前的数据准备程序。在该程序中，需要将有标签的数据和无标签的数据拼接，并且将无标签的数据标签指定为 -1。从该程序的输出结果中可知，无标签的数据有 143 个样本，有标签的数据每类分别有 97、102、57 个样本。

```
In[31]:## 数据的准备
       train_x = pca.transform(df4_train.iloc[:,2:])[:,0:2]
       test_x = pca.transform(df4_test.iloc[:,2:])[:,0:2]
       X = np.vstack((train_x,test_x))  # 将有标签的数据和无标签的数据拼接在一起
       train_y = df4_train.Class.values
       le = LabelEncoder()
       train_y = le.fit_transform(train_y)
       # 无标签的数据标签为 -1
       Y = np.hstack((train_y,np.int8(-1*np.ones(test_x.shape[0]))))
       print("X.shape : ",X.shape)
       print("Y : ",np.unique(Y,return_counts=True))
Out[31]:X.shape :  (399, 2)
        Y :  (array([-1,  0,  1,  2]), array([143,  97, 102,  57]))
```

下面的程序针对准备好的数据，使用 LabelPropagation 函数（标签传播算法）进行分类，使用 fit 函数训练模型，使用 lpg.predict 函数对数据的标签进行预测。从该程序的输出结果中可以知道，该模型在有标签的数据上的预测精度达到 0.984375，并且无标签的数据预测结果每类有 53、68、22 个样本。

```
In[32]:# 使用标签传播算法进行分类
       lpg = LabelPropagation(kernel="rbf",gamma = 10,n_neighbors=5)
       lpg.fit(X,Y)
       lpg_pre = lpg.predict(X)
       lpg_pre_lab = le.inverse_transform(lpg_pre)
       print(" 在有标签的数据上的预测精度 :",
             accuracy_score(train_y,lpg_pre[0:train_x.shape[0]]))
       print(" 在无标签数据上的预测情况 :",
             np.unique(lpg_pre_lab[train_x.shape[0]:],return_counts=True))
```

```
Out[32]: 在有标签数据上的预测精度 : 0.984375
        在无标签数据上的预测情况 : (array(['A', 'B', 'C'], dtype=object), array([53, 68, 22]))
```

可以使用下面的程序可视化学习得到的标签学习算法决策面及其局部放大图。运行该程序后可获得如图 11-19 所示的可视化结果。

```
In[33]:# 可视化学习得到的标签学习算法决策面
       plt.figure(figsize=(16,8))
       plt.subplot(1,2,1)
       plot_decision_regions(X,Y,lpg,scatter_kwargs = dict(s = 50))
       plt.title(" 标签传播算法决策面 ")
       plt.subplot(1,2,2)
       plot_decision_regions(X,Y,lpg,scatter_kwargs = dict(s = 50))
       plt.xlim((-10,-2)),plt.ylim((-3,3))
       plt.title(" 标签传播算法决策面 ( 局部放大 )")
       plt.tight_layout()
       plt.show()
```

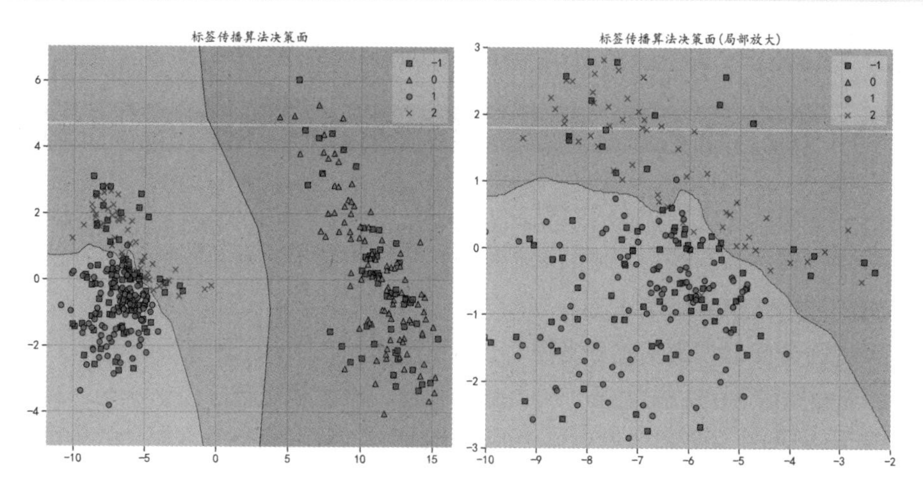

图 11-19　标签传播算法决策面

从图 11-19 中可以看出，第 0 类数据和其他类别的数据区分效果较好；第 1 类数据和第 2 类数据虽然两者的点距离较接近，但是区分效果也很好。

针对数据的预测结果，下面的程序将无标签数据的预测结果添加标签后，将所有的数据样本使用平行坐标图进行可视化。运行该程序后可获得如图 11-20 所示的可视化图像。该图像在一定程度上反映了标签传播算法的预测结果较好。

```
In[34]:# 使用平行坐标图可视化标签传播算法的预测结果
       df4_pre = pd.concat((df4_train.iloc[:,2:],df4_test.iloc[:,2:]),axis = 0)
       df4_pre["prelab"] = lpg_pre_lab
       fig = plt.figure(figsize=(14,7))
       ax = fig.add_subplot(1,1,1)
       parallel_coordinates(df4_pre,class_column = "prelab",ax = ax,
                            axvlines = False,colormap="tab10")
       ax.set_xticks([])
       plt.title(" 标签传播算法预测结果 ")
       plt.xlabel(" 中药材的短波红外区光谱特征 ")
```

```
        plt.legend(loc = 1)
        plt.show()
```

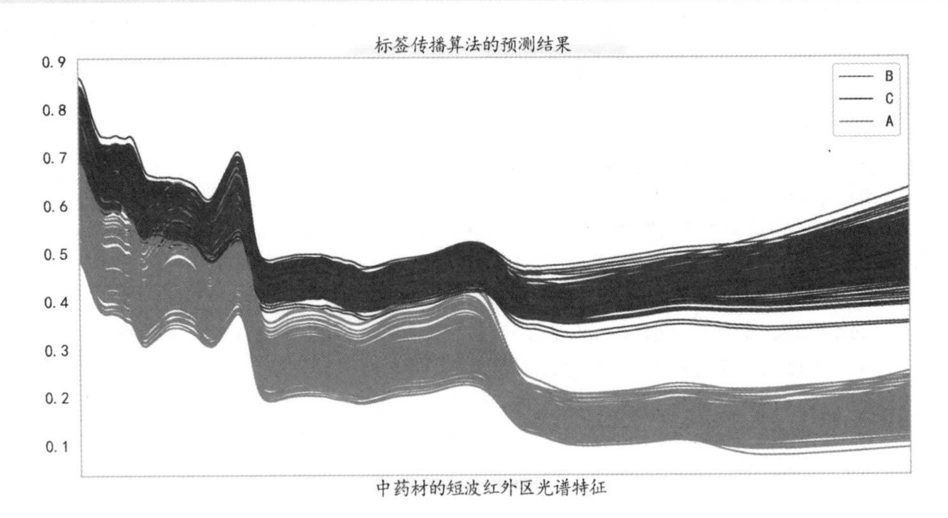

图 11-20 标签传播算法的预测结果平行坐标图

11.3.4 半监督学习分类——利用 SelfTrainingClassifier

sklearn 提供了 SelfTrainingClassifier 算法。该算法可以利用 sklearn 中所有的有监督学习算法进行半监督学习。本节将介绍使用高斯过程分类器与全连接神经网络分类器作为基础分类器进行半监督学习。

1. 高斯过程分类器作为基础分类器

下面程序使用高斯过程分类器作为基础分类器，对数据进行半监督学习。从该程序的输出结果中可以知道，经过 3 次迭代之后结果收敛，并且在有标签数据上的预测精度达到 0.98046875，数据的分类效果较好。

```
In[35]:# 使用高斯过程分类器作为基础分类器
        gpc = GaussianProcessClassifier(kernel = 1 * RBF(1.0))
        stgpc = SelfTrainingClassifier(gpc).fit(X,Y)
        stgpc_pre = stgpc.predict(X)
        stgpc_pre_lab = le.inverse_transform(stgpc_pre)
        print("SelfTrainingClassifier 迭代的次数 :",stgpc.n_iter_)
        print(" 在有标签数据上的预测精度 :",
              accuracy_score(train_y,stgpc_pre[0:train_x.shape[0]]))
        print(" 在无标签数据上的预测情况 :",
              np.unique(stgpc_pre_lab[train_x.shape[0]:],return_counts=True))
Out[33]:SelfTrainingClassifier 迭代的次数 : 3
        在有标签数据上的预测精度 : 0.98046875
        在无标签数据上的预测情况 : (array(['A', 'B', 'C'], dtype=object), array([53, 67, 23]))
```

下面的程序可视化学习得到的高斯过程分类器决策面及其局部放大图。运行该程序后可获得如图 11-21 所示的可视化结果。

```
In[36]:# 可视化学习得到的高斯过程分类器决策面
       plt.figure(figsize=(16,8))
       plt.subplot(1,2,1)
       plot_decision_regions(X,Y,stgpc,scatter_kwargs = dict(s = 50))
       plt.title(" 高斯过程分类器决策面 ")
       plt.subplot(1,2,2)
       plot_decision_regions(X,Y,stgpc,scatter_kwargs = dict(s = 50))
       plt.xlim((-10,-2)),plt.ylim((-3,3))
       plt.title(" 高斯过程分类器决策面 ( 局部放大 )")
       plt.tight_layout()
       plt.show()
```

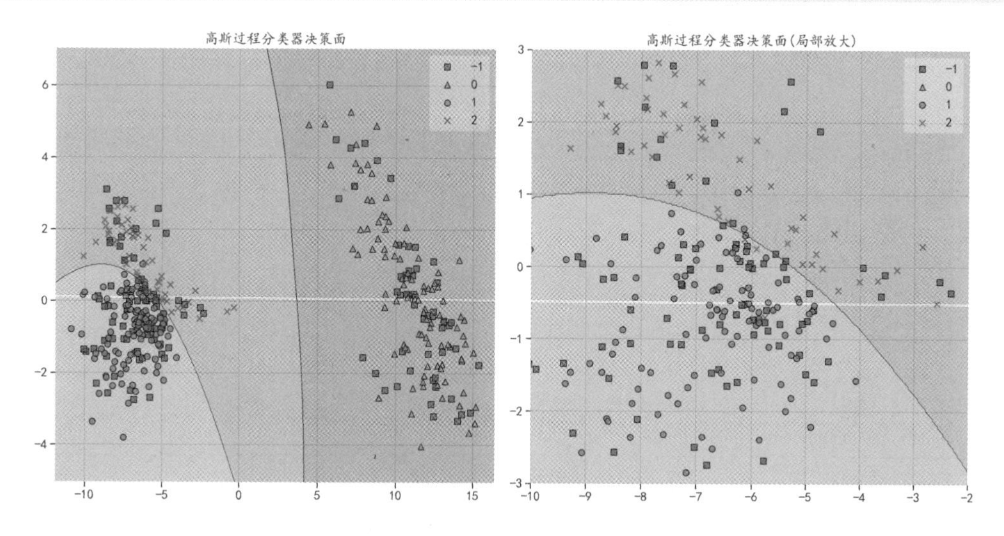

图 11-21　高斯过程分类器决策面

从图 11-21 中可以看出，SelfTrainingClassifier 算法利用高斯过程分类器获得的决策面效果很好，并且第 1 类数据和第 2 类数据的分界面较平滑。

2. 全连接神经网络分类器作为基础分类器

下面的程序使用全连接神经网络分类器作为基础分类器，对数据进行半监督学习。从该程序的输出结果中可以知道，经过 5 次迭代之后结果收敛，并且在有标签数据上的预测精度只有 0.9609375，数据的分类效果较差。

```
In[37]:# 使用全连接神经网络分类器作为基础分类器
       mlp = MLPClassifier(hidden_layer_sizes = (20,30,20),activation = "relu")
       stmlp = SelfTrainingClassifier(mlp).fit(X,Y)
       stmlp_pre = stmlp.predict(X)
       stmlp_pre_lab = le.inverse_transform(stmlp_pre)
       print("SelfTrainingClassifier 迭代的次数 :",stmlp.n_iter_)
       print(" 在有标签数据上的预测精度 :",
             accuracy_score(train_y,stmlp_pre[0:train_x.shape[0]]))
       print(" 在无标签数据上的预测情况 :",
            np.unique(stmlp_pre_lab[train_x.shape[0]:],return_counts=True))
Out[37]:SelfTrainingClassifier 迭代的次数 : 5
         在有标签数据上的预测精度 : 0.9609375
       在无标签数据上的预测情况 : (array(['A', 'B', 'C'], dtype=object), array([53, 68, 22]))
```

下面的程序，可视化学习得到的全连接神经网络分类器决策面及其局部放大图。运行该程序后可获得如图 11-21 所示的可视化结果。

```
In[38]:# 可视化学习得到的决策面
       plt.figure(figsize=(16,8))
       plt.subplot(1,2,1)
       plot_decision_regions(X,Y,stmlp,scatter_kwargs = dict(s = 50))
       plt.title(" 全连接神经网络分类器决策面 ")
       plt.subplot(1,2,2)
       plot_decision_regions(X,Y,stmlp,scatter_kwargs = dict(s = 50))
       plt.xlim((-10,-2)),plt.ylim((-3,3))
       plt.title(" 全连接神经网络分类器决策面 ( 局部放大 )")
       plt.tight_layout()
       plt.show()
```

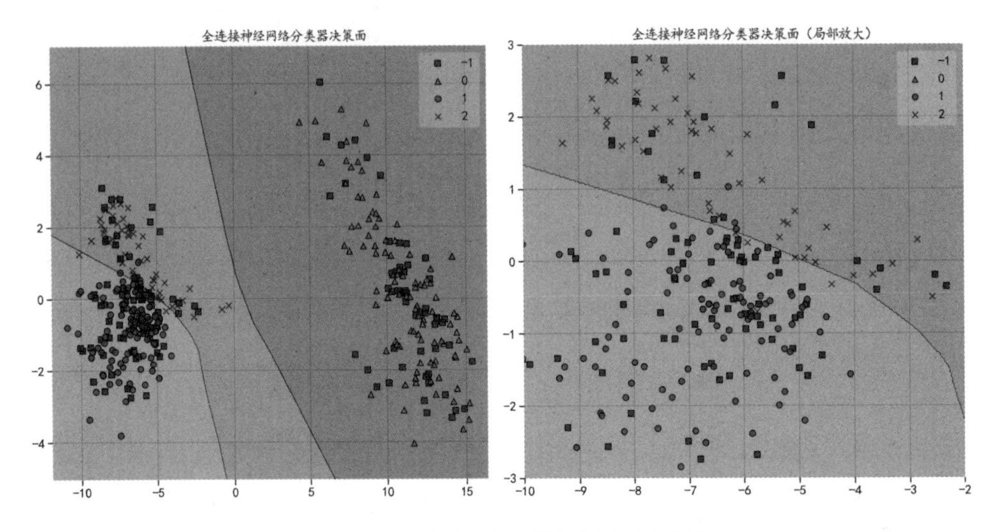

图 11-22　全连接神经网络分类器决策面

读者还可以尝试其他的分类算法作为基础分类器进行半监督学习，这里就不再一一介绍了。

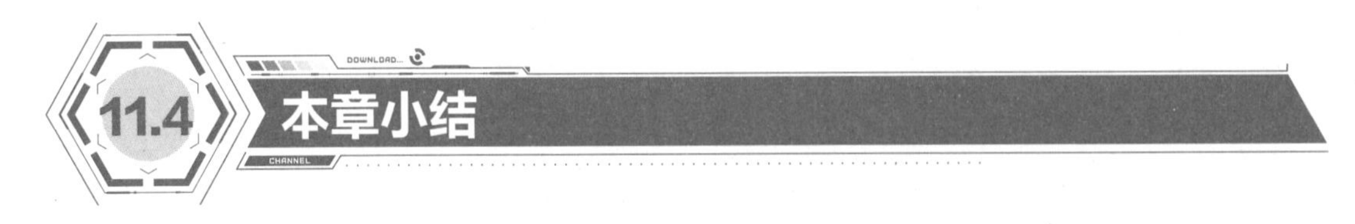

11.4 本章小结

本章通过一个实际的数据可视化分析案例，介绍了如何将数据可视化分析和机器学习算法相结合，以解决对中药材鉴别中的相关问题。该章的内容除了数据可视化分析之外，还包含常用的 3 种机器学习算法，即无监督学习算法、有监督学习算法与半监督学习算法。在无监督学习算法中，主要使用聚类算法对数据进行聚类分析；在有监督学习算法中，主要以特征选择与支持向量机分类模型相结合的方式对数据进行分类；针对半监督学习算法，主要将数据主成分降维与标签传播类算法相结合对数据进行分类。